CIP-Kurztitelaufnahme der Deutschen Bibliothek

Suetonius Tranquillus, Gaius:
[Sammlung]
[C. Suetoni Tranquilli opera]
C. Svetoni Tranqvilli opera. – Ed. stereotypa. –
Stutgardiae [Stuttgart] : Teubner.

Vol.1. De vita caesarum : libri VIII / rec.
Maximilianus Ihm. – Ed. minor, ed. stereotypa
ed. prioris (1908), unveränd. Nachdr. d. Aufl.
1973. – 1978.
(Bibliotheca scriptorum Graecorum et Romanorum
Teubneriana)
ISBN 3-519-01827-6

ISBN 3-519-01827-6

**Printed in Germany
Druck: Anton Hain KG, Meisenheim**

C. SVETONI TRANQVILLI
OPERA

VOL. I

DE VITA CAESARVM
LIBRI VIII

RECENSVIT

MAXIMILIANVS IHM

EDITIO MINOR

EDITIO STEREOTYPA EDITIONIS
PRIORIS (MCMVIII)

STVTGARDIAE IN AEDIBVS B. G. TEVBNERI MCMLXXVIII

PRAEFATIO

De codicibus Suetonianis cum in prolegomenis editionis maioris (Lipsiae a. 1907) fusius disputauerim, pauca hic adnotasse sufficiat. scripsit igitur Suetonius teste Suida s. u. *Τράγκυλλος* (testimonium u. infra p. XIX) de uita Caesarum libros octo. cuius operis quod unicum exemplar ad mediam aetatem peruenit ut principalem octo librorum diuisionem iam obscuratam habuit[1]), ita uariis uitiis deformatum fuit, raro interpolationibus, saepius lacunis, quarum grauissima in principio operis amisso cernitur. periit autem initium uitae Diui Iuli[2]) una cum praefatione ad C. Septicium Clarum praefectum praetorio, quam Iohanni Laurentio Lydo notam fuisse constat (u. testim. p. XIX)[3]), integer, ut uidetur, quaternio eius exempli, quod in bibliotheca monasterii Fuldensis extitisse scimus 'in duos nec magnos codices diuisum' exaratumque, ut certis uestigiis deprehendi potest, litteris capitalibus rusticis quas uocant, nulla praeterquam capitum distinctione. inde pendent libri manu scripti quotquot innotuerunt omnes, pendetque Einhardus, qui cum uitam Caroli Magni imperatoris paucis post obitum eius annis conscribere institueret, Suetonium potissimum e ueteribus scriptoribus studiose imitandum sibi proposuit.[4]) arche-

1) Cf. infra p. VII sq.

2) Huc non spectat Seru. Aen. VI 798.

3) Exterior libri titulus ex subscriptionibus uitarum reciperari potest, uariasque librarii inscriptiones temptauerunt (u. infra p. VIII).

4) Wattenbach, Deutschlands Geschichtsquellen im Mittelalter I[7] p. 203 sqq.

typi illius deperditi apographum petente Seruato Lupo abbate Ferrariensi saeculo nono circiter medio in Galliam perlatum est[1]), minuscula litteratura scriptum, quali Fuldenses librarii usque ad id fere tempus utebantur, quamque duce Ludouico Traube 'insularem' dicere coepimus. tum demum uitae Caesarum magis magisque innotuerunt passimque maxime per partes Galliarum uulgatae sunt.[2]) at non modo multiplicari exempla tunc coepta sunt, sed mox etiam emendari uel potius interpolari, quo uitio unus tantum liber caret, omnium qui ad nostram aetatem durauerunt et antiquissimus et optimus, Memmianus, nunc Parisinus 6115 (*M*), saeculo nono uergente in s. Martini Turonensis pulchre diligenterque descriptus[3]) ex integerrimo exemplari, fortasse ipso illo apographo Seruati Lupi. incommode autem accidit, ut egregius liber, cuius praestantiam ab initio omnes praedicauerunt, correctoris, ut adsolet, manum expertus sit

1) Lupi epist. 91 (ed. E. Duemmler, Monum. Germ. hist. Epistularum tomi VI pars prior 1902, p. 81) ad Marcwardum abbatem Prumiensem a. 844 data: *quaeso praeterea ut ad sanctum Bonifatium sollertem aliquem monachum dirigatis, qui ex uestra parte Hattonem abbatem deposcat, ut uobis Suetonium Tranquillum de uita Caesarum, qui apud eos in duos nec magnos codices diuisus est, ad exscribendum dirigat mihique eum aut ipsi, quod nimium opto, afferatis aut, si haec felicitas nostris differetur peccatis, per certissimum nuntium mittendum curetis. namque in hac regione nusquam inuenitur, et credimus hoc quoque nos beneficium uestra liberalitate consecuturos.* in alia ad eundem epistula (nr. 10 p. 21), de cuius tempore non constat, haec legimus: *quid super Suetonio Tranquillo et Iosepho a uobis fieri optem, demonstrabit Eigil nostrarum rerum fidus interpres.*

2) De codicibus in antiquis bibliothecarum catalogis enumeratis, quorum plerique perisse putandi sunt, sicut perierunt archetypus Fuldensis apographumque supra laudatum, cf. Gust. Becker, Catalogi bibliothecarum antiqui (Bonnae 1885) p. 78. 201. 217. 265 et M. Manitius, Philologisches aus alten Bibliothekskatalogen, Rhein. Mus. XLVII (1892) suppl. p. 70 sq.

3) '*Iste liber est de armario bi martini tur̃*' in folio primo legitur scriptum a bibliothecario aliquo saec. XII. specimina scripturae uide in tabulis I. II editioni maiori adnexis et apud Chatelain, Paléogr. des classiques latins II tab. CLXXXIII 2; cf. L. Traube, Neues Archiv XXVII p. 267.

(M^2, saec. XI—XII), qui etsi leuiora primi librarii menda facili opera sustulit, tamen longe plura pessum dedit siue de suo siue adiutus alio exemplari.

E Memmiano reliquos deriuatos esse omnes non defuerunt qui suspicarentur, in iis Ricardus Bentley. qua de re rectius iudicauit Rothius ne unum quidem librum ex illo transscriptum dici posse[1]) propter uitia quaedam, lacunas maxime (cf. ex. gr. Claud. 45, p. 220, 21), solius Memmiani propria. aetate huic proximus codex bibliothecae Guelferbytanae est, Gudianus 268 (*G*), saeculo XI ex exemplari descriptus ei simillimo, unde fluxit *M*, at iam plenus mendis insolentioribus nec non manifestis corrigendi temptationibus, ita ut quae in eo solo extant emendatiora ualde dubium sit num ad ipsum archetypum referri liceat. iisdem temporibus aliud exemplum concinnatum est, in quo inerant Graecorum uocabulorum interpretamenta (*X'*), communis uariorum codicum parens, inter quos facile principem locum obtinet Vaticanus 1904 (*V*) ca. a. 1100 scriptus[2]), fidissimus post Memmianum, quocum saepissime consentit, testis, quamuis innumeris erroribus scribae neglegentia natis lacunisque foedatus. uehementer autem dolendum est, quod dimidia operis parte contentus in uitae Caligulae capite tertio (p. 154, 25) substitit librarius, dignus qui laudetur uel propter numeri notam Iul. 25 p. 12, 7 accurate exaratam, quam in *M* imperitus uir abrasit. ex eodem fonte alterum exemplum manauit in peius mutatum (*X*), quod etsi periit, redintegrari potest per satis multa apographa,

1) Cod. Parisinum 5804 saec. XV (*δ*), cuius selectas adposui lectiones, mire cum *M* facere iam Rothius perspexit; manasse uidetur ex Memmiani iam correcti apographo.

2) Fugerat me, cum de eo dissererem (ed. mai. p. XIV), commentatio Caroli de Radinger (u. ind. auctorum infra p. XIV), in qua hunc quoque librum in Gallia ortum esse probauit litteris codici agglutinatis, quae ad monasterium Flauiniacense in pago Alsinsi Galliae situm pertinent. at Memmiano aetate supparem esse, scil. saeculi IX exeuntis uel X ineuntis, frustra contendit, laudans ex eo *ampius* (Iul. 77 p. 38, 2) noto compendio male intellecto aliaque perperam excepta.

inprimis Laurentianum plut. 68, 7 (*L*), eodem fere tempore quo *V* scriptum. huic accedunt alia recentiora (*POST*, u. tabulam notarum p. XVII sq.), partim contaminata, id est emendata ad librum quendam alterius classis, ad quam repraesentandam e magna copia elegi libros tres, scriptos omnes saeculo XII (*ΠQR*), ductosque ab exemplari condicionis deterioris (*Υ*). *X* et *Υ* qui comparauerit inueniet *Υ* longe pluribus uitiis, interpolationibus maxime et lacunis, laborare et uel eam ob causam caute accipienda diligenterque pensanda esse quae non paucis locis in solo *Υ* (uel *Υ'*, u. notarum conspectum) seruata primo obtutu adrident speciemque ueri prae se ferunt. e tribus illis pessimus est *Π*, lectionis uulgatae ac deprauatae fons praecipuus, melior *R* (in fine nunc mutilus), quem magni fecit R. Bentley, non contemnendus *Q*, ut qui hic illic integriora praebeat quam *ΠR* non tam arta affinitate coniuncti quam *Π* et *Q*.[1])

De reliquis codicibus[2]) quorum ingens est multitudo, nouiciis et a grammaticis correctis (ς), iudicium Rothius (praef. p. XXIX) fecit firmissimum: 'auctoritatem habent nullam', ne ii quidem, quos nuper quidam in lucem protraxerunt laudibusque extulerunt, ex. gr. cod. Paris. 5809 saeculi XV exeuntis, mirum in modum Beroaldi Sabellici aliorumque lectiones referens.

Praeter integros codices excerpta quaedam ex Caesaribus facta ad crisin factitandam aliquid conferunt, quorum duo genera praesto sunt: amplioris ambitus at minoris momenti quae in cod. Parisino 17903 saec. XIII leguntur (*N*), sumpta ab auctore ignoto e libro aliquo classis *X* iam contami-

1) Corrector codicis *Π* ($Π^2$) plurima ad exemplar codici *R* propinquum emendare studuit; solent igitur concordare $Π^1Q$ et $Π^2R$.

2) Perierunt uel latent plures, quibus priores uiri docti sunt usi, in his 'Tornacensis' quidam 'peruetustus', quem ab Erasmo Glareanus dono accepit. at totus commenticius est 'uetus codex', ex quo Fuluius Vrsinus in notulis a. 1595 emissis excerpta plurima laudat depeculatus scrinia Erasmi Stephani Torrentii.

nato[1]); breuiora et uel propter aetatem notabilia, quae dictata a Seruato Lupo Heiricus Autessiodurensis excepit obtulitque inter annos 871 et 876 Hildeboldo episcopo Suessionensi (*H*).[2])

De indole archetypi libri, qualem supra indicaui, de litteratura eius, scripturae compendiis, orthographia, mendorum generibus, cf. quae exposui in ed. maioris praef. p. XXIV sqq. de subscriptionibus singularum uitarum cum in huius editionis commentario critico nihil adnotauerim, hic pauca adicienda uidentur.[3]) legebantur igitur haec in archetypo litteris scripta grandibus et conspicuis — in *M*, archetypi uerissima imagine, partim capitalibus partim uncialibus[4]) — in calce uitae Diui Iuli:

c. suetoni tranquilli de uita caesar̄ liber primus expl. incipit diuus augustus liber secundus feliciter

et sic deinceps (omitto tria auctoris nomina ubique fere eodem modo notata):

de uita caesar. diuus aug. (*augustus* perscriptum in aliis codd.) *explic. incipit tiberius feliciter* (*liber tertius* addunt deteriores)

tiberius liber III. explicit. incipit caligula liber IIII. feliciter (auctoris nomen operisque titulus hic deest in *M* et plerisque, habet *G*)

de uita caesarum c. caligula liber IIII. explicit. incipit diuus claudius liber quintus feliciter

de uita caesarum diuus claudius explic. incipit nero feliciter

---

1) Vsus eis est Vincentius Bellouacensis in Speculo historiali (a. 1264).

2) Edidi et adnotaui Hermae uol. XXXVI p. 343 sqq. adhibuit iam Iohannes Saresberiensis (Policrat. a. 1161).

3) Genuinum operis exordium, quale in archetypo fuit (*Annum agens sextum decimum*), bene seruauerunt *MVδ*; reliqui ad hiatum explendum uaria temptarunt: *Gaius Iulius Caesar* praetexit *G*, *Iulius Caesar L*, plerique tertio loco *Caesar* inserunt.

4) Pars prior subscriptionis capitalibus, posterior (inde a uoce *incipit*, in ultima uita inde a *domitian̄*) uncialibus. exemplum habes in tab. II ed. maioris.

de uita caesarum explic. nero. incipit galba feliciter
de uita caesarum galba explicit incipit otho feliciter
de uita caesarū otho explic. incip̄ uitellius feliciter
de uita caesar. uitellius explic. incipit uespasianus feliciter
de uita caesarum diuus uespasianus explic̄. incipit diuus titus feliciter
de uita caesarū diuus titus explic. incipit domitiañ felicit̄
de uita caesarum domitiañ expl̄. feliciter.

Itaque duodecim uitas nominibus imperatorum distinctas omnes, at non ultra quinque primas uitas librorum numeros seruatos uidemus. sed iam saeculo XI/XII censor aliquis, cui exemplum *X* debetur, interruptum numerorum ordinem ita resarciendum putauit, ut libros distingueret duodecim, i. e. singulos libros uitis tribueret singulis. sic constanter factum cernimus in *LS* (librarius *P* subscriptiones fere neglexit). '*liber sextus*' praeterea notatus est in *GΠQ* (in fine uitae Claudi), '*liber septimus*' in *Q* (ad calcem Neronis); denique '*liber primus*' in inscriptionibus operis extat aeque inuentis a librariis plus minusue peritis.[1]) diuisionem istam in XII libros scriptores medii aeui agnoscunt receperuntque editores uetustiores. sed reputata uoluminum inaequalitate, cum posteriorum sex librorum ea breuitas esset, ut cum aliquo e prioribus collati cuncti uix ei mole sua pares essent, non multum certe superarent, Casaubonus, interpretum Tranquilli facile princeps, cedens auctoritati Suidae opus Suetonianum in libros octo diuisit ita, ut et tres Flauios et tres illos 'aestiuos' imperatores coniungeret.

---

1) *C. Suetonii Tranquilli de uita Caesarum lib̄. I incip̄. diuus Iulius Caesar inprimis* praescripsit *G*, plerique *C. Suetonii Tranquilli de uita Caesarum liber I* uel similiter (*incipit diuus Iulius* addunt *OST*), breuius *L*: *incipit Tranquillinus Suetonius*, plenius *T* et multi ϛ: *incipit liber Suetonii Tranquilli de uita et moribus XII Caesarum liber primus*; tacent M^1 et *P*, sed posteriore indoctaque manu in *M* folii primi margine superiore titulus adpictus est hic: '*incipit Suetonius de uita cesarum nunc gesta cesaris.*'

scriptorum autem ueterum, qui ex Suetonio hauserunt, nullus, quod sciam, singulorum librorum mentionem fecit praeter Lampridium, qui in uitae Commodi c. 10, 2 *Tranquilli librum uitam Caligulae continentem* commemorat.

* * *

De editoribus aliisque auctoribus per indices summatim absoluam.

Editiones

plus ducentae inter annos 1470 et 1829 emissae enumerantur a Iohanne de Gruber, Jahrb. f. Phil. suppl. III (1834) p. 142—149.[1]) antiquiorum eas tantum attuli, quas ad indagandas potissimum primarias lectiones ipse examinaui. priores superasset editio, quam summo studio parauit at non absoluit Ricardus Bentley. id quod philologo sagacissimo, cuius libri animaduersionibus doctis coniecturisque partim audacibus partim ingeniosis, plerisque tamen utilibus referti in museo Britannico asseruantur, non contigerat, ut uidelicet criticam editionem ad fidem mss. librorum perficeret, Carolus Ludouicus Roth praestitit, uir de Suetonio optime meritus.

edd. Rom. I. II = editiones principes Romanae a. 1470, prior cura Iohannis Antonii Campani, altera ex recensione Iohannis Andreae Aleriensis episcopi.
Ven. I = ed. Veneta princeps a. 1471.
anonyma (a. 1472?).[2])
Mediolanensis a. 1475.
a. 1480 (sine loco).
Bononiensis a. 1488 (impressum per Platonem de Benedictis).
Veneta a. 1490 (cum commentario Sabellici).
Bononiensis a. 1493 (cum comm. Beroaldi; ed. altera a. 1506).
Parisina a. 1509.
Florentina a. 1510 (Iuntina).
Veneta a. 1510 (cum comm. Sabellici et Beroaldi).
Florentina a. 1515 (Iuntina).
Veneta a. 1516 (Aldina, cura I. B. Egnatii, cf. Ald. a. 1519).
Basiliensis a. 1518 (Desiderii Erasmi).
Basil. a. 1533 (huic et alteri Basiliensi a. 1546 repetitionibus Erasmianae Sigis-

1) Cf. Macé et Opitz locis infra laudatis.
2) Vsus sum exemplari bibl. Monacensis sign. '*Inc. s. a. 1721*'.

mundum Gelenium praefuisse Rothius existimat).
Lugdunensis a. 1534 per Seb. Gryphium (aliae Gryphianae a. 1544. 1547. 1548 etc.).
Parisina a. 1543 (Roberti Stephani).
Basil. a. 1560 (cum notis Glareani).
Antverp. a. 1574 (cura Theod. Pulmanni).
Antverp. a. 1578 (c. comm. Laeuini Torrentii).
sequuntur editiones quas curauerunt:
Isaac Casaubonus (Genauae 1595. Paris. 1610).
Petrus Scriuerius (Lugd. Bat. 1596).
Ioh. G. Graeuius (Traiecti 1672. 1691. 1703).
Sam. Pitiscus (Traiecti 1690. Leouardiae 1714).
Iac. Gronouius (Lugd. Bat. 1698).
P. Burmannus (Amstelaedami 1736, 2 uoll. cum notis uariorum et indice Matthiae Berneggeri).
Ioh. Aug. Ernesti (Lips. 1748. 1775)
Francisc. Oudendorpius (Lugd. Bat. 1751, cum notis Graeuii, I. Gronouii, Dukeri).
F. A. Wolfius (Lips. 1802, 4 uoll. cum animaduersionibus Ernestii et commentario Casauboni).
D. C. G. Baumgarten-Crusius (Lips. 1816. 1818, 3 uoll. cum commentario perpetuo indicibusque copiosissimis; commentarium repetiuit notasque aliquas adiecit C. B. Hase, Paris. 1828).
Ioh. Heinr. Bremi (ed. II. Zürich 1820, cum commentario).
Car. Lud. Roth (Lips. 1858).
Leo Preud'homme (Groningae 1906).[1])
denique selectas uitas commentariis uarii et generis et pretii instructas nuper emiserunt:
H. T. Peck (Diuus Iul. et Aug., ed. II New York 1893).
Henr. Smilda (Diuus Claudius, Groningae 1896).[2])
E. S. Shuckburgh (Diuus Augustus, Cambridge 1896).[2])
Corn. Hofstee (Galba Otho Vit., Groningae 1898).
I. B. Pike (Tib. Cal. Claud. Nero, Boston 1903).

Rothii editione factum est, ut Suetoniana studia, quae commendata olim splendidissimis nominibus (in his Hadriani Turnebi, Iusti Lipsii, Claudii Salmasii Gronouiorumque patris ac filii) nostra aetate paululum refrigescere coeperant,

---

1) Cf. Berlin. phil. Wochenschrift 1896 p. 552 sqq. Revue critique 1906 nr. 16 p. 261 sqq. Deutsche Literaturzeitung 1906 p. 3137 sqq. Wochenschrift f. klass. Phil. 1906 p 1057 sqq. Opitz, Jahresbericht f. Altertumswissenschaft 1907 II p. 267 sq.

2) Cf. Opitz, Jahresbericht f. Altertumswissenschaft 1898 II p. 113 sqq

denuo reuiuiscerent. inquisiuerunt igitur plures in Suetoni genus dicendi operamque dederunt uerbis scriptoris uel emendandis uel interpretandis non pauci, quorum delectum dare placuit, qualis inpraesentiarum mihi utilis uisus est.[1])

Auctorum index

Henr. Alanus, Codicum Suetonii suorum duorum specimen dedit nec non obseruationes aliquot addidit H. A. Dublinii et Londinii 1873.

G. Andresen, Agermus. Wochenschrift f. klass. Philol. 1905 p. 1178 sq. (ad Ner. 34).

P. Bagge, De elocutione C. Suetonii Tranquilli. Dissert. Vpsaliae 1875.

Fr. L. Becher, Obseruationum criticarum specimen primum (Lips. 1808) p. 77 sqq.

I. W. Beck, De monumento Ancyrano sententiae controuersae. Mnemos. XXV 1897 p. 349—360. XXVI 1898 p. 237—257.

Gust. Becker, Zu Suetonius und Cassius Dio. Jahrb. f. klass. Philol. 83 (1861) p. 572 sq. (ad Tib. 61. Cal. 41).

— Quaestiones criticae de C. Suetonii Tranquilli de uita Caesarum libris VIII. Progr. gymn. Memel. 1862.

— Zur Litteratur des Suetonius. Jahrb. f. klass. Philol. 87 (1863) p. 193 sqq. 631 sqq. et 89 (1864) p. 839 sqq.

— Zur Kritik des Suetonius. Symbola phil. Bonnensium (Lips. 1864—1867) p. 685—694.

I. H. Tr. Behr, Obseruationes in aliquot Suetonii locos uitae T. Flauii Vespasiani. Gerae 1827 (id. obseruationes in Diuum Iulium ediderat Gerae 1822. 1823. 1825).

R. Bentley u. Hedicke et M. Ihm.

Th. Bergk, Analecta critica. Rhein. Mus. VII 1850 p. 156 sq. (ad Tib. 29).

— Augusti rerum a se gestarum indicem edid. Th. B. Gottingae 1873.

— Der Vicus Ambitaruius. Zur Geschichte und Topographie der Rheinlande in römischer Zeit (Leipzig 1882) p. 89 sqq. (ad Cal. 8).

— Opuscula philol. I (Halis Sax. 1884) p. 274 (ad Dom. 19).

I. C. G. Boot, Analecta critica. Mnemos. XVIII 1890 p. 359.

F. Bücheler, Νεόψηφον. Rh. Mus. LXI 1906 p. 307 sq. (ad Ner. 39).

Chawner, Note on Sueton. Ner. 45. Classical Review IX 1895 p. 109 sq.

O. Clason, Tacitus und Sueton. Breslau 1870.

I. I. Cornelissen, Coniectanea latina. Daventriae 1870.

— Mnemos. VI 1878 p. 313.

L. Dalmasso, La grammatica di C. Svetonio Tranquillo. Torino 1906 (cf.

1) Respexi fere recentiores. cf. Macé et Opitz ll. ll.

Berlin. phil. Wochenschrift 1907 p. 561).

P. H. Damsté, Museum 1896 p. 276.

Gust. Dederding, De Suetoni uita Caesaris. Pars prior. Diss. Ienensis (Berol. 1871).

W. Dennison, The epigraphic sources of Suetonius. American Journal of Archaeology, second series, uol. II 1898 p. 26 sqq.

H. E. Dirksen, Beiträge zur Auslegung einzelner Stellen in den Kaiserbiographien des Sueton (1848) = Hinterlassene Schriften I (Lips. 1871) p. 213 sqq.

F. I. Drechsler, Zeitschrift f. d. österreich. Gymnasien XLI 1890 p. 195 (ad Claud. 42).

R. Düpow, De C. Suetonii Tranquilli consuetudine sermonis quaestiones. Progr. Bergedorf 1895.

Godofr. Faehse, Obseruationes criticae in C. Suetonium Tranquillum. Sylloge lectionum graecarum (Lips. 1813) p. 445—452.

Ioh. W. Freund, De C. Suetonii Tranquilli usu atque genere dicendi. Diss. Vratisl. 1901 (cf. Opitz, Jahresbericht für Altertumswissenschaft 1907 II p. 264 sqq.).

Rob. Th. A. Fruin, Beiträge zur Fastenkritik. Jahrb. f. klass. Philol. 149 (1894) p. 117 sq. (ad Tib. 2).

W. Fürst, Suetons Verhältnis zu der Denkschrift des Augustus (Mon. Ancyr.). Diss. FErlangen 1904.

erd. Gottanka, Suetons Verhältnis zu der Denkschrift des Augustus (Mon. Ancyr.). Progr. Münch. 1904.

Tjallingi Halbertsmae Aduersaria critica. e schedis defuncti ed. H. van Herwerden. Leidae 1896. p. 168—172.

Edmundi Hedickii Studia Bentleiana. III. Suetonius Bentleianus. Freienwaldiae 1902.

G. Helmreich, Zu Suet. Cal. 20. Berliner philol. Wochenschrift 1903 p. 1374.

M. Hertz, De historicor. Rom. reliquiis quaestionum capita quinque. Index lect. aest. Vratisl. 1871 p. 9 sqq. (ad Vit. 1).

— Jahrb. f. klass. Philol. 109 (1874) p. 258 sq. (ad Aug. 94. Claud. 9. Ner. 17).

I. Hilberg, Wiener Studien XIII 1891 p. 167—169 (ad Tib. 75).

A. Hillscher, Hominum litteratorum Graecorum ante Tiberii mortem in urbe Roma commoratorum historia critica. Jahrb. f. klass. Philol. Suppl. XVIII 1892 (ex. gr. p. 385 ad Aug. 79).

O. Hirschfeld, Hermes VIII 1874 p. 476 sq. XXIV 1889 p. 104. XXV 1890 p. 353.

— Die kaiserlichen Verwaltungsbeamten bis auf Diocletian. Berlin 1905.

A. A. Howard, Notes on Suetonius. Harvard Studies VII 1896 p. 205 sqq.

— Metrical passages in Suetonius. ibid. X 1899 p. 23 sqq.

— Notes on a fifteenth century manuscript of Suetonius. ibid. XII 1001 p. 261 sqq.

Chr. Huelsen, Rhein. Mus. XLIX 1894 p. 630 (ad Aug. 70).
O. Jahn, Philol. XXVI 1867 p. 16 (ad Ner. 39).
V. Jernstedt notas criticas ad Suetonium a. 1876 in ephemeride Rossica edidit, nunc repetitas in eius Opusculis (Petropoli 1907) p. 305—327 (cf. Revue des revues I p. 275).
— Zu Sueton. Herm. XXIV 1889 p. 477 sqq.
M. Ihm, Zu Suetons Caesares. Rh. Mus. LIII 1898 p. 495 sq.
— Richard Bentley's Suetonkritik. Sitzungsberichte der Königl. Preussischen Akademie der Wissenschaften zu Berlin 1901 p. 677—695 (cf. Rhein. Mus. LVI p. 635 sq.).
— Die sogenannte 'Villa Iovis' des Tiberius auf Capri und andere Suetoniana. Herm. XXXVI 1901 p. 287—304.
— Beiträge zur Textgeschichte des Sueton. 1. Die Suetonexcerpte des Heiric von Auxerre. 2. Glossen in Suetonhandschriften (Herm. XXXVI p. 343—363). 3. Humanistenhandschr. (Herm. XXXVII p. 590—597). 4. Die maßgebenden Handschriften. Textkritische Bemerkungen (Herm. XL p. 177—190).
E. Klebs, Die Scriptores historiae Augustae. Rhein. Mus. XLVII 1892 p. 24 sqq.
H. Kraffert, Beiträge zur Kritik und Erklärung latein. Autoren. Progr. Aurich. 1882 p. 99 sq. (cf. id. in progr. Verden. 1888).
Aug. Krause, De C. Suetonii Tranquilli fontibus et auctoritate. Berol. 1831.
G. M. Lane, Hidden verses in Suetonius. Harvard Studies IX 1898 p. 17 sqq. (cf. Morgan ibid. p. 66).
H. Lehmann, Claudius und Nero und ihre Zeit. Gotha 1858.
F. Leo, Die griechisch-römische Biographie nach ihrer litterarischen Form. Leipzig 1901.
E. Maaß, De biographis Graecis quaestiones selectae. Philol. Untersuchungen III (Berlin 1880) p. 35 sq.
A. Macé, Essai sur Suétone. Paris 1900 (Bibl. des Ecoles françaises d'Athènes et de Rome fasc. 82). inest librorum conspectus p. 17—24, editionum p. 25—28.
I. N. Madvigii Opuscula academica (Hauniae 1834) p. 387 sq.
— Opuscula academica altera (Hauniae 1842) p. 8. 223.
— Aduersaria critica. I 1871 p. 19. II 1873 p. 570 sqq. III 1884 p. 247 sqq.
— Cic. de fin. ed. II (1869) p. 284. 834.
Jac. Mähly, Zur Kritik lateinischer Texte (Progr. Basel 1886) p. 23 (ad Aug. 70. 75. 91).
— Philologus XLVIII 1889 p. 644 (ad Aug. 72).
M. Manitius, Neues Archiv d. Gesellschaft f. ält. deutsche Geschichtskunde VII 1882 p. 530 sqq. (de Einhardo Suetonii imitatore).
J. Marquardt, Röm. Staatsverwaltung. ed. II uol. I—III.
— Das Privatleben der Römer. ed. II.
Christ. Modderman, Lec-

tiones Suetonianae. Diss. Groningae 1892 (cf. Opitz, Jahresbericht f. Altertumswiss. 1898 II p. 103 sq.).

Th. Mommsen passim (Röm. Forschungen, Röm. Staatsrecht [vol. III ind. p. 1334], Res gestae Diui Augusti, Römisches Strafrecht [ind. p. 1077]).

Chr. Gottfr. Müller, Ad C. Suetonium Tranquillum obseruationes cum auctario animaduersionum Ernestianarum. Lips. 1804 (insunt p. 20 Reinesii coniecturae).

C. F. W. Müller, Zu latein. Prosaikern. Rhein. Mus. XX 1865 p. 155 sqq.

Carol. Naegler, Annotationes criticae ad C. Suetonium Tranquillum et L. Annaeum Senecam philosophum. Festschrift zur Erinnerung an das 50jährige Jubilaeum des Realgymnasiums zu Nordhausen. 1885.

H. C. Newton, The epigraphical evidence for the reigns of Vespasian and Titus. Cornell Studies in Classical Philology XVI 1901.

Th. Opitz, Bericht über die Literatur zu späteren römischen Geschichtschreibern von 1891 bis einschließlich 1896. Jahresbericht f. Altertumswissenschaft 1898 II p. 100—116.

— Bericht über die Literatur zu Suetonius von 1897—1906. Jahresbericht für Altertumswissenschaft 1907 II p. 237—270.

H. Peter, Die Scriptores historiae Augustae (Leipzig 1892) p. 102 sqq.

H. Peter, Die Literatur der Witzworte in Rom und die geflügelten Worte im Munde Caesars. Jahrb. f. klass. Philol. 155 (1897) p. 853—860.

H. I. Polak, Parerga. Progr. gymnasii Erasmiani Roterodamensis 1882.

L. Preud'homme, Première (deuxième) étude sur l'histoire du texte de Suétone de uita Caesarum (Bull. de l'Acad. roy. de Belgique 1902 p. 299—328, p. 544—551).

— Troisième étude etc. (Mémoires couronnés et autres Mémoires publiés par l'Acad. royale de Belgique). Bruxelles 1904. (Cf. Berlin. phil. Wochenschrift 1902 p. 1354 et 1905 p. 9 sqq.).

— Notes sur Suétone. Mélanges Paul Fredericq (Bruxelles 1904) p. 43 sqq.

Prosopographia imperii Romani I—III.

K. v. Radinger, Eine verschollene Handschrift des Sueton. 7. Jahresbericht des Real-Gymnasiums in Korneuburg 1905, p. 1—23 (u. supra p. V).

A. Reifferscheid, Analecta Horatiana. Index lect. hib. Vratisl. 1870/71 p. 5 (ad Iul. 56).

Reinesius u. C. G. Müller.

A. Riese, Das rheinische Germanien in der antiken Literatur. Leipzig 1892 (u. ind. p. 459).

Frid. Ritschelii in uitam Terentii commentarius (C.

Suet. Tranquilli praeter Caesarum libros rel. ed. A. Reifferscheid. Lips. 1860 p. 481 sqq. = Ritschelii opusc. phil. III 1877 p. 215 sqq.).

W. H. Roscher, Zu Suetonius. Jahrb. f. klass. Philol. 107 (1873) p. 560 (ad Ner. 33).

O. Roßbach, De Senecae phil. libror. recensione et emendatione (Breslauer phil. Abhandl. II 1888) p. 141 sq. (ad Vesp. 12. 15).

Dav. Ruhnkenii Scholia in Suetonii uitas Caesarum. Ed. Jac. Geel. Lugd. Bat. 1828.

Sakellaropulos in ephem. Ἐπετηρίς IV 1900 p. 98 (ad Tib. 70).

Frid. Schmidt, De Einhardo Suetonii imitatore. Progr. Bayreuth 1880.

Guil. Schmidt, De Romanorum imprimis Suetonii arte biographica. Diss. Marpurg. 1891.

Ernst Schulze, Der latus clauus der römischen Tunica. Rhein. Museum XXX 1875 p. 120 sqq. (ad Iul. 45).

O. Siesbye, Nordisk Tidskrift for Filologi XI p. 152 sqq. (ad Ner. 37 et Dom. 3).

C. L. Smith, A preliminary study of certain manuscripts of Suetonius lives of the Cesars. Harvard Studies XII 1901 p. 19 sqq. XVI 1905 p. 1 sqq.

A. Spengel, Blätter f. bayer. Gymn. XXXIII 1897 p. 561—563 (ad Aug. 99).

Struchtmeyer, Animaduersionum criticarum libri II (1755).

H. R. Thimm, De usu atque elocutione C. Suetonii Tranquilli. Diss. Regimonti Pr. 1867.

P. Thomas, Notes sur Lucain, Suétone et le Querolus. Mélanges Paul Fredericq (Bruxelles 1904) p. 38.

Aem. Trachmann, De coniunctionum causalium apud C. Suetonium Tranquillum usu. Diss. Halensis 1886.

L. Traube, Neues Archiv der Gesellschaft für ält. deutsche Geschichtskunde XXVII 1902 p. 266 sq.

D. W. Triller, Opuscula medica I 1766 p. 317—399 (ad Aug. 80).

L. Troß, Obseruationum criticarum libellus. Progr. gymn. Hamm. 1828 p. 12 (ad Iul. 58).

R. Unger, De C. Valgii Rufi poematis (Halis 1848) p. 336 (ad Tib. 57).

L. Urlichs, Zu Suetonius Iul. 9. Eos II (1866) p. 181.

M. Valeton, Museum 1896 p. 309.

H. N. Veldhuis, Annotationes criticae ad Suetonium. Diss. Lugd. Bat. 1897.

G. H. Walther, Obseruationes ad Suetonii Tranquilli uitas Caesarum. Torgauiae 1813.

M. Aug. Weichert, Imperatoris Caesaris Augusti scriptorum reliquiae. Fasc. I. Grimae 1841.

P. Willems, Le sénat de la république romaine I. II.

P. de Winterfeld, Schedae criticae in scriptores et poetas Romanos (Berol. 1895) p. 33 sq. (ad Ner. 33).

Ed. Wölfflin, Die aus Sueton gezogenen Zusätze der Epitome. Rhein. Mus. XXIX 1874 p. 294 sqq.

Ed. Wölfflin, Die Scriptores historiae Augustae. Sitzungsberichte d. k. bayer. Akad. der Wissenschaften 1891 p. 465 sqq.

— Epigraphische Beiträge II. Sitzungsber. der k. bayer. Akad. der Wissenschaften 1896 p. 160 sqq.

Ed. Wölfflin, Zur Composition der Historien des Tacitus. ibid. 1901 p. 3 sqq. (p. 29 sq.).

— Sueton und das Monumentum Ancyranum. Archiv f. lat. Lexikographie XIII 1904 p. 193—199.

A. W. Zumpt, Studia Romana Berol. 1859.

NOTARVM CONSPECTVS

Ω lectio archetypi (Fuldensis ut uidetur libri quo Einhardus usus est) siue consensus codicum

- *M* cod. Paris. 6115 (Memmianus) saec. IX; M^2 corrector eius satis antiquus (saec. XI—XII)
- *G* cod. Gudianus 268 saec. XI; G^2 corrector antiquus, G^3 corrector recentior codice Monacensi 5977 (*g*), qui a. 1456 ex *G* transscriptus est (cf. Herm. uol. XXXVII p. 593 sqq.)
- *V* cod. Vaticanus 1904 saec. XI—XII deficiens in uitae Calig. cap. 3, 3
- *X*
  - *L* cod. Laurentianus plut. 68, 7 saec. XI—XII (Mediceus tertius); L^2 corrector antiquior, L^3 recens
  - *P* cod. Paris. 5801 saec. XII; P^2 corr. antiquus
  - *O* cod. Laurent. plut. 66, 39 saec. XII (Mediceus primus); O^2 corrector antiquus (plenius adhibui in uita Diui Iuli, praeterea raro)
  - *S* cod. Montepessulanus 117 saec. XII
  - *T* cod. Berolin. lat. fol. 337 (olim Hulsianus siue Haganus) saec. XIV
- *Y*
  - *Π* cod. Paris. 6116 saec. XII; Π^2 corrector antiquus
  - *Q* cod. Paris. 5802 saec. XII; Q^2 corr. recens, saec. XV ut uidetur (huic affinis ε = cod. Suessionensis 19, olim Praemonstratensis saec. XIII)
  - *R* cod. Regius musei Britannici 15 C. III saec. XII (e simili exemplari descriptus ϱ = cod. Regius 15 C. IV saec. XIII, quem plenius adhibui inde a Domit. cap. 14 p. 328, 25, ubi deficit *R*)
- ς alii codices recentiores, unus uel alter aut plures, in his δ = cod. Paris. 5804 saec. XV
- *H* Heirici Autessiodurensis excerpta saec. IX, ad fidem cod. Paris. 8818 saec. XI
- *N* excerpta cod. Paris. 17 903 (olim Notre-Dame 188) saec. XII

X' consentiens lectio librorum *V* et *X*
T' consentiens lectio librorum *T* et *ST*, quibus plerumque accedunt P^2 et *O* (O^2)

---

unci quadrati [ ] delenda comprehendunt, angulati ⟨ ⟩ supplenda
* unam litteram erasam significat
ss. = *supra scripsit* uel *supra scriptum*

B.-Crus. = Baumgarten-Crusius, *Bentl(ey)*, *Beroald(us)*, *Büch(eler)*, *Burm(annus)*, *Casaub(onus)*, *Egn(atius)*, *Erasm(us)*, *Ern(esti)*, *Heins(ius)*, *Graev(ius)*, *Gron(ovii)*, *Grut(erus)*, *Lips(ius)*, *Madv(ig)*, *Modd(erman)*, *Momms(en)*, *Oud(endorpius)*, *Periz(onius)*, *Polit(ianus)*, *Preud'(homme)*, *Pulm(annus)*, *Reines(ius)*, *Sabell(icus)*, *Salm(asius)*, *Scrive-r(ius)*, *Steph(anus)*, *Torr(entius)*, *Turn(ebus)*, *Urs(inus)*

FPR = Fragmenta poetarum Romanorum ed. Baehrens (Lips. 1886)
reliqua fragmenta laudata sunt: *Enni* ad editionem Vahleni alteram (1903), *scaenicorum Romanorum* ad Ribbecki tertiam (1897. 1898), *tragicorum Graecorum* ad Nauckianam alteram, *comicorum* ad Kockianam

C. SVETONI TRANQVILLI
DE VITA CAESARVM

AD C. SEPTICIVM CLARVM PRAEF. PRAETORIO

LIBRI VIII

Suidas s. u. Τράγκυλλος, ὁ Σουητώνιος χρηματίσας, γραμματικὸς Ῥωμαῖος, ἔγραψε ... συγγενικὸν Καισάρων ιβʹ (*Bernhardy*, καὶ σαρωνϊ *cod. Voss.*), περιέχει δὲ βίους καὶ (κατὰ *Ritschl*) διαδοχὰς αὐτῶν ἀπὸ Ἰουλίου ἕως Δομετιανοῦ βιβλία ηʹ

Ad amissam libri praefationem pertinet:

Laur. Lyd. de mag. 2, 6 Τράγκυλλος τοίνυν τοὺς τῶν Καισάρων βίους ἐν γράμμασιν ἀποτίνων Σεπτικίῳ (-μιω *cod.*), ὃς ἦν ὕπαρχος τῶν πραιτωριανῶν σπειρῶν ἐπ᾽ αὐτοῦ, πραίφεκτον αὐτὸν τῶν πραιτωριανῶν ταγμάτων καὶ φαλάγγων ἡγεμόνα τυγχάνειν ἐδήλωσεν.

C. SVETONI TRANQVILLI
DE VITA CAESARVM
LIBER I
DIVVS IVLIVS

* * *

Annum agens sextum decimum patrem amisit; se- 1
quentibusque consulibus flamen Dialis destinatus di-
missa Cossutia, quae familia equestri sed admodum
diues praetextato desponsata fuerat, Corneliam Cinnae
quater consulis filiam duxit uxorem, ex qua illi mox
Iulia nata est; neque ut repudiaret compelli a dicta-
tore Sulla ullo modo potuit. quare et sacerdotio et 2
uxoris dote et gentilicis hereditatibus multatus diuer-
sarum partium habebatur, ut etiam discedere e medio
et quamquam morbo quartanae adgrauante prope per
singulas noctes commutare latebras cogeretur seque ab
inquisitoribus pecunia redimeret, donec per uirgines
Vestales perque Mamercum Aemilium et Aurelium Cot-
tam propinquos et adfines suos ueniam impetrauit.
satis constat Sullam, cum deprecantibus amicissimis 3
et ornatissimis uiris aliquamdiu denegasset atque illi
pertinaciter contenderent, expugnatum tandem procla-
masse siue diuinitus siue aliqua coniectura: uince-
rent ac sibi haberent, dum modo scirent eum,
quem incolumem tanto opere cuperent, quan-
doque optimatium partibus, quas secum simul

---

4 *fort.* desponsa

defendissent, exitio futurum; nam Caesari mul-
tos Marios inesse.
2 Stipendia prima in Asia fecit Marci Thermi prae-
toris contubernio; a quo ad accersendam classem in
Bithyniam missus desedit apud Nicomeden, non sine
rumore prostratae regi pudicitiae; quem rumorem auxit
intra paucos rursus dies repetita Bithynia per causam
exigendae pecuniae, quae deberetur cuidam libertino
clienti suo. reliqua militia secundiore fama fuit et a
Thermo in expugnatione Mytilenarum corona ciuica
3 donatus est. meruit et sub Seruilio Isaurico in Cilicia,
sed breui tempore. nam Sullae morte comperta, si-
mul spe nouae dissensionis, quae per Marcum Lepidum
mouebatur, Romam propere redit. et Lepidi quidem
societate, quamquam magnis condicionibus inuitaretur,
abstinuit, cum ingenio eius diffisus tum occasione,
4 quam minorem opinione offenderat. ceterum composita
seditione ciuili Cornelium Dolabellam consularem et
triumphalem repetundarum postulauit; absolutoque Rho-
dum secedere statuit, et ad declinandam inuidiam et
ut per otium ac requiem Apollonio Moloni clarissimo
tunc dicendi magistro operam daret. huc dum hi-
bernis iam mensibus traicit, circa Pharmacussam in-
sulam a praedonibus captus est mansitque apud eos
non sine summa indignatione prope quadraginta dies
2 cum uno medico et cubicularis duobus. nam comites
seruosque ceteros initio statim ad expediendas pecunias,
quibus redimeretur, dimiserat. numeratis deinde quin-
quaginta talentis expositus in litore non distulit quin
e uestigio classe deducta persequeretur abeuntis ac re-
dactos in potestatem supplicio, quod saepe illis mi-
natus inter iocum fuerat, adficeret. uastante regiones
proximas Mithridate, ne desidere in discrimine sociorum
uideretur, ab Rhodo, quo pertenderat, transiit in Asiam

19 triumphalem uirum *T′* 25 dignatione *Urs.* 32 per iocum *Bentl.* (ς?)

auxiliisque contractis et praefecto regis prouincia expulso nutantis ac dubias ciuitates retinuit in fide.

Tribunatu militum, qui primus Romam reuerso per 5
suffragia populi honor optigit, actores restituendae tribuniciae potestatis, cuius uim Sulla deminuerat, enixissime iuuit. L. etiam Cinnae uxoris fratri, et qui cum eo ciuili discordia Lepidum secuti post necem consulis ad Sertorium confugerant, reditum in ciuitatem rogatione Plotia confecit habuitque et ipse super ea re contionem.

Quaestor Iuliam amitam uxoremque Corneliam de- 6
functas laudauit e more pro rostris. [s]et in amitae quidem laudatione de eius ac patris sui utraque origine sic refert:

Amitae meae Iuliae maternum genus ab regibus ortum, paternum cum diis inmortalibus coniunctum est. nam ab Anco Marcio sunt Marcii Reges, quo nomine fuit mater; a Venere Iulii, cuius gentis familia est nostra. est ergo in genere et sanctitas regum, qui plurimum inter homines pollent, et caerimonia deorum, quorum ipsi in potestate sunt reges.

In Corneliae autem locum Pompeiam duxit Quinti 2
Pompei filiam, L. Sullae neptem; cum qua deinde diuortium fecit adulteratam opinatus a Publio Clodio, quem inter publicas caerimonias penetrasse ad eam muliebri ueste tam constans fama erat, ut senatus quaestionem de pollutis sacris decreuerit.

Quaestori ulterior Hispania obuenit; ubi cum man- 7
datu pr(aetoris) iure dicundo conuentus circumiret Gadisque uenisset, animaduersa apud Herculis templum Magni Alexandri imagine ingemuit et quasi pertaesus ignauiam suam, quod nihil dum a se memorabile actum esset in aetate, qua iam Alexander orbem terrarum

3 Tribunus *Torr.* 5 diminuerat *M al.* 12 et *Casaub.*, sed *Ω* 15 a *X*

subegisset, missionem continuo efflagitauit ad captandas quam primum maiorum rerum occasiones in urbe.
2 etiam confusum eum somnio proximae noctis — nam uisus erat per quietem stuprum matri intulisse — coiectores ad amplissimam spem incitauerunt arbitrium terrarum orbis portendi interpretantes, quando mater, quam subiectam sibi uidisset, non alia esset quam terra,
8 quae omnium parens haberetur. decedens ergo ante tempus colonias Latinas de petenda ciuitate agitantes adiit, et ad audendum aliquid concitasset, nisi consules conscriptas in Ciliciam legiones paulisper ob id ipsum retinuissent.

9 Nec eo setius maiora mox in urbe molitus est: siquidem ante paucos dies quam aedilitatem iniret, uenit in suspicionem conspirasse cum Marco Crasso consulari, item Publio Sulla et L. Autronio post designationem consulatus ambitus condemnatis, ut principio anni senatum adorirentur, et trucidatis quos placitum esset, dictaturam Crassus inuaderet, ipse ab eo magister equitum diceretur constitutaque ad arbitrium re publica
2 Sullae et Autronio consulatus restitueretur. meminerunt huius coniurationis Tanusius Geminus in historia, Marcus Bibulus in edictis, C. Curio pater in orationibus. de hac significare uidetur et Cicero in quadam ad Axium epistula referens Caesarem in consulatu confirmasse regnum, de quo aedilis cogitarat. Tanusius adicit Crassum paenitentia uel metu diem caedi destinatum non obisse et idcirco ne Caesarem quidem signum, quod ab eo dari conuenerat, dedisse; conuenisse autem Curio ait, ut togam de umero dei-
3 ceret. idem Curio sed et M. Actorius Naso auctores sunt conspirasse eum etiam cum Gnaeo Pisone adulescente, cui ob suspicionem urbanae coniurationis prouincia Hispania ultro extra ordinem data sit; pactum-

16 L.] *debuit* P., *sic Pulm.* 26 cogitarat *Υ'*, -ret *rel.*, -rit *Polak*

que ut simul foris ille, ipse Romae ad res nouas consurgerent, per †Ambranos et Transpadanos; destitutum utriusque consilium morte Pisonis.

Aedilis praeter comitium ac forum basilicasque etiam 10
Capitolium ornauit porticibus ad tempus extructis, in quibus abundante rerum copia pars apparatus exponeretur. uenationes autem ludosque et cum collega et separatim edidit, quo factum est, ut communium quoque inpensarum solus gratiam caperet nec dissimularet collega eius Marcus Bibulus; euenisse sibi quod Polluci: ut enim geminis fratribus aedes in foro constituta tantum Castoris uocaretur, ita suam Caesarisque munificentiam unius Caesaris dici. adiecit insuper Caesar etiam gladiatorium munus, sed 2
aliquanto paucioribus quam destinauerat paribus; nam cum multiplici undique familia conparata inimicos exterruisset, cautum est de numero gladiatorum, quo ne maiorem cuiquam habere Romae liceret.

Conciliato populi fauore temptauit per partem tri- 11
bunorum, ut sibi Aegyptus prouincia plebi scito daretur, nanctus extraordinarii imperii occasionem, quod Alexandrini regem suum socium atque amicum a senatu appellatum expulerant resque uulgo inprobabatur. nec obtinuit aduersante optimatium factione: quorum auctoritatem ut quibus posset modis in uicem deminueret, tropaea Gai Mari de Iugurtha deque Cimbris atque Teutonis olim a Sulla disiecta restituit atque in exercenda de sicaris quaestione eos quoque sicariorum numero habuit, qui proscriptione ob relata ciuium Romanorum capita pecunias ex aerario acceperant, quamquam exceptos Cornelis legibus. subornauit etiam qui 12
Gaio Rabirio perduellionis diem diceret, quo praecipuo adiutore aliquot ante annos Luci Saturnini seditiosum

---

2 Lambranos *Sabell.*, Ambrones *Beroald.* (-as *al.*), Ambarros *Urlichs*, Aruernos *Momms.*, Campanos *Madv.* 23 improbabatur *T*, improbatur (inp- *M*) *rel.* 33 aiutore M^1, auctore *GX'*

tribunatum senatus coercuerat, ac sorte iudex in reum
ductus tam cupide condemnauit, ut ad populum pro-
13 uocanti nihil aeque ac iudicis acerbitas profuerit. de-
posita prouinciae spe pontificatum maximum petit non
sine profusissima largitione; in qua reputans magni-
tudinem aeris alieni, cum mane ad comitia descen-
deret, praedixisse matri osculanti fertur domum se
nisi pontificem non reuersurum. atque ita poten-
tissimos duos competitores multumque et aetate et
dignitate antecedentes superauit, ut plura ipse in eorum
tribubus suffragia quam uterque in omnibus tulerit.

14 Praetor creatus, detecta coniuratione Catilinae se-
natuque uniuerso in socios facinoris ultimam statuente
poenam, solus municipatim diuidendos custodiendosque
publicatis bonis censuit. quin et tantum metum in-
iecit asperiora suadentibus, identidem ostentans quanta
eos in posterum a plebe Romana maneret inuidia, ut
Decimum Silanum consulem designatum non piguerit
sententiam suam, quia mutare turpe erat, interpreta-
tione lenire, uelut grauius atque ipse sensisset exceptam.
2 obtinuisset adeo transductis iam ad se pluribus et in
his Cicerone consulis fratre, nisi labantem ordinem
confirmasset M. Catonis oratio. ac ne sic quidem im-
pedire rem destitit, quoad manus equitum Romanorum,
quae armata praesidii causa circumstabat, inmoderatius
perseueranti necem comminata est, etiam strictos gla-
dios usque eo intentans, ut sedentem una proximi
deseruerint, uix pauci complexu togaque obiecta pro-
texerint. tunc plane deterritus non modo cessit, sed
et in reliquum anni tempus curia abstinuit.

15 Primo praeturae die Quintum Catulum de refectione
Capitoli ad disquisitionem populi uocauit rogatione
promulgata, qua curationem eam in alium transferebat;
uerum impar optimatium conspirationi, quos relicto
statim nouorum consulum officio frequentes obstina-

4 petiit *T* 22 Ciceronis *XIIR*

tosque ad resistendum concucurrisse cernebat, hanc
quidem actionem deposuit. ceterum Caecilio Metello 16
tribuno plebis turbulentissimas leges aduersus collega-
rum intercessionem ferenti auctorem propugnatorem-
que se pertinacissime praestitit, donec ambo admini-
stratione rei publicae decreto patrum submouerentur.
ac nihilo minus permanere in magistratu et ius dicere
ausus, ut comperit paratos, qui ui ac per arma pro-
hiberent, dimissis lictoribus abiectaque praetexta domum
clam refugit pro condicione temporum quieturus. multi- 2
tudinem quoque biduo post sponte et ultro confluentem
operamque sibi in adserenda dignitate tumultuosius
pollicentem conpescuit. quod cum praeter opinionem
euenisset, senatus ob eundem coetum festinato coactus
gratias ei per primores uiros egit accitumque in cu-
riam et amplissimis uerbis conlaudatum in integrum
restituit inducto priore decreto.

Recidit rursus in discrimen aliud inter socios Ca- 17
tilinae nominatus et apud Nouium Nigrum quaestorem
a Lucio Vettio indice et in senatu a Quinto Curio, cui,
quod primus consilia coniuratorum detexerat, constituta
erant publice praemia. Curius e Catilina se cognouisse
dicebat, Vettius etiam chirographum eius Catilinae da-
tum pollicebatur. id uero Caesar nullo modo toleran- 2
dum existimans, cum inplorato Ciceronis testimonio
quaedam se de coniuratione ultro ad eum detulisse
docuisset, ne Curio praemia darentur effecit; Vettium
pignoribus captis et direpta supellectile male mul-
catum ac pro rostris in contione paene discerptum
coiecit in carcerem; eodem Nouium quaestorem, quod
compellari apud se maiorem potestatem passus esset.

Ex praetura ulteriorem sortitus Hispaniam reti- 18
nentes creditores interuentu sponsorum remouit ac

---

5 administratione Ω (ab adm- *G*ς, ministratione *Q*), *corr.* ς
20 Iudice *Lambin.* 22 curio *MGX'* (*corr. V in marg.*)
28 multatum *X'T*

neque more neque iure, ante quam prouinciae or[di]narentur, profectus est: incertum metune iudicii, quod priuato parabatur, an quo maturius sociis inplorantibus subueniret; pacataque prouincia pari festinatione, non expectato successore ad triumphum simul con-
2 sulatumque decessit. sed cum edictis iam comitis ratio eius haberi non posset nisi priuatus introisset urbem, et ambienti ut legibus solueretur multi contra dicerent, coactus est triumphum, ne consulatu excludere-
19 tur, dimittere. e duobus consulatus competitoribus, Lucio Lucceio Marcoque Bibulo, Lucceium sibi adiunxit, pactus ut is, quoniam inferior gratia esset pecuniaque polleret, nummos de suo communi nomine per centurias pronuntiaret. qua cognita re optimates, quos metus ceperat nihil non ausurum eum in summo magistratu concordi et consentiente collega, auctores Bibulo fuerunt tantundem pollicendi, ac plerique pecunias contulerunt, ne Catone quidem abnuente eam largitionem e re publica fieri.

2 Igitur cum Bibulo consul creatur. eandem ob causam opera ab optimatibus data est, ut prouinciae futuris consulibus minimi negotii, id est siluae callesque, decernerentur. qua maxime iniuria instinctus omnibus officiis Gnaeum Pompeium adsectatus est offensum patribus, quod Mithridate rege uicto cunctantius confirmarentur acta sua; Pompeioque Marcum Crassum reconciliauit ueterem inimicum ex consulatu, quem summa discordia simul gesserant; ac societatem cum utroque iniit, ne quid ageretur in re publica, quod dis-
20 plicuisset ulli e tribus. inito honore primus omnium instituit, ut tam senatus quam populi diurna acta confierent et publicarentur. antiquum etiam re<t>tulit morem, ut quo mense fasces non haberet, accensus ante

---

1 ornarentur *Lambin.* 14 optumates *M* 17 pollicenti *MGX'* 23 instigatus *Bentl.* 24 assecutus *corr. ex* adsecutus *M* 30 primum *Modd.* 31 conficerentur *T'*

eum iret, lictores pone sequerentur. lege autem agraria promulgata obnuntiantem collegam armis foro expulit ac postero die in senatu conquestum nec quoquam reperto, qui super tali consternatione referre aut censere aliquid auderet, qualia multa saepe in leuioribus turbis decreta erant, in eam coegit desperationem, ut, quoad potestate abiret, domo abditus nihil aliud quam per edicta obnuntiaret.

Vnus ex eo tempore omnia in re publica et ad 2 arbitrium administrauit, ut nonnulli urbanorum, cum quid per iocum testandi gratia signarent, non Caesare et Bibulo, sed Iulio et Caesare consulibus actum scriberent bis eundem praeponentes nomine atque cognomine, utque uulgo mox ferrentur hi uersus ⟨*FPR p. 330*⟩:

non Bibulo quiddam nuper sed Caesare factum est:
nam Bibulo fieri consule nil memini.

campum Stellatem maioribus consecratum agrumque 3 Campanum ad subsidia rei publicae uectigalem relictum diuisit extra sortem ad uiginti milibus ciuium, quibus terni pluresue liberi essent. publicanos remissionem petentis tertia mercedum parte releuauit ac, ne in locatione nouorum uectigalium inmoderatius licerentur, propalam monuit. cetera item, quae cuique libuissent, dilargitus est contra dicente nullo ac, si conaretur quis, absterrito. Marcum Catonem interpellantem extrahi curia 4 per lictorem ducique in carcerem iussit. Lucio Lucullo liberius resistenti tantum calumniarum metum iniecit, ut ad genua ultro sibi accideret. Cicerone in iudicio quodam deplorante temporum statum Publium Clodium inimicum eius, frustra iam pridem a patribus ad plebem transire nitentem, eodem die horaque nona transduxit. postremo in uniuersos diuer- 5

13 bis *usque* cognomine *del. Lips.* proponentes *ed. Torr. 1578* 15 quidquam (*uel* quicq-) *edd. cum codd. deter.* 18 stellatum *Τ'* 20 ad *Casaub.*, ac *Ω* 24 libuisset *Bentl.*

sae factionis ⟨indicem ......⟩ inductum praemiis, ut se de inferenda Pompeio nece sollciitatum a quibusdam profiteretur productusque pro rostris auctores ex conpacto nominaret; sed uno atque altero frustra nec sine suspicione fraudis nominatis desperans tam praecipitis consilii euentum intercepisse ueneno indicem creditur.

21 Sub idem tempus Calpurniam L. Pisonis filiam successuri sibi in consulatu duxit uxorem suamque, Iuliam, Gnaeo Pompeio conlocauit repudiato priore sponso Seruilio Caepione, cuius uel praecipua opera paulo ante Bibulum inpugnauerat. ac post nouam adfinitatem Pompeium primum rogare sententiam coepit, cum Crassum soleret essetque consuetudo, ut quem ordinem interrogandi sententias consul Kal. Ianuariis instituisset, eum toto anno conseruaret.

22 Socero igitur generoque suffragantibus ex omni prouinciarum copia Gallias potissimum elegit, †cuius emolumento et oportunitate idonea sit materia triumphorum. et initio quidem Galliam Cisalpinam Illyrico adiecto lege Vatinia accepit; mox per senatum Comatam quoque, ueritis patribus ne, si ipsi negassent, populus
2 et hanc daret. quo gaudio elatus non temperauit, quin paucos post dies frequenti curia iactaret, inuitis et gementibus aduersaris adeptum se quae concupisset, proinde ex eo insultaturum omnium capitibus; ac negante quodam per contumeliam facile hoc ulli feminae fore, responderit quasi adludens: in Suria quoque regnasse Sameramin magnamque Asiae partem Amazonas tenuisse quondam.

23 Functus consulatu Gaio Memmio Lucioque Domitio praetoribus de superioris anni actis referentibus cognitionem senatui detulit; nec illo suscipiente triduoque

---

1 ⟨indicem subornauit Vettium⟩ *Roth* (induxit *pro* inductum *Steph.*, induxit Vettium *Urs.*) 8 consulatum *X* 17 Galliam *et tum* quae et *pro* cuius *Bentl.* cuiuis — idoneas et materia *I. Gronov.* (sibi *pro* et *Madv.*), quouis — idoneas sibi et materiam *Polak, alii aliter* 27 responderet *Torr.*

per inritas altercationes absumpto in prouinciam abiit.
et statim quaestor eius in praeiudicium aliquot crimi-
nibus arreptus est. mox et ipse a Lucio Antistio tr. pl.
postulatus appellato demum collegio optinuit, cum rei
publicae causa abesset reus ne fieret. ad securitatem 2
ergo posteri temporis in magno negotio habuit ob-
ligare semper annuos magistratus et e petitoribus non
alios adiuuare aut ad honorem pati peruenire, quam
qui sibi recepissent propugnaturos absentiam suam;
cuius pacti non dubitauit a quibusdam ius iurandum
atque etiam syngrapham exigere. sed cum Lucius Do- **24**
mitius consulatus candidatus palam minaretur consulem
se effecturum quod praetor nequisset ademturumque
ei exercitus, Crassum Pompeiumque in urbem prouinciae
suae Lucam extractos conpulit, ut detrudendi Domitii
causa consulatum alterum peterent, perfecitque †utrum-
que, ut in quinquennium sibi imperium prorogaretur.
qua fiducia ad legiones, quas a re publica acceperat, 2
alias priuato sumptu addidit, unam etiam ex Trans-
alpinis conscriptam, uocabulo quoque Gallico — Alauda
enim appellabatur —, quam disciplina cultuque Romano
institutam et ornatam postea uniuersam ciuitate dona-
uit. nec deinde ulla belli occasione, ⟨ne⟩ iniusti qui- 3
dem ac periculosi abstinuit, tam foederatis quam in-
festis ac feris gentibus ultro lacessitis, adeo ut senatus
quondam legatos ad explorandum statum Galliarum
mittendos decreuerit ac nonnulli dedendum eum hosti-
bus censuerint. sed prospere [de]cedentibus rebus et
saepius et plurium quam quisquam umquam dierum

---

9 pepigissent *X* 11 syngraphum *X* 16 peteret *MGR* (*inde* alter eorum *pro* alterum *Salm.*, uterque *G. Becker delens* utrumque) perfecitque utrumque et ut *X*, et ut *et tum* perfecitque utrumque *post* prorogaretur VG^3, et ut (*om.* perf. utr.) *Q*, fecitque per utrumque ut ς, perf. utcumque ut *Bentley*, perf. per utrumque ut *Roth* 19 addit *MGV* 23 ⟨ne⟩ *Erasm.* 28 cedentibus ς

25 supplicationes impetrauit. gessit autem nouem annis,
quibus in imperio fuit, haec fere.

Omnem Galliam, quae saltu Pyrenaeo Alpibusque
et monte Cebenna, fluminibus Rheno ac Rhodano
continetur patetque circuitu ad bis et tricies centum
milia passuum, praeter socias ac bene meritas ciuitates
in prouinciae formam redegit, eique |$\overline{\text{cccc}}$| in singulos
2 annos stipendii nomine inposuit. Germanos, qui trans
Rhenum incolunt, primus Romanorum ponte fabricato
adgressus maximis adfecit cladibus; adgressus est et
Britannos ignotos antea superatisque pecunias et obsides
imperauit; per tot successus ter nec amplius aduersum
casum expertus: in Britannia classe ui tempestatis prope
absumpta et in Gallia ad Gergouiam legione fusa et
in Germanorum finibus Titurio et Auruncule io legatis
per insidias caesis.

26 Eodem temporis spatio matrem primo, deinde filiam,
nec multo post nepotem amisit. inter quae, consternata
Publi Clodi caede re publica, cum senatus unum consulem
nominatimque Gnaeum Pompeium fieri censuisset,
egit cum tribunis plebis collegam se Pompeio destinantibus,
id potius ad populum ferrent, ut absenti sibi,
quandoque imperii tempus expleri coepisset, petitio secundi
consulatus daretur, ne ea causa maturius et in-
2 perfecto adhuc bello decederet. quod ut adeptus est,
altiora iam meditans [s]et spei plenus nullum largitionis
aut officiorum in quemquam genus publice priuatimque
omisit. forum de manubiis incohauit, cuius
area super sestertium milies constitit. munus populo
epulumque pronuntiauit in filiae memoriam, quod ante
eum nemo. quorum ut quam maxima expectatio esset,

3 a saltu *T* 5 centena *Eutr. VI 17, 3* 6 socios *MGT* 7 *numerus, quem solus seruauit V, erasus in M, om. rel.* (quadringenties *Eutr.*) 8 nomina *X*, nomen *T* 12 per] inter *Eutr.* 26 et *Qς*, sed *rel.* 31 maxima *G*, -me *rel.* (cum maxime *Bentl.*)

ea quae ad epulum pertinerent, quamuis macellaris
ablocata, etiam domesticatim apparabat. gladiatores 3
notos, sicubi infestis spectatoribus dimicarent, ui ra-
piendos reseruandosque mandabat. tirones neque in ludo
neque per lanistas, sed in domibus per equites Ro-
manos atque etiam per senatores armorum peritos eru-
diebat, precibus enitens, quod epistulis eius ostendi-
tur, ut disciplinam singulorum susciperent ipsique dic-
tata exercentibus darent. legionibus stipendium in
perpetuum duplicauit. frumentum, quotiens copia es-
set, etiam sine modo mensuraque praebuit ac singula
interdum mancipia e praeda uiritim dedit. ad reti- 27
nendam autem Pompei necessitudinem ac uoluntatem
Octauiam sororis suae neptem, quae Gaio Marcello
nupta erat, condicionem ei detulit sibique filiam eius
in matrimonium petit Fausto Sullae destinatam. om-
nibus uero circa eum atque etiam parte magna senatus
gratuito aut leui faenore obstrictis, ex reliquo quo-
que ordinum genere uel inuitatos uel sponte ad se
commeantis uberrimo congiario prosequebatur, libertos
insuper seruulosque cuiusque, prout domino patronoue
gratus qui esset. tum reorum aut obaeratorum aut pro- 2
digae iuuentutis subsidium unicum ac promptissimum
erat, nisi quos grauior criminum uel inopiae luxuriaeue
uis urgeret, quam ut subueniri posset a se; his plane
palam bello ciuili opus esse dicebat. nec minore 28
studio reges atque prouincias per terrarum orbem ad-
liciebat, aliis captiuorum milia dono offerens, aliis
citra senatus populique auctoritatem, quo uellent et
quotiens uellent, auxilia submittens, superque Italiae
Galliarumque et Hispaniarum, Asiae quoque et Graeciae
potentissimas urbes praecipuis operibus exornans; donec, 2

12 e (ex *Urs.*) praeda *Roth*, et pr(a)edia (prandia *Q*) *Ω* 15 condicione *codd. praeter* $M^1 G V L^1$ 16 petiit *Υ* 20 persequebatur *Ω*, *corr.* $L^2 T$ *ς* 22 quis *codd. praeter* M^1 (Quiuis *G* tum *Υ*, tam *rel.*, iam *ς* *fort. recte* 24 nisi ⟨si⟩ *Polak*

attonitis iam omnibus et quorsum illa tenderent reputantibus, Marcus Claudius Marcellus consul edicto praefatus, de summa se re publica acturum, rettulit ad senatum, ut ei succederetur ante tempus, quoniam bello confecto pax esset ac dimitti deberet uictor exercitus; et ne absentis ratio comitiis haberetur, quando
3 nec plebi scito Pompeius postea abrogasset. acciderat autem, ut is legem de iure magistratuum ferens eo capite, quo petitione honorum absentis submouebat, ne Caesarem quidem exciperet per obliuionem, ac mox lege iam in aes incisa et in aerarium condita corrigeret errorem. nec contentus Marcellus prouincias Caesari et priuilegium eripere, re⟨t⟩tulit etiam, ut colonis, quos rogatione Vatinia Nouum Comum deduxisset, ciuitas adimeretur, quod per ambitionem et ultra praescriptum data esset.

29 Commotus his Caesar ac iudicans, quod saepe ex eo auditum ferunt, difficilius se principem ciuitatis a primo ordine in secundum quam ex secundo in nouissimum detrudi, summa ope restitit, partim per intercessores tribunos, partim per Seruium Sulpicium alterum consulem. insequenti quoque anno Gaio Marcello, qui fratri patrueli suo Marco in consulatu successerat, eadem temptante collegam eius Aemilium Paulum Gaiumque Curionem uiolentissimum tribuno-
2 rum ingenti mercede defensores parauit. sed cum obstinatius omnia agi uideret et designatos etiam consules e parte diuersa, senatum litteris deprecatus est, ne sibi beneficium populi adimeretur, aut ut ceteri quoque imperatores ab exercitibus discederent; confisus, ut putant, facilius se, simul atque libuisset, ueteranos conuocaturum quam Pompeium nouos milites. cum aduersariis autem pepigit, ut dimissis octo legionibus Transalpinaque Gallia duae sibi legiones et Cis-

---

7 nec] *del. Lips.*, ei *Torr.*, et *I. F. Gron.*, lege *O. Hirschfeld* obrogasset *edd. cum Steph.* 23 consulatum *Tς*

alpina prouincia uel etiam una legio cum Illyrico con-
cederetur, quoad consul fieret. uerum neque senatu 30
interueniente et aduersariis negantibus ullam se de re
publica facturos pactionem, transiit in citeriorem Gal-
liam, conuentibusque peractis Rauennae substitit, bello
uindicaturus si quid de tribunis plebis intercedentibus
pro se grauius a senatu constitutum esset.

Et praetextum quidem illi ciuilium armorum hoc 2
fuit; causas autem alias fuisse opinantur. Gnaeus Pom-
peius ita dictitabat, quod neque opera consummare,
quae instituerat, neque populi expectationem, quam de
aduentu suo fecerat, priuatis opibus explere posset,
turbare omnia ac permiscere uoluisse. alii timuisse 3
dicunt, ne eorum, quae primo consulatu aduersus
auspicia legesque et intercessiones gessisset, rationem
reddere cogeretur; cum M. Cato identidem nec sine
iure iurando denuntiaret delaturum se nomen eius, si-
mul ac primum exercitum dimisisset; cumque uulgo
fore praedicarent, ut si priuatus redisset, Milonis
exemplo circumpositis armatis causam apud iudices
diceret. quod probabilius facit Asinius Pollio, Phar- 4
salica acie caesos profligatosque aduersarios prospici-
entem haec eum ad uerbum dixisse referens: hoc
uoluerunt; tantis rebus gestis Gaius Caesar con-
demnatus essem, nisi ab exercitu auxilium pe-
tissem. quidam putant captum imperii consuetudine 5
pensitatisque suis et inimicorum uiribus usum occa-
sione rapiendae dominationis, quam aetate prima con-
cupisset. quod existimasse uidebatur et Cicero scribens
de Officiis tertio libro ⟨*82*⟩ semper Caesarem in ore
habuisse [est in Phoenissis ⟨*524*⟩: *εἴπερ γὰρ ἀδικεῖν
χρή, τυραννίδος πέρι κάλλιστον ἀδίκημα· τὰ δ' ἄλλα*

---

9 alias ⟨alii⟩ ς, ⟨alii⟩ alias *Burm.* 12 suo *T*, sui *rel. fort. recte* 28 ⟨ab⟩ aetate *Duker* 31 est (quod est *G*, ut est ς) *usque χρεών del. Torr. Casaub.*, eos in Ph. Euripidis uersus ... quos *Steph.*, istos *Turn. damnans* in Phoenissis

εὐσεβεῖν χρεώ⟨ν⟩] Euripidis uersus, quos sic ipse conuertit:

nam si uiolandum est ius, ⟨regnandi⟩ gratia
uiolandum est: aliis rebus pietatem colas.

31 Cum ergo sublatam tribunorum intercessionem ipsosque urbe cessisse nuntiatum esset, praemissis confestim clam cohortibus, ne qua suspicio moueretur, et spectaculo publico per dissimulationem interfuit et formam, qua ludum gladiatorium erat aedificaturus, considerauit et ex consuetudine conuiuio se frequenti de-
2 dit. dein post solis occasum mulis e proximo pistrino ad uehiculum iunctis occultissimum iter modico comitatu ingressus est; et cum luminibus extinctis decessisset uia, diu errabundus tandem ad lucem duce reperto per angustissimos tramites pedibus euasit. consecutusque cohortis ad Rubiconem flumen, qui prouinciae eius finis erat, paulum constitit, ac reputans quantum moliretur, conuersus ad proximos: etiam nunc, inquit, regredi possumus; quod si ponticulum
32 transierimus, omnia armis agenda erunt. cunctanti ostentum tale factum est. quidam eximia magnitudine et forma in proximo sedens repente apparuit harundine canens; ad quem audiendum cum praeter pastores plurimi etiam ex stationibus milites concurrissent interque eos et aeneatores, rapta ab uno tuba prosiliuit ad flumen et ingenti spiritu classicum exorsus pertendit ad alteram ripam. tunc Caesar: eatur, inquit, quo deorum ostenta et inimicorum ini-
33 quitas uocat. iacta alea est, inquit. atque ita traiecto exercitu, adhibitis tribunis plebis, qui pulsi superuenerant, pro contione fidem militum flens ac ueste a pectore discissa inuocauit. existimatur etiam equestres census pollicitus singulis; quod accidit opinione falsa.

---

3 regnandi *suppl.* ς 6 esset *G*, est *T′* (*edd.*), *om. rel.*, *fort.* esset nuntiatum 26 prosiluit *codd. praeter MΠT* 29 esto *Erasm.* inquit *del. Lips.*

nam cum in adloquendo adhortandoque saepius digitum
laeuae manus ostentans adfirmaret se ad satis facien-
dum omnibus, per quos dignitatem suam defensurus
esset, anulum quoque aequo animo detracturum sibi,
extrema contio, cui facilius erat uidere contionantem
quam audire, pro dicto accepit, quod uisu suspicabatur;
promissumque ius anulorum cum milibus quadringenis
fama distulit.

Ordo et summa rerum, quas deinceps gessit, sic 34
se habent. Picenum Vmbriam Etruriam occupauit et
Lucio Domitio, qui per tumultum successor ei nomi-
natus Corfinium praesidio tenebat, in dicionem redacto
atque dimisso secundum Superum mare Brundisium
tetendit, quo consules Pompeiusque confugerant quam
primum transfretaturi. hos frustra per omnis moras 2
exitu prohibere conatus Romam iter conuertit appel-
latisque de re publica patribus ualidissimas Pompei
copias, quae sub tribus legatis M. Petreio et L. Afranio
et M. Varrone in Hispania erant, inuasit, professus
ante inter suos, ire se ad exercitum sine duce
et inde reuersurum ad ducem sine exercitu. et
quanquam obsidione Massiliae, quae sibi in itinere
portas clauserat, summaque frumentariae rei penuria
retardante breui tamen omnia subegit. hinc urbe re- 35
petita in Macedoniam transgressus Pompeium, per
quattuor paene menses maximis obsessum operibus, ad
extremum Pharsalico proelio fudit et fugientem Alexan-
driam persecutus, ut occisum deprehendit, cum Ptole-
maeo rege, a quo sibi quoque insidias tendi uidebat,
bellum sane difficillimum gessit, neque loco neque
tempore aequo, sed hieme anni et intra moenia copio-
sissimi ac sollertissimi hostis, inops ipse omnium re-
rum atque inparatus. regnum Aegypti uictor Cleo-
patrae fratrique eius minori permisit, ueritus prouin-

---

1 exhortandoque *Π* (*uulg.*) 12 deditionem *GΠR* 27 effugientem *MGX'*

ciam facere, ne quandoque uiolentiorem praesidem nacta
2 nouarum rerum materia esset. ab Alexandria in Sy-
riam et inde Pontum transiit urgentibus de Pharnace
nuntiis, quem Mithridatis Magni filium ac tunc occa-
sione temporum bellantem iamque multiplici successu
praeferocem, intra quintum quam adfuerat diem, quat-
tuor quibus in conspectum uenit horis, una profligauit
acie; crebro commemorans Pompei felicitatem, cui
praecipua militiae laus de tam inbelli genere hostium
contigisset. dehinc Scipionem ac Iubam reliquias
partium in Africa refouentis deuicit, Pompei liberos
36 in Hispania. omnibus ciuilibus bellis nullam cladem
nisi per legatos suos passus est, quorum C. Curio in
Africa periit, C. Antonius in Illyrico in aduersariorum
deuenit potestatem, P. Dolabella classem in eodem
Illyrico, Cn. Domitius Caluinus in Ponto exercitum
amiserunt. ipse prosperrime semper ac ne ancipiti
quidem umquam fortuna praeterquam bis dimicauit:
semel ad Dyrrachium, ubi pulsus non instante Pom-
peio negauit eum uincere scire, iterum in Hispania
ultimo proelio, cum desperatis rebus etiam de consci-
scenda nece cogitauit.

37 Confectis bellis quinquiens triumphauit, post de-
uictum Scipionem quater eodem mense, sed interiectis
diebus, et rursus semel post superatos Pompei liberos.
primum et excellentissimum triumphum egit Gallicum,
sequentem Alexandrinum, deinde Ponticum, huic proxi-
mum Africanum, nouissimum Hispaniensem, diuerso
2 quemque apparatu et instrumento. Gallici triumphi
die Velabrum praeteruehens paene curru excussus est
axe diffracto ascenditque Capitolium ad lumina quadra-
ginta elephantis dextra sinistraque lychnuchos gestan-
tibus. Pontico triumpho inter pompae fercula trium

4 hac *MVS* 5 rebellantem *Bentl.* (*cf. Eutr. VI 22, 3*) 11 africa *T'*, -am *rel.* 23 quinquies quinquenni *M* 32 dextraque sinistra *MX'*, dextra atque s. *T* (*edd.*) 33 fericula *T*

uerborum praetulit titulum VENI·VIDI·VICI non acta
belli significantem sicut ceteris, sed celeriter confecti
notam. ueteranis legionibus praedae nomine in pedites 38
singulos super bina sestertia, quae initio ciuilis tu-
multus numerauerat, uicena quaterna milia nummum
dedit. adsignauit et agros, sed non continuos, ne quis
possessorum expelleretur. populo praeter frumenti denos
modios ac totidem olei libras trecenos quoque num-
mos, quos pollicitus olim erat, uiritim diuisit et hoc
amplius centenos pro mora. annuam etiam habitatio- 2
nem Romae usque ad bina milia nummum, in Italia non
ultra quingenos sestertios remisit. adiecit epulum ac
uiscerationem et post Hispaniensem uictoriam duo pran-
dia; nam cum prius parce neque pro liberalitate sua
praebitum iudicaret, quinto post die aliud largissimum
praebuit. edidit spectacula uarii generis: munus gla- 39
diatorium, ludos etiam regionatim urbe tota et quidem
per omnium linguarum histriones, item circenses ath-
letas naumachiam. munere in foro depugnauit Furius
Leptinus stirpe praetoria et Q. Calpenus senator quon-
dam actorque causarum. pyrricham saltauerunt Asiae
Bithyniaeque principum liberi. ludis Decimus Laberius 2
eques Romanus mimum suum egit donatusque quin-
gentis sestertiis et anulo aureo sessum in quattuor-
decim ⟨e⟩ scaena per orchestram transiit. circensibus
spatio circi ab utraque parte producto et in gyrum
euripo addito quadrigas bigasque et equos desultorios
agitauerunt nobilissimi iuuenes. Troiam lusit turma
duplex maiorum minorumque puerorum. uenationes 3
editae per dies quinque ac nouissime pugna diuisa in
duas acies, quingenis peditibus, elephantis uicenis, tri-
cenis equitibus hinc et inde commissis. nam quo laxius
dimicaretur, sublatae metae inque earum locum bina
castra exaduersum constituta erant. athletae stadio ad

---

12 ac] ad *T* 25 ⟨e⟩ *Turn.* 29 minorumque *GT'*, minorum *rel.* puerum *M* 34 exaduerso *X'Q*

tempus extructo regione Marti campi certauerunt per
4 triduum. nauali proelio in minore Codeta defosso lacu
biremes ac triremes quadriremesque Tyriae et Aegyptiae
classis magno pugnatorum numero conflixerunt. ad
quae omnia spectacula tantum undique confluxit hominum, ut plerique aduenae aut inter uicos aut inter
uias tabernaculis positis manerent, ac saepe prae turba
elisi exanimatique sint plurimi et in his duo senatores.
40 Conuersus hinc ad ordinandum rei publicae statum
fastos correxit iam pridem uitio pontificum per intercalandi licentiam adeo turbatos, ut neque messium
feriae aestate neque uindemiarum autumno conpeterent; annumque ad cursum solis accommodauit, ut trecentorum sexaginta quinque dierum esset et intercalario
mense sublato unus dies quarto quoque anno inter-
2 calaretur. quo autem magis in posterum ex Kalendis
Ianuariis nouis temporum ratio congrueret, inter Nouembrem ac Decembrem mensem interiecit duos alios;
fuitque is annus, quo haec constituebantur, quindecim
mensium cum intercalario, qui ex consuetudine in eum
41 annum inciderat. senatum suppleuit, patricios adlegit,
praetorum aedilium quaestorum, minorum etiam magistratuum numerum ampliauit; nudatos opere censorio
aut sententia iudicum de ambitu condemnatos restituit.
2 comitia cum populo partitus est, ut exceptis consulatus conpetitoribus de cetero numero candidatorum
pro parte dimidia quos populus uellet pronuntiarentur,
pro parte altera quos ipse dedisset. et edebat per libellos circum tribum missos scriptura breui: Caesar
dictator illi tribui. commendo uobis illum et
illum, ut uestro suffragio suam dignitatem teneant. admisit ad honores et proscriptorum liberos.

---

1 in regione *T′* 2 in morem cocleę *T* 12 aestati *X* 17 nobis *Ω*, *corr. Urs.* 18 et *X′* 23 notatos *G* 27 renuntiarentur *Lips.* 28 edidisset *Steph.* et *om. M* 29 tribus *ed. Ven. 1510 al.* (tributim circummissos *Bentl.*)

iudicia ad duo genera iudicum redegit, equestris ordinis
ac senatorii; tribunos aerarios, quod erat tertium, su-
stulit.
Recensum populi nec more nec loco solito, sed 3
uicatim per dominos insularum egit atque ex uiginti
trecentisque milibus accipientium frumentum e publico
ad centum quinquaginta retraxit; ac ne qui noui coe-
tus recensionis causa moueri quandoque possent, in-
stituit, quotannis in demortuorum locum ex iis, qui
recensi non essent, subsortitio a praetore fieret. octo- 42
ginta autem ciuium milibus in transmarinas colonias
distributis, ut exhaustae quoque urbis frequentia sup-
peteret, sanxit, ne quis ciuis maior annis uiginti mi-
norue †decem, qui sacramento non teneretur, plus tri-
ennio continuo Italia abesset, neu qui senatoris filius
nisi contubernalis aut comes magistratus peregre pro-
ficisceretur; neue ii, qui pecuariam facerent, minus
tertia parte puberum ingenuorum inter pastores habe-
rent. omnisque medicinam Romae professos et libera-
lium artium doctores, quo libentius et ipsi urbem in-
colerent et ceteri adpeterent, ciuitate donauit. de pe- 2
cuniis mutuis disiecta nouarum tabularum expectatione,
quae crebro mouebatur, decreuit tandem, ut debitores
creditoribus satis facerent per aestimationem posses-
sionum, quanti quasque ante ciuile bellum comparas-
sent, deducto summae aeris alieni, si quid usurae no-
mine numeratum aut perscriptum fuisset; qua con-
dicione quarta pars fere crediti deperibat. cuncta col- 3
legia praeter antiquitus constituta distraxit. poenas fa-
cinorum auxit; et cum locupletes eo facilius scelere
se obligarent, quod integris patrimoniis exulabant, par-
ricidas, ut Cicero scribit, bonis omnibus, reliquos

2 et *X′*   7 detraxit *Bentl.*   8 instituit ⟨ut⟩ *Polak*   12 urbi *Sabell.*   14 quadraginta *ed. Basil. 1533* (ς?), LX *Casaub.*, L *Oud.*   15 quis *codd. praeter M*   28 fere *GΥ′*, fieret *rel.*   30 et *del. Casaub.*

43 dimidia parte multauit. ius laboriosissime ac seuerissime dixit. repetundarum conuictos etiam ordine senatorio mouit. diremit nuptias praetorii uiri, qui digressam a marito post biduum statim duxerat, quamuis sine probri suspicione. peregrinarum mercium portoria instituit. lecticarum usum, item conchyliatae uestis et margaritarum nisi certis personis et aetati-
2 bus perque certos dies ademit. legem praecipue sumptuariam exercuit dispositis circa macellum custodibus, qui obsonia contra uetitum retinerent deportarentque ad se, submissis nonnumquam lictoribus atque militibus, qui, si qua custodes fefellissent, iam adposita e triclinio auferrent.

44 Nam de ornanda instruendaque urbe, item de tuendo ampliandoque imperio plura ac maiora in dies destinabat: in primis Martis templum, quantum nusquam esset, extruere repleto et conplanato lacu, in quo naumachiae spectaculum ediderat, theatrumque
2 summae magnitudinis Tarpeio monti accubans; ius ciuile ad certum modum redigere atque ex immensa diffusaque legum copia optima quaeque et necessaria in paucissimos conferre libros; bibliothecas Graecas Latinasque quas maximas posset publicare data Marco
3 Varroni cura comparandarum ac digerendarum; siccare Pomptinas paludes; emittere Fucinum lacum; uiam munire a mari Supero per Appennini dorsum ad Tiberim usque; perfodere Isthmum; Dacos, qui se in Pontum et Thraciam effuderant, coercere; mox Parthis inferre bellum per Armeniam minorem nec nisi ante expertos adgredi proelio.

4 Talia agentem atque meditantem mors praeuenit. de qua prius quam dicam, ea quae ad formam et habitum et cultum et mores, nec minus quae ad ciuilia

---

10 ⟨petita⟩ *post* uetitum *suppl. Polak,* ⟨uendentium⟩ *Büch.,* ⟨proposita⟩ *ego* 14 Iam ς 22 Graecam Latinamque *Grut.* 23 quam ς 30 exploratos *Polak,* exsertos *Büch.*

et bellica eius studia pertineant, non alienum erit summatim exponere.

Fuisse traditur excelsa statura, colore candido, te- 45
retibus membris, ore paulo pleniore, nigris uegetisque
oculis, ualitudine prospera, nisi quod tempore extremo
repente animo linqui atque etiam per somnum exter-
reri solebat. comitiali quoque morbo bis inter res
agendas correptus est. circa corporis curam morosior, 2
ut non solum tonderetur diligenter ac raderetur, sed
uelleretur etiam, ut quidam exprobrauerunt, caluitii
uero deformitatem iniquissime ferret saepe obtrecta-
torum iocis obnoxiam expertus. ideoque et deficientem
capillum reuocare a uertice adsueuerat et ex omnibus
decretis sibi a senatu populoque honoribus non aliud
aut recepit aut usurpauit libentius quam ius laureae
coronae perpetuo gestandae.

Etiam cultu notabilem ferunt: usum enim lato 3
clauo ad manus fimbriato nec umquam aliter quam
⟨ut⟩ super eum cingeretur, et quidem fluxiore cinctura;
unde emanasse Sullae dictum optimates saepius ad-
monentis, ut male praecinctum puerum cauerent.
habitauit primo in Subura modicis aedibus, post autem 46
pontificatum maximum in Sacra uia domo publica.
munditiarum lautitiarumque studiosissimum multi pro-
diderunt: uillam in Nemorensi a fundamentis incohatam
magnoque sumptu absolutam, quia non tota ad ani-
mum ei responderat, totam diruisse, quanquam tenuem
adhuc et obaeratum; in expeditionibus tessellata et
sectilia pauimenta circumtulisse; Britanniam petisse 47
spe margaritarum, quarum amplitudinem conferentem
interdum sua manu exegisse pondus; gemmas, toreu-
mata, signa, tabulas operis antiqui semper animosissime

---

13 ad uerticem ς 18 usque ad manus *H*, at minus *Q*ς, ad amussim *et tum* striato *Ernst Schulze* 19 ut *hic suppl. Bentl., post* nec *habent* *ΠQ*ς 20 manasse *Casaub*, et m *Bentl.*

comparasse; seruitia rectiora politioraque inmenso
pretio, et cuius ipsum etiam puderet, sic ut rationi-
48 bus uetaret inferri; conuiuatum assidue per prouincias
duobus tricliniis, uno quo sagati palliatiue, altero quo
togati cum inlustrioribus prouinciarum discumberent.
domesticam disciplinam in paruis ac maioribus rebus
diligenter adeo seuereque rexit, ut pistorem alium
quam sibi panem conuiuis subicientem compedibus
uinxerit, libertum gratissimum ob adulteratam equitis
Romani uxorem, quamuis nullo querente, capitali poena
adfecerit.

49 Pudicitiae eius famam nihil quidem praeter Nico-
medis contubernium laesit, graui tamen et perenni ob-
probrio et ad omnium conuicia exposito. omitto Calui
Licini ⟨*FPR p.322*⟩ notissimos uersus:

Bithynia quicquid
et p[r]edicator Caesaris umquam habuit.

praetereo actiones Dolabellae et Curionis patris, in
quibus eum Dolabella paelicem reginae, spondam
interiorem regiae lecticae, at Curio stabulum
2 Nicomedis et Bithynicum fornicem dicunt. missa
etiam facio edicta Bibuli, quibus proscripsit collegam
suum Bithynicam reginam, eique antea regem
fuisse cordi, nunc esse regnum. quo tempore, ut
Marcus Brutus refert, Octauius etiam quidam ualitudine
mentis liberius dicax conuentu maximo, cum Pompeium
regem appellasset, ipsum reginam salutauit. sed C. Mem-
mius etiam ad cyathum †et ui Nicomedi stetisse obicit,
cum reliquis exoletis, pleno conuiuio, accubantibus
nonnullis urbicis negotiatoribus, quorum refert nomina.
3 Cicero uero non contentus in quibusdam epistulis
scripsisse a satellitibus eum in cubiculum regium

---

1 retiora *MVLPO*, preciosiora *G*, recentiora *T'*, *corr.* ς *et V in marg.* (teretiora *Heins.*) 2 ipsum *TT*, ipse *rel.* 17 predicator *Ω*, *corr. saec. XV* 23 bithinicam *T*, -niam *rel.*, -nam *Bentl.* 28 et uina *G*, et uinum *T'*, *om.* ς, eum *Salm.*

eductum in aureo lecto ueste purpurea decubuisse floremque aetatis a Venere orti in Bithynia contaminatum, quondam etiam in senatu defendenti ei Nysae causam, filiae Nicomedis, beneficiaque regis in se commemoranti: remoue, inquit, istaec, oro te, quando notum est, et quid ille tibi et quid illi tute dederis. Gallico denique triumpho milites 4
eius inter cetera carmina, qualia currum prosequentes ioculariter canunt, etiam illud ⟨*FPR p. 330*⟩ uulgatissimum pronuntiauerunt:

Gallias Caesar subegit, Nicomedes Caesarem:
ecce Caesar nunc triumphat qui subegit Gallias,
Nicomedes non triumphat qui subegit Caesarem.

pronum et sumptuosum in libidines fuisse constans 50
opinio est, plurimasque et illustres feminas corrupisse, in quibus Postumiam Serui Sulpici[i], Lolliam Auli Gabini, Tertullam Marci Crassi, etiam Cn. Pompei Muciam. nam certe Pompeio et a Curionibus patre et filio et a multis exprobratum est, quod cuius causa post tres liberos exegisset uxorem et quem gemens Aegisthum appellare consuesset, eius postea filiam potentiae cupiditate in matrimonium recepisset. sed ante 2
alias dilexit Marci Bruti matrem Seruiliam, cui et proximo suo consulatu sexagiens sestertium margaritam mercatus est et bello ciuili super alias donationes amplissima praedia ex auctionibus hastae minimo addixit; cum quidem plerisque uilitatem mirantibus facetissime Cicero: quo melius, inquit, emptum sciatis, tertia deducta; existimabatur enim Seruilia etiam filiam suam Tertiam Caesari conciliare. ne prouincia- 51

1 deductum *G* 2 ortae *X*, -um *G* 12 *habent uersum suspectum T′, om. rel. et H* 18 postuminam *MVPOS* 24 recepisse *M* 25 alias repetisset *MG* 26 primo *Torr.* sestertio ς 31 deducta est *T′*

libus quidem matrimoniis abstinuisse uel hoc disticho ⟨*FPR p. 330*⟩ apparet iactato aeque a militibus per Gallicum triumphum:

urbani, seruate uxores: moechum caluom adducimus.
aurum in Gallia effutuisti, hic sumpsisti mutuum.

52 dilexit et reginas, inter quas Eunoen Mauram Bogudis
uxorem, cui maritoque eius plurima et immensa tri-
buit, ut Naso scripsit; sed maxime Cleopatram, cum
qua et conuiuia in primam lucem saepe protraxit et
eadem naue thalamego paene Aethiopia tenus Aegyptum
penetrauit, nisi exercitus sequi recusasset, quam deni-
que accitam in urbem non nisi maximis honoribus
praemiisque auctam remisit filiumque natum appellare
2 nomine suo passus est. quem quidem nonnulli Grae-
corum similem quoque Caesari et forma et incessu
tradiderunt. M. Antonius adgnitum etiam ab eo se-
natui adfirmauit, quae scire C. Matium et C. Oppium
reliquosque Caesaris amicos; quorum Gaius Oppius,
quasi plane defensione ac patrocinio res egeret, librum
edidit, non esse Caesaris filium, quem Cleopatra dicat.
3 Heluius Cinna tr. pl. plerisque confessus est habuisse
se scriptam paratamque legem, quam Caesar ferre ius-
sisset cum ipse abesset, uti uxores liberorum quaeren-
dorum causa quas et quot uellet ducere liceret. at ne
cui dubium omnino sit et impudicitiae et adulteriorum
flagrasse infamia, Curio pater quadam eum oratione
omnium mulierum uirum et omnium uirorum mulie-
rem appellat.

53 Vini parcissimum ne inimici quidem negauerunt.

---

4 caluon *MGV*, -uum *rel.* 6 gallia *Υ'*, -am *rel.* 10 naso ς (*Mancinellus*), uasa *Ω* (*corr. ex* uasu *ut uid. M*, uasas *G*) 16 ⟨e⟩ nomine *Modd.* 19 ⟨id⟩que scire *Modd.* (que *pro* quae *codd. pler.*) 22 de cl. dicant *Υ* 25 ut ⟨e⟩i *Büch.* 26 uellent *X* ac *edd. fere cum Erasmo* 27 impud. eum *Υ*

Marci Catonis est: unum ex omnibus Caesarem
ad euertendam rem publicam sobrium acces-
sisse. nam circa uictum Gaius Oppius adeo indiffe-
rentem docet, ut quondam ab hospite conditum oleum
pro uiridi adpositum aspernantibus ceteris solum etiam
largius appetisse scribat, ne hospitem aut neglegentiae
aut rusticitatis uideretur arguere. abstinentiam neque 54
in imperiis neque in magistratibus praestitit. ut enim
quidam monumentis suis testati sunt, in Hispania pro
consule et a sociis pecunias accepit emendicatas in
auxilium aeris alieni et Lusitanorum quaedam oppida,
quanquam nec imperata detrectarent et aduenienti por-
tas patefacerent, diripuit hostiliter. in Gallia fana 2
templaque deum donis referta expilauit, urbes diruit
saepius ob praedam quam ob delictum; unde factum,
ut auro abundaret ternisque milibus nummum in libras
promercale per Italiam prouinciasque diuenderet. in 3
primo consulatu tria milia pondo auri furatus e Capi-
tolio tantundem inaurati aeris reposuit. societates ac
regna pretio dedit, ut qui uni Ptolemaeo prope sex
milia talentorum suo Pompeique nomine abstulerit.
postea uero euidentissimis rapinis ac sacrilegis et onera
bellorum ciuilium et triumphorum ac munerum susti-
nuit impendia.

Eloquentia militarique re aut aequauit praestan- 55
tissimorum gloriam aut excessit. post accusationem
Dolabellae haud dubie principibus patronis adnume-
ratus est. certe Cicero ad Brutum ⟨*261*⟩ oratores
enumerans negat se uidere, cui debeat Caesar cedere,
aitque eum elegantem, splendidam quoque atque etiam
magnificam et generosam quodam modo rationem di-
cendi tenere; et ad Cornelium Nepotem de eodem
ita scripsit: quid? oratorem quem huic ante- 2

---

1 Verbum marci *T′* 9 proconsule *V*, a proconsule *T′*, proconsul *rel.* 22 onere *MG al.* 25 militarique re *Lips.* (ς?), militari quare (quare *om. G*) *Ω*, militarique arte *Heins.* 33 oratorum *T*

pones eorum, qui nihil aliud egerunt? quis
sententiis aut acutior aut crebrior? quis uer-
bis aut ornatior aut elegantior? genus eloquen-
tiae dum taxat adulescens adhuc Strabonis Caesaris
secutus uidetur, cuius etiam ex oratione, quae inscri-
bitur pro Sardis, ad uerbum nonnulla transtulit in
diuinationem suam. pronuntiasse autem dicitur uoce
3 acuta, ardenti motu gestuque, non sine uenustate. ora-
tiones aliquas reliquit, inter quas temere quaedam
feruntur. pro Quinto Metello non immerito Augu-
stus existimat magis ab actuariis exceptam male sub-
sequentibus uerba dicentis, quam ab ipso editam; nam
in quibusdam exemplaribus inuenio ne inscriptam qui-
dem pro Metello, sed quam scripsit Metello, cum
ex persona Caesaris sermo sit Metellum seque ad-
uersus communium obtrectatorum criminationes pur-
4 gantis. apud milites quoque in Hispania idem
Augustus uix ipsius putat, quae tamen duplex fertur:
una quasi priore habita proelio, altera posteriore, quo
Asinius Pollio ne tempus quidem contionandi habuisse
56 eum dicit subita hostium incursione. reliquit et rerum
suarum commentarios Gallici ciuilisque belli Pom-
peiani. nam Alexandrini Africique et Hispaniensis in-
certus auctor est: alii Oppium putant, alii Hirtium,
qui etiam Gallici belli nouissimum imperfectumque li-
brum suppleuerit. de commentariis Caesaris Cicero in
2 eodem Bruto ⟨*262*⟩ sic refert: commentarios scri-
psit ualde quidem probandos: nudi sunt, recti
et uenusti, omni ornatu orationis tamquam
ueste detracta; sed dum uoluit alios habere pa-
rata, unde sumerent qui uellent scribere histo-
riam, ineptis gratum fortasse fecit, qui illa uo-
lent calamistris inurere, sanos quidem homines
3 a scribendo deterruit. de isdem commentariis Hir-

10 ⟨ut⟩ pro *Casaub.* non] quae non *et tum* excepta *et* edita *T′* 18 uix] orationem esse *T′* 26 Caesaris *om.* *T*

tius ⟨*bell. Gall. VIII pr.*⟩ ita praedicat: adeo proban-
tur omnium iudicio, ut praerepta, non prae-
bita facultas scriptoribus uideatur. ⟨cuius ta-
men rei maior nostra quam reliquorum est ad-
miratio; ceteri enim, quam bene atque emen-
date,⟩ nos etiam, quam facile atque celeriter
eos perscripserit, scimus. Pollio Asinius parum 4
diligenter parumque integra ueritate compositos putat,
cum Caesar pleraque et quae per alios erant gesta
temere crediderit et quae per se, uel consulto uel etiam
memoria lapsus perperam ediderit; existimatque re-
scripturum et correcturum fuisse. reliquit et de ana- 5
logia duos libros et Anticatones totidem ac prae-
terea poema quod inscribitur Iter. quorum librorum
primos in transitu Alpium, cum ex citeriore Gallia
conuentibus peractis ad exercitum rediret, sequentes
sub tempus Mundensis proelii fecit; nouissimum, dum
ab urbe in Hispaniam ulteriorem quarto et uicensimo
die peruenit. epistulae quoque eius ad senatum extant, 6
quas primum uidetur ad paginas et formam memorialis
libelli conuertisse, cum antea consules et duces non
nisi transuersa charta scriptas mitterent. extant et ad
Ciceronem, item ad familiares domesticis de rebus, in
quibus, si qua occultius perferenda erant, per notas
scripsit, id est sic structo litterarum ordine, ut nullum
uerbum effici posset: quae si qui inuestigare et perse-
qui uelit, quartam elementorum litteram, id est D pro
A et perinde reliquas commutet. feruntur et †aituero 7
ab adulescentulo quaedam scripta, ut Laudes Her-

---

3 *lacuna, si modo fuit, expleta in* ς 7 pr(a)escripserit *MGTP*, perfecerit *Hirt.* 9 cum] cui *MG* 13 Anticatonis *C. G. Müller* 14 inter *M* 20 primus *Urs.*, primus is *Casaub.* 24 proferenda *X* 26 quis *codd. praeter MGVL* 27 uelit ς (*Ern.*), uellet Ω, uolet *Steph.* 28 et aituero ab *MV*, et a puero ab *R*, et a puero et ab *ΠQ*, uero ab *LSO*², uero *T*, et ab *G*, ab *PO*¹, uero et ab ς, ut ait Varro ab (*uel* et ab) *Bentl.*, ut ait Q. Tubero ab *Reifferscheid*, et a puero aut *Jernstedt*

culis, tragoedia Oedipus, item Dicta collectanea:
quos omnis libellos uetuit Augustus publicari in epi-
stula, quam breuem admodum ac simplicem ad Pom-
peium Macrum, cui ordinandas bibliothecas delegaue-
rat, misit.

57 Armorum et equitandi peritissimus, laboris ultra
fidem patiens erat. in agmine nonnumquam equo, sae-
pius pedibus anteibat, capite detecto, seu sol seu imber
esset; longissimas uias incredibili celeritate confecit,
expeditus, meritoria raeda, centena passuum milia in
singulos dies; si flumina morarentur, nando traiciens
uel innixus inflatis utribus, ut persaepe nuntios de se
58 praeuenerit. in obeundis expeditionibus dubium cauti-
or an audentior, exercitum neque per insidiosa itinera
duxit umquam nisi perspeculatus locorum situs, ne-
que in Britanniam transuexit, nisi ante per se portus
et nauigationem et accessum ad insulam explorasset.
at idem obsessione castrorum in Germania nuntiata
per stationes hostium Gallico habitu penetrauit ad suos.
2 a Brundisio Dyrrachium inter oppositas classes hieme
transmisit cessantibusque copiis, quas subsequi ius-
serat, cum ad accersendas frustra saepe misisset, no-
uissime ipse clam noctu paruulum nauigium solus ob-
uoluto capite conscendit, neque aut quis esset ante
detexit aut gubernatorem cedere aduersae tempestati
59 passus est quam paene obrutus fluctibus. ne religione
quidem ulla a quoquam incepto absterritus umquam
uel retardatus est. cum immolanti aufugisset hostia,
profectionem aduersus Scipionem et Iubam non distulit.
prolapsus etiam in egressu nauis uerso ad melius
omine: teneo te, inquit, Africa. ad eludendas autem
uaticinationes, quibus felix et inuictum in ea prouincia
fataliter Scipionum nomen ferebatur, despectissimum
quendam ex Corneliorum genere, cui ad opprobrium

---

6 et *GT'*, *om. rel.* 15 praespeculatus *Qς*, perspeculatos *X*
16 per se *del. Tross,* per suos *Lips., alii aliter*

uitae Saluitoni cognomen erat, in castris secum
habuit

Proelia non tantum destinato, sed ex occasione su- **60**
mebat ac saepe ab itinere statim, interdum spurcissi-
mis tempestatibus, cum minime quis moturum putaret;
nec nisi tempore extremo ad dimicandum cunctatior
factus est, quo saepius uicisset, hoc minus experien-
dos casus opinans nihilque se tantum adquisiturum
uictoria, quantum ⟨. . . . .
. . . .⟩ hostem fudit, quin castris quo-
que exueret: ita [ut] nullum spatium perterritis dabat.
ancipiti proelio equos dimittebat et in primis suum,
quo maior permanendi necessitas imponeretur auxilio
fugae erepto. utebatur autem equo insigni, pedibus **61**
prope humanis et in modum digitorum ungulis fissis,
quem natum apud se, cum haruspices imperium orbis
terrae significare domino pronuntiassent, magna cura
aluit nec patientem sessoris alterius primus ascendit;
cuius etiam instar pro aede Veneris Genetricis postea
dedicauit. inclinatam aciem solus saepe restituit ob- **62**
sistens fugientibus retinensque singulos et contortis
faucibus conuertens in hostem et quidem adeo ple-
rumque trepidos, ut aquilifer[o] moranti se cuspide
sit comminatus, alius in manu detinentis reliquerit
signum. non minor illa constantia eius, maiora etiam **63**
indicia fuerint. post aciem Pharsalicam cum praemis-
sis in Asiam copiis per angustias Hellesponti uectoria
nauicula traiceret, L. Cassium partis aduersae cum

3 ⟨ex⟩ dest. *Burm.* set ex *M*, sed Π^1 (*Burm.*), sed et *uel* sed et ex *Bentl.* 9 quam cum *GT* ⟨auferre calamitas posset. nullum umquam⟩ *expl.* ς 10 qui in *codd. praeter* GTQ^2ς 11 ut *om.* *ΠQ*ς (nullum ut *R*) daret *G*ς 18 *ascendit (a *corr. ex* e) *M*, scandit *H*, escendit *Graev.* 23 aquilifer *Egn.* demoranti *Oud.*, rem. *Büch.* se *M*, *om.* *VLPOQ*, secus *rel.* 24 retinentis *Burm.* 25 minora *Υ′* constantiae *ΠQST*ς etiam maiora *G*, quam maiora etiam *I.*, immo maiora etiam *Υ′* 26 fuerunt *GΥ* 27 uictor *Υ*

decem rostratis nauibus obuium sibi neque refugit et comminus tendens, ultro ad deditionem hortatus, sup-
64 plicem ad se recepit. Alexandriae circa oppugnationem pontis eruptione hostium subita conpulsus in scapham pluribus eodem praecipitantibus, cum desilisset in mare, nando per ducentos passus euasit ad proximam nauem, elata laeua, ne libelli quos tenebat madefierent, paludamentum mordicus trahens, ne spolio poteretur hostis.

65 Militem neque a moribus neque a fortuna probabat, sed tantum a uiribus, tractabatque pari seueritate atque indulgentia. non enim ubique ac semper, sed cum hostis in proximo esset, coercebat: tum maxime exactor grauissimus disciplinae, ut neque itineris neque proelii tempus denuntiaret, sed paratum et intentum momentis omnibus quo uellet subito educeret. quod etiam sine causa plerumque faciebat, praecipue pluuiis et festis diebus. ac subinde obseruandum se admonens repente interdiu uel nocte subtrahebat, augebatque iter, ut se-
66 rius subsequentis defetigaret. fama uero hostilium copiarum perterritos non negando minuendoue, sed insuper amplificando ementiendoque confirmabat. itaque cum expectatio aduentus Iubae terribilis esset, conuocatis ad contionem militibus: scitote, inquit, paucissimis his diebus regem adfuturum cum decem legionibus, equitum triginta, leuis armaturae centum milibus, elephantis trecentis. proinde desinant quidam quaerere ultra aut opinari mihique, qui compertum habeo, credant; aut quidem uetustissima naue impositos quocumque uento in quascumque terras iubebo auehi.

67 Delicta neque obseruabat omnia neque pro modo exequebatur, sed desertorum ac seditiosorum et in-

5 decidisset *Modd.* 10 fortuna *M*, forma *Torr.* 19 nocte ⟨se⟩ *Roth* 30 equidem *Casaub.*

quisitor et punitor acerrimus coniuebat in ceteris. ac
nonnumquam post magnam pugnam atque uictoriam
remisso officiorum munere licentiam omnem passim
lasciuiendi permittebat, iactare solitus milites suos
etiam unguentatos bene pugnare posse. nec mi- 2
lites eos pro contione, sed blandiore nomine commi-
litones appellabat habebatque tam cultos, ut argento
et auro politis armis ornaret, simul et ad speciem et
quo tenaciores eorum in proelio essent metu damni.
diligebat quoque usque adeo, ut audita clade Tituriana
barbam capillumque summiserit nec ante dempserit
quam uindicasset. quibus rebus et deuotissimos sibi 68
et fortissimos reddidit. ingresso ciuile bellum cen-
turiones cuiusque legionis singulos equites e uiatico
suo optulerunt, uniuersi milites gratuitam et sine fru-
mento stipendioque operam, cum tenuiorum tutelam
locupletiores in se contulissent. neque in tam diuturno
spatio quisquam omnino desciuit, plerique capti con-
cessam sibi sub condicione uitam, si militare aduersus
eum uellent, recusarunt. famem et ceteras necessi- 2
tates, non cum obsiderentur modo sed et si ipsi alios
obsiderent, tanto opere tolerabant, ut Dyrrachina mu-
nitione Pompeius uiso genere panis ex herba, quo su-
stinebantur, cum feris sibi rem esse dixerit amoueri-
que ocius nec cuiquam ostendi iusserit, ne patientia et
pertinacia hostis animi suorum frangerentur.

Quanta fortitudine dimicarint, testimonio est quod 3
aduerso semel apud Dyrrachium proelio poenam in
se ultro depoposcerunt, ut consolandos eos magis im-
perator quam puniendos habuerit. ceteris proeliis in-
numeras aduersariorum copias multis partibus ipsi pau-
ciores facile superarunt. denique una sextae legionis
cohors praeposita castello quattuor Pompei legiones
per aliquot horas sustinuit paene omnis confixa multi-

---

1 poenitor *MGV* (*in M corr. m. 1*) 8 auro litis *Bentl.*

tudine hostilium sagittarum, quarum centum ac triginta
4 milia intra uallum reperta sunt. nec mirum, si quis singulorum facta respiciat, uel Cassi Scaeuae centurionis uel Gai Acili militis, ne de pluribus referam. Scaeua excusso oculo, transfixus femore et umero, centum et uiginti ictibus scuto perforato, custodiam portae commissi castelli retinuit. Acilius nauali ad Massiliam proelio iniecta in puppem hostium dextera et abscisa memorabile illud apud Graecos Cynegiri exemplum imitatus transiluit in nauem umbone obuios agens.

69 Seditionem per decem annos Gallicis bellis nullam omnino mouerunt, ciuilibus aliquas, sed ut celeriter ad officium redierint, nec tam indulgentia ducis quam auctoritate. non enim cessit umquam tumultuantibus atque etiam obuiam semper iit; et nonam quidem legionem apud Placentiam, quanquam in armis adhuc Pompeius esset, totam cum ignominia missam fecit aegreque post multas et supplicis preces, nec nisi
70 exacta de sontibus poena, restituit; decimanos autem Romae cum ingentibus minis summoque etiam urbis periculo missionem et praemia flagitantes, ardente tunc in Africa bello, neque adire cunctatus est, quanquam deterrentibus amicis, neque dimittere; sed una uoce, qua Quirites eos pro militibus appellarat, tam facile circumegit et flexit, ut ei milites esse confestim responderint et quamuis recusantem ultro in Africam sint secuti; ac sic quoque seditiosissimum quemque et praedae et agri destinati tertia parte multauit.

71 Studium et fides erga clientis ne iuueni quidem defuerunt. Masintham nobilem iuuenem, cum aduersus Hiempsalem regem tam enixe defendisset, ut Iubae regis filio in altercatione barbam inuaserit, stipendiarium

---

1 milia sagittarum circiter xxx *Caes. b. c. III 53* 5 transfixis *Bentl.* 14 redirent *X* 23 in *del. Burm.* 26 esse se ς, se esse *Bentl.*

quoque pronuntiatum et abstrahentibus statim eripuit
occultauitque apud se diu et mox ex praetura profici-
scens in Hispaniam inter officia prosequentium fasces-
que lictorum lectica sua auexit.

Amicos tanta semper facilitate indulgentiaque tracta- **72**
uit, ut Gaio Oppio comitanti se per siluestre iter cor-
reptoque subita ualitudine deuersoriolo[co], quod unum
erat, cesserit et ipse humi ac sub diuo cubuerit. iam
autem rerum potens quosdam etiam infimi generis ad
amplissimos honores prouexit, cum ob id culparetur,
professus palam, si grassatorum et sicariorum
ope in tuenda sua dignitate usus esset, talibus
quoque se parem gratiam relaturum.

Simultates contra nullas tam graues excepit um- **73**
quam, ut non occasione oblata libens deponeret. Gai
Memmi, cuius asperrimis orationibus non minore acer-
bitate rescripserat, etiam suffragator mox in petitione
consulatus fuit. Gaio Caluo post famosa epigrammata
de reconciliatione per amicos agenti ultro ac prior
scripsit. Valerium Catullum, a quo sibi uersiculis de
Mamurra perpetua stigmata imposita non dissimula-
uerat, satis facientem eadem die adhibuit cenae hospi-
tioque patris eius, sicut consuerat, uti perseuerauit.
sed et in ulciscendo natura lenissimus piratas, a qui- **74**
bus captus est, cum in dicionem redegisset, quoniam
suffixurum se cruci ante iurauerat, iugulari prius ius-
sit, deinde suffigi; Cornelio Phagitae, cuius quondam
nocturnas insidias aeger ac latens, ne perduceretur ad
Sullam, uix praemio dato euaserat, numquam nocere
sustinuit; Philemonem a manu seruum, qui necem
suam per uenenum inimicis promiserat, non grauius
quam simplici morte puniit; in Publium Clodium **2**

---

7 deuersoriolo *Casaub.*, deuersoriolo eo *Polit.* 8 accubuerit *T* 11 est *post* professus *add. T*, *post* palam *G* 14 nullos *codd. praeter MV* 23 consuerat (-sueuerat *POT*) *X'*, perseuerat M^1G, persuerat M^2, persueuerat *fere T* 24 et *om.* M^1G

Pompeiae uxoris suae adulterum atque eadem de causa
pollutarum caerimoniarum reum testis citatus negauit
se quicquam comperisse, quamuis et mater Aurelia et
soror Iulia apud eosdem iudices omnia ex fide re⟨t⟩-
tulissent; interrogatusque, cur igitur repudiasset uxo-
rem: quoniam, inquit, meos tam suspicione quam
75 crimine iudico carere oportere. moderationem
uero clementiamque cum in administratione tum in
uictoria belli ciuilis admirabilem exhibuit. denuntiante
Pompeio pro hostibus se habiturum qui rei publicae
defuissent, ipse medios et neutrius partis suorum sibi
numero futuros pronuntiauit. quibus autem ex com-
mendatione Pompei ordines dederat, potestatem transe-
2 undi ad eum omnibus fecit. motis apud Ilerdam de-
ditionis condicionibus, cum, assiduo inter utrasque par-
tes usu atque commercio, Afranius et Petreius depre-
hensos intra castra Iulianos subita paenitentia inter-
fecissent, admissam in se perfidiam non sustinuit imi-
tari. acie Pharsalica proclamauit, ut ciuibus parcere-
tur, deincepsque nemini non suorum quem uellet unum
3 partis aduersae seruare concessit. nec ulli perisse nisi
in proelio reperientur, exceptis dum taxat Afranio et
Fausto et Lucio Caesare iuuene; ac ne hos quidem uo-
luntate ipsius interemptos putant, quorum tamen et
priores post impetratam ueniam rebellauerant et Cae-
sar libertis seruisque eius ferro et igni crudelem in
modum enectis bestias quoque ad munus populi com-
4 paratas contrucidauerat. denique tempore extremo etiam
quibus nondum ignouerat, cunctis in Italiam redire
permisit magistratusque et imperia capere; sed et sta-
tuas Luci Sullae atque Pompei a plebe disiectas re-
posuit; ac si qua posthac aut cogitarentur grauius ad-
uersus se aut dicerentur, inhibere maluit quam uindi-

---

12 quibus *om.* *MVLPO* 22 reperiuntur *T'* 25 rebellauerant *Steph.* (ς), -runt Ω caesari *M*, -ris *ΠRO²T* 30 permisit *N*ς, -serat Ω

care. itaque et detectas coniurationes conuentusque 5 nocturnos non ultra arguit, quam ut edicto ostenderet esse sibi notas, et acerbe loquentibus satis habuit pro contione denuntiare ne perseuerarent, Aulique Caecinae criminosissimo libro et Pitholai carminibus maledicentissimis laceratam existimationem suam ciuili animo tulit.

Praegrauant tamen cetera facta dictaque eius, ut 76 et abusus dominatione et iure caesus existimetur. non enim honores modo nimios recepit: continuum consulatum, perpetuam dictaturam praefecturamque morum, insuper praenomen Imperatoris, cognomen Patris patriae, statuam inter reges, suggestum in orchestra; sed et ampliora etiam humano fastigio decerni sibi passus est: sedem auream in curia et pro tribunali, tensam et ferculum circensi pompa, templa, aras, simulacra iuxta deos, puluinar, flaminem, lupercos, appellationem mensis e suo nomine; ac nullos non honores ad libidinem cepit et dedit. tertium et quartum 2 consulatum titulo tenus gessit contentus dictaturae potestate decretae cum consulatibus simul atque utroque anno binos consules substituit sibi in ternos nouissimos menses, ita ut medio tempore comitia nulla habuerit praeter tribunorum et aedilium plebis praefectosque pro praetoribus constituerit, qui apsente se res urbanas administrarent. pridie autem Kalendas Ianuarias repentina consulis morte cessantem honorem in paucas horas petenti dedit. eadem licentia spreto 3 patrio more magistratus in pluris annos ordinauit, decem praetoris uiris consularia ornamenta tribuit, ciuitate donatos et quosdam e semibarbaris Gallorum recepit in curiam. praeterea monetae publicisque uectigalibus peculiares seruos praeposuit. trium legionum, quas Alexandreae relinquebat, curam et imperium

---

3 nota *VIIR* 16 fericulum *GT* 18 nonnullos *T'*
25 quiap̄sente *M*, quia p̄sente *G*, qui p̄sente *rel.*, *corr. Torr.*

77 Rufioni liberti sui filio exoleto suo demandauit. nec minoris inpotentiae uoces propalam edebat, ut Titus Amp[r]ius scribit: nihil esse rem publicam, appellationem modo sine corpore ac specie. Sullam nescisse litteras, qui dictaturam deposuerit. debere homines consideratius iam loqui secum ac pro legibus habere quae dicat. eoque arrogantiae progressus est, ut haruspice tristia et sine corde exta quondam nuntiante futura diceret laetiora, cum uellet; nec pro ostento ducendum, si pecudi cor defuisset.

78 Verum praecipuam et exitiabilem sibi inuidiam hinc maxime mouit. adeuntis se cum plurimis honorificentissimisque decretis uniuersos patres conscriptos sedens pro aede Veneris Genetricis excepit. quidam putant retentum a Cornelio Balbo, cum conaretur assurgere; alii, ne conatum quidem omnino, sed etiam admonentem Gaium Trebatium ut assurgeret minus familiari
2 uultu respexisse. idque factum eius tanto intolerabilius est uisum, quod ipse triumphanti et subsellia tribunicia praeteruehenti sibi unum e collegio Pontium Aquilam non assurrexisse adeo indignatus sit, ut proclamauerit: repete ergo a me Aquila rem publicam tribunus! et nec destiterit per continuos dies quicquam cuiquam nisi sub exceptione polliceri: si tamen
79 per Pontium Aquilam licuerit. adiecit ad tam insignem despecti senatus contumeliam multo arrogantius factum. nam cum in sacrificio Latinarum reuertente eo inter inmodicas ac nouas populi acclamationes quidam e turba statuae eius coronam lauream candida fascia praeligata inposuisset et tribuni plebis

---

1 rusioni *Υ*, rufini *M* 2 amprius (-plius *QT*) *Ω*, *corr. Pulm. Torr.* (ς?) 4 ac sine corp. speciem *Graev.* 9 exacta *GPO*, exacta sacra *Υ′* 12 inexpiabilem *Υ* 24 et nec] nec *Bentl.*, et ⟨. . .⟩ nec *Büch.* 29 immodicas *Υ*, modicas *rel.* 31 praeligata *M*, -am *rel. fort. rectius*

Epidius Marullus Caesetiusque Flauus coronae fasciam
detrahi hominemque duci in uincula iussissent, dolens
seu parum prospere motam regni mentionem siue, ut
ferebat, ereptam sibi gloriam recusandi, tribunos gra-
uiter increpitos potestate priuauit. neque ex eo in- 2
famiam affectati etiam regii nominis discutere ualuit,
quanquam et plebei regem se salutanti Caesarem se,
non regem esse responderit et Lupercalibus pro
rostris a consule Antonio admotum saepius capiti suo
diadema reppulerit atque in Capitolium Ioui Optimo
Maximo miserit. quin etiam uaria fama percrebruit 4
migraturum Alexandream uel Ilium, translatis simul
opibus imperii exhaustaque Italia dilectibus et procu-
ratione urbis amicis permissa, proximo autem senatu
Lucium Cottam quindecimuirum sententiam dicturum,
ut, quoniam fatalibus libris contineretur Parthos nisi
a rege non posse uinci, Caesar rex appellaretur. quae 80
causa coniuratis maturandi fuit destinata negotia, ne
assentiri necesse esset.

Consilia igitur dispersim antea habita et quae saepe
bini terniue ceperant, in unum omnes contulerunt, ne
populo quidem iam praesenti statu laeto, sed clam pa-
lamque detrectante dominationem atque assertores fla-
gitante. peregrinis in senatum allectis libellus pro- 2
positus est: Bonum factum: ne quis senatori
nouo curiam monstrare uelit! et illa uulgo cane-
bantur ⟨*FPR p. 330*⟩:

Gallos Caesar in triumphum ducit, idem in curiam:
Galli bracas deposuerunt, latum clauum sumpserunt.

Quinto Maximo suffecto trimenstrique consule thea-
trum introeunte, cum lictor animaduerti ex more ius-

---

1 flauius *MG* 4 referebat *T* 6 ualuit ς, uoluit Ω 16 fatalibus libris *ego*, libris fatalibus *T'*, fatalibus *rel.* continetur *GT*, detineretur *MV*

sisset, ab uniuersis conclamatum est non esse eum 3 consulem. post remotos Caesetium et Marullum tribunos reperta sunt proximis comitiis complura suffragia consules eos declarantium. subscripsere quidam Luci Bruti statuae: utinam uiueres! item ipsius Caesaris ⟨*FPR p. 330*⟩:

Brutus, quia reges eiecit, consul primus factus est:
hic, quia consules eiecit, rex postremo factus est.

4 conspiratum est in eum a sexaginta amplius, Gaio Cassio Marcoque et Decimo Bruto principibus conspirationis. qui primum cunctati utrumne in Campo per comitia tribus ad suffragia uocantem partibus diuisis e ponte deicerent atque exceptum trucidarent, an in Sacra uia uel in aditu theatri adorirentur, postquam senatus Idibus Martiis in Pompei curiam edictus est, facile tempus et locum praetulerunt.

81 Sed Caesari futura caedes euidentibus prodigiis denuntiata est. paucos ante menses, cum in colonia Capua deducti lege Iulia coloni ad extruendas uillas uetustissima sepulcra dis[s]icerent idque eo studiosius facerent, quod aliquantum uasculorum operis antiqui scrutantes reperiebant, tabula aenea in monimento, in quo dicebatur Capys conditor Capuae sepultus, inuenta est conscripta litteris uerbisque Graecis hac sententia: quandoque ossa Capyis detecta essent, fore ut illo prognatus manu consanguineorum necaretur magnisque mox Italiae cladibus uindicare-
2 tur. cuius rei, ne quis fabulosam aut commenticiam putet, auctor est Cornelius Balbus, familiarissimus Caesaris. proximis diebus equorum greges, quos in trai-

---

11 uel amplius *Eutr VI 25* 12 Brutis *Graev.* 13 in] illum in *T* 25 capus *Qς*, capiens *M*¹, capians *V*, capis *rel.* 27 capus *M*¹*VQς*, capis *rel.* 28 illo *Turn.* (*Bentl.*), ilio *MHGT*, iulo (*sic edd.*) *uel* iulio *rel.*

ciendo Rubiconi flumini consecrarat ac uagos et sine
custode dimiserat, comperit pertinacissime pabulo ab-
stinere ubertimque flere. et immolantem haruspex Spu-
rinna monuit, caueret periculum, quod non ultra
Martias Idus proferretur. pridie autem easdem Idus 3
auem regaliolum cum laureo ramulo Pompeianae curiae
se inferentem uolucres uarii generis ex proximo ne-
more persecutae ibidem discerpserunt. ea uero nocte,
cui inluxit dies caedis, et ipse sibi uisus est per quie-
tem interdum supra nubes uolitare, alias cum Ioue
dextram iungere; et Calpurnia uxor imaginata est con-
labi fastigium domus maritumque in gremio suo con-
fodi; ac subito cubiculi fores sponte patuerunt.

Ob haec simul et ob infirmam ualitudinem diu 4
cunctatus an se contineret et quae apud senatum pro-
posuerat agere differret, tandem Decimo Bruto adhor-
tante, ne frequentis ac iam dudum opperientis desti-
tueret, quinta fere hora progressus est libellumque
insidiarum indicem ab obuio quodam porrectum li-
bellis ceteris, quos sinistra manu tenebat, quasi mox
lecturus commiscuit. dein pluribus hostiis caesis, cum
litare non posset, introiit curiam spreta religione Spu-
rinnamque irridens et ut falsum arguens, quod sine
ulla sua noxa Idus Martiae adessent: quanquam is
uenisse quidem eas diceret, sed non praeterisse. assi- 82
dentem conspirati specie officii circumsteterunt, ilico-
que Cimber Tillius, qui primas partes susceperat, quasi
aliquid rogaturus propius accessit renuentique et ge-
stu[m] in aliud tempus differenti ab utroque umero
togam adprehendit: deinde clamantem: ista quidem
uis est! alter e Cascis auersum uulnerat paulum in-

---

1 rubiconi (rud- *M*) flumini *MGV*, rubicone (rud- *Q*) flumine *rel.*, Rubicone flumini *Bentl.* 27 tullius *Ω*, *corr. Manutius* 28 gestu *Qς* 31 e Cascis *Oud.* (alter Casca *ed. Bon. 1488*), e cassiis *M*, e cassii *V*, casias *G*, cassius *XT* aduersum *GV al.*

2 fra iugulum. Caesar Cascae brachium arreptum gra-
phio traiecit conatusque prosilire alio uulnere tardatus
est; utque animaduertit undique se strictis pugionibus
peti, toga caput obuoluit, simul sinistra manu sinum
ad ima crura deduxit, quo honestius caderet etiam
inferiore corporis parte uelata. atque ita tribus et
uiginti plagis confossus est uno modo ad primum ictum
gemitu sine uoce edito, etsi tradiderunt quidam Marco
3 Bruto irruenti dixisse: καὶ σὺ τέκνον; exanimis diffu-
gientibus cunctis aliquamdiu iacuit, donec lecticae im-
positum, dependente brachio, tres seruoli domum ret-
tulerunt. nec in tot uulneribus, ut Antistius medicus
existimabat, letale ullum repertum est, nisi quod se-
cundo loco in pectore acceperat.

4 Fuerat animus coniuratis corpus occisi in Tiberim
trahere, bona publicare, acta rescindere, sed metu
Marci Antoni consulis et magistri equitum Lepidi de-
83 stiterunt. postulante ergo Lucio Pisone socero testa-
mentum eius aperitur recitaturque in Antoni domo,
quod Idibus Septembribus proximis in Lauicano suo
fecerat demandaueratque uirgini Vestali maximae. Quin-
tus Tubero tradit heredem ab eo scribi solitum ex
consulatu ipsius primo usque ad initium ciuilis belli
Cn. Pompeium, idque militibus pro contione recita-
2 tum. sed nouissimo testamento tres instituit heredes
sororum nepotes, Gaium Octauium ex dodrante, et
Lucium Pinarium et Quintum Pedium ex quadrante
reliquo[s]; in ima cera Gaium Octauium etiam in fa-
miliam nomenque adoptauit; plerosque percussorum in
tutoribus fili, si qui sibi nasceretur, nominauit, Deci-
mum Brutum etiam in secundis heredibus. populo hor-
tos circa Tiberim publice et uiritim trecenos sestertios
legauit.

84 Funere indicto rogus extructus est in Martio campo

1 casiae *G*, cassii *MX′* arrepto *X* 17 ⟨M.⟩ Lepidi *Polak* 26 et *del. Torr.* 28 reliquo *T* (*Lips.*) 30 quis *X′T*

iuxta Iuliae tumulum et pro rostris aurata aedes ad
simulacrum templi Veneris Genetricis collocata; intra-
que lectus eburneus auro ac purpura stratus et ad
caput tropaeum cum ueste, in qua fuerat occisus.
praeferentibus munera, quia suffecturus dies non uide-
batur, praeceptum, ut omisso ordine, quibus quisque
uellet itineribus urbis, portaret in Campum. inter 2
ludos cantata sunt quaedam ad miserationem et in-
uidiam caedis eius accommodata, ex Pacuui Armorum
iudicio ⟨*frg. XV*⟩:

men seruasse, ut essent qui me perderent?

et ex Electra Acili ad similem sententiam. laudationis
loco consul Antonius per praeconem pronuntiauit se-
natus consultum, quo omnia simul ei diuina atque
humana decreuerat, item ius iurandum, quo se cuncti
pro salute unius astrinxerant; quibus perpauca a se
uerba addidit. lectum pro rostris in forum magistra- 3
tus et honoribus functi detulerunt. quem cum pars in
Capitolini Iouis cella cremare pars in curia Pompei
destinaret, repente duo quidam gladiis succincti ac
bina iacula gestantes ardentibus cereis succenderunt
confestimque circumstantium turba uirgulta arida et
cum subselliis tribunalia, quicquid praeterea ad donum
aderat, congessit. deinde tibicines et scaenici artifices 4
uestem, quam ex triumphorum instrumento ad prae-
sentem usum induerant, detractam sibi atque discissam
iniecere flammae et ueteranorum militum legionarii
arma sua, quibus exculti funus celebrabant; matronae
etiam pleraeque ornamenta sua, quae gerebant, et libe-
rorum bullas atque praetextas.

In summo publico luctu exterarum gentium mul- 5
titudo circulatim suo quaeque more lamentata est prae-
cipueque Iudaei, qui etiam noctibus continuis bustum
frequentarunt. plebs statim a funere ad domum Bruti 85

---

12 Atilii ς *et fere edd.* 23 ad manum *Beroald.*, ido-
neum *Heins.*, ad munus *Fähse*, ad adolendum *Büch.*

et Cassi[i] cum facibus tetendit atque aegre repulsa obuium sibi Heluium Cinnam per errorem nominis, quasi Cornelius is esset, quem grauiter pridie contionatum de Caesare requirebat, occidit caputque eius praefixum hastae circumtulit. postea solidam columnam prope uiginti pedum lapidis Numidici in foro statuit ⟨in⟩scripsitque PARENTI PATRIAE. apud eam longo tempore sacrificare, uota suscipere, controuersias quasdam interposito per Caesarem iure iurando distrahere perseuerauit.

86 Suspicionem Caesar quibusdam suorum reliquit
neque uoluisse se diutius uiuere neque curasse quod
ualitudine minus prospera uteretur, ideoque et quae
religiones monerent et quae renuntiarent amici negle-
xisse. sunt qui putent, confisum eum nouissimo illo
senatus consulto ac iure iurando etiam custodias Hispa-
2 norum cum gladiis †adinspectantium se remouisse. alii
e diuerso opinantur insidias undique imminentis subire
semel quam cauere ⟨......⟩ solitum ferunt: non tam
sua quam rei publicae interesse, uti saluus
esset: se iam pridem potentiae gloriaeque ab-
unde adeptum; rem publicam, si quid sibi eue-
niret, neque quietam fore et aliquanto deteriore
87 condicione ciuilia bella subituram. illud plane
inter omnes fere constitit, talem ei mortem paene ex
sententia obtigisse. nam et quondam, cum apud Xeno-
phontem ⟨*Cyrop. VIII 7*⟩ legisset Cyrum ultima uali-
tudine mandasse quaedam de funere suo, aspernatus tam
lentum mortis genus subitam sibi celeremque optaue-
rat; et pridie quam occideretur, in sermone nato super

---

2 heuilum *uel* heiulum *codd., corr. Egn.* 7 scripsitque *Ω*, *corr. Bentl.* eandem *X* 17 inspectantium *X'*, sectantium *Casaub.* (nudis s. *Polak*), stipantium *Heins.* (nudis st. *Bentl.*), *fort.* adsectantium 19 *lacunam* ⟨sollicitum maluisse. quidam dicere etiam⟩ *expl. Roth, minus commode priores* (sollicitum *praeiuit Bentl.*) 30 in *del. Bentl.*

cenam apud Marcum Lepidum, quisnam esset finis uitae
commodissimus, repentinum inopinatumque praetulerat.
Periit sexto et quinquagensimo aetatis anno atque 88
in deorum numerum relatus est, non ore modo decer-
nentium, sed et persuasione uolgi. siquidem ludis, quos
primo⟨s⟩ consecrato[s] ei heres Augustus edebat, stella
crinita per septem continuos dies fulsit exoriens circa
undecimam horam, creditumque est animam esse Cae-
saris in caelum recepti; et hac de causa simulacro eius
in uertice additur stella.
Curiam, in qua occisus est, obstrui placuit Idusque
Martias Parricidium nominari, ac ne umquam eo die
senatus ageretur. percussorum autem fere neque tri- 89
ennio quisquam amplius superuixit neque sua morte
defunctus est. damnati omnes alius alio casu periit,
pars naufragio, pars proelio; nonnulli semet eodem illo
pugione, quo Caesarem uiolauerant, interemerunt.

---

6 primos consecrato *ed. Basil. 1546*, primos consecratos *Steph.* 9 et *om. X'*

C. SVETONI TRANQVILLI
DE VITA CAESARVM
LIBER II
DIVVS AVGVSTVS

1 Gentem Octauiam Velitris praecipuam olim fuisse multa declarant. nam et uicus celeberrima parte oppidi iam pridem Octauius uocabatur et ostendebatur ara Octauio consecrata, qui bello dux finitimo, cum forte Marti rem diuinam faceret, nuntiata repente hostis incursione semicruda exta rapta foco prosecuit atque ita proelium ingressus uictor redit. decretum etiam publicum extabat, quo cauebatur, ut in posterum quoque simili modo exta Marti redderentur reliquiae-
2 que ad Octauios referrentur. ea gens a Tarquinio Prisco rege inter minores gentis adlecta in senatum, mox a Seru[il]io Tullio in patricias traducta, procedente tempore ad plebem se contulit ac rursus magno interuallo per Diuum Iulium in patriciatum redit. primus ex hac magistratum populi suffragio cepit C. Rufus.
2 is quaestorius Cn. et C. procreauit, a quibus duplex Octauiorum familia defluxit condicione diuersa, siqui-

---

4 ara ⟨ab⟩ *Gujetus* 6 *fort.* ⟨e⟩ foco 7 rediit *GT* (*talia passim*) 11 minores ς (*Sabell.*), minos *MVQ*, minis *X*, primas *G*, romanos *ΠR*, romanas ς *plurimi* gentis *XQ*, gentes *rel.* 12 Seruio *edd. Rom.* 13 magno interuallo per ς (*sic m. rec. corr. in V*), magno interuallo VLO^1, magno inter $M(P^1?)$, magna ui per TP^2O^2T, magno interuallo ante *et ss.* uel magna ui per *S*, magnanimiter per *G*

dem Gnaeus et deinceps ab eo reliqui omnes functi
sunt honoribus summis; at C. eiusque posteri, seu
fortuna seu uoluntate, in equestri ordine constiterunt
usque ad Augusti patrem. proauus Augusti secundo
Punico bello stipendia in Sicilia tribunus militum fecit
Aemilio Papo imperatore. auus municipalibus magi-
steriis contentus abundante patrimonio tranquillissime
senuit. sed haec alii; ipse Augustus nihil amplius quam 3
equestri familia ortum se scribit uetere ac locuplete,
et in qua primus senator pater suus fuerit. M. Anto-
nius libertinum ei proauum exprobrat, restionem e
pago Thurino, auum argentarium. nec quicquam ul-
tra de paternis Augusti maioribus repperi.

C. Octauius pater a principio aetatis et re et existi- **3**
matione magna fuit, ut equidem mirer hunc quoque a
nonnullis argentarium atque etiam inter diuisores ope-
rasque campestres proditum; amplis enim innutritus
opibus honores et adeptus est facile et egregie ad-
ministrauit. ex praetura Macedoniam sortitus fugitiuos,
residuam Spartaci et Catilinae manum, Thurin[g]um
agrum tenentis in itinere deleuit, negotio sibi in se-
natu extra ordinem dato. prouinciae praefuit non mi- 2
nore iustitia quam fortitudine; namque Bessis ac Thra-
cibus magno proelio fusis ita socios tractauit, ut epi-
stulae M. Ciceronis extent, quibus Quintum fratrem
⟨*I 1, 21. 2, 7*⟩ eodem tempore parum secunda fama
proconsulatum Asiae administrantem hortatur et monet,
imitetur in promerendis sociis uicinum suum Octauium.
decedens Macedonia, prius quam profiteri se candidatum **4**
consulatus posset, mortem obiit repentinam, supersti-
tibus liberis Octauia maiore, quam ex Ancharia, et
Octauia minore item Augusto, quos ex Atia tulerat.

---

6 papo (pappo *G*) *GVT*, paulo *MX et V in marg. m. 1* (**paulo** *M, binae uel ternae litt. erasae*) 20 Thurinum *ed. Bon. 1488* (ς) 21 a senatu *Momms.* (*P. Thomas*) 29 profiteri ς, confiteri Ω 30 morte o. repentina *GT*

Atia M. Atio Balbo et Iulia, sorore C. Caesaris, genita est. Balbus, paterna stirpe Aricinus, multis in familia senatoriis imaginibus, a matre Magnum Pompeium artissimo contingebat gradu functusque honore praeturae inter uigintiuiros agrum Campanum plebi
2 Iulia lege diuisit. uerum idem Antonius, despiciens etiam maternam Augusti originem, proauum eius Afri generis fuisse et modo unguentariam tabernam modo pistrinum Ariciae exercuisse obicit. Cassius quidem Parmensis quadam epistula non tantum ut pistoris, sed etiam ut nummulari nepotem sic taxat Augustum: materna tibi farina est ex crudissimo Ariciae pistrino: hanc finxit manibus collybo decoloratis Nerulonensis mensarius.

5 Natus est Augustus M. Tullio Cicerone C. Antonio
a.63 a.C. conss. VIIII. Kal. Octob. paulo ante solis exortum, regione Palati ad Capita bubula, ubi nunc sacrarium habet, aliquanto post quam excessit constitutum. nam ut senatus actis continetur, cum C. Laetorius, adulescens patricii generis, in deprecanda grauiore adulterii poena praeter aetatem atque natales hoc quoque patribus conscriptis allegaret, esse possessorem ac uelut aedituum soli, quod primum Diuus Augustus nascens attigisset, peteretque donari quasi proprio suo ac peculiari deo,
6 decretum est ut ea pars domus consecraretur. nutrimentorum eius ostenditur adhuc locus in auito suburbano iuxta Velitras permodicus et cellae penuariae instar, tenetque uicinitatem opinio tamquam et natus ibi sit. huc introire nisi necessario et caste religio est, concepta opinione ueteri, quasi temere adeuntibus horror quidam et metus obiciatur, sed et mox confirmata. nam cum possessor uillae nouus seu forte seu temptandi causa cubitum se eo contulisset, euenit ut post paucissimas noctis horas exturbatus inde subita

9 quidam *T* 10 parmensis *ΠR*, carm- *rel.* 15 C.] et *T*, *om. X′* 18 habetur *T* 22 esse se *XT* 29 nonnisi *X*

ui et incerta paene semianimis cum strato simul ante fores inueniretur.

Infanti cognomen Thurino inditum est, in memo- 7
riam maiorum originis, uel quod regione Thurina recens eo nato pater Octauius aduersus fugitiuos rem prospere gesserat. Thurinum cognominatum satis certa probatione tradiderim nactus puerilem imagunculam eius aeream ueterem ferreis et paene iam exolescentibus litteris hoc nomine inscriptam, quae dono a me principi data inter cubicu⟨li⟩ Lares colitur. sed et a M. Antonio in epistulis per contumeliam saepe Thurinus appellatur et ipse nihil amplius quam mirari se rescribit pro obprobrio sibi prius nomen obici. postea 2
Gai Caesaris et deinde Augusti cognomen assumpsit, alterum testamento maioris auunculi, alterum Munati Planci sententia, cum quibusdam censentibus Romulum appellari oportere quasi et ipsum conditorem urbis, praeualuisset, ut Augustus potius uocaretur, non tantum nouo sed etiam ampliore cognomine, quod loca quoque religiosa et in quibus augurato quid consecratur augusta dicantur, ab auctu uel ab auium gestu gustuue, sicut etiam Ennius ⟨*ann. 502 V.*[2]⟩ docet scribens:

Augusto augurio postquam incluta condita Roma est.

Quadrimus patrem amisit. duodecimum annum agens 8
auiam Iuliam defunctam pro contione laudauit. quadriennio post uirili toga sumpta militaribus donis triumpho Caesaris Africano donatus est, quanquam expers belli propter aetatem. profectum mox auunculum in Hispanias aduersus Cn. Pompei liberos uixdum firmus a graui ualitudine per infestas hostibus uias pau-

4 in regione *TT* 8 sed *Bentl.* 10 cubiculares *Ω*, *corr. Lips.* 12 ipsi *MG* 18 praeualuisset *LPSQ*, -se *rel.* tantum *ς* (*Erasm.*), eum *MQ*, cum *GΠR*, enī *V*, autem *X*, solum *ς*, *om. δ* 19 quod loca — Roma est *del. Cannegieter* 21 ab auctu — gustuue *del. Gujetus* 24 inclyta *M*, inclita *GXT*

cissimis comitibus naufragio etiam facto subsecutus,
magno opere demeruit, approbata cito etiam morum
indole super itineris industriam.

2 Caesare post receptas Hispanias expeditionem in
Dacos et inde in Parthos destinante praemissus Apol-
loniam studiis uacauit. utque primum occisum eum
heredemque se comperit, diu cunctatus an proximas
legiones imploraret, id quidem consilium ut praeceps
inmaturumque omisit. ceterum urbe repetita heredita-
tem adiit, dubitante matre, uitrico uero Marcio Philippo
3 consulari multum dissuadente. atque ab eo tempore
exercitibus comparatis primum cum M. Antonio M.que
Lepido, deinde tantum cum Antonio per duodecim fere
annos, nouissime per quattuor et quadraginta solus
rem p. tenuit.

9 Proposita uitae eius uelut summa parte⟨s⟩ singil-
latim neque per tempora sed per species exequar, quo
distinctius demonstrari cognoscique possint.

Bella ciuilia quinque gessit: Mutinense, Philip-
pense, Perusinum, Siculum, Actiacum; e quibus pri-
mum ac nouissimum aduersus M. Antonium, secundum
aduersus Brutum et Cassium, tertium aduersus L. An-
tonium triumuiri fratrem, quartum aduersus Sextum
10 Pompeium Cn. f(ilium). omnium bellorum initium et
causam hinc sumpsit: nihil conuenientius ducens quam
necem auunculi uindicare tuerique acta, confestim ut
Apollonia rediit, Brutum Cassiumque et ui necopi-
nantis et, quia prouisum periculum subterfugerant,
legibus adgredi reosque caedis absentis deferre statuit.
ludos autem uictoriae Caesaris non audentibus facere
2 quibus optigerat id munus, ipse edidit. et quo con-
stantius cetera quoque exequeretur, in locum tr. pl.

---

3 industria *X'* 5 in *om. M fort. recte* 13 deinde *M*, dein *rel. fort. rectius* 16 parte *Ω*, *corr. saec. XV* 18 possit *X* 23 triumuiri *ΥΤ*, -rum *rel.* 27 et uim *GΥS*, per uim (*et tum sed pro* et) *Bentl.*

forte demortui candidatum se ostendit, quanquam pa-
tricius necdum senator. sed aduersante conatibus suis
M Antonio consule, quem uel praecipuum adiutorem
sperauerat, ac ne publicum quidem et translatiuum ius
ulla in re sibi sine pactione grauissimae mercedis im-
pertiente, ad optimates se contulit, quibus eum inui-
sum sentiebat, maxime quod D. Brutum obsessum Mu-
tinae prouincia a Caesare data et per senatum con-
firmata expellere armis niteretur. hortantibus itaque 3
nonnullis percussores ei subornauit, ac fraude depre-
hensa periculum in uicem metuens ueteranos simul in
suum ac rei p. auxilium quanta potuit largitione con-
traxit; iussusque comparato exercitui pro praetore prae-
esse et cum Hirtio ac Pansa, qui consulatum susce-
perant, D. Bruto opem ferre, demandatum bellum tertio
mense confecit duobus proeliis. priore Antonius fugisse 4
eum scribit ac sine paludamento equoque post biduum
demum apparuisse, sequenti satis constat non modo
ducis, sed etiam militis functum munere atque in
media dimicatione, aquilifero legionis suae grauiter
saucio, aquilam umeris subisse diuque portasse. hoc **11**
bello cum Hirtius in acie, Pansa paulo post ex uul-
nere perissent, rumor increbruit ambos opera eius
occisos, ut Antonio fugato, re p. consulibus orbata
solus uictores exercitus occuparet. Pansae quidem adeo
suspecta mors fuit, ut Glyco medicus custoditus sit,
quasi uenenum uulneri indidisset. adicit his Aquilius
Niger alterum e consulibus Hirtium in pugnae tu-
multu ab ipso interemptum. sed ut cognouit Antonium **12**
post fugam a M. Lepido receptum ceterosque duces et
exercitus consentire pro partibus, causam optimatium

---

4 tralaticium ius ulla *Steph.* (ς?), translatiuum in sulla *M*, tralaticium in sulla *GT*, tral. ulla *X'*, tral. munus *Madv.* 10 hac *X'* 12 ac *X'*, aut *rel.*, *fort.* atque 22 et pansa *G*, pansaque *T* 25 uictor *T*, uictor tres ς (*cf. Eutr. VII 1*) 31 partibus ς (*Beroald.*), patribus (fratr- *V*) Ω

sine cunctatione deseruit, ad praetextum mutatae uoluntatis dicta factaque quorundam calumniatus, quasi alii se puerum, alii ornandum tollendumque iactassent, ne aut sibi aut ueteranis par gratia referretur. et quo magis paenitentiam prioris sectae approbaret, Nursinos grandi pecunia et quam pendere nequirent multatos extorres oppido egit, quod Mutinensi acie interemptorum ciuium tumulo publice extructo ascripserant *pro libertate eos occubuisse.*

13 Inita cum Antonio et Lepido societate Philippense quoque bellum, quamquam inualidus atque aeger, duplici proelio transegit, quorum priore castris exutus uix ad Antoni cornu fuga euaserat. nec successum uictoriae moderatus est, sed capite Bruti Romam misso, ut statuae Caesaris subiceretur, in splendidissimum quemque captiuum non sine uerborum contumelia
2 saeuiit; ut quidem uni suppliciter sepulturam precanti respondisse dicitur *iam istam uolucrum fore potestatem*; alios, patrem et filium, pro uita rogantis sortiri uel micare iussisse, ut alterutri concederetur, ac spectasse utrumque morientem, cum patre, quia se optulerat, occiso filius quoque uoluntariam occubuisset necem. quare ceteri, in his M. Fauonius ille Catonis aemulus, cum catenati producerentur, imperatore Antonio honorifice salutato, hunc foedissimo conuicio coram prosciderunt.

3 Partitis post uictoriam officiis cum Antonius Orientem ordinandum, ipse ueteranos in Italiam reducendos et municipalibus agris collocandos recepisset, neque ueteranorum neque possessorum gratiam tenuit, alteris pelli se, alteris non pro spe meritorum tractari que-
14 rentibus. quo tempore L. Antonium fiducia consulatus,

---

3 ne] neque *Torr.*, nec *Bentl.* 13 successu *X'* 15 in *om.* M^1GX' 16 captiuorum *Bentl.* 17 secuit *X* ut] et *Bentl.*, si *Jernstedt* 18 dicatur *GXT* (*edd.*) 22 uoluntaria — nece *X*

quem gerebat, ac fraternae potentiae res nouas molientem confugere Perusiam coegit et ad deditionem fame conpulit, non tamen sine magnis suis et ante bellum et in bello discriminibus. nam cum spectaculo ludorum gregarium militem in quattuordecim ordinibus sedentem excitari per apparitorem iussisset, rumore ab obtrectatoribus dilato quasi eundem mox et discruciatum necasset, minimum afuit quin periret concursu et indignatione turbae militaris. saluti fuit, quod qui desiderabatur repente comparuit incolumis ac sine iniuria. circa Perusinum autem murum sacrificans paene interceptus est a manu gladiatorum, quae oppido eruperat. Perusia capta in plurimos animaduertit, **15** orare ueniam uel excusare se conantibus una uoce occurrens moriendum esse. scribunt quidam trecentos ex dediticiis electos utriusque ordinis ad aram Diuo Iulio extructam Idibus Martiis hostiarum more mactatos. extiterunt qui traderent con[s]pecto eum ad arma isse, ut occulti aduersarii et quos metus magis quam uoluntas contineret, facultate L. Antoni ducis praebita, detegerentur deuictisque is et confiscatis promissa ueteranis praemia soluerentur.

Siculum bellum incohauit in primis, sed diu traxit **16** intermissum saepius, modo reparandarum classium causa, quas tempestatibus duplici naufragio et quidem per aestatem amiserat, modo pace facta, flagitante populo ob interclusos commeatus famemque ingrauescentem; donec nauibus ex integro fabricatis ac uiginti seruorum milibus manumissis et ad remum datis portum Iulium apud Baias inmisso in Lucrinum et Auernum lacum mari effecit. in quo cum hieme tota copias exercuisset, Pompeium inter Mylas et Naulochum superauit, sub horam pugnae tam arto repente somno deuinctus, ut ad dandum signum ab amicis excitaretur.

---

13 erumpebat *T* 18 conspecto (-tu *Q*) *Ω*, consulto *ς*, *corr. Lips.* 22 persoluerentur *ς* 33 e tam *MG* 34 deuictus *X'T*

2 unde praebitam Antonio materiam putem exprobrandi:
ne rectis quidem oculis eum aspicere potuisse
instructam aciem, uerum supinum, caelum in-
tuentem, stupidum cubuisse nec prius surrexisse
ac militibus in conspectum uenisse quam a M.
Agrippa fugatae sint hostium naues. alii dictum
factumque eius criminantur, quasi classibus tempestate
perditis exclamauerit etiam inuito Neptuno uicto-
riam se adepturum, ac die circensium proximo sol-
3 lemni pompae simulacrum dei detraxerit. nec temere
plura ac maiora pericula ullo alio bello adiit. traiecto
in Siciliam exercitu, cum partem reliquam copiarum
continenti repeteret, oppressus ex inprouiso a Demo-
chare et Apollophane praefectis Pompei uno demum
nauigio aegerrime effugit. iterum cum praeter Locros
Regium pedibus iret et prospectis biremibus Pompe-
ianis terram legentibus suas ratus descendisset ad litus,
paene exceptus est. tunc etiam per deuios tramites
refugientem seruus Aemili Pauli comitis eius, dolens
proscriptum olim ab eo patrem Paulum et quasi oc-
casione ultionis oblata, interficere conatus est.

4 Post Pompei fugam collegarum alterum M. Lepi-
dum, quem ex Africa in auxilium euocarat, super-
bientem uiginti legionum fiducia summasque sibi par-
tes terrore et minis uindicantem spoliauit exercitu sup-
plicemque concessa uita Cerceios in perpetuum rele-
gauit.

17 M. Antoni[i] societatem semper dubiam et incertam
reconciliationibusque uariis male focilatam abrupit tan-
dem, et quo magis degenerasse eum a ciuili more ap-
probaret, testamentum, quod is Romae etiam de Cleo-
patra liberis inter heredes nuncupatis reliquerat, aperi-
2 undum recitandumque pro contione curauit. remisit

---

13 ⟨e⟩ continenti *Heins.* 31 etiam et de (de *om. P*) *MQX'*, etiam ex *Büch.* cleopatrae *GX*, Cleopatra et de Cleopatrae *Casaub.*

tamen hosti iudicato necessitudines amicosque omnes atque inter alios C. Sosium et T. Domitium tunc adhuc consules. Bononiensibus quoque publice, quod in Antoniorum clientela antiquitus erant, gratiam fecit coniurandi cum tota Italia pro partibus suis. nec multo post nauali proelio apud Actium uicit in serum dimicatione protracta, ut in naue uictor pernoctauerit. ab Actio cum Samum in hiberna se recepisset, turbatus 3 nuntiis de seditione praemia et missionem poscentium, quos ex omni numero confecta uictoria Brundisium praemiserat, repetit⟨a It⟩alia tempestate in traiectu bis conflictatus, primo inter promunturia Peloponensi atque Aetoliae, rursus circa montes Ceraunios utrubique parte liburnicarum demersa, simul eius, in qua uehebatur, fusis armamentis et gubernaculo diffracto; nec amplius quam septem et uiginti dies, donec †ad desideria militum ordinarentur, Brundisii commoratus, Asiae Syriaeque circuitu Aegyptum petit obsessaque Alexandrea, quo Antonius cum Cleopatra confugerat, breui potitus est. et Antonium quidem seras condiciones 4 pacis temptantem ad mortem adegit uiditque mortuum. Cleopatrae, quam seruatam triumpho magno opere cupiebat, etiam psyllos admouit, qui uenenum ac uirus exugerent, quod perisse morsu aspidis putabatur. ambobus communem sepulturae honorem tribuit ac tumulum ab ipsis incohatum perfici iussit. Antonium iuuenem, maiorem de duobus Fuluia genitis, 5 simulacro Diui Iuli, ad quod post multas et irritas preces confugerat, abreptum interemit. item Caesarionem, quem ex Caesare patre Cleopatra concepisse praedicabat, retractum e fuga supplicio adfecit. reliquos

1 indicato Ω, iud- ς 2 T.] *oportuit* Cn. 11 repetita Italia ς (*Scheffer*) 16 ad *M*, et *GX′ om.* Υ, ⟨...⟩ ac *Modd.*, ⟨res⟩ ad *Büch.*, *puto* omnia *post* militum *excidisse* 27 de Υ′, *om. rel.*, *fort.* e *uel* ex 29 arreptum *codd. praeter GR* 30 patre *om.* Υ

Antoni[i] reginaeque communes liberos non secus ac necessitudine iunctos sibi et conseruauit et mox pro
18 condicione cuiusque sustinuit ac fouit. per idem tempus conditorium et corpus Magni Alexandri, cum prolatum e penetrali subiecisset oculis, corona aurea imposita ac floribus aspersis ueneratus est consultusque, num et Ptolemaeum inspicere uellet, regem se uo-
2 luisse ait uidere, non mortuos. Aegyptum in prouinciae formam redactam ut feraciorem habilioremque annonae urbicae redderet, fossas omnis, in quas Nilus exaestuat, oblimatas longa uetustate militari opere detersit. quoque Actiacae uictoriae memoria celebratior et in posterum esset, urbem Nicopolim apud Actium condidit ludosque illic quinquennales constituit et ampliato uetere Apollinis templo locum castrorum, quibus fuerat usus, exornatum naualibus spoliis Neptuno ac Marti consecrauit.

19 Tumultus posthac et rerum nouarum initia coniurationesque complures, prius quam inualescerent indicio detectas, compressit alias alio tempore: Lepidi iuuenis, deinde Varronis Murenae et Fanni Caepionis, mox M. Egnati, exin Plauti Rufi Lucique Pauli progeneri sui, ac praeter has L. Audasi falsarum tabularum rei ac neque aetate neque corpore integri, item Asini Epicadi ex gente Parthina ibridae, ad extremum Telephi, mulieris serui nomenculatoris. nam ne ultimae quidem
2 sortis hominum conspiratione et periculo caruit. Audasius atque Epicadus Iuliam filiam et Agrippam nepotem ex insulis, quibus continebantur, rapere ad exercitus, Telephus quasi debita sibi fato dominatione et ipsum et senatum adgredi destinarant. quin etiam quondam iuxta cubiculum eius lixa quidam ex Illyrico exercitu,

6 aspersis *H* ς (asperis *N*), aspersus *MX'*, -sum *rel.* 18 post haec *GX* 20 alias *VLP*¹, italias *M*, et alias *rel.* 22 genaiti *M*, genati (gena *V*) *rel., corr.* ς (*ed. Bon. 1488*) 24 temasini *Ω*, *corr.* *G* ς 25 parthica *X'* 29 ad extremum *T*, adorti *V* 31 destinarat *V*

ianitoribus deceptis, noctu deprehensus est cultro uenatorio cinctus, imposne mentis an simulata dementia incertum; nihil enim exprimi quaestione potuit.

Externa bella duo omnino per se gessit, Delma- 20
ticum adulescens adhuc et Antonio deuicto Cantabricum. Delmatico etiam uulnera excepit, una acie dextrum genu lapide ictus, altera et crus et utrumque brachium ruina pontis consauciatus. reliqua per legatos administrauit, ut tamen quibusdam Pannonicis atque Germanicis aut interueniret aut non longe abesset, Rauennam uel Mediolanium uel Aquileiam usque ab urbe progrediens. domuit autem partim ductu partim 21
auspiciis suis Cantabriam, Aquitaniam, Pannoniam, Delmatiam cum Illyrico omni, item Raetiam et Vindelicos ac Salassos, gentes Inalpinas. coercuit et Dacorum incursiones tribus eorum ducibus cum magna copia caesis, Germanosque ultra Albim fluuium summouit, ex quibus Suebos et Sigambros dedentis se traduxit in Galliam atque in proximis Rheno agris conlocauit. alias item nationes male quietas ad obsequium redegit. nec ulli genti sine iustis et necessariis cau- 2
sis bellum intulit tantumque afuit a cupiditate quoquo modo imperium uel bellicam gloriam augendi, ut quorundam barbarorum principes in aede Martis Vltoris iurare coegerit mansuros se in fide ac pace quam peterent, a quibusdam uero nouum genus obsidum, feminas, exigere temptauerit, quod neglegere marum pignera sentiebat; et tamen potestatem semper omnibus fecit, quotiens uellent obsides recipiendi. neque aut crebrius aut perfidiosius rebellantis grauiore umquam ultus est poena, quam ut captiuos sub lege uenundaret, ne in uicina regione seruirent neue intra tricensimum annum liberarentur. qua uirtutis mo- 3
derationisque fama Indos etiam ac Scythas auditu

---

11. ad urbem *MT*, *del. Preud.*   15 alpinas *T*   18 Vbios *Pithoeus* (ς?)   28 pignora *XΥ*   33 uicesimum *Casaub.*

modo cognitos pellexit ad amicitiam suam populique Rom. ultro per legatos petendam. Parthi quoque et Armeniam uindicanti facile cesserunt et signa militaria, quae M. Crasso et M. Antonio ademerant, reposcenti reddiderunt obsidesque insuper optulerunt, denique pluribus quondam de regno concertantibus, non nisi ab ipso electum probauerunt.

22 Ianum Quirinum semel atque iterum a condita urbe ante memoriam suam clausum in multo breuiore temporis spatio terra marique pace parta ter clusit. bis ouans ingressus est urbem, post Philippense et rursus post Siculum bellum. curulis triumphos tris egit, Delmaticum, Actiacum, Alexandrinum, continuo triduo omnes.

23 Graues ignominias cladesque duas omnino nec alibi quam in Germania accepit, Lollianam et Varianam, sed Lollianam maioris infamiae quam detrimenti, Varianam paene exitiabilem tribus legionibus cum duce legatisque et auxiliis omnibus caesis. hac nuntiata excubias per urbem indixit, ne quis tumultus existeret, et praesidibus prouinciarum propagauit imperium,
2 ut a peritis et assuetis socii continerentur. uouit et magnos ludos Ioui Optimo Maximo, si res p. in meliorem statum uertisset: quod factum Cimbrico Marsicoque bello erat. adeo denique consternatum ferunt, ut per continuos menses barba capilloque summisso caput interdum foribus illideret uociferans: *Quintili Vare, legiones redde!* diemque cladis quotannis maestum habuerit ac lugubrem.

24 In re militari et commutauit multa et instituit atque etiam ad antiquum morem nonnulla reuocauit. disciplinam seuerissime rexit. ne legatorum quidem cuiquam, nisi grauate hibernisque demum mensibus, permisit uxorem interuisere. equitem R., quod duobus

---

7 ipso] eo *X*   8 a *T′, om. rel. rectius ut uid.*   10 clausit *codd. deter.*   21 prorogauit ς   23 rem p. *T*

filiis adulescentibus causa detrectandi sacramenti pollices amputasset, ipsum bonaque subiecit hastae; quem tamen, quod inminere emptioni publicanos uidebat, liberto suo addixit, ut relegatum in agros pro libero esse sineret. decimam legionem contumacius parentem 2
cum ignominia totam dimisit, item alias immodeste missionem postulantes citra commoda emeritorum praemiorum exauctorauit. cohortes, si quae cessissent loco, decimatas hordeo pauit. centuriones statione deserta, itidem ut manipulares, capitali animaduersione puniit, pro cetero delictorum genere uariis ignominis adfecit, ut stare per totum diem iuberet ante praetorium, interdum tunicatos discinctosque, nonnumquam cum decempedis, uel etiam caespitem portantes. neque post 25
bella ciuilia aut in contione aut per edictum ullos militum commilitones appellabat, sed milites, ac ne a filiis quidem aut priuignis suis imperio praeditis aliter appellari passus est, ambitiosius id existimans, quam aut ratio militaris aut temporum quies aut sua domusque suae maiestas postularet. libertino milite, prae- 2
terquam Romae incendiorum causa et si tumultus in grauiore annona metueretur, bis usus est: semel ad praesidium coloniarum Illyricum contingentium, iterum ad tutelam ripae Rheni fluminis; eosque, seruos adhuc uiris feminisque pecuniosioribus indictos ac sine mora manumissos, sub priore uexillo habuit, neque aut commixtos cum ingenuis aut eodem modo armatos.

Dona militaria aliquanto facilius phaleras et tor- 3
ques, quicquid auro argentoque constaret, quam uallares ac murales coronas, quae honore praecellerent, dabat; has quam parcissime et sine ambitione ac saepe etiam caligatis tribuit. M. Agrippam in Sicilia post

---

6 cum *T'*, *om. rel.* 16 appellabat ΠRP^2ST, appellat *rel.*, appellauit *Salm.* 22 bis] urbis $MGVLP^1T$ 26 proprio *Torr.*, primore *Casaub.*, priuo *Burm.*, peiore *Hirschfeld* 32 ciliciam *MVLP*, cilicia (cicilia *Q*) *rel.*, *corr.* *Ts*

naualem uictoriam caeruleo uexillo donauit. solos
triumphales, quamquam et socios expeditionum et par-
ticipes uictoriarum suarum, numquam donis imper-
tiendos putauit, quod ipsi quoque ius habuissent tri-
4 buendi ea quibus uellent. nihil autem minus [in]per-
fecto duci quam festinationem temeritatemque con-
uenire arbitrabatur. crebro itaque illa iactabat: σπεῦδε
βραδέως· ⟨*Eurip. Phoen.* 599⟩

ἀσφαλὴς γάρ ἐστ᾽ ἀμείνων ἢ θρασὺς στρατηλάτης

et: sat celeriter fieri quidquid fiat satis bene.
proelium quidem aut bellum suscipiendum omnino ne-
gabat, nisi cum maior emolumenti spes quam damni
metus ostenderetur. nam minima commoda non minimo
sectantis discrimine similes aiebat esse aureo hamo
piscantibus, cuius abrupti damnum nulla captura pen-
sari posset.

26 Magistratus atque honores et ante tempus et quos-
dam noui generis perpetuosque cepit. consulatum uice-
simo aetatis anno inuasit admotis hostiliter ad urbem
legionibus missisque qui sibi nomine exercitus de-
poscerent; cum quidem cunctante senatu Cornelius
centurio, princeps legationis, reiecto sagulo ostendens
gladii capulum non dubitasset in curia dicere: hic fa-
2 ciet, si uos non feceritis. secundum consulatum
post nouem annos, tertium anno interiecto gessit, se-
quentis usque ad undecimum continuauit, multisque
mox, cum deferrentur, recusatis duodecimum magno,
id est septemdecim annorum, interuallo et rursus ter-
tium decimum biennio post ultro petit, ut C. et Lucium
filios amplissimo praeditus magistratu suo quemque
3 tirocinio deduceret in forum. quinque medios consu-
latus a sexto ad decimum annuos gessit, ceteros aut
nouem aut sex aut quattuor aut tribus mensibus, secun-

---

5 perfecto *Bentl.* 6 duce *ΤΤΝ* uenire *Τ* 17 sed ante *MGT* 29 petiit *Τ′P* C.] brutum *X* 32 undecimum (XI. *R*) *T*

dum uero paucissimis horis. nam die Kal. Ian. cum mane pro aede Capitolini Iouis paululum curuli sella praesedisset, honore abiit suffecto alio in locum suum. nec omnes Romae, sed quartum consulatum in Asia, quintum in insula Samo, octauum et nonum Tarracone init.

Triumuiratum rei p. constituendae per decem annos 27
administrauit; in quo restitit quidem aliquamdiu collegis ne qua fieret proscriptio, sed inceptam utroque acerbius exercuit. namque illis in multorum saepe personam per gratiam et preces exorabilibus solus magno opere contendit ne cui parceretur, proscripsitque etiam C. Toranium tutorem suum, eundem collegam patris sui Octaui in aedilitate. Iulius Saturninus hoc amplius 2
tradit, cum peracta proscriptione M. Lepidus in senatu excusasset praeterita et spem clementiae in posterum fecisset, quoniam satis poenarum exactum esset, hunc e diuerso professum, ita modum se proscribendi statuisse, ut omnia sibi reliquerit libera. in cuius tamen pertinaciae paenitentiam postea T. Vinium Philopoemenem, quod patronum suum proscriptum celasse olim diceretur, equestri dignitate honorauit. in 3
eadem hac potestate multiplici flagrauit inuidia. nam et Pinarium equitem R., cum contionante se admissa turba paganorum apud milites subscribere quaedam animaduertisset, curiosum ac speculatorem ratus coram confodi imperauit; et Tedium Afrum consulem designatum, quia factum quoddam suum maligno sermone carpsisset, tantis conterruit minis, ut is se praecipitauerit; et Quintum Gallium praetorem, in officio salu- 4
tationis tabellas duplices ueste tectas tenentem, suspicatus gladium occulere, nec quicquam statim, ne aliud inueniretur, ausus inquirere, paulo post per centuriones et milites raptum e tribunali seruilem in modum torsit

---

6 init *V*, mit *M*, iniit *rel.* 10 persona *Madv.* 14 iunius *GXT* 20 iunium *X'T* 34 e] et *M*, ex *G*

ac fatentem nihil iussit occidi prius oculis eius sua manu effossis; quem tamen scribit conloquio petito insidiatum sibi coniectumque a se in custodiam, deinde urbe interdicta dimissum naufragio uel latronum in-
5 sidiis perisse. tribuniciam potestatem perpetuam recepit, in qua semel atque iterum per singula lustra collegam sibi cooptauit. recepit et morum legumque regimen aeque perpetuum, quo iure, quamquam sine censurae honore, censum tamen populi ter egit, primum ac tertium cum collega, medium solus.

28 De reddenda re p. bis cogitauit: primum post oppressum statim Antonium, memor obiectum sibi ab eo saepius, quasi per ipsum staret ne redderetur; ac rursus taedio diuturnae ualitudinis, cum etiam magistratibus ac senatu domum accitis rationarium imperii tradidit. sed reputans et se priuatum non sine periculo fore et illam plurium arbitrio temere committi, in retinenda perseuerauit, dubium euentu meliore an uolun-
2 tate. quam uoluntatem, cum prae se identidem ferret, quodam etiam edicto his uerbis testatus est: ita mihi saluam ac sospitem rem p. sistere in sua sede liceat atque eius rei fructum percipere, quem peto, ut optimi status auctor dicar et moriens ut feram mecum spem, mansura in uestigio suo fundamenta rei p. quae iecero. fecitque ipse se compotem uoti nisus omni modo, ne quem noui status paeniteret.

3 Vrbem neque pro maiestate imperii ornatam et inundationibus incendiisque obnoxiam excoluit adeo, ut iure sit gloriatus marmoream se relinquere, quam latericiam accepisset. tutam uero, quantum pro-

---

1 oculos *et tum* effusos *M* (effusis *Heins.*) 4 admissum *T* 6 iterum ⟨M. Agrippam, ter Tiberium⟩ *Momms.* 11 primum *M*, primo *rel. fort. rectius* 15 ac] e ς 16 priuatim *MGVLP*[1] 19 president idem (presidenti dein *G*) *MGV*, presidens idem *T*, presidens identidem *P*[2]*OST* (*recte LP*[1]) 28 namque *ΥT*, *om. N*

uideri humana ratione potuit, etiam in posterum praestitit. publica opera plurima extruxit, e quibus uel 29
praecipua: forum cum aede Martis Vltoris, templum Apollinis in Palatio, aedem Tonantis Iouis in Capitolio. fori extruendi causa fuit hominum et iudiciorum multitudo, quae uidebatur non sufficientibus duobus etiam tertio indigere; itaque festinatius necdum perfecta Martis aede publicatum est cautumque, ut separatim in eo publica iudicia et sortitiones iudicum fierent. aedem Martis bello Philippensi pro ultione paterna 2
suscepto uouerat; sanxit ergo, ut de bellis triumphisque hic consuleretur senatus, prouincias cum imperio petituri hinc deducerentur, quique uictores redissent, huc insignia triumphorum conferrent. templum Apol- 3
linis in ea parte Palatinae domus excitauit, quam fulmine ictam desiderari a deo haruspices pronuntiarant; addidit porticus cum bibliotheca Latina Graecaque, quo loco iam senior saepe etiam senatum habuit decuriasque iudicum recognouit. Tonanti Ioui aedem consecrauit liberatus periculo, cum expeditione Cantabrica per nocturnum iter lecticam eius fulgur praestrinxisset seruumque praelucentem exanimasset. quaedam etiam 4
opera sub nomine alieno, nepotum scilicet et uxoris sororisque fecit, ut porticum basilicamque Gai et Luci, item porticus Liuiae et Octauiae theatrumque Marcelli. sed et ceteros principes uiros saepe hortatus est, ut pro facultate quisque monimentis uel nouis uel refectis et excultis urbem adornarent. multaque a multis tunc 5
extructa sunt, sicut a Marcio Philippo aedes Herculis Musarum, a L. Cornificio aedes Dianae, ab Asinio Pollione atrium Libertatis, a Munatio Planco aedes Saturni, a Cornelio Balbo theatrum, a Statilio Tauro amphitheatrum, a M. uero Agrippa complura et egregia.

10 marti *X* ultione ς (ϱ), uisione *Ω* 16 pronuntiarant *Steph.*, -rent *Ω*, -runt *T* (*Bentl.*) 22 preducentem *X* 24 sororisque *T*, sororis *MV*, et sororis *G*, ac sororis *X* (generique *add. Modd.*)

30 Spatium urbis in regiones uicosque diuisit instituit-
que, ut illas annui magistratus sortito tuerentur, hos
magistri e plebe cuiusque uiciniae lecti. aduersus in-
cendia excubias nocturnas uigilesque commentus est;
ad coercendas inundationes alueum Tiberis laxauit ac
repurgauit completum olim ruderibus et aedificiorum
prolationibus coartatum. quo autem facilius undique
urbs adiretur, desumpta sibi Flaminia uia Arimino
tenus munienda reliquas triumphalibus uiris ex ma-
nubiali pecunia sternendas distribuit.
2 Aedes sacras uetustate conlapsas aut incendio ab-
sumptas refecit easque et ceteras opulentissimis donis
adornauit, ut qui in cellam Capitolini Iouis sedecim
milia pondo auri gemmasque ac margaritas quingenties
31 sestertium una donatione contulerit. postquam uero
pontificatum maximum, quem numquam uiuo Lepido
auferre sustinuerat, mortuo demum suscepit, quidquid
fatidicorum librorum Graeci Latinique generis nullis
uel parum idoneis auctoribus uulgo ferebatur, supra
duo milia contracta undique cremauit ac solos retinuit
Sibyllinos, hos quoque dilectu habito; condiditque duo-
2 bus forulis auratis sub Palatini Apollinis basi. annum
a Diuo Iulio ordinatum, sed postea neglegentia contur-
batum atque confusum, rursus ad pristinam rationem
redegit; in cuius ordinatione Sextilem mensem e suo
cognomine nuncupauit magis quam Septembrem quo
erat natus, quod hoc sibi et primus consulatus et in-
3 signes uictoriae optigissent. sacerdotum et numerum
et dignitatem sed et commoda auxit, praecipue Vesta-
lium uirginum. cumque in demortuae locum aliam capi
oporteret ambirentque multi ne filias in sortem darent,

3 uicinię electi *G*, uici quaterni electi *Modd.* 7 pro-
lapsionibus *ΥP²OT*, prolax- *S²* 13 ut] utpote *Υ* 15 ses-
tertii *I. F. Gron.* 21 delectu *ΠR* 23 a *om.* *MGV*
(annō duo *V*, annua diuo *Q*) 25 ordinatione *GT*, -nem *rel.*
31 daret *Tς*

adiurauit, si cuiusquam neptium suarum competeret aetas, oblaturum se fuisse eam. nonnulla etiam ex 4
antiquis caerimonis paulatim abolita restituit, ut Salutis augurium, Diale flamonium, sacrum Lupercale, ludos Saeculares et Compitalicios. Lupercalibus uetuit currere inberbes, item Saecularibus ludis iuuenes utriusque sexus prohibuit ullum nocturnum spectaculum frequentare nisi cum aliquo maiore natu propinquorum. Compitales Lares ornari bis anno instituit uernis floribus et aestiuis.

Proximum a dis immortalibus honorem memoriae 5
ducum praestitit, qui imperium p. R. ex minimo maximum reddidissent. itaque et opera cuiusque manentibus titulis restituit et statuas omnium triumphali effigie in utraque fori sui porticu dedicauit, professus e[s]t edicto: commentum id se, ut ad illorum ⟨. . .⟩ uelut ad exemplar et ipse, dum uiueret, et insequentium aetatium principes exigerentur a ciuibus. Pompei quoque statuam contra theatri eius regiam marmoreo Iano superposuit translatam e curia, in qua C. Caesar fuerat occisus.

Pleraque pessimi exempli in perniciem publicam aut 32
ex consuetudine licentiaque bellorum ciuilium durauerant aut per pacem etiam extiterant. nam et grassatorum plurimi palam se ferebant succincti ferro, quasi tuendi sui causa, et rapti per agros uiatores sine discrimine liberi seruique ergastulis possessorum supprimebantur, et plurimae factiones titulo collegi noui ad nullius non facinoris societatem coibant. igitur grassaturas dispositis per oportuna loca stationibus inhibuit,

4 flaminium *T* 11 diis *codd. praeter MV* (addis *M, prior* d *expuncta*) 15 et *Bentl.*, est Ω (*in S ss. m. 1*), *om. N*ς 16 ad illorum uelut exemplar *GQN*, illorum uelut ad ex. ς, ad illos uelut ad ex. *Casaub.*; ⟨normam⟩ *suppl. Oud.*, ⟨uitam⟩ *Büch.* 18 aetatum *codd. praeter* $M^1L^1O^1$ (-tuum P^1) 22 correxit quae *post* exempli *add.* $T'P^2O$ 29 grassaturas *V*, grassatur ad *M*, grassaturam *G*, grassatores *rel.*

ergastula recognouit, collegia praeter antiqua et legi-
2 tima dissoluit. tabulas ueterum aerari debitorum, uel
praecipuam calumniandi materiam, ex[c]ussit; loca in
urbe publica iuris ambigui possessoribus adiudicauit;
diuturnorum reorum et ex quorum sordibus nihil aliud
quam uoluptas inimicis quaereretur nomina aboleuit
condicione proposita, ut si quem quis repetere uellet,
par periculum poenae subiret. ne quod autem male-
ficium negotiumue inpunitate uel mora elaberetur, tri-
ginta amplius dies, qui honoraris ludis occupabantur,
3 actui rerum accommodauit. ad tris iudicum decurias
quartam addidit ex inferiore censu, quae ducenariorum
uocaretur iudicaretque de leuioribus summis. iudices
a tricensimo aetatis anno adlegit, id est quinquennio
maturius quam solebant. ac plerisque iudicandi munus
detractantibus uix concessit, ut singulis decuriis per
uices annua uacatio esset et ut solitae agi Nouembri
33 ac Decembri mense res omitterentur. ipse ius dixit
assidue et in noctem nonnumquam, si parum corpore
ualeret, lectica pro tribunali collocata uel etiam domi
cubans. dixit autem ius non diligentia modo summa
sed et lenitate, siquidem manifesti parricidii reum, ne
culleo insueretur, quod non nisi confessi adficiuntur
hac poena, ita fertur interrogasse: certe patrem
2 tuum non occidisti? et cum de falso testamento
ageretur omnesque signatores lege Cornelia tenerentur,
non tantum duas tabellas, damnatoriam et absoluto-
riam, simul cognoscentibus dedit, sed tertiam quoque,
qua ignosceretur iis, quos fraude ad signandum uel
3 errore inductos constitisset. appellationes quotannis

2 aerario *G*, -ii *T*, *om. X* uelut *G. Becker* 3 exussit *Beroald.* (ἔκαυσε *Dio 53, 2*) 9 more laberetur *MX'* (mora lab- *L²T*) 10 honoratis *T*, -riis *M²GX* 12 addidit *Steph.*, addixit *Ω* 14 tricensimo *M* (*praeced.* ac *pro* a), tricesimo (trig- *GQ*) *rel.*, uicesimo *Cuiacius*, XXV. *Shuckburgh* 15 at ς 16 detrect- *GXT* 22 manifesta *M*, -stū *VLP* -sto *Bentl.* 26 senatores *Ω*, *corr. Beroald.* 27 tabulas *MX'*

urbanorum quidem litigatorum praetori delegabat ur-
bano, at prouincialium consularibus uiris, quos singulos
cuiusque prouinciae negotiis praeposuisset.

Leges retractauit et quasdam ex integro sanxit, ut **34**
sumptuariam et de adulteriis et de pudicitia, de am-
bitu, de maritandis ordinibus. hanc cum aliquanto
seuerius quam ceteras emendasset, prae tumultu recu-
santium perferre non potuit nisi adempta demum leni-
taue parte poenarum et uacatione trienni data auctisque
praemiis. sic quoque abolitionem eius publico specta- 2
culo pertinaciter postulante equite, accitos Germanici
liberos receptosque partim ad se partim in patris gre-
mium ostentauit, manu uultuque significans ne graua-
rentur imitari iuuenis exemplum. cumque etiam inma-
turitate sponsarum et matrimoniorum crebra mutatione
uim legis eludi sentiret, tempus sponsas habendi coar-
tauit, diuortiis modum imposuit.

Senatorum affluentem numerum deformi et incon- **35**
dita turba — erant enim super mille, et quidam in-
dignissimi et post necem Caesaris per gratiam et prae-
mium adlecti, quos orciuos uulgus uocabat — ad modum
pristinum et splendorem redegit duabus lectionibus:
prima ipsorum arbitratu, quo uir uirum legit, secunda
suo et Agrippae; quo tempore existimatur lorica sub
ueste munitus ferroque cinctus praesedisse decem ualen-
tissimis senatorii ordinis amicis sellam suam circum-
stantibus. Cordus Cremutius scribit ne admissum qui- 2
dem tunc quemquam senatorum nisi solum et prae-
temptato sinu. quosdam ad excusandi se uerecundiam
compulit seruauitque etiam excusantibus insigne uestis
et spectandi in orchestra epulandique publice ius. quo 3

---

2 at] ad M^1V, a M^2Q, ac ς 3 propos- *M* 5 *prius* et *del. Torr.* 8 demum *om. M* (*praeced.* adepta) 18 ⟨a⟩ deformi *Madv.* 20 et post] ut post *Toup.*, post *Bentl.* pretium *Madv.* 21 abortiuos *X.* orcinos ς 30 excusantibus *edd. Rom. Ven. I,* excusantis (-satis *T*ς, *Grut.*) *MGX'* (*Ω*), excusantes *Υ*

autem lecti probatique et religiosius et minore molestia senatoria munera fungerentur, sanxit, ut prius quam consideret quisque ture ac mero supplicaret apud aram eius dei, in cuius templo coiretur, et ne plus quam bis in mense legitimus senatus ageretur, Kalendis et Idibus, neue Septembri Octobriue mense ullos adesse alios necesse esset quam sorte ductos, per quorum numerum decreta confici possent; sibique instituit consilia sortiri semenstria, cum quibus de negotiis ad
4 frequentem senatum referendis ante tractaret. sententias de maiore negotio non more atque ordine sed prout libuisset perrogabat, ut perinde quisque animum intenderet ac si censendum magis quam adsentiendum esset.

36 Auctor et aliarum rerum fuit, in quis: ne acta senatus publicarentur, ne magistratus deposito honore statim in prouincias mitterentur, ut proconsulibus ad mulos et tabernacula, quae publice locari solebant, certa pecunia constitueretur, ut cura aerari a quaestoribus urbanis ad praetorios praetoresue transiret, ut centumuiralem hastam quam quaesturam functi consuerant
37 cogere decemuiri cogerent. quoque plures partem administrandae rei p. caperent, noua officia excogitauit: curam operum publicorum, uiarum, aquarum, aluei Tiberis, frumenti populo diuidundi, praefecturam urbis, triumuiratum legendi senatus et alterum recognoscendi turmas equitum, quotiensque opus esset. censores creari desitos longo interuallo creauit. numerum praetorum auxit. exegit etiam, ut quotiens consulatus sibi daretur, binos pro singulis collegas haberet, nec optinuit, reclamantibus cunctis satis maiestatem eius im-

---

3 thure *XT* 11 ⟨uetere⟩ more *Polak* neque *GO* 16 deposito ς (*edd. pr.*), disposito *Ω* 17 ut *om. M* 21 quaestura ς, *hoc loco rectius opinor* consueuerant *VRT* 24 uariarũ (*in ras.*) *post* uiarum *add. M*, *tuetur Momms.* 25 diuidundo (*sicut antea m. 1* frumento) *M*, -dendi *X'T*

minui, quod honorem eum non solus sed cum altero
gereret. nec parcior in bellica uirtute honoranda, su- 38
per triginta ducibus iustos triumphos et aliquanto
pluribus triumphalia ornamenta decernenda curauit.

Liberis senatorum, quo celerius rei p. assuescerent, 2
protinus uirili toga latum clauum induere et curiae
interesse permisit militiamque auspicantibus non tribunatum modo legionum, sed et praefecturas alarum dedit; ac ne qui expers castrorum esset, binos plerumque laticlauios praeposuit singulis alis.

Equitum turmas frequenter recognouit, post longam 3
intercapedinem reducto more trauectionis. sed neque detrahi quemquam in trauehendo ab accusatore passus est, quod fieri solebat, et senio uel aliqua corporis labe insignibus permisit, praemisso in ordine equo, ad respondendum quotiens citarentur pedibus uenire; mox reddendi equi gratiam fecit eis, qui maiores annorum
quinque et triginta retinere eum nollent; impetratis- 39
que a senatu decem adiutoribus unum quemque equitum rationem uitae reddere coegit atque in exprobratis alios poena, alios ignominia notauit, plures admonitione, sed uaria. lenissimum genus admonitionis fuit traditio coram pugillarium, quos taciti et ibidem statim legerent; notauitque aliquos, quod pecunias leuioribus usuris mutuati grauiore faenore collocassent.
ac comitiis tribuniciis si deessent candidati senatores, 40
ex equitibus R. creauit, ita ut potestate transacta in utro uellent ordine manerent. cum autem plerique equitum attrito bellis ciuilibus patrimonio spectare ludos e quattuordecim non auderent metu poenae theatralis,

---

6 uirili togae *ΠR*, uirilem togam *X*, ⟨a⟩ uirili toga *quidam apud Torr.*, *fort. excidit* sumpta 7 tribunatus *Halbertsma* 8 et *om. MX′* 9 quis *L²ς* 20 ex improbatis *ς et edd.*, in probatione *Modd.* 24 legerint *MGVL²S*, leger̃ *P* 26 ac *corr. ex* at *Q*, a *XΠ¹*, *an* at? 30 theatralis ⟨legis⟩ *Casaub.*

pronuntiauit non teneri ea, quibus ipsis parentibusue equester census umquam fuisset.

2 Populi recensum uicatim egit, ac ne plebs frumentationum causa frequentius ab negotiis auocaretur, ter in annum quaternum mensium tesseras dare destinauit; sed desideranti consuetudinem ueterem concessit rursus, ut sui cuiusque mensis acciperet. comitiorum quoque pristinum ius reduxit ac multiplici poena coercito ambitu, Fabianis et Scapt⟨i⟩ensibus tribu⟨li⟩bus suis die comitiorum, ne quid a quoquam candidato desiderarent, singula milia nummum a se diuidebat.

3 Magni praeterea existimans sincerum atque ab omni colluuione peregrini ac seruilis sanguinis incorruptum seruare populum, et ciuitates Romanas parcissime dedit et manumittendi modum terminauit. Tiberio pro cliente Graeco petenti rescripsit, non aliter se daturum, quam si praesens sibi persuasisset, quam iustas petendi causas haberet; et Liuiae pro quodam tributario Gallo roganti ciuitatem negauit, immunitatem optulit affirmans facilius se passurum fisco detrahi aliquid, quam
4 ciuitatis Romanae uulgari honorem. seruos non contentus multis difficultatibus a libertate et multo pluribus a libertate iusta remouisse, cum et de numero et de condicione ac differentia eorum, qui manumitterentur, curiose cauisset, hoc quoque adiecit, ne uinctus umquam tortusue quis ullo libertatis genere ciuitatem adipisceretur.

5 Etiam habitum uestitumque pristinum reducere studuit, ac uisa quondam pro contione pullatorum turba indignabundus et clamitans: en ⟨*Verg. Aen. I 282*⟩

Romanos, rerum dominos, gentemque togatam!

---

3 r. (rom̄. *P*) censum *MGX′* 4 uocaretur *MGT* 5 quaternuum *M*, -nium *Q*, -norum *ΠRP²* mensuum *M* (*cf. Aug. 65*), mensum *Roth* 7 sui quisque *Egn.*, suam (suas *Bentl.*) cuiusque *Duker* 9 scaptensibus tribubus *Ω*, *corr. Beroald.* 14 ciuitatem romanam *ς* 15 et *om. MGVLP¹* 30 en ait *T*

negotium aedilibus dedit, ne quem posthac paterentur
in foro circaue nisi positis lacernis togatum consistere.
Liberalitatem omnibus ordinibus per occasiones 41
frequenter exhibuit. nam et inuecta urbi Alexandrino
triumpho regia gaza tantam copiam nummariae rei
effecit, ut faenore deminuto plurimum agrorum pretiis
accesserit, et postea, quotiens ex damnatorum bonis
pecunia superflueret, usum eius gratuitum iis, qui
cauere in duplum possent, ad certum tempus indulsit.
senatorum censum ampliauit ac pro octingentorum
milium summa duodecies sestertium taxauit suppleuit-
que non habentibus. congiaria populo frequenter dedit, 2
sed diuersae fere summae: modo quadringenos, modo
trecenos, nonnumquam ducenos quinquagenosque num-
mos; ac ne minores quidem pueros praeteriit, quamuis
non nisi ab undecimo aetatis anno accipere consuessent.
frumentum quoque in annonae difficultatibus saepe
leuissimo, interdum nullo pretio uiritim admensus est
tesserasque nummarias duplicauit. sed ut salubrem 42
magis quam ambitiosum principem scires, querentem
de inopia et caritate uini populum seuerissima coer-
cuit uoce: satis prouisum a genero suo Agrippa
perductis pluribus aquis, ne homines sitirent.
eidem populo promissum quidem congiarium reposcenti 2
bonae se fidei esse respondit; non promissum autem
flagitanti turpitudinem et impudentiam edicto expro-
brauit affirmauitque non daturum se quamuis dare
destinaret. nec minore grauitate atque constantia,
cum proposito congiario multos manumissos insertos-
que ciuium numero comperisset, negauit accepturos
quibus promissum non esset, ceterisque minus quam

---

2 circoue *GT* 10 senatorium *Bentl.* 11 decies *Lips.* sestertio *Ern.* 14 trecenos *Torr.* (ς), tricenos *Ω* quadragenosque *Momms.* 16 nisi *om. T* 24 idem *Bentl.* populũ *M, del. Torr.* deposcenti *Polak* 28 destinasset *Nς*, -arit *Reitzius* ne *MVQR*

3 promiserat dedit, ut destinata summa sufficeret. magna uero quondam sterilitate ac difficili remedio cum uenalicias et lanistarum familias peregrinosque omnes exceptis medicis et praeceptoribus partimque seruitiorum urbe expulisset, ut tandem annona conualuit, impetum se cepisse scribit frumentationes publicas in perpetuum abolendi, quod earum fiducia cultura agrorum cessaret: neque tamen perseuerasse, quia certum haberet posse per ambitionem quandoque restitui. atque ita postha[n]c rem temperauit, ut non minorem aratorum ac negotiantium quam populi rationem deduceret.

43 Spectaculorum et assiduitate et uarietate et magnificentia omnes antecessit. fecisse se ludos ait suo nomine quater, pro aliis magistratibus, qui aut abessent aut non sufficerent, ter et uicies. fecitque nonnumquam etiam uicatim ac pluribus scaenis per omnium linguarum histriones ⟨. . . .⟩ non in foro modo, nec in amphitheatro, sed et in circo et in Saeptis, et aliquando nihil praeter uenationem edidit; athletas quoque extructis in campo Martio sedilibus ligneis; item nauale proelium circa Tiberim cauato solo, in quo nunc Caesarum nemus est. quibus diebus custodes in urbe disposuit, ne raritate remanentium grassa-
2 toribus obnoxia esset. in circo aurigas cursoresque et confectores ferarum, et nonnumquam ex nobilissima iuuentute, produxit. sed et Troiae lusum edidit frequentissime maiorum minorumque puerorum, prisci decorique moris existimans clarae stirpis indolem sic notescere. in hoc ludicro Nonium Asprenatem lapsu

---

2 quadam *T* (uel quondam *ss. R*) 4 partemque *GΥT* 8 cessaret ς, cesserat *Ω* perseuerasset *MX′* 9 posset *V*, *om. L*, post se ς 10 posthac *QR*ς 12 duceret *Steph.* 18 ⟨munera⟩ *suppl. Perizon.*, ⟨circensibus ludis gladiatoriisque muneribus frequentissime editis interiecit plerumque bestiarum Africanarum uenationes⟩ *Roth* 19 circo et *ΥT*, circo *rel.* 26 et (*post* ferarum) *del. Torr.* 28 maiorum ς, magnorum *Ω*

debilitatum aureo torque donauit passusque est ipsum posterosque Torquati ferre cognomen. mox finem fecit talia edendi Asinio Pollione oratore grauiter inuidioseque in curia questo A⟨e⟩sernini nepotis sui casum, qui et ipse crus fregerat.

Ad scaenicas quoque et gladiatorias operas et equi- 3
tibus Romanis aliquando usus est, uerum prius quam senatus consulto interdiceretur. postea nihil sane praeterquam adulescentulum Lycium honeste natum exhibuit, tantum ut ostenderet, quod erat bipedali minor, librarum septemdecim ac uocis immensae. quodam 4
autem muneris die Parthorum obsides tunc primum missos per mediam harenam ad spectaculum induxit superque se subsellio secundo collocauit. solebat etiam citra spectaculorum dies, si quando quid inuisitatum dignumque cognitu aduectum esset, id extra ordinem quolibet loco publicare, ut rhinocerotem apud Saepta, tigrim in scaena, anguem quinquaginta cubitorum pro comitio.

Accidit uotiuis circensibus, ut correptus ualitudine 5
lectica cubans tensas deduceret; rursus commissione ludorum, quibus theatrum Marcelli dedicabat, euenit ut laxatis sellae curulis compagibus caderet supinus. nepotum quoque suorum munere cum consternatum ruinae metu populum retinere et confirmare nullo modo posset, transiit e loco suo atque in ea parte consedit, quae suspecta maxime erat.

Spectandi confusissimum ac solutissimum morem 44
correxit ordinauitque motus iniuria senatoris, quem Puteolis per celeberrimos ludos consessu frequenti nemo receperat. facto igitur decreto patrum ut, quo-

---

1 ipsum *om. M* 3 alia *MQRδ et pro u. l.* Π^2 4 asernini (aserni *G*, asermini *V*) *Ω*, *corr. Beroald.* 5 effregerat *T* 6 et (*post* operas) *om.* *ς* 9 lucium *R*, lic- *ΠT*, L. Itium *Torr.*, L. Icium *Roth* 15 inuisitatum *MRT*, inusit- *rel.* 30 consensu *MVR*

tiens quid spectaculi usquam publice ederetur, primus subselliorum ordo uacaret senatoribus, Romae legatos liberarum sociarumque gentium uetuit in orchestra sedere, cum quosdam etiam libertini generis mitti
2 deprendisset. militem secreuit a populo. maritis e plebe proprios ordines assignauit, praetextatis cuneum suum, et proximum paedagogis, sanxitque ne quis pullatorum media cauea sederet. feminis ne gladiatores quidem, quos promiscue spectari sollemne olim erat,
3 nisi ex superiore loco spectare concessit. solis uirginibus Vestalibus locum in theatro separatim et contra praetoris tribunal dedit. athletarum uero spectaculo muliebre secus omne adeo summouit, ut pontificalibus ludis pugilum par postulatum distulerit in insequentis diei matutinum tempus edixeritque m u l i e r e s a n t e h o r a m q u i n t a m u e n i r e i n t h e a t r u m n o n p l a-
45 c e r e. ipse circenses ex amicorum fere libertorumque cenaculis spectabat, interdum ex puluinari et quidem cum coniuge ac liberis sedens. spectaculo plurimas horas, aliquando totos dies aberat, petita uenia commendatisque qui suam uicem praesidendo fungerentur. uerum quotiens adesset, nihil praeterea agebat, seu uitandi rumoris causa, quo patrem Caesarem uulgo reprehensum commemorabat, quod inter spectandum epistulis libellisque legendis aut rescribendis uacaret, seu studio spectandi ac uoluptate, qua teneri se neque dissimulauit umquam et saepe ingenue professus est.
2 itaque corollaria et praemia in alienis quoque muneribus ac ludis et crebra et grandia de suo offerebat nullique Graeco certamini interfuit, quo non pro merito quemque certantium honorarit. spectauit autem

---

5 deprehendisset *X'ΠR* 11 separatum *V* 13 muliebrem sexum omnem (sexū somnē *V*) *codd. praeter MQ* (*at* sexus *Q*) omnes *J. F. Gron.* 15 edixerit quo *MT*, edixeritque quo *G* 16 uenirent *MGT* 19 coniugem (*om.* cum) *MQ* spectacula *MQ* (edens sp. *Bentl.*) 20 aberat ς, aderat *Ω* 21 sua uice *PST* 22 nihil *om. M*

studiosissime pugiles et maxime Latinos, non legiti-
mos atque ordinarios modo, quos etiam committere
cum Graecis solebat, sed et cateruarios oppidanos inter
angustias uicorum pugnantis temere ac sine arte.
uniuersum denique genus operas aliquas publico specta- 3
culo praebentium etiam cura sua dignatus est: athletis
et conseruauit priuilegia et ampliauit, gladiatores sine
missione edi prohibuit, coercitionem in histriones magi-
stratibus omni tempore et loco lege uetere permissam
ademit praeterquam ludis et scaena. nec tamen eo 4
minus aut xysticorum certationes aut gladiatorum pug-
nas seuerissime semper exegit. nam histrionum licen-
tiam adeo compescuit, ut Stephanionem togatarium, cui
in puerilem habitum circumtonsam matronam mini-
strasse compererat, per trina theatra uirgis caesum
relegauerit, Hylan pantomimum querente praetore in
atrio domus suae nemine excluso flagellis uerberarit et
Pyladen urbe atque Italia summouerit, quod specta-
torem, a quo exibilabatur, demonstrasset digito con-
spicuumque fecisset.

Ad hunc modum urbe urbanisque rebus admini- **46**
stratis Italiam duodetriginta coloniarum numero de-
ductarum a se frequentauit operibusque ac uectigalibus
publicis plurifariam instruxit, etiam iure ac dignatione
urbi quodam modo pro parte aliqua adaequauit exco-
gitato genere suffragiorum, quae de magistratibus urbicis
decuriones colonici in sua quisque colonia ferrent et
sub die comitiorum obsignata Romam mitterent. ac
necubi aut honestorum deficeret copia aut multitudinis
suboles, equestrem militiam petentis etiam ex com-
mendatione publica cuiusque oppidi ordinabat, at iis,

---

9 loco *ed Iunt. 1515 Basil. 1533*, longo Ω 10 ludis et scaena *Steph.*, ludos et sc(a)enam Ω (praeter *pro* praeterquam *Gothofr.*) 17 uerberauit *M*, -uerit ΠQ 23 a se fr- *G*, ad se fr- ΠR, se fr- *MQ*, refr- *X'*, ab se fr- ς (*Beroald.*) 27 suam — coloniam *T*

qui e plebe regiones sibi reuisenti filios filiasue approbarent, singula nummorum milia pro singulis diuidebat.

47 Prouincias ualidiores et quas annuis magistratuum imperiis regi nec facile nec tutum erat, ipse suscepit, ceteras proconsulibus sortito permisit; et tamen nonnullas commutauit interdum atque ex utroque genere plerasque saepius adiit. urbium quasdam, foederatas sed ad exitium licentia praecipites, libertate priuauit, alias aut aere alieno laborantis leuauit aut terrae motu subuersas denuo condidit aut merita erga populum R. adlegantes Latinitate uel ciuitate donauit. nec est, ut opinor, prouincia, excepta dum taxat Africa et Sardinia, quam non adierit. in has fugato Sex. Pompeio traicere ex Sicilia apparantem continuae et immodicae tempestates inhibuerunt nec mox occasio aut causa traiciendi fuit.

48 Regnorum quibus belli iure potitus est, praeter pauca, aut isdem quibus ademerat reddidit aut alienigenis contribuit. reges socios etiam inter semet ipsos necessitudinibus mutuis iunxit, promptissimus affinitatis cuiusque atque amicitiae conciliator et fautor; nec aliter uniuersos quam membra partisque imperii curae habuit, rectorem quoque solitus apponere aetate paruis aut mente lapsis, donec adolescerent aut resipiscerent; ac plurimorum liberos et educauit simul cum suis et instituit.

49 Ex militaribus copiis legiones et auxilia prouinciatim distribuit, classem Miseni et alteram Rauennae ad tutelam Superi et Inferi maris conlocauit, ceterum numerum partim in urbis partim in sui custodiam adlegit dimissa Calagurritanorum manu, quam usque ad deuictum Antonium, item Germanorum, quam usque ad cladem Varianam inter armigeros circa se habuerat. neque tamen umquam plures quam tres cohortes in

17 est *om. M* 18 aut ⟨haut⟩ *Polak* 22 partesque *GY*, partemque *XN* 29 certum *edd. pr.* (*uulg.*) 30 suam *X*

urbe esse passus est easque sine castris, reliquas in
hiberna et aestiua circa finitima oppida dimittere
assuerat. quidquid autem ubique militum esset, ad cer- 2
tam stipendiorum praemiorumque formulam adstrinxit
definitis pro gradu cuiusque et temporibus militiae et
commodis missionum, ne aut aetate aut inopia post
missionem sollicitari ad res nouas possent. utque per-
petuo ac sine difficultate sumptus ad tuendos eos prose-
quendosque suppeteret, aerarium militare cum uecti-
galibus nouis constituit.

Et quo celerius ac sub manum adnuntiari cog- 3
noscique posset, quid in prouincia quaque gereretur,
iuuenes primo modicis interuallis per militaris uias,
dehinc uehicula disposuit. commodius id uisum est, ut
qui a loco idem perferunt litteras, interrogari quoque,
si quid res exigant, possint. in diplomatibus libellis- **50**
que et epistulis signandis initio sp⟨h⟩inge usus est, mox
imagine Magni Alexandri, nouissime sua, Dioscuridis
manu scalpta, qua signare insecuti quoque principes
perseuerarunt. ad epistulas omnis horarum quoque
momenta nec diei modo sed et noctis, quibus datae
significarentur, addebat.

Clementiae ciuilitatisque eius multa et magna docu- **51**
menta sunt. ne enumerem, quot et quos diuersarum
partium uenia et incolumitate donatos principem etiam
in ciuitate locum tenere passus sit: Iunium Nouatum
et Cassium Patauinum e plebe homines alterum pe-
cunia, alterum leui exilio punire satis habuit, cum ille
Agrippae iuuenis nomine asperrimam de se epistulam
in uulgus edidisset, hic conuiuio pleno proclamasset
neque uotum sibi neque animum deesse confodiendi
eum. quadam uero cognitione, cum Aemilio Aeliano 2

---

11 manu *Tς* 15 a loco idem *Ω* (iidem *post* litteras *ς et sic pars edd.*, idem *om. Roth*), alicunde ei *Casaub.* (*sine* ei *Graev.*), *fort.* aliquo 16 exigat *Steph.* 19 scalpta *Ern.*, sculpta *Ω* 24 ne] et ne *X′* quos] quam *Polak*

Cordubensi inter cetera crimina uel maxime obiceretur quod male opinari de Caesare soleret, conuersus ad accusatorem commotoque similis: uelim, inquit, hoc mihi probes; faciam sciat Aelianus et me linguam habere, plura enim de eo loquar; nec quic-
3 quam ultra aut statim aut postea inquisiit. Tiberio quoque de eadem re, sed uiolentius apud se per epistulam conquerenti ita rescripsit: aetati tuae, mi Tiberi, noli in hac re indulgere et nimium indignari quemquam esse, qui de me male loquatur; satis est enim, si hoc habemus ne quis nobis male facere possit.

52 Templa, quamuis sciret etiam proconsulibus decerni solere, in nulla tamen prouincia nisi communi suo Romaeque nomine recepit. nam in urbe quidem pertinacissime abstinuit hoc honore; atque etiam argenteas statuas olim sibi positas conflauit omnis exqu⟨e⟩ iis aureas cortinas Apollini Palatino dedicauit.

Dictaturam magna ui offerente populo genu nixus deiecta ab umeris toga nudo pectore deprecatus est.
53 domini appellationem ut maledictum et obprobrium semper exhorruit. cum spectante eo ludos pronuntiatum esset in mimo:

o dominum aequum et bonum!

et uniuersi quasi de ipso dictum exultantes comprobassent, et statim manu uultuque indecoras adulationes repressit et insequenti die grauissimo corripuit edicto; dominumque se posthac appellari ne a liberis quidem aut nepotibus suis uel serio uel ioco passus est atque
2 eius modi blanditias etiam inter ipsos prohibuit. non temere urbe oppidoue ullo egressus aut quoquam in-

7 sed uiolentius *Pithoeus*, sedulo lentius *MGVT* (uiol *V in marg.*), sedulo uiolentius *XN*, sed dolentius *Bentl.* semper *M* 8 iaetati *M*, pietati δ (*Bentl.*) 14 solere *om. T* 17 exque iis *Casaub.*, ex quiis *MV* (*in M* i *prior exp. m. 2*), ex quis (quîs *G*, quib; *S*) *rel.*, *fort.* exque is

gressus est nisi uespera aut noctu, ne quem officii causa inquietaret. in consulatu pedibus fere, extra consulatum saepe adoperta sella per publicum incessit. promiscuis salutationibus admittebat et plebem, tanta comitate adeuntium desideria excipiens, ut quendam ioco corripuerit, quod sic sibi libellum porrigere dubitaret, quasi elephanto stipem. die senatus numquam 3
patres nisi in curia salutauit et quidem sedentis ac nominatim singulos nullo submonente; etiam discedens eodem modo sedentibus ualere dicebat. officia cum multis mutuo exercuit, nec prius dies cuiusque sollemnes frequentare desiit, quam grandior iam natu et in turba quondam sponsaliorum die uexatus. Gallum Cerrinium senatorem minus sibi familiarem, sed captum repente oculis et ob ⟨id⟩ inedia[m] mori destinantem praesens consolando reuocauit ad uitam.

In senatu uerba facienti dictum est: non intellexi, 54
et ab alio: contra dicerem tibi, si locum haberem. interdum ob immodicas disceptantium altercationes e curia per iram se proripienti quidam ingesserunt licere oportere senatoribus de re p. loqui. Antistius Labeo senatus lectione, cum uir uirum legeret, M. Lepidum hostem olim eius et tunc exulantem legit interrogatusque ab eo an essent alii digniores, suum quemque iudicium habere respondit. nec ideo libertas aut contumacia fraudi cuiquam fuit. etiam sparsos de se in 55
curia famosos libellos nec expauit et magna cura redarguit ac ne requisitis quidem auctoribus id modo censuit, cognoscendum posthac de iis, qui libellos aut carmina ad infamiam cuiuspiam sub alieno nomine edant.

---

3 adaperta *Beroald.* 11 mutua *J. F. Gron.* 12 grandior iam natu *ed. pr Rom.*, grandi iam ornatu Ω, iam grandior natu ϱ, grandi iam natu ς 14 Cerrinium *v. Rohden*, terrinium *MVT*, terminum *G*, terrinum *X* 15 id inedia *ed. Bon. 1488*, inediam Ω 22 uir uirum *Torr.*, triumuirum Ω 23 exulantem *X'*, exultantem *rel.* (*at in R* t *ss.*) 27 et] nec *Torr.*, aut *Burm.*

56 Iocis quoque quorundam inuidiosis aut petulantibus lacessitus contra dixit edicto. et tamen ne de inhibenda testamentorum licentia quicquam constitueretur intercessit. quotiens magistratuum comitiis interesset, tribus cum candidatis suis circuibat supplicabatque more sollemni. ferebat et ipse suffragium in tribu[s], ut unus e populo. testem se in iudiciis et interrogari et
2 refelli aequissimo animo patiebatur. forum angustius fecit non ausus extorquere possessoribus proximas domos. numquam filios suos populo commendauit ut non adiceret: *si merebuntur.* eisdem praetextatis adhuc assurrectum ab uniuersis in theatro et a stantibus plausum grauissime questus est. amicos ita magnos et potentes in ciuitate esse uoluit, ut tamen pari iure essent quo ceteri legibusque iudiciariis aeque teneren-
3 tur. cum Asprenas Nonius artius ei iunctus causam ueneficii accusante Cassio Seuero diceret, consuluit senatum, *quid officii sui putaret; cunctari enim se, ne si superesset, eripere[t] legibus reum, sin deesset, destituere ac praedamnare amicum existimaretur;* et consentientibus uniuersis sedit in subselliis per aliquot horas, uerum tacitus et ne lauda-
4 tione quidem iudiciali data. affuit et clientibus, sicut Scutario cuidam euocato quondam suo, qui postulabatur iniuriarum. unum omnino e reorum numero ac ne eum quidem nisi precibus eripuit, exorato coram iudicibus accusatore, Castricium, per quem de coniuratione Murenae cognouerat.

57 Pro quibus meritis quanto opere dilectus sit, facile est aestimare. omitto senatus consulta, quia possunt uideri uel necessitate expressa uel uerecundia. equites R. natalem eius sponte atque consensu biduo semper

---

2 ne *om. MTδ* (*cf. l. 3*) 3 ne senatus *post* licentia *add. T*, ne *δ* constitueret *T* 6 tribu *Erasm.*, tribus *Ω*, tribubus *Tς*, tribu s⟨ua⟩ *Torr.* 18 quid *GN*, quod *rel.* 19 eripere *Juncker* 32 concessu *Ω*, *in R* ces *in ras. fort. corr. ex* consensu, *ut est in edd. pr. Rom.*

celebrarunt. omnes ordines in lacum Curti quotannis
ex uoto pro salute eius stipem iaciebant, item Kal. Ian.
stren[u]am in Capitolio etiam absenti, ex qua summa
pretiosissima deorum simulacra mercatus uicatim dedi-
cabat, ut Apollinem Sandaliarium et Iouem Tragoe-
dum aliaque. in restitutione⟨m⟩ Palatinae domus in- 2
cendio absumptae ueterani, decuriae, tribus atque etiam
singillatim e cetero genere hominum libentes ac pro
facultate quisque pecunias contulerunt, delibante tantum
modo eo summarum aceruos neque ex quoquam plus
denario auferente. reuertentem ex prouincia non solum
faustis ominibus, sed et modulatis carminibus pro-
sequebantur. obseruatum etiam est, ne quotiens in-
troiret urbem, supplicium de quoquam sumeretur. Pa- 58
tris patriae cognomen uniuersi repentino maximoque
consensu detulerunt ei: prima plebs legatione Antium
missa; dein, quia non recipiebat, ineunti Romae specta-
cula frequens et laureata; mox in curia senatus, neque
decreto neque adclamatione, sed per Valerium Messa-
lam is mandantibus cunctis: quod bonum, inquit, 2
faustumque sit tibi domuique tuae, Caesar
Auguste! sic enim nos perpetuam felicitatem
rei p. et laeta huic precari existimamus: sena-
tus te consentiens cum populo R. consalutat
patriae patrem. cui lacrimans respondit Augustus
his uerbis — ipsa enim, sicut Messalae, posui —:
compos factus uotorum meorum, p. c., quid
habeo aliud deos immortales precari, quam ut
hunc consensum uestrum ad ultimum finem
uitae mihi perferre liceat?

Medico Antonio Musae, cuius opera ex ancipiti 59
morbo conualuerat, statuam aere conlato iuxta signum

---

3 strenam $\Pi^2 R$ conferebant *post* Capitolio *add. Duker,* fundebant *Modd.* 5 sandaliarum $M^1 G$ 6 restitutionem *ΠR* 7 abruptae *X* 12 ominibus *G*, omnibus *rel.*, nominibus *Torr.* 23 ordini *post* huic *add. Torr.*, urbi *Oud.*

Aesculapi statuerunt. nonnulli patrum familiarum testamento cauerunt, ut ab heredibus suis praelato titulo uictumae in Capitolium ducerentur uotumque pro se solueretur, quod superstitem Augustum reliquissent. quaedam Italiae ciuitates diem, quo primum ad se uenisset, initium anni fecerunt. prouinciarum pleraeque super templa et aras ludos quoque quinquennales paene
60 oppidatim constituerunt. reges amici atque socii et singuli in suo quisque regno Caesareas urbes condiderunt et cuncti simul aedem Iouis Olympii Athenis antiquitus incohatam perficere communi sumptu destinauerunt Genioque eius dedicare; ac saepe regnis relictis non Romae modo sed et prouincias peragranti cotidiana officia togati ac sine regio insigni more clientium praestiterunt.

61 Quoniam qualis in imperis ac magistratibus regendaque per terrarum orbem pace belloque re p. fuerit, exposui, referam nunc interiorem ac familiarem eius uitam quibusque moribus atque fortuna domi et inter suos egerit a iuuenta usque ad supremum uitae diem.

2 Matrem amisit in primo consulatu, sororem Octauiam quinquagensimum et quartum agens aetatis annum. utrique cum praecipua officia uiuae praestitisset, etiam defunctae honores maximos tribuit.

62 Sponsam habuerat adulescens P. Seruili Isaurici filiam, sed reconciliatus post primam discordiam Antonio, expostulantibus utriusque militibus ut et necessitudine aliqua iungerentur, priuignam eius Claudiam, Fuluiae ex P. Clodio filiam, duxit uxorem uixdum nubilem ac simultate cum Fuluia socru orta dimisit in-
2 tactam adhuc et uirginem. mox Scriboniam in matrimonium accepit nuptam ante duobus consularibus, ex altero etiam matrem. cum hac quoque diuortium fecit, pertaesus, ut scribit, morum peruersitatem eius,

---

3 uictimae *GXΥ* 5 se *om.* M^1 10 olimpici *Υ* 17 rei p. $M\Pi^2R$ 33 matrem $G\Pi L^2S$, matre *rel.*

ac statim Liuiam Drusillam matrimonio Tiberi Neronis et quidem praegnantem abduxit dilexitque et probauit unice ac perseueranter.

Ex Scribonia Iuliam, ex Liuia nihil liberorum tulit, **63** cum maxime cuperet. infans, qui conceptus erat, immaturus est editus. Iuliam primum Marcello Octauiae sororis suae filio tantum quod pueritiam egresso, deinde, ut is obiit, M. Agrippae nuptum dedit exorata sorore, ut sibi genero cederet; nam tunc Agrippa alteram Marcellarum habebat et ex ea liberos. hoc quoque 2 defuncto, multis ac diu, etiam ex equestri ordine, circumspectis condicionibus, Tiberium priuignum suum elegit coegitque praegnantem uxorem et ex qua iam pater erat dimittere. M. Antonius scribit primum eum Antonio filio suo despondisse Iuliam, dein Cotisoni Getarum regi, quo tempore sibi quoque in uicem filiam regis in matrimonium petisset.

Nepotes ex Agrippa et Iulia tres habuit C. et L. **64** et Agrippam, neptes duas Iuliam et Agrippinam. Iuliam L. Paulo censoris filio, Agrippinam Germanico sororis suae nepoti collocauit. Gaium et L. adoptauit domi per assem et libram emptos a patre Agrippa tenerosque adhuc ad curam rei p. admouit et consules designatos circum prouincias exercitusque dimisit. filiam 2 et neptes ita instituit, ut etiam lanificio assuefaceret uetaretque loqui aut agere quicquam nisi propalam et quod in di[ut]urnos commentarios referretur; extraneorum quidem coetu adeo prohibuit, ut L. Vinicio, claro decoroque iuueni, scripserit quondam parum modeste fecisse eum, quod filiam suam Baias salutatum uenisset. nepotes et litteras et natare 3

---

15 cosoni* *M*, cosoni *GV* (*in V* s *in ras.*), cosini *X* 22 libam *MGV et pro u. l. R* 23 ad curam] curram *M*, curam *VL*, curae *PST* 27 et quod *T'N*, et *rel.*, ut *Bentl.*, et ⟨ut⟩ *Büch.* diurnos *Nς* commentario *M* 28 coetum *XN* L. Vinicio *ed Basil. 1533,* l. uicinio (-no V^1R) *MGVT*, lucinio *fere X* 31 notare *Lips.*, *fort recte*

aliaque rudimenta per se plerumque docuit, ac nihil
aeque elaborauit quam ut imitarentur chirographum
suum; neque cenauit una, nisi ut in imo lecto assi-
derent, neque iter fecit, nisi ut uehiculo anteirent aut
65 circa adequitarent. sed laetum eum atque fidentem et
subole et disciplina domus Fortuna destituit. Iulias,
filiam et neptem, omnibus probris contaminatas rele-
gauit; C. et L. in duodeuiginti mensium spatio amisit
ambos, Gaio in Lycia, Lucio Massiliae defunctis. ter-
tium nepotem Agrippam simulque priuignum Tiberium
adoptauit in foro lege curiata; ex quibus Agrippam
breui ob ingenium sordidum ac ferox abdicauit sepo-
suitque Surrentum.

2 Aliquanto autem patientius mortem quam dedecora
suorum tulit. nam C. Lucique casu non adeo fractus,
de filia absens ac libello per quaestorem recitato notum
senatui fecit abstinuitque congressu hominum diu prae
pudore, etiam de necanda deliberauit. certe cum sub
idem tempus una ex consciis liberta Phoebe suspendio
uitam finisset, maluisse se ait Phoebes patrem
3 fuisse. relegatae usum uini omnemque delicatiorem
cultum ademit neque adiri a quoquam libero seruo[q]ue
nisi se consulto permisit, et ita ut certior fieret, qua
is aetate, qua statura, quo colore esset, etiam quibus
corporis notis uel cicatricibus. post quinquennium de-
mum ex insula in continentem lenioribusque paulo
condicionibus transtulit eam. nam ut omnino reuo-
caret, exorari nullo modo potuit, deprecanti saepe p. R.
et pertinacius instanti tales filias talesque coniuges pro
4 contione inprecatus. ex nepte Iulia post damnationem

---

3 una] unquam *Bentl.* 8 mensuum *MG* (*in M seq.* spatium), mensum *Roth* (*cf. Aug. 40*) 14 mortes *Modd.* (*cf. Einh. v. Car. 19*) 16 de *om.* $MGVL^1P^2Q$, ut de L^3 filiae *Q* 19 foede *Ω*, *corr. hic et l. 20 Pulm.* 20 foedes (fę- *T*, fe- *P*) *MVPT*, fęde *fere rel.* 22 quopiam *Casaub.* seruoue *ed. Bas. 1518 in marg.*

editum infantem adgnosci alique uetuit. Agrippam nihilo tractabiliorem, immo in dies amentiorem in insulam transportauit saepsitque insuper custodia militum. cauit etiam s. c. ut eodem loci in perpetuum contineretur. atque ad omnem et eius et Iuliarum mentionem ingemiscens proclamare etiam solebat ⟨*Hom. Il. III 40*⟩:

αἴθ' ὄφελον ἄγαμός τ' ἔμεναι ἄγονός τ' ἀπολέσθαι

nec aliter eos appellare quam tris uomicas ac tria carcinomata sua.

Amicitias neque facile admisit et constantissime reti- 66
nuit, non tantum uirtutes ac merita cuiusque digne
prosecutus, sed uitia quoque et delicta, dum taxat
modica, perpessus. neque enim temere ex omni numero
in amicitia eius afflicti reperientur praeter Saluidienum
Rufum, quem ad consulatum usque, et Cornelium Gal-
lum, quem ad praefecturam Aegypti, ex infima utrum-
que fortuna prouexerat. quorum alterum res nouas 2
molientem damnandum senatui tradidit, alteri ob in-
gratum et maliuolum animum domo et prouinciis suis
interdixit. sed Gallo quoque et accusatorum denun-
tiationibus et senatus consultis ad necem conpulso
laudauit quidem pietatem tanto opere pro se indignan-
tium, ceterum et inlacrimauit et uicem suam conque-
stus est, q u o d s i b i s o l i n o n l i c e r e t a m i c i s, q u a-
t e n u s u e l l e t, i r a s c i. reliqui potentia atque opibus 3
ad finem uitae sui quisque ordinis principes floruerunt,
quanquam et offensis interuenientibus. desiderauit enim
nonnumquam, ne de pluribus referam, et M. Agrippae
patientiam et Maecenatis taciturnitatem, cum ille ex
leui ⟨f⟩rigoris suspicione et quod Marcellus sibi ante-
ferretur, Mytilenas se relictis omnibus contulisset, [et]

---

1 adcognosci *MVLΠQ*, cognosci *GR* (*cf. Claud. 12*) 14 saluidenium *Ω*, *corr. ed. Bas. 1533* 24 est *om. MX'* (*ideo* et *ante* uicem *eras. in L, fort. recte*) 26 sui *ed. Bas. 1533* (ς?), suae *Ω* 29 impatientiam *MGΠQ* 30 frigoris *Lips.* 31 et *del. Torr.*

hic secretum de comperta Murenae coniuratione uxori Terentiae prodidisset.

4 Exegit et ipse in uicem ab amicis beniuolentiam mutuam, tam a defunctis quam a uiuis. nam quamuis minime appeteret hereditates, ut qui numquam ex ignoti testamento capere quicquam sustinuerit, amicorum tamen suprema iudicia morosissime pensitauit, neque dolore dissimulato, si parcius aut citra honorem uerborum, neque gaudio, si grate pieque quis se prosecutus fuisset. legata uel partes hereditatium a quibuscumque parentibus relicta sibi aut statim liberis eorum concedere aut, si pupillari aetate essent, die uirilis togae uel nuptiarum cum incremento restituere consueuerat.

67 Patronus dominusque non minus seuerus quam facilis et clemens multos libertorum in honore et usu maximo habuit, ut Licin[i]um et Celadum aliosque. Cosmum seruum grauissime de se opinantem non ultra quam compedibus coercuit. Diomeden dispensatorem, a quo simul ambulante incurrenti repente fero apro per metum obiectus est, maluit timiditatis arguere quam noxae remque non minimi periculi, quia tamen fraus
2 aberat, in iocum uertit. idem Polum ex acceptissimis libertis mori coegit compertum adulterare matronas; Thallo a manu, quod pro epistula prodita denarios quingentos accepisset, crura ei fregit; paedagogum ministrosque C. fili, per occasionem ualitudinis mortisque eius superbe auareque in prouincia grassatos, oneratos graui pondere ceruicibus praecipitauit in flumen.

68 Prima iuuenta uariorum dedecorum infamiam subiit. Sextus Pompeius ut effeminatum insectatus est; M. Antonius adoptionem auunculi stupro meritum; item L. Marci frater, quasi pudicitiam delibatam a Caesare Aulo etiam Hirtio in Hispania trecentis milibus num-

---

13 constituerat *T*, consuerat *X′* 16 Licinum *Torr.* et Celadum *Casaub.*, enceladum *Ω* 25 ei fregit] effregit *ΠR* (*cf. Aug.* 43) 27 oneratis *Tς*, *fort. recte* 31 ⟨ut⟩ adopt. *Bentl.*

mum substrauerit solitusque sit crura suburere nuce ardenti, quo mollior pilus surgeret. sed et populus quondam uniuersus ludorum die et accepit in contumeliam eius et adsensu maximo conprobauit uersum ⟨*com. inc. frg. p. 143*⟩ in scaena pronuntiatum de gallo Matris deum tympanizante:

uidesne, ut cinaedus orbem digito temperat?

adulteria quidem exercuisse ne amici quidem negant, 69
excusantes sane non libidine, sed ratione commissa, quo facilius consilia aduersariorum per cuiusque mulieres exquireret. M. Antonius super festinatas Liuiae nuptias obiecit et feminam consularem e triclinio uiri coram in cubiculum abductam, rursus in conuiuium rubentibus auriculis incomptiore capillo reductam; dimissam Scriboniam, quia liberius doluisset nimiam potentiam paelicis; condiciones quaesitas per amicos, qui matres familias et adultas aetate uirgines denudarent atque perspicerent, tamquam Toranio mangone uendente. scribit etiam ad ipsum haec familiariter 2
adhuc necdum plane inimicus aut hostis: quid te mutauit? quod reginam ineo? uxor mea est. nunc coepi an abhinc annos nouem? tu deinde solam Drusillam inis? ita ualeas, uti tu, hanc epistulam cum leges, non inieris Tertullam aut Terentillam aut Rufillam aut Saluiam Titiseniam aut omnes. an refert, ubi et in qua arrigas?

Cena quoque eius secretior in fabulis fuit, quae 70
uulgo δωδεκάθεος uocabatur; in qua deorum dearumque habitu discubuisse conuiuas et ipsum pro Apolline ornatum non Antoni modo epistulae singulorum nomina

4 uersum — pronuntiatum $\Pi^1 Q$, uersu (-so *V*) — pronuntiato *rel.* 5 in *om.* ς 7 uides *HG*, uiden *Torr.* 12 obiicit *Bentl.* uiro ς 14 et dimissam *Υ* 16 et conditiones *Υ* 17 adulta *Bentl.* 18 toranio *X*, thor- *rel.* (*cf. Aug.* 27) 23 uti] ut *X* 26 quam ς

amarissime enumerantis exprobrant, sed et sine auctore notissimi uersus ⟨*FPR p. 340*⟩:

cum primum istorum conduxit mensa choragum,
  sexque deos uidit Mallia sexque deas,
impia dum Phoebi Caesar mendacia ludit,
  dum noua diuorum cenat adulteria:
omnia se a terris tunc numina declinarunt,
  fugit et auratos Iuppiter ipse thronos.

2 auxit cenae rumorem summa tunc in ciuitate penuria ac fames, adclamatumque est postridie: omne frumentum deos comedisse et Caesarem esse plane Apollinem, sed Tortorem, quo cognomine is deus quadam in parte urbis colebatur. notatus est et ut pretiosae supellectilis Corinthiorumque praecupidus et aleae indulgens. nam et proscriptionis tempore ad statuam eius ascriptum est ⟨*FPR p. 341*⟩:

pater argentarius, ego Corinthiarius,

cum existimaretur quosdam propter uasa Corinthia inter proscriptos curasse referendos; et deinde bello Siciliensi epigramma ⟨*FPR p. 341*⟩ uulgatum est:

postquam bis classe uictus naues perdidit,
aliquando ut uincat, ludit assidue aleam.

71 ex quibus siue criminibus siue maledictis infamiam impudicitiae facillime refutauit et praesentis et posterae uitae castitate; item lautitiarum inuidiam, cum et Alexandria capta nihil sibi praeter unum murrinum calicem ex instrumento regio retinuerit et mox uasa aurea assiduissimi usus conflauerit omnia. circa libidines haesit, postea quoque, ut ferunt, ad uitiandas

---

1 enumerantes *X* 3 mimum *Heins.* iustum Π^1Q, histrorum *Heins.* chorági *Heins.* 6 curat *Mähly* 8 toros ς 14 suppellectili *MGV* (*corr. V in marg.*) 19 inde *MX* (in *T*), inde inde *GV* 26 myrr- *uel* myrrh- *codd.*

uirgines promptior, quae sibi undique etiam ab uxore
conquirerentur. aleae rumorem nullo modo expauit
lusitque simpliciter et palam oblectamenti causa etiam
senex ac praeterquam Decembri mense aliis quoque
festis et profestis diebus. nec id dubium est. auto- 2
grapha quadam epistula: cenaui, ait, mi Tiberi, cum
isdem; accesserunt conuiuae Vinicius et Silius
pater. inter cenam lusimus geronticos et heri
et hodie; talis enim iactatis, ut quisque canem
aut senionem miserat, in singulos talos singu-
los denarios in medium conferebat, quos tolle-
bat uniuersos, qui Venerem iecerat. et rursus 3
aliis litteris: nos, mi Tiberi, Quinquatrus satis
iucunde egimus; lusimus enim per omnis dies
forumque aleatorum calfecimus. frater tuus
magnis clamoribus rem gessit; ad summam
tamen perdidit non multum, sed ex magnis de-
trimentis praeter spem paulatim retractum est.
ego perdidi uiginti milia nummum meo nomine,
sed cum effuse in lusu liberalis fuissem, ut
soleo plerumque. nam si quas manus remisi
cuique exegissem aut retinuissem quod cuique
donaui, uicissem uel quinquaginta milia. sed
hoc malo; benignitas enim mea me ad caelestem
gloriam efferet. scribit ad filiam: misi tibi dena- 4
rios ducentos quinquaginta, quos singulis con-
uiuis dederam, si uellent inter se inter cenam
uel talis uel par impar ludere.

In ceteris partibus uitae continentissimum constat 72
ac sine suspicione ullius uitii. habitauit primo iuxta

---

1 pronior *Bentl.* 4 alias *Modd.* 5 id *om. X* 10 aut] ad *J. Marquardt* 13 quinquatriis *GX'T* 15 aleatorium *Sabell. (edd.)* 18 retractatum *M*, retractus *X* (*in L* us *in ras.*) 20 liberali *X* 25 ⟨et⟩ scribit *Büch.* scr. ad f. *om. GVT* (*in GV spatium uacuum relictum*) 26 quot *Lips.* 27 inter se *del. Torr.* 29 fuisse constat *ΠP²ST* (*edd.*)

Romanum forum supra Scalas anularias, in domo quae Calui oratoris fuerat; postea in Palatio, sed nihilo minus aedibus modicis Hortensianis, et neque laxitate neque cultu conspicuis, ut in quibus porticus breues essent Albanarum columnarum et sine marmore ullo aut insigni pauimento conclauia. ac per annos amplius quadraginta eodem cubiculo hieme et aestate mansit, quamuis parum salubrem ualitudini suae urbem hieme
2 experiretur assidueque in urbe hiemaret. si quando quid secreto aut sine interpellatione agere proposuisset, erat illi locus in edito singularis, quem Syracusas et technyphion uocabat: huc transibat aut in alicuius libertorum suburbanum; aeger autem in domo Maecenatis cubabat. ex secessibus praecipue frequentauit maritima insulasque Campaniae aut proxima urbi oppida, Lanuuium, Praeneste, Tibur, ubi etiam in porticibus
3 Herculis templi persaepe ius dixit. ampla et operosa praetoria grauabatur. et neptis quidem suae Iuliae, profuse ab ea extructa, etiam diruit ad solum, sua uero quamuis modica non tam statuarum tabularumque pictarum ornatu quam xystis et nemoribus excoluit rebusque uetustate ac raritate notabilibus, qualia sunt Capreis immanium beluarum ferarumque membra praegrandia, quae dicuntur gigantum ossa, et arma heroum.
73 instrumenti eius et supellectilis parsimonia apparet etiam nunc residuis lectis atque mensis, quorum pleraque uix priuatae elegantiae sint. ne toro quidem cubuisse aiunt nisi humili et modice instrato. ueste non temere alia quam domestica usus est, ab sorore et uxore et filia neptibusque confecta; togis neque restrictis neque fusis, clauo nec lato nec angusto, calciamentis

---

1 Romanum (-orum *X*) *del. Torr.* 9 assidueque - hiemaüit *Mähly transponens post* mansit in urbem *MG*, extra urbem (urbe *V*) *X'* 12 τεχνύφιον (*uel* τεγύφιον) ***Bentl.***, tegnophion Ω, technophyon (τεχνόφυον) *uulg.* 23 belluarum *MT* 26 quorum *Sabell.*, quarum Ω 29 quam *post* usus est *transp. Torr.*

altiusculis, ut procerior quam erat uideretur. et forensia autem et calceos numquam non intra cubiculum habuit ad subitos repentinosque casus parata.

Conuiuabatur assidue nec umquam nisi recta, non 74
sine magno ordinum hominumque dilectu. Valerius Messala tradit, neminem umquam libertinorum adhibitum ab eo cenae excepto Mena, sed asserto in ingenuitatem post proditam Sexti Pompei classem. ipse scribit, inuitasse se quondam, in cuius uilla maneret, qui speculator suus olim fuisset. conuiuia nonnumquam et serius inibat et maturius relinquebat, cum conuiuae et cenare inciperent, prius quam ille discumberet, et permanerent digresso eo. cenam ternis ferculis aut cum abundantissime senis praebebat, ut non nimio sumptu, ita summa comitate. nam et ad communionem sermonis tacentis uel summissim fabulantis prouocabat, et aut acro⟨a⟩mata et histriones aut etiam triuiales ex circo lud⟨i⟩os interponebat ac frequentius aretalogos.

Festos et sollemnes dies profusissime, nonnumquam 75
tantum iiculariter celebrabat. Saturnalibus, et si quando alias libuisset, modo munera diuidebat, uestem et aurum et argentum, modo nummos omnis notae, etiam ueteres regios ac peregrinos, interdum nihil praeter cilicia et spongias et rutabula et forpices atque alia id genus titulis obscuris et ambiguis. solebat et inaequalissimarum rerum sortes et auersas tabularum picturas in conuiuio uenditare incertoque casu spem mercantium uel frustrari uel explere, ita ut per singulos lectos licitatio fieret et seu iactura seu lucrum communicaretur.

cibi — nam ne haec quidem omiserim — minimi erat 76
atque uulgaris fere. secundarium panem et pisciculos

---

6 mensala tradidit *M* 9 quendam *XΠR* 13 fericulis *GR* 17 cromata M^1, *corr. Sabell.* 18 ludios *Beroald.* 20 uolgariter *Mähly* 26 aduersas *VS*, auersa (*et tum* pictarum) *Bentl.* plictura M^1, plicturas M^2VR (*rectene?*) 30 erant *M*

minutos et caseum bibulum manu pressum et ficos
uirides biferas maxime appetebat; uescebaturque et ante
cenam quocumque tempore et loco, quo stomachus
desiderasset. uerba ipsius ex epistulis sunt: nos in
2 essedo panem et palmulas gustauimus. et iterum:
dum lectica ex regia domum redeo, panis un-
ciam cum paucis acinis uuae duracinae co-
medi. et rursus: ne Iudaeus quidem, mi Tiberi,
tam diligenter sabbatis ieiunium seruat quam
ego hodie seruaui, qui in balineo demum post
horam primam noctis duas buccas manducaui
prius quam ungui inciperem. ex hac inobseruantia
nonnumquam uel ante initum uel post dimissum con-
uiuium solus cenitabat, cum pleno conuiuio nihil tan-
77 geret. uini quoque natura parcissimus erat. non am-
plius ter bibere eum solitum super cenam in castris
apud Mutinam, Cornelius Nepos tradit. postea quotiens
largissime se inuitaret, senos sextantes non excessit,
aut si excessisset, reiciebat. et maxime delectatus est
Raetico neque temere interdiu bibit. pro potione sume-
bat perfusum aqua frigida panem aut cucumeris fru-
stum uel lactuculae thyrsum aut recens aridumue po-
mum suci uinosioris.

78 Post cibum meridianum, ita ut uestitus calciatusque
erat, retectis pedibus paulisper conquiescebat opposita
ad oculos manu. a cena in lecticulam se lucubratoriam
recipiebat; ibi, donec residua diurni actus aut omnia
aut ex maxima parte conficeret, ad multam noctem
permanebat. in lectum inde transgressus non amplius
cum plurimum quam septem horas dormiebat, ac ne
eas quidem continuas, sed ut in illo temporis spatio
2 ter aut quater expergisceretur. si interruptum somnum

---

1 bubulum ς (*edd.*) ficus *GX* 2 et *om. H* 3 et] quo *X* quo *om. H*, *del. Egn.* 10 balneo $M^2HGX\Pi$ 11 buceas Π^1, bucceas Π^2R (*edd.*), buccatas *H* 28 ex ΠQXG^3 (*at in L* x *in ras.*), ea *rel.*, e *Bentl.* (maxima ex p. *N*)

reciperare, ut euenit, non posset, lectoribus aut fabulatoribus arcessitis resumebat producebatque ultra primam saepe lucem. nec in tenebris uigilauit umquam nisi assidente aliquo. matutina uigilia offendebatur; ac si uel officii uel sacri causa maturius uigilandum esset, ne id contra commodum faceret, in proximo cuiuscumque domesticorum cenaculo manebat. sic quoque saepe indigens somni, et dum per uicos deportaretur et deposita lectica inter aliquas moras condormiebat.

Forma fuit eximia et per omnes aetatis gradus 79
uenustissima, quamquam et omnis lenocinii neglegens; in capite comendo tam incuriosus, ut raptim compluribus simul tonsoribus operam daret ac modo tonderet modo raderet barbam eoque ipso tempore aut legeret aliquid aut etiam scriberet. uultu erat uel in sermone uel tacitus adeo tranquillo serenoque, ut quidam e primoribus Galliarum confessus sit inter suos, eo se inhibitum ac remollitum, quo minus, ut destinarat, in transitu Alpium per simulationem conloquii propius admissus in praecipitium propelleret. oculos 2
habuit claros ac nitidos, quibus etiam existimari uolebat inesse quiddam diuini uigoris, gaudebatque, si qui sibi acrius contuenti quasi ad fulgorem solis uultum summitteret; sed in senecta sinistro minus uidit; dentes raros et exiguos et scabros; capillum leuiter inflexum et subflauum; supercilia coniuncta; mediocres aures; nasum et a summo eminentiorem et ab imo deductiorem; colorem inter aquilum candidumque; staturam breuem, — quam tamen Iulius Marathus libertus †etiam memoriam eius quinque pedum et dodrantis fuisse tradit —, sed quae commoditate et aequitate membro-

---

5 euigilandum *Casaub.* 8 cum – deportaretur *uel* dum — deportatur *Düpow* (*hoc iam B.-Crus.*) 9 condormiscebat *Bentl.* 29 etiam in memoriam *X*, et a memoria *Lips.*, in memoria uitae *Casaub.*, et in memoriam *Büch.* 31 aequalitate *Casaub. ex Einhardo*

rum occuleretur, ut non nisi ex comparatione astantis alicuius procerioris intellegi posset.

80 Corpore traditur maculoso dispersis per pectus atque aluum genetiuis notis in modum et ordinem ac numerum stellarum caelestis ursae, sed et callis quibusdam ex prurigine corporis adsiduoque et uehementi strigilis usu plurifariam concretis ad impetiginis formam. coxendice et femore et crure sinistro non perinde ualebat, ut saepe etiam inclaudicaret; sed remedio harenarum atque harundinum confirmabatur. dextrae quoque manus digitum salutarem tam imbecillum interdum sentiebat, ut torpentem contractumque frigore uix cornei circuli supplemento scripturae admoueret. questus est et de uesica, cuius dolore calculis demum per urinam eiectis leuabatur.

81 Graues et periculosas ualitudines per omnem uitam aliquot expertus est; praecipue Cantabria domita, cum etiam destillationibus iocinere uitiato ad desperationem redactus contrariam et ancipitem rationem medendi necessario subiit: quia calida fomenta non proderant, frigidis curari coactus auctore Antonio Musa.

2 Quasdam et anniuersarias ac tempore certo recurrentes experiebatur; nam sub natalem suum plerumque languebat; et initio ueris praecordiorum inflatione temptabatur, austrinis autem tempestatibus grauedine. quare quassato corpore neque frigora neque aestus facile
82 tolerabat. hieme quaternis cum pingui toga tunicis et subucula e⟨t⟩ thorace laneo et feminalibus et tibialibus muniebatur, aestate apertis cubiculi foribus ac saepe in peristylo saliente aqua atque etiam uentilante aliquo cubabat. solis uero ne hiberni quidem patiens, domi quoque non nisi petasatus sub diuo spatiabatur. itinera

7 strigili (-guli *G*) *MGV*, strigi† *V in marg.* 8 coxaindice *Ω*, *corr. saec. XV* 9 inde claudicaret L^3ς (uno pede claudicaret *Einhard.*) 10 herenarum *ΠQ et pro u. l. R*, habenarum *Triller* 18 destill- *Torr.*, distill- *Ω* 25 grauidine M^1GQ 28 subuculaethorace *Ω*, *corr. Beroald.*

lectica et noctibus fere eaque lenta ac minuta faciebat, ut Praeneste uel Tibur biduo procederet; ac si quo
peruenire mari posset, potius nauigabat. uerum tantam 2
infirmitatem magna cura tuebatur, in primis lauandi raritate; unguebatur enim saepius aut sudabat ad flammam, deinde perfundebatur egelida aqua uel sole multo tepefacta. at quotiens neruorum causa marinis Albulisque calidis utendum esset, contentus hoc erat ut insidens ligneo solio, quod ipse Hispanico uerbo duretam uocabat, manus ac pedes alternis iactaret.

Exercitationes campestres equorum et armorum 83
statim post ciuilia bella omisit et ad pilam primo folliculumque transiit, mox nihil aliud quam uectabatur et deambulabat, ita ut in extremis spatiis subsultim decurreret †sestertio uel lodicula inuolutus. animi laxandi causa modo piscabatur hamo, modo talis aut ocellatis nucibusque ludebat cum pueris minutis, quos facie et garrulitate amabilis undique conquirebat, praecipue Mauros et Syros. nam pumilos atque distortos et omnis generis eiusdem ut ludibria naturae malique ominis abhorrebat.

Eloquentiam studiaque liberalia ab aetate prima 84
et cupide et laboriosissime exercuit. Mutinensi bello in tanta mole rerum et legisse et scripsisse et declamasse cotidie traditur. nam deinceps neque in senatu neque apud populum neque apud milites locutus est umquam nisi meditata et composita oratione, quamuis non defi-
ceretur ad subita extemporali facultate. ac ne pericu- 2
lum memoriae adiret aut in ediscendo tempus absumeret, instituit recitare omnia. sermones quoque cum singulis atque etiam cum Liuia sua grauiores non nisi

---

2 tibur *T*, tiburi *rel.* (*inde* in biduo *Oud.*) 4 in *om.* *MGVL* 7 at] aut *Roth* calidis albulisque *Torr.* 12 pilam] primam *M* 15 segestro *Cuiacius*, segestria *Roth* 18 facie *T*, facile *rel.* amabilis *MGVQ*[1], -es *rel.* 19 pumilios (*uel* pom-) *X* 27 deficeret *X* 29 absumeret *S*[2]ς. assumeret (ads- *VPS*[1]) *rel.* (*Ω*)

scriptos et e libello habebat, ne plus minusue loqueretur ex tempore. pronuntiabat dulci et proprio quodam oris sono dabatque assidue phonasco operam; sed nonnumquam infirmatis faucibus praeconis uoce ad populum contionatus est.

85 Multa uarii generis prosa oratione composuit, ex quibus nonnulla in coetu familiarium uelut in auditorio recitauit, sicut rescripta Bruto de Catone, quae uolumina cum iam senior ex magna parte legisset, fatigatus Tiberio tradidit perlegenda; item hortationes ad philosophiam, et aliqua de uita sua, quam tredecim
2 libris Cantabrico tenus bello nec ultra exposuit. poetica summatim attigit. unus liber extat scriptus ab eo hexametris uersibus, cuius et argumentum et titulus est Sicilia; extat alter aeque modicus epigrammatum, quae fere tempore balinei meditabatur. nam tragoediam magno impetu exorsus, non succedenti stilo, aboleuit quaerentibusque amicis, quidnam Aiax ageret, respondit Aiacem suum in spongiam incubuisse.

86 Genus eloquendi secutus est elegans et temperatum uitatis sententiarum ineptiis atque concinnitate et reconditorum uerborum, ut ipse dicit, fetoribus; praecipuamque curam duxit sensum animi quam apertissime exprimere. quod quo facilius efficeret aut necubi lectorem uel auditorem obturbaret ac moraretur, neque praepositiones urbibus addere neque coniunctiones saepius iterare dubitauit, quae detractae afferunt aliquid
2 obscuritatis, etsi gratiam augent. cacozelos et antiquarios, ut diuerso genere uitiosos, pari fastidio spreuit exagitabatque nonnumquam; in primis Maecenatem suum, cuius myrobrechis, ut ait, cincinnos usque quaque persequitur et imitando per iocum irridet. sed nec Tiberio parcit et exoletas interdum et reconditas

---

1 scriptos ς, scriptis *Ω*, in scriptis ς, de scripto *Modd.* 3 phonaisco *MT*, -nusco *G* 12 poeticam *ΠQ* 16 balnei *M²XΠ* 17 succedente *ΠQ* 26 ubibus *G*, uerbis *L²T*ς 33 ut exol. *Bentl.*

uoces aucupanti. M. quidem Antonium ut insanum in-
crepat, quasi ea scribentem, quae mirentur potius ho-
mines quam intellegant; deinde ludens malum et incon-
stans in eligendo genere dicendi ingenium eius, addit
haec: tuque dubitas, Cimberne Annius an Vera- 3
nius Flaccus imitandi sint tibi, ita ut uerbis,
quae Crispus Sallustius excerpsit ex Origini-
bus Catonis, utaris? an potius Asiaticorum ora-
torum inani[bu]s sententiis uerborum uolubili-
tas in nostrum sermonem transferenda? et qua-
dam epistula Agrippinae neptis ingenium conlaudans:
sed opus est, inquit, dare te operam, ne moleste
scribas et loquaris.

Cotidiano sermone quaedam frequentius et nota- 87
biliter usurpasse eum, litterae ipsius autographae osten-
tant, in quibus identidem, cum aliquos numquam solu-
turos significare uult, ad K(a)l(endas) Graecas solu-
turos ait; et cum hortatur ferenda esse praesentia,
qualiacumque sint: contenti simus hoc Catone; et
ad exprimendam festinatae rei uelocitatem: celerius
quam asparagi cocuntur. ponit assidue et pro stulto 2
baceolum apud pullum pulleiaceum et pro cerrito
uacerrosum et uapide se habere pro male et beti-
zare pro languere, quod uulgo lachanizare dicitur;
item simus pro sumus et domos genetiuo casu sin-
gulari pro domuos. nec umquam aliter haec duo, ne
quis mendam magis quam consuetudinem putet.

Notaui et in chirographo eius illa praecipue: non 3
diuidit uerba nec ab extrema parte uersuum abundantis

---

4 ingenium *Υ'*, *om. rel.*, iudicium *Bentl. recte puto* 5 an] ac *Bentl. fort. recte,* aut *F. A. Wolf* Verrius *Beroald.*, Granius *Casaub.* 9 inanis *I. F. Gron.* 12 sed] et *M* 19 sumus MGL^1P^1 22 bacelum *Erasm.* apud pullum] et pro pullo *Sς (uulg.)*, aut pullum (*et tum* gallinaceum) *Bentl.*, ut pullum *Roth*, caput aut pullum *Becker* pullaceum *ed. Ald. 1516 al.* 24 quod — dicitur *del. Polak* 25 domuos *Ritschl* 26 domus *Υ (edd.)* 29 diuidit $P^2S^2Tς$, diuidit et *Υ*, diuidite *rel.*

litteras in alterum transfert, sed ibidem statim subicit
88 circumducitque. orthographiam, id est formulam rationemque scribendi a grammaticis institutam, non adeo custodi[i]t ac uidetur eorum potius sequi opinionem, qui perinde scribendum ac loquamur existiment. nam quod saepe non litteras modo sed syllabas aut permutat aut praeterit, communis hominum error est. nec ego id notarem, nisi mihi mirum uideretur tradidisse aliquos, legato eum consulari successórem dedisse ut rudi et indocto, cuius manu ixi pro ipsi scriptum animaduerterit. quotiens autem per notas scribit, B pro A, C pro B ac deinceps eadem ratione sequentis litteras ponit; pro X autem duplex A.
89 Ne Graecarum quidem disciplinarum leuiore studio tenebatur. in quibus et ipsis praestabat largiter magistro dicendi usus Apollodoro Pergameno, quem iam grandem natu Apolloniam quoque secum ab urbe iuuenis adhuc eduxerat, deinde eruditione etiam uaria repletus [s]per Arei philosophi filiorumque eius Dionysi et Nicanoris contubernium; non tamen ut aut loqueretur expedite aut componere aliquid auderet; nam et si quid res exigeret, Latine formabat uertendumque alii dabat. sed plane poematum quoque non imperitus, delectabatur etiam comoedia ueteri et saepe eam exhibuit specta-
2 culis publicis. In euoluendis utriusque linguae auctoribus nihil aeque sectabatur, quam praecepta et exempla publice uel priuatim salubria, eaque ad uerbum excerpta aut ad domesticos aut ad exercituum prouinciarumque rectores aut ad urbis magistratus plerumque mittebat, prout quique monitione indigerent. etiam libros totos et senatui recitauit et populo notos per

4 custodit *Qς* 7 praeteriit *MGV* 12 C. pro hac *M* 19 sperarei *MGVT*, *om. X*, *corr. Salm.* 20 contibernium (contintib- *V*) *MVL*^{1}, contubernio *ΠR* iniit *post* contub. *add. X* 22 dabat, sed plane. *disting. Bentl.* 28 exercitum *codd. praeter GNL*^{3}

edictum saepe fecit, ut orationes Q. Metelli de prole augenda et Rutili de modo aedificiorum, quo magis persuaderet utramque rem non a se primo animaduersam, sed antiquis iam tunc curae fuisse.

Ingenia saeculi sui omnibus modis fouit. recitantis 3 et benigne et patienter audiit, nec tantum carmina et historias, sed et orationes et dialogos. componi tamen aliquid de se nisi et serio et a praestantissimis offendebatur, admonebatque praetores ne paterentur nomen suum commissionibus obsolefieri.

Circa religiones talem accepimus. tonitrua et fulgura paulo infirmius expauescebat, ut semper et ubique pellem uituli marini circumferret pro remedio atque ad omnem maioris tempestatis suspicionem in abditum et concamaratum locum se reciperet, consternatus olim per nocturnum iter transcursu fulguris, ut praediximus ⟨*cap.* 29⟩. **90**

Somnia neque sua neque aliena de se neglegebat. **91** Philippensi acie quamuis statuisset non egredi tabernaculo propter ualitudinem, egressus est tamen amici somnio monitus; cessitque res prospere, quando captis castris lectica eius, quasi ibi cubans remansisset, concursu hostium confossa atque lacerata est. ipse per omne uer plurima et formidulosissima et uana et irrita uidebat, reliquo tempore rariora et minus uana. cum 2 dedicatam in Capitolio aedem Tonanti Ioui assidue frequentaret, somniauit queri Capitolinum Iouem cultores sibi abduci seque respondisse Tonantem pro ianitore ei appositum; ideoque mox tintinnabulis fastigium aedis redimiit, quod ea fere ianuis dependebant. ex nocturno

---

1 orationesque (-q: *M*, -quae *ΠR*) *MVΥ*, orationeq; *G*, orationes *X* 3 a] ad *M*, ab *Roth* 15 concamer- *codd. praeter MV* 23 est. ipse *Υ'P*[2], ipse ēi *M*, ipse ē *G*, ipse et *V*, ipse *LP*[1] 24 ut uana *Modd.* 26 populus *post* Ioui *suppl. Madv.*, uolgus *Mähly*, ciuitas *Büch.* frequentarent *B.-Crus.* 30 dependeant *Bentl.*, *Oud.*

uisu etiam stipem quotannis die certo emendicabat a populo cauam manum asses porrigentibus praebens.

92 Auspicia et omina quaedam pro certissimis obseruabat: si mane sibi calceus perperam ac sinister pro dextro induceretur, ut dirum; si terra mariue ingrediente se longinquam profectionem forte rorasset, ut laetum maturique et prosperi reditus. sed et ostentis praecipue mouebatur. enatam inter iuncturas lapidum ante domum suam palmam in conpluuium deorum Penatium transtulit, utque coalesceret magno opere curauit.
2 apud insulam Capreas ueterrimae ilicis demissos iam ad terram languentisque ramos conualuisse aduentu suo, adeo laetatus est, ut eas cum re p. Neapolitanorum permutauerit Aenaria data. obseruabat et dies quosdam, ne aut postridie nundinas quoquam proficisceretur aut Nonis quicquam rei seriae incoharet; nihil in hoc quidem aliud deuitans, ut ad Tiberium scribit, quam δυσφημίαν nominis.

93 Peregrinarum caerimoniarum sicut ueteres ac praeceptas reuerentissime coluit, ita ceteras contemptui habuit. namque Athenis initiatus, cum postea Romae pro tribunali de priuilegio sacerdotum Atticae Cereris cognosceret et quaedam secretiora proponerentur, dimisso consilio et corona circumstantium solus audiit disceptantes. at contra non modo in peragranda Aegypto paulo deflectere ad uisendum Apin supersedit, sed et Gaium nepotem, quod Iudaeam praeteruehens apud Hierosolyma[m] non supplicasset, conlaudauit.

94 Et quoniam ad haec uentum est, non ab re fuerit subtexere, quae ei prius quam nasceretur et ipso natali die ac deinceps euenerint, quibus futura magnitudo eius et perpetua felicitas sperari animaduertique posset.
2 Velitris antiquitus tacta de caelo parte muri respon

---

1 a] e *M* 8 ea (eo ut) natam *M* 11 dimissos *MG* 13 eas (o) *M*, eam *Bentl.* 17 in aliud *M* 19 receptas *Beroald.*, p(opulo) R., receptas *Oud.* 28 Hierosolyma *Burm.*

sum est eius oppidi ciuem quandoque rerum potiturum; qua fiducia Veliterni et tunc statim et postea saepius paene ad exitium sui cum populo R. belligerauerant; sero tandem documentis apparuit ostentum illud Augusti potentiam portendisse.

3 Auctor est Iulius Marathus, ante paucos quam nasceretur menses prodigium Romae factum publice, quo denuntiabatur, regem p(opulo) R(omano) naturam parturire; senatum exterritum censuisse, ne quis illo anno genitus educaretur; eos qui grauidas uxores haberent, quod ad se quisque spem traheret, curasse ne senatus consultum ad aerarium deferretur.

4 In Asclepiadis Mendetis Theologumenon libris lego, Atiam, cum ad sollemne Apollinis sacrum media nocte uenisset, posita in templo lectica, dum ceterae matronae dormirent, obdormisse; draconem repente irrepsisse ad eam pauloque post egressum; illam expergefactam quasi a concubitu mariti purificasse se; et statim in corpore eius extitisse maculam uelut picti draconis nec potuisse umquam exigi, adeo ut mox publicis balineis perpetuo abstinuerit; Augustum natum mense decimo et ob hoc Apollinis filium existimatum. eadem Atia, prius quam pareret, somniauit intestina sua ferri ad sidera explicarique per omnem terrarum et caeli ambitum. somniauit et pater Octauius utero Atiae iubar solis exortum.

5 Quo natus est die, cum de Catilinae coniuratione ageretur in curia et Octauius ob uxoris puerperium serius affuisset, nota ac uulgata res est P. Nigidium comperta morae causa, ut horam quoque partus acceperit, affirmasse dominum terrarum orbi natum. Octauio postea, cum per secreta Thraciae exercitum

1 est *om. MGV* eius *om. LP¹S* 3 belligerauerunt *X* 15 uenisset et *M* 16 dormirent] domum irent *Graev.* (dormitum domum irent *M. Hertz*), conuenirent *Bentl.*, coirent *Madv.*, domi dormirent *Wissowa*, adorarent *Büch.* 18 marito *M* 20 eximi *X* balneis *GX'Π* 24 terram *MX'*

duceret, in Liberi patris luco barbara caerimonia de filio consulenti, idem affirmatum est a sacerdotibus, quod infuso super altaria mero tantum flammae emicuisset, ut supergressa fastigium templi ad caelum usque ferretur, unique omnino Magno Alexandro apud easdem aras sacrificanti simile prouenisset ostentum.
6 atque etiam sequenti statim nocte uidere uisus est filium mortali specie ampliorem, cum fulmine et sceptro exuuiisque Iouis Optimi Maximi ac radiata corona, super laureatum currum, bis senis equis candore eximio trahentibus. infans adhuc, ut scriptum apud C. Drusum extat, repositus uespere in cunas a nutricula loco plano, postera luce non comparuit diuque quaesitus tandem in altissima turri repertus est iacens contra solis exortum.

7 Cum primum fari coepisset, in auito suburbano obstrepentis forte ranas silere iussit, atque ex eo negantur ibi ranae coaxare. ad quartum lapidem Campanae uiae in nemore prandenti ex inprouiso aquila panem ei e manu rapuit et, cum altissime euolasset, rursus ex inprouiso leniter delapsa reddidit.

8 Q. Catulus post dedicatum Capitolium duabus continuis noctibus somniauit: prima, Iouem Optimum Maximum e praetextatis compluribus circum aram ludentibus unum secreuisse atque in eius sinum signum rei p. quod manu gestaret reposuisse; at insequenti, animaduertisse se in gremio Capitolini Iouis eundem puerum, quem cum detrahi iussisset, prohibitum monitu dei, tamquam is ad tutelam rei p. educaretur; ac die proximo obuium sibi Augustum, cum incognitum alias haberet,

---

3 flamma *Modd. fort. recte* 5 olimque *X* 6 sacrificante *MG* prouenisse *Bentl.* 11 C.] Caesarem *Müller apud B.-Crus.* 16 auitu (-tii *G*) $MGLP^1$, -ta *S* 24 e] ex *S*, *om. T* 25 eius sinum (sinum eius *LPOT*) signum *XT*, eius signum *MGV* (·/sinu *ad* ·/signũ *in marg. adscr.* M^2), eius sinum *Bentl.* rei p. quod *X*, rei p. quam (qua *V*) *rel.*, rem p. quam δ (*Bentl.*), Romae quod *Lips.* 26 ad *G*, atque *T*

non sine admiratione contuitus simillimum dixit puero, de quo somniasset. quidam prius somnium Catuli aliter exponunt, quasi Iuppiter compluribus praetextatis tutorem a se poscentibus unum ex eis demonstrasset, ad quem omnia desideria sua referrent, eiusque osculum delibatum digitis ad os suum ret⟨t⟩ulisset.

9 M. Cicero C. Caesarem in Capitolium prosecutus somnium pristinae noctis familiaribus forte narrabat: puerum facie liberali demissum e caelo catena aurea ad fores Capitoli constitisse eique Iouem flagellum tradidisse; deinde repente Augusto uiso, quem ignotum plerisque adhuc auunculus Caesar ad sacrificandum acciuerat, affirmauit ipsum esse, cuius imago secundum quietem sibi obuersata sit.

10 Sumenti uirilem togam tunica lati claui resuta ex utraque parte ad pedes decidit. fuerunt qui interpretarentur, non aliud significare, quam ut is ordo cuius insigne id esset quandoque ei subiceretur.

11 Apud Mundam Diuus Iulius castris locum capiens cum siluam caederet, arborem palmae repertam conseruari ut omen uictoriae iussit; ex ea continuo enata suboles adeo in paucis diebus adoleuit, ut non aequipararet modo matricem, uerum et obtegeret frequentareturque columbarum nidis, quamuis id auium genus duram et asperam frondem maxime uitet. illo et praecipue ostento motum Caesarem ferunt, ne quem alium sibi succedere quam sororis nepotem uellet.

12 In secessu Apolloniae Theogenis mathematici pergulam comite Agrippa ascenderat; cum Agrippae, qui prior consulebat, magna et paene incredibilia praedicerentur, reticere ipse genituram suam nec uelle edere perseuerabat, metu ac pudore ne minor inueniretur.

---

9 demissa *MX* (*in M corr. ex* demisso), demisso *GV* e *om. G* 14 obseruata *X'* 15 laticlauia *Graev.* resoluta *Halbertsma* 17 significari *Steph.* 28 successu *M*, secessum *X* per tegulam *X*

qua tamen post multas adhortationes uix et cunctanter edita exiliuit Theogenes adorauitque eum. tantam mox fiduciam fati Augustus habuit, ut thema suum uulgauerit nummumque argenteum nota sideris Capricorni, quo natus est, percusserit

95 Post necem Caesaris reuerso ab Apollonia et ingrediente eo urbem repente liquido ac puro sereno circulus ad speciem caelestis arcus orbem solis ambiit ac subinde Iuliae Caesaris filiae monimentum fulmine ictum est. primo autem consulatu et augurium capienti duodecim se uultures ut Romulo ostenderunt et immolanti omnium uictimarum iocinera replicata intrinsecus ab ima fibra paruerunt, nemine peritorum aliter coiectante quam laeta per haec et magna portendi.

96 Quin et bellorum omnium euentus ante praesensit. contractis ad Bononiam triumuirorum copiis aquila tentorio eius supersedens duos coruos hinc et inde infestantis afflixit et ad terram dedit, notante omni exercitu futuram quandoque inter collegas discordiam talem qualis secuta est, at⟨que⟩ exitum praesagiente. ⟨. . .⟩ Philippo⟨s⟩ Thessalus quidam de futura uictoria nuntiauit auctore Diuo Caesare, cuius sibi species itinere auio occurrisset.

2 Circa Perusiam sacrificio non litanti cum augeri hostias imperasset ac subita eruptione hostes omnem rei diuinae apparatum abstulissent, constitit inter haruspices, quae periculosa et aduersa sacrificanti denuntiata essent, cuncta in ipsos recasura qui exta haberent; neque aliter euenit. pridie quam Siciliensem pugnam classe committeret, deambulanti in litore piscis e mari exiliuit et ad pedes iacuit. apud Actium descendenti in aciem asellus cum asinario occurrit: homini Euty-

---

10 **et**] ei *T* (consulatus die *Bentl.*) 20 atque exitum *Torr.*, at (ad *G*) exitum (exercitum *V*) Ω, et ex. *Roth* *lacunam statuit Boot explens* eunti (accedenti *uel* proficiscenti *Büch.*) *et tum* Philippo⟨s⟩, Philippis *ed. Iunt. 1510,* apud Philippos *Salm.* 24 litanti *M*², litati *M*¹*G,* litato *X′*, litante *T*

chus, bestiae Nicon erat nomen; utriusque simulacrum
aeneum uictor posuit in templo, in quod castrorum
suorum locum uertit.

Mors quoque eius, de qua dehinc dicam, diuinitas- 97
que post mortem euidentissimis ostentis praecognita
est. cum lustrum in campo Martio magna populi fre-
quentia conderet, aquila eum saepius circumuolauit
transgressaque in uicinam aedem super nomen Agrippae
ad primam litteram sedit; quo animaduerso uota, quae
in proximum lustrum suscipi mos est, collegam suum
Tiberium nuncupare iussit: nam se, quanquam con-
scriptis paratisque iam tabulis, negauit suscepturum
quae non esset soluturus. sub idem tempus ictu ful- 2
minis ex inscriptione statuae eius prima nominis littera
effluxit; responsum est, centum solos dies posthac uic-
turum, quem numerum C littera notaret, futurumque
ut inter deos referretur, quod aesar, id est reliqua pars
e Caesaris nomine, Etrusca lingua deus uocaretur.

Tiberium igitur in Illyricum dimissurus et Beneuen- 3
tum usque prosecuturus, cum interpellatores aliis atque
aliis causis in iure dicendo detinerent, exclamauit, quod
et ipsum mox inter omina relatum est: non, si omnia
morarentur, amplius se posthac Romae futu-
rum; atque itinere incohato Asturam perrexit et inde
praeter consuetudinem de nocte ad occasionem aurae
euectus causam ualitudinis contraxit ex profluuio alui.
tunc Campaniae ora proximisque insulis circuitis Ca- 98
prearum quoque secessui quadriduum impendit re-
mississimo ad otium et ad omnem comitatem animo.

Forte Puteolanum sinum praeteruehenti uectores 2
nautaeque de naui Alexandrina, quae tantum quod
appulerat, candidati coronatique et tura libantes fausta

---

4 hinc Π^1 (*Roth*), *in M* de *ss. m. 1* 15 affluxit *M* 16 enotaret *M*, denot- *Büch.* 1 e *om.* M^1S^1T, a *G* 22 si omina *PT* 24 in itinere *MGV* 25 aurea aurę *M* 26 ex *om. T* 31 *an* naue? 32 thura *GXT*

omina et eximias laudes congesserant: per illum se
uiuere, per illum nauigare, libertate atque for-
tunis per illum frui. qua re admodum exhilaratus
quadragenos aureos comitibus diuisit iusque iurandum
et cautionem exegit a singulis, non alio datam summam
quam in emptionem Alexandrinarum mercium absum-
3 pturos. sed et ceteros continuos dies inter uaria mu-
nuscula togas insuper ac pallia distribuit, lege pro-
posita ut Romani Graeco, Graeci Romano habitu et ser-
mone uterentur. spectauit assidue exercentes ephebos,
quorum aliqua adhuc copia ex uetere instituto Capreis
erat; isdem etiam epulum in conspectu suo praebuit
permissa, immo exacta iocandi licentia diripiendique
pomorum et obsoniorum rerumque ⟨. . .⟩ missilia. nullo
denique genere hilaritatis abstinuit.
4 Vicinam Capreis insulam Apragopolim appellabat
a desidia secedentium illuc e comitatu suo. sed ex di-
lectis unum, Masgaban nomine, quasi conditorem in-
sulae *κτίστην* uocare consueuerat. huius Masgabae ante
annum defuncti tumulum cum e triclinio animaduertisset
magna turba multisque luminibus frequentari, uersum
compositum ex tempore clare pronuntiauit:

κτίστου δὲ τύμβον εἰσορῶ πυρούμενον·

conuersusque ad Thrasyl⟨l⟩um Tiberi comitem contra
accubantem et ignarum rei interrogauit, cuiusnam poetae
putaret esse; quo haesitante subiecit alium:

ὁρᾷς φάεσσι Μασγάβαν τιμώμενον;

ac de hoc quoque consuluit. cum ille nihil aliud re-
sponderet quam, cuiuscumque essent optimos esse,
5 cachinnum sustulit atque in iocos effusus est. mox

1 et *TP*^{2}*T*, *om. rel.*, *inde* ⟨super⟩ f. o. eximias *Bentl.*, eximiasque *Polit.* 10 assidue et *GT* 14 missilium *X'*, ⟨similium⟩ missilia *Oud.*, ⟨omnium⟩ m. *C. F. W. Müller*, ⟨omne genus⟩ m. *Polak* 17 ex] et ex *Bentl.* 19 consuerat *M*^{2}*GLT* 26 putaret *T*, putarit (-tauerit *S*) *rel.* 28 ac de] adde *MQ*

Neapolim traiecit quanquam etiam tum infirmis intestinis morbo uariante; tamen et quinquennale certamen gymnicum honori suo institutum perspectauit et cum Tiberio ad destinatum locum contendit. sed in redeundo adgrauata ualitudine tandem Nolae succubuit reuocatumque ex itinere Tiberium diu secreto sermone detinuit neque post ulli maiori negotio animum accommodauit.

Supremo die identidem exquirens, an iam de se tu- 99
multus foris esset, petito speculo capillum sibi comi ac malas labantes corrigi praecepit et admissos amicos percontatus, ecquid iis uideretur mi[ni]mum uitae commode transegisse, adiecit et clausulam:

ἐπεὶ δὲ πάνυ κα⟨λ⟩ῶς πέπαισται, δότε κρότον
καὶ πάντες ἡμᾶς μετὰ χαρᾶς προπέμψατε.

omnibus deinde dimissis, dum aduenientes ab urbe de Drusi filia aegra interrogat, repente in osculis Liuiae et in hac uoce defecit: Liuia, nostri coniugii memor uiue, ac uale! sortitus exitum facilem et qualem semper optauerat. nam fere quotiens audisset 2
cito ac nullo cruciatu defunctum quempiam, sibi et suis *εὐθανασίαν* similem — hoc enim et uerbo uti solebat — precabatur. unum omnino ante efflatam animam signum alienatae mentis ostendit, quod subito pauefactus a quadraginta se iuuenibus abripi questus est. id quo-

---

1 *post* intestinis, *non post* uariante *disting. Modd.* 3 suo *corr. ex* sui *M* 10 et *om. MX'* 11 percunet- *X* hecquid *M*, et quid *rel.* mimum P^2 (*Beroald.*) 12 et *del. Bentl.* 13 ЄTCIΔЄTIΔXOIKΔWCTOTIΔICNIOΔOTЄKPOTON *M et sim. rel., nisi quod initio* ЄTICI *est in GX'R*, ЄTЄ *in ΠQ, tum* ΠΔICNIO *in VL*, ΠΔICNOIO *in S*; *trimetrum ss. effecit Büch., εἰ δὲ πᾶν ἔχει καλῶς τῷ παιγνίῳ δότε κρ. Turn., ἐπεὶ δ' ἔχει τέλος τὸ παίγνιον δ. κρ. Bentl., εἰ δέ τι ἔχοι καλῶς τὸ παίγνιον κρότον δότε Roth* 14 KΔΠIΔNTЄC (KIΔΠI- *VLS*) *Ω ὑμεῖς Erasm.* *προπέμψατε Bentl. et Roth*, TIΠOΠΔIΨΔTЄ *M*, TIPOΠΔIΨΔTЄ *fere GΥP*, TIΠΔIYΔTЄ *VLS*, *κτυπήσατε Erasm., ποππύσατε Turn.* 15 ad urbem *Ω*, *corr.* $L^3S^2ς$ 16 interrogabat *Υ* 21 ЄITΔNΔCIΔN *M*, ЄYT- *rel.* 22 afflatam *M*

que magis praesagium quam mentis deminutio fuit, siquidem totidem milites praetoriani extulerunt eum in
100 publicum. obiit in cubiculo eodem, quo pater Octauius,
a. 14 p. C. duobus Sextis, Pompeio et Ap<p>uleio, cons. XIIII. Kal. Septemb. hora diei nona, septuagesimo et sexto aetatis anno, diebus V et XXX minus.

2 Corpus decuriones municipiorum et coloniarum a Nola Bouillas usque deportarunt noctibus propter anni tempus, cum interdiu in basilica cuiusque oppidi uel in aedium sacrarum maxima reponeretur. a Bouillis equester ordo suscepit urbique intulit atque in uestibulo domus conlocauit. senatus et in funere ornando et in memoria honoranda eo studio certatim progressus est, ut inter alia complura censuerint quidam, funus triumphali porta ducendum, praecedente Victoria quae est in curia, canentibus neniam principum liberis utriusque sexus; alii, exequiarum die ponendos anulos aureos ferreosque sumendos; nonnulli, ossa legenda per sacer-
3 dotes summorum collegiorum. fuit et qui suaderet, appellationem mensis Augusti in Septembrem transferendam, quod hoc genitus Augustus, illo defunctus esset; alius, ut omne tempus a primo die natali ad exitum eius saeculum Augustum appellaretur et ita in fastos referretur. uerum adhibito honoribus modo bifariam laudatus est: pro aede Diui Iuli a Tiberio et pro rostris ueteribus a Druso Tiberi filio, ac senatorum
4 umeris delatus in Campum crematusque. nec defuit uir praetorius, qui se effigiem cremati euntem in caelum uidisse iuraret. reliquias legerunt primores equestris ordinis tunicati et discincti pedibusque nudis ac Mausoleo condiderunt. id opus inter Flaminiam uiam ripamque Tiberis sexto suo consulatu extruxerat circumiectasque siluas et ambulationes in usum populi iam tum publicarat.

---

1 dimin- *GXR* 10 inaedia (ine- *G*) *MG*, in aede *ΠQ* 13 studi *Polak* 22 natalis *GΥ*

Testamentum L. Planco C. Silio cons. III. Non. Apri- **101**
les, ante annum et quattuor menses quam decederet, a. 13 p. C.
factum ab eo ac duobus codicibus partim ipsius partim
libertorum Polybi et Hilarionis manu scriptum depo-
situmque apud se uirgines Vestales cum tribus signatis
aeque uoluminibus protulerunt. quae omnia in senatu
aperta atque recitata sunt. heredes instituit primos: 2
Tiberium ex parte dimidia et sextante, Liuiam ex parte
tertia, quos et ferre nomen suum iussit; secundos:
Drusum Tiberi filium ex triente, ex partibus reliquis
Germanicum liberosque eius tres sexus uirilis; tertio
gradu propinquos amicosque compluris. legauit populo
R. quadringenties, tribubus tricies quinquies sester-
tium, praetorianis militibus singula milia nummorum,
cohortibus urbanis quingenos, legionaris trecenos num-
mos; quam summam repraesentari iussit, nam et con-
fiscatam semper repositamque habuerat. reliqua legata 3
uarie dedit perduxitque quaedam ad uicena sestertia,
quibus soluendis annuum diem finiit, excusata rei fami-
liaris mediocritate nec plus peruenturum ad heredes
suos quam milies et quingenties professus, quamuis
uiginti proximis annis quaterdecies milies ex testa-
mentis amicorum percepisset, quod paene omne cum
duobus paternis patrimoniis ceterisque hereditatibus in
rem p. absumpsisset. Iulias filiam neptemque, si quid
iis accidisset, uetuit sepulcro suo inferri. tribus uolu- 4
minibus, uno mandata de funere suo complexus est,
altero indicem rerum a se gestarum, quem uellet incidi
in aeneis tabulis, quae ante Mausoleum statuerentur,
tertio breuiarium totius imperii, quantum militum sub
signis ubique esset, quantum pecuniae in aerario et
fiscis et uectigaliorum residuis. adiecit et libertorum
seruorumque nomina, a quibus ratio exigi posset.

1 aprilis *GXT* 5 se *om. V*, sex ς 8 sextante *T et in marg. V*, sextam *MGX'* (*cf. Tib. 23*) 13 tribulibus *Lips.* 18 perduxit *G*, produxitque *Π*ς uicies sestertium *Periz.* 26 De tribus *T* 31 esset *ΠRS²T*, essent *rel.*

C. SVETONI TRANQVILLI

DE VITA CAESARVM

LIBER III

TIBERIVS

1 Patricia gens Claudia — fuit enim et alia plebeia, nec potentia minor nec dignitate — orta est ex Regillis oppido Sabinorum. inde Romam recens conditam cum magna clientium manu conmigrauit auctore Tito Tatio consorte Romuli, uel, quod magis constat, Atta Claudio gentis principe, post reges exactos sexto fere anno; atque in patricias cooptata agrum insuper trans Anienem clientibus locumque sibi ad sepulturam sub
2 Capitolio publice accepit. deinceps procedente tempore duodetriginta consulatus, dictaturas quinque, censuras septem, triumphos sex, duas ouationes adepta est. cum praenominibus cognominibusque uariis distingueretur, Luci praenomen consensu repudiauit, postquam e duobus gentilibus praeditis eo alter latrocinii, caedis alter conuictus est. inter cognomina autem et Neronis assumpsit, quo[d] significatur lingua Sabina fortis ac strenuus.

2 Multa multorum Claudiorum egregia merita, multa etiam sequius admissa in rem p. extant. sed ut prae-

---

7 atque| a patribus *Τ'* patricios *ΠQ* coaptata *Ω*, *corr.* ς 8 lucumque *Τ* 10 xxii *Momms.* 16 quo ς (*Beroald.*)

cipua commemorem, Appius Caecus societatem cum
rege Pyrro ut parum salubrem iniri dissuasit. Claudius
Caudex primus freto classe traiecto Poenos Sicilia ex-
pulit. †Tibus Nero aduenientem ex Hispania cum in-
gentibus copiis Hasdrubalem, prius quam Hannibali
fratri coniungeretur, oppressit. contra Claudius Re- 2
gillianus, decemuir legibus scribendis, uirginem in-
genuam per uim libidinis gratia in seruitutem asserere
conatus causa plebi fuit secedendi rursus a patribus.
Claudius †Drusus statua sibi diademata ad Appi Forum
posita Italiam per clientelas occupare temptauit. Clau-
dius Pulcher apud Siciliam non pascentibus in auspi-
cando pullis ac per contemptum religionis mari demersis,
quasi ut biberent quando esse nollent, proelium
nauale iniit; superatusque, cum dictatorem dicere a
senatu iuberetur, uelut iterum inludens discrimini pub-
lico Glycian uiatorem suum dixit.

Extant et feminarum exempla diuersa aeque, si- 3
quidem gentis eiusdem utraque Claudia fuit, et quae
nauem cum sacris Matris deum Idaeae obhaerentem
Tiberino uado extraxit, precata propalam, ut ita de-
mum se sequeretur, si sibi pudicitia constaret;
et quae nouo more iudicium maiestatis apud populum
mulier subiit, quod in conferta multitudine aegre proce-
dente carpento palam optauerat, ut frater suus Pul-
cher reuiuisceret atque iterum classem amitte-
ret, quo minor turba Romae foret. praeterea no- 4
tatissimum est, Claudios omnis, excepto dum taxat
P. Clodio, qui ob expellendum urbe Ciceronem plebeio
homini atque etiam natu minori in adoptionem se
dedit, optimates adsertoresque unicos dignitatis ac

---

4 tibus *M* (expulitibus, t *ss. m. 2*), tybus G^1, Tyb̆us G^2, Tibĩ. *V*, Tibius *uel* Tiberius *rel.* (Tib *Roth*), Claudius *uulg.* (*ed. Bon. 1488*) 5 hasdrib- *MG* annibali *MT* 6 appius *post* Claudius *add.* *Υ* regillanus ς 10 drus*us *M*, Rusus *Fruin* (*potius* Russus), Crassus *Hirschfeld* cum diademate *Υ* 17 ilycian *Ω*, *corr. Salm.* 26 reuiuesc- *MV*

potentiae patriciorum semper fuisse atque aduersus plebem adeo uiolentos et contumaces, ut ne capitis quidem quisquam reus apud populum mutare uestem aut deprecari sustinuerit; nonnulli in altercatione et iurgio tribunos plebi pulsauerint. etiam uirgo Vestalis fratrem iniussu populi triumphantem ascenso simul curru usque in Capitolium prosecuta est, ne uetare aut intercedere fas cuiquam tribunorum esset.

3 Ex hac stirpe Tiberius Caesar genus trahit, e⟨t⟩ quidem utrumque: paternum a Tiberio Nerone, maternum ab Appio Pulchro, qui ambo Appi Caeci filii fuerunt. insertus est et Liuiorum familiae adoptato in eam materno auo. quae familia, quanquam plebeia, tamen et ipsa admodum floruit octo consulatibus, censuris duabus, triumphis tribus, dictatura etiam ac magisterio equitum honorata; clara et insignibus uiris
2 ac maxime Salinatore Drusisque. Salinator uniuersas tribus in censura notauit leuitatis nomine, quod, cum se post priorem consulatum multa inrogata condemnassent, consulem iterum censoremque fecissent. Drusus hostium duce Drauso comminus trucidato sibi posterisque suis cognomen inuenit. traditur etiam pro praetore ex prouincia Gallia ret⟨t⟩ulisse aurum Senonibus olim in obsidione Capitolii datum nec, ut fama est, extortum a Camillo. eius abnepos ob eximiam aduersus Gracchos operam patronus senatus dictus filium reliquit, quem in simili dissensione multa uarie molientem diuersa factio per fraudem interemit.

4 Pater Tiberi, Nero, quaestor C. Caesaris Alexandrino bello classi praepositus, plurimum ad uictoriam contulit.

---

4 sustinuerit ⟨et⟩ *Polak* 5 plebis *GX* 6 patrem *Cic. Cael. 34* 9 et quidem *ΠQ*, equidem *rel.* 10 tiberio *R et pro u. l. ΠQ*², timore *MG*¹*VLΠQ*, iuniore *G*² (*m. antiqua*), minore *rel.* 12 intersertus *M* lęuieorum *M*, l$\overset{i}{e}$mo *V*, leuiorum *rel.*, *corr.* ς 29 Pater uero Tiberii (*om.* Nero) *edd. pr.*, Pater Tiberius Nero *Bentl.*

quare et pontifex in locum P. Scipionis substitutus et ad deducendas in Galliam colonias, in quis Narbo et Arelate erant, missus est. tamen Caesare occiso, cunctis turbarum metu abolitionem facti decernentibus, etiam de praemiis tyrannicidarum referendum censuit. prae- 2 tura deinde functus, cum exitu anni discordia inter triumuiros orta esset, retentis ultra iustum tempus insignibus L. Antonium consulem triumuiri fratrem ad Perusiam secutus, deditione a ceteris facta, solus permansit in partibus ac primo Praeneste, inde Neapolim euasit seruisque ad pilleum frustra uocatis in Siciliam profugit. sed indigne ferens nec statim se in con- 3 spectum Sexti Pompei admissum et fascium usu prohibitum, ad M. Antonium traiecit in Achaiam. cum quo breui reconciliata inter omnis pace Romam redit uxoremque Liuiam Drusillam et tunc grauidam et ante iam apud se filium enixam petenti Augusto concessit. nec multo post diem obiit, utroque liberorum superstite, Tiberio Drusoque Neronibus.

Tiberium quidam Fundis natum existimauerunt se- 5 cuti leuem coniecturam, quod materna eius auia Fundana fuerit et quod mox simulacrum Felicitatis ex s. c. publicatum ibi sit. sed ut plures certioresque tradunt, natus est Romae in Palatio XVI. Kal. Dec. M. Aemilio Lepido iterum L. Munatio Planco conss. per bellum a. 42 a. C Philippense. sic enim in fastos actaque in publica relatum est. nec tamen desunt, qui partim antecedente anno, Hirti ac Pansae, partim insequenti, Seruili Isaurici ⟨L.⟩que Antoni[i] consulatu, genitum eum scribant.

Infantiam pueritiamque habuit laboriosam et exer- 6 citatam, comes usque quaque parentum fugae; quos quidem apud Neapolim sub inruptionem hostis naui-

---

25 per] post *ΠQP^2ST* 26 in fastis *MT*, infantis *G* in *om. PST* 28 insequente *ΠQ* 29 L. *add. Bentl. Roth* (Isaurici Antoniique *uulg.*) scribunt *MGX'* 30 laboriosam *Pithoeus*, luxoriosam *MG* (*ex* loxor- *corr. M*, *in* luxur- *corr.* G^1), luxuriosam *rel.* exercitam ς (*Egn.*)

gium clam petentis uagitu suo paene bis prodidit, semel
cum a nutricis ubere, ite⟨ru⟩m cum a sinu matris
raptim auferretur ab iis, qui pro necessitate temporis
2 mulierculas leuare onere temptabant. per Siciliam quo-
que et per Achaiam circumductus ac Lacedaemoniis
publice, quod in tutela Claudiorum erant, demandatus,
digrediens inde itinere nocturno discrimen uitae adiit
flamma repente e siluis undique exorta adeoque omnem
comitatum circumplexa, ut Liuiae pars uestis et capilli
3 amburerentur. munera, quibus a Pompeia Sex. Pompei
sorore in Sicilia donatus est, chlamys et fibula, item
bullae aureae, durant ostenduntur que adhuc Bais. post
reditum in urbem a M. Gallio senatore testamento
adoptatus hereditate adita mox nomine abstinuit, quod
Gallius aduersarum Augusto partium fuerat.

4 Nouem natus annos defunctum patrem pro rostris
laudauit. dehinc pubescens Actiaco triumpho currum
Augusti comitatus est sinisteriore funali equo, cum
Marcellus Octauiae filius dexteriore ueheretur. prae-
sedit et asticis ludis et Troiam circensibus ⟨lusit⟩
ductor turmae puerorum maiorum.

7 Virili toga sumpta adulescentiam omnem spatium-
que insequentis aetatis usque ad principatus initia per
haec fere transegit. munus gladiatorium in memoriam
patris et alterum in aui Drusi dedit, diuersis temporibus
ac locis, primum in foro, secundum in amphitheatro,
rudiaris quoque quibusdam reuocatis auctoramento cen-
tenum milium; dedit et ludos, sed absens: cuncta magni-
fice, inpensa matris ac uitrici.

2 Agrippinam, Marco Agrippa genitam, neptem Cae-
cili Attici equitis R., ad quem sunt Ciceronis epistulae,
duxit uxorem; sublatoque ex ea filio Druso, quanquam
bene conuenientem rursusque grauidam dimittere ac

---

2 item *Ω, corr. Urs.* 18 augusto *MGV* 20 troianis *Υ'* lusit *hic suppl. Bentl., post* Troiam *Roth* 22 spatiā-que *M*, spaciaque *Υ*

Iuliam Augusti filiam confestim coactus est ducere non sine magno angore animi, cum et Agrippinae consuetudine teneretur et Iuliae mores improbaret, ut quam sensisset sui quoque sub priore marito appetentem, quod sane etiam uulgo existimabatur. sed Agrippinam 3
et abegisse post diuortium doluit et semel omnino ex occursu uisam adeo contentis et [t]umentibus oculis prosecutus est, ut custoditum sit ne umquam in conspectum ei posthac ueniret. cum Iulia primo concorditer et amore mutuo uixit, mox dissedit et aliquanto grauius, ut etiam perpetuo secubaret, intercepto communis fili pignore, qui Aquileiae natus infans extinctus est. Drusum fratrem in Germania amisit, cuius corpus pedibus toto itinere praegrediens Romam usque peruexit.

Ciuilium officiorum rudimentis regem Archelaum 8
Trallianos et Thessalos, uaria quosque de causa, Augusto cognoscente defendit; pro Laodicenis Thyatirenis Chiis terrae motu afflictis opemque implorantibus senatum deprecatus est; Fannium Caepionem, qui cum Varrone Murena in Augustum conspirauerat, reum maiestatis apud iudices fecit et condemnauit. interque haec duplicem curam administrauit, annonae quae artior inciderat, et repurgandorum tota Italia ergastulorum, quorum domini in inuidiam uenerant quasi exceptos supprimerent non solum uiatores sed et quos sacramenti metus ad eius modi latebras compulisset.

Stipendia prima expeditione Cantabrica tribunus 9
militum fecit, dein ducto ad Orientem exercitu regnum Armeniae Tigrani restituit ac pro tribunali diadema imposuit. recepit et signa, quae M. Crasso ademerant Parthi. post hoc Comatam Galliam anno fere rexit et barbarorum incursionibus et principum discordia in-

---

1 est *ΥP²*, *om. rel.* 7 umentibus *Lips.* (mentibus *M¹*, tu *ss. m. 1 uel m. 2*) 17 trailianos (-linos *Π¹Q*) *MGVΥ*, tracilianos *X* (*ex* tru- *corr. L*), *corr.* ς

quietam. exin Raeticum Vindelicumque bellum, inde
2 Pannonicum, inde Germanicum gessit. Raetico atque
Vindelico gentis Alpinas, Pannonico Breucos et Dal-
matas subegit, Germanico quadraginta milia deditício-
rum traiecit in Galliam iuxtaque ripam Rheni sedibus
adsignatis conlocauit. quas ob res et ouans et curru
urbem ingressus est, prius, ut quidam putant, trium-
phalibus ornamentis honoratus, nouo nec antea cuiquam
tributo genere honoris.

3 Magistratus et maturius incohauit et paene iunctim
percucurrit, quaesturam praeturam consulatum; inter-
positoque tempore consul iterum etiam tribuniciam
10 potestatem in quinquennium accepit. tot prosperis con-
fluentibus integra aetate ac ualitudine statuit repente
secedere seque e medio quam longissime amouere: du-
bium uxorisne taedio, quam neque criminari aut di-
mittere auderet neque ultra perferre posset, an ut
uitato assiduitatis fastidio auctoritatem absentia tuere-
tur atque etiam augeret, si quando indiguisset sui res p.
quidam existimant, adultis iam Augusti liberis, loco
et quasi possessione usurpati a se diu secundi gradus
sponte cessisse exemplo M. Agrippae, qui M. Marcello
ad munera publica admoto Mytilenas abierit, ne aut
2 obstare aut obtrectare praesens uideretur. quam cau-
sam et ipse, sed postea, reddidit. tunc autem hono-
rum satietatem ac requiem laborum praetendens com-
meatum petit; neque aut matri suppliciter precanti aut
uitrico deseri se etiam in senatu conquerenti ueniam
dedit. quin et pertinacius retinentibus, cibo per qua-
driduum abstinuit. facta tandem abeundi potestate,
relictis Romae uxore et filio confestim Ostiam descen-
dit, ne uerbo quidem cuiquam prosequentium reddito
11 paucosque admodum in digressu exosculatus. ab Ostia
oram Campaniae legens inbecillitate Augusti nuntiata
paulum substitit. sed increbrescente rumore quasi ad

7 primus T′ 29 quatrid- Ω

occasionem maioris spei commoraretur, tantum non aduersis tempestatibus Rhodum enauigauit, amoenitate et salubritate insulae iam inde captus cum ad eam ab Armenia rediens appulisset. hic modicis contentus aedibus nec multo laxiore suburbano genus uitae ciuile admodum instituit, sine lictore aut uiatore gymnasio interdum obambulans mutuaque cum Graeculis officia usurpans prope ex aequo.

Forte quondam in disponendo die mane praedixerat, 2
quidquid aegrorum in ciuitate esset uisitare se uelle; id a proximis aliter exceptum iussique sunt omnes aegri in publicam porticum deferri ac per ualitudinum genera disponi. perculsus ergo inopinata re diuque quid ageret incertus, tandem singulos circuit excusans factum etiam tenuissimo cuique et ignoto. unum hoc 3
modo neque praeterea quicquam notatum est, in quo exeruisse ius tribuniciae potestatis uisus sit: cum circa scholas et auditoria professorum assiduus esset, moto inter antisophistas grauiore iurgio, non defuit qui eum interuenientem et quasi studiosiorem partis alterius conuicio incesseret. sensim itaque regressus domum repente cum apparitoribus prodiit citatumque pro tribunali uoce praeconis conuiciatorem rapi iussit in carcerem.

Comperit deinde Iuliam uxorem ob libidines atque 4
adulteria damnatam repudiumque ei suo nomine ex auctoritate Augusti remissum; et quamquam laetus nuntio, tamen officii duxit, quantum in se esset, exorare filiae patrem frequentibus litteris et uel utcumque meritae, quidquid umquam dono dedisset, concedere. transacto autem tribuniciae potestatis tempore, con- 5
fessus tandem, nihil aliud secessu deuitasse se quam

---

10 aegrotum *Bentl.* uitare *MGPΠ*[1] 13 disponendi *M*[1] percussus *V* 14 tamen *Υ* circũit *VL*, circuiit *Υ* 17 exeruisse (exs- *Q*) ius *LPQ*[1]*R*, exseruis eius *MG*, exeruisse eius *V*, exercuisse ius *rel.* (*uulg.*) 30 dona *M*

aemulationis cum C. Lucioque suspicionem, petit ut sibi securo iam ab hac parte, conroboratis his et secundum locum facile tutantibus, permitteretur reuisere necessitudines, quarum desiderio teneretur. sed neque impetrauit ultroque etiam admonitus est, dimitteret omnem curam suorum, quos tam cupide reli-
12 quisset. remansit igitur Rhodi contra uoluntatem, uix per matrem consecutus, ut ad uelandam ignominiam quasi legatus Augusto abesset.

2 Enimuero tunc non priuatum modo, sed etiam obnoxium et trepidum egit mediterraneis agris abditus uitansque praeternauigantium officia, quibus frequentabatur assidue, nemine cum imperio aut magistratu tendente quoquam quin deuerteret Rhodum. et accesserunt maioris sollicitudinis causae. namque priuignum Gaium Orienti praepositum, cum uisendi gratia traiecisset Samum, alieniorem sibi sensit ex criminationibus
3 M. Lolli comitis et rectoris eius. uenit etiam in suspicionem per quosdam beneficii sui centuriones a commeatu castra repetentis mandata ad complures dedisse ambigua et quae temptare singulorum animos ad nouas res uiderentur. de qua suspicione certior ab Augusto factus non cessauit efflagitare aliquem cuiuslibet or-
13 dinis custodem factis atque dictis suis. equi quoque et armorum solitas exercitationes omisit redegitque se deposito patrio habitu ad pallium et crepidas atque in tali statu biennio fere permansit, contemptior in dies et inuisior, adeo ut imagines eius et statuas Nemausenses subuerterint ac familiari quondam conuiuio mentione eius orta extiterit qui Gaio polliceretur, confestim se, si iuberet, Rhodum nauigaturum caputque
2 exulis — sic enim appellabatur — relaturum. quo

---

9 ab augusto *ΠQP^2ST*, augusti ς 10 Etenim uero *MG^1VLP^1* (*corr.* *G^2g*) 14 diuerteret *GST*, deuerteretur *Π^1Q* 23 afflag- *M* 25 redegit sedeq: posito *M* 28 remausenses *Ω*, *corr.* *Q^2*ς 29 quodam *ΠQ* 30 eius *$\Upsilon'P^2$*, *om. rel. fort. rectius*

praecipue non iam metu sed discrimine coactus est, tam suis quam matris inpensissimis precibus reditum expostulare, impetrauitque adiutus aliquantum etiam casu. destinatum Augusto erat, nihil super ea re nisi ex uoluntate maioris fili statuere; is forte tunc M. Lollio offensior, facilis exorabilisque in uitricum fuit. permittente ergo Gaio reuocatus est, uerum sub condicione ne quam partem curamue rei p. attingeret.

Rediit octauo post secessum anno, magna nec in- **14**
certa spe futurorum, quam et ostentis et praedictionibus ab initio aetatis conceperat.

Praegnans eo Liuia cum an marem editura esset, 2
uariis captaret ominibus, ouum incubanti gallinae subductum nunc sua nunc ministrarum manu per uices usque fouit, quoad pullus insigniter cristatus exclusus est. ac de infante Scribonius mathematicus praeclara spopondit, etiam regnaturum quandoque, sed sine regio insigni, ignota scilicet tunc adhuc Caesarum potestate.
et ingresso primam expeditionem ac per Macedoniam 3
ducente exercitum in Syriam, accidit ut apud Philippos sacratae olim uictricium legionum arae sponte subitis conlucerent ignibus; et mox, cum Illyricum petens iuxta Patauium adisset Geryonis oraculum, sorte tracta, qua monebatur ut de consultationibus in Aponi fontem talos aureos iaceret, euenit ut summum numerum iacti ab eo ostenderent; hodieque sub aqua uisuntur hi tali.
ante paucos uero quam reuocaretur dies aquila num- 4
quam antea Rhodi conspecta in culmine domus eius assedit; et pridie quam de reditu certior fieret, uestimenta mutanti tunica ardere uisa est. Thrasyllum quoque mathematicum, quem ut sapientiae professorem contubernio admouerat, tum maxime expertus est affir-

2 tam] quam *MGΠR* (*inde* qua — qua *Bentl.*) 12 eo *Bentl.*, eum *Ω* (*tuetur Büch.*), enim ς (*edd.*) 15 eo usque *H*, usque eo *VLS*, usque adeo *POT* 18 ignoti *MGV* 20 ducente *GQL²PT*, -tem *rel.* (*in M praeced.* macedonia) 32 tum] cum *Bentl.*

mantem naue prouisa gaudium afferri; cum quidem illum durius et contra praedicta cadentibus rebus ut falsum et secretorum temere conscium, eo ipso momento, dum spatiatur una, praecipitare in mare destinasset.

15 Romam reuersus deducto in forum filio Druso statim e Carinis ac Pompeiana domo Esquilias in hortos Maecenatianos transmigrauit totumque se ad quietem contulit, priuata modo officia obiens ac publicorum munerum expers.

2 Gaio et Lucio intra triennium defunctis adoptatur ab Augusto simul cum fratre eorum M. Agrippa, coactus prius ipse Germanicum fratris sui filium adoptare. nec quicquam postea pro patre familias egit aut ius, quod amiserat, ex ulla parte retinuit. nam neque donauit neque manumisit, ne hereditatem quidem aut legata percepit ulla aliter quam ut peculio referret accepta. nihil ex eo tempore praetermissum est ad maiestatem eius augendam ac multo magis, postquam Agrippa abdicato atque seposito certum erat, uni spem successionis
16 incumbere; data rursus potestas tribunicia in quinquennium, delegatus pacandae Germaniae status, Parthorum legati mandatis Augusto Romae redditis eum quoque adire in prouincia iussi. sed nuntiata Illyrici defectione transiit ad curam noui belli, quod grauissimum omnium externorum bellorum post Punica, per quindecim legiones paremque auxiliorum copiam triennio gessit in magnis omnium rerum difficultatibus summa-
2 que frugum inopia. et quanquam saepius reuocaretur, tamen perseuerauit, metuens ne uicinus et praeualens hostis instaret ultro cedentibus. ac perseuerantiae grande pretium tulit, toto Illyrico, quod inter Italiam regnumque Noricum et Thraciam et Macedoniam interque Danuuium flumen et sinum maris Hadriatici patet,

21 decennium *Bergk* 22 pacandus *Casaub.* 24 iussisset *MG* 26 punicam *MGT* (*corr.* G^3), punicum *Oros. VI 21, 25* 34 danubium *Ω*

perdomito et in dicionem redacto. cui gloriae amplior 17
adhuc ex oportunitate cumulus accessit. nam sub id fere tempus Quintilius Varus cum tribus legionibus in Germania periit, nemine dubitante quin uictores Germani iuncturi se Pannoniis fuerint, nisi debellatum prius Illyricum esset. quas ob res triumphus ei decretus est multi⟨que⟩ et magni honores. censuerunt 2
etiam quidam ut Pannonicus, alii ut Inuictus, nonnulli ut Pius cognominaretur. sed de cognomine intercessit Augustus, eo contentum repromittens, quod se defuncto suscepturus esset. triumphum ipse distulit maesta ciuitate clade Variana; nihilo minus urbem praetextatus et laurea coronatus intrauit positumque in Saeptis tribunal senatu astante conscendit ac medius inter duos consules cum Augusto simul sedit; unde populo consalutato circum templa deductus est.

Proximo anno repetita Germania cum animaduerteret 18
Varianam cladem temeritate et neglegentia ducis accidisse, nihil non de consilii sententia egit; semper alias sui arbitrii contentusque se uno, tunc praeter consuetudinem cum compluribus de ratione belli communicauit. curam quoque solito exactiorem praestitit. traiecturus Rhenum commeatum omnem ad certam formulam adstrictum non ante transmisit, quam consistens apud ripam explorasset uehiculorum onera, ne qua deportarentur nisi concessa aut necessaria. trans 2
Rhenum uero eum uitae ordinem tenuit, ut sedens in caespite nudo cibum caperet, saepe sine tentorio pernoctaret, praecepta sequentis diei omnia, et si quid subiti muneris iniungendum esset, per libellos daret; addita monitione ut, de quo quisque dubitaret, se nec alio interprete quacumque uel noctis hora uteretur.

2 idem *Polak* 3 quintillus *Ω*, *corr.* *ΠQ* 7 est multique *edd. Gryph.*, et multi *Steph.* 10 fore promittens *Bentl. Madv.* 16 inde *M^2* 26 deponerentur *ΠQ* 28 pernoctaret *ΤΤ*, -rit *rel.* 31 quisquis ς, quis *uel* quisquam *Polak*

19 disciplinam acerrime exegit animaduersionum et ignominiarum generibus ex antiquitate repetitis atque etiam legato legionis, quod paucos milites cum liberto suo trans ripam uenatum misisset, ignominia notato. proelia, quamuis minimum fortunae casibusque permitteret, aliquanto constantius inibat, quotiens lucubrante se subito ac nullo propellente decideret lumen et extingueretur, confidens, ut aiebat, ostento sibi a maioribus suis in omni ducatu expertissimo. sed re prospere gesta non multum afuit quin a Bructero quodam occideretur, cui inter proximos uersanti et trepidatione detecto tormentis expressa confessio est
20 cogitati facinoris. a Germania in urbem post biennium regressus triumphum, quem distulerat, egit prosequentibus etiam legatis, quibus triumphalia ornamenta impetrarat. ac prius quam in Capitolium flecteret, descendit e curru seque praesidenti patri ad genua summisit. Batonem Pannonium ducem ingentibus donatum praemiis Rauennam transtulit, gratiam referens, quod se quondam cum exercitu iniquitate loci circumclusum passus es⟨se⟩t euadere. prandium dehinc populo mille mensis et congiarium trecenos nummos uiritim dedit. dedicauit et Concordiae aedem, item Pollucis et Castoris
21 suo fratrisque nomine de manubiis. ac non multo post lege per consules lata, ut prouincias cum Augusto communiter administraret simulque censum a[u]geret, condito lustro in Illyricum profectus est. et statim ex itinere reuocatus iam quidem adfectum, sed tamen spirantem adhuc Augustum repperit fuitque una secreto per totum diem.
2 Scio uulgo persuasum quasi egresso post secretum sermonem Tiberio uox Augusti per cubicularios excepta sit: miserum populum R., qui sub tam lentis maxillis erit. ne illud quidem ignoro aliquos

5 casibus *X* 8 a] ac ς, *fort. recte* 13 biennio *MGΥ* (*an* biennio post?) 21 est *Ω*, esset *Steph.* 26 ageret *Tς*

tradidisse, Augustum palam nec dissimulanter morum eius diritatem adeo improbasse, ut nonnumquam remissiores hilarioresque sermones superueniente eo abrumperet; sed expugnatum precibus uxoris adoptionem non abnuisse, uel etiam ambitione tractum, ut tali successore desiderabilior ipse quandoque fieret. adduci 3
tamen nequeo quin existimem, circumspectissimum et prudentissimum principem in tanto praesertim negotio nihil temere fecisse; sed uitiis Tiberi[i] uirtutibusque perpensis potiores duxisse uirtutes, praesertim cum et rei p. causa adoptare se eum pro contione iurauerit et epistulis aliquot ut peritissimum rei militaris utque unicum p. R. praesidium prosequatur. ex quibus in exemplum pauca hinc inde subicci.

Vale, iucundissime Tiberi, et feliciter rem 4
gere, ἐμοὶ καὶ ταῖς †μουιcαcαιcτ στρατηγῶν. iucundissime et ita sim felix, uir fortissime et dux νομιμώτατε, uale.

Ordinem aestiuorum tuorum ego uero ⟨...⟩, 5
mi Tiberi, et inter tot rerum difficultates καὶ τοσαύτην ἀποθυμ[ε|ίαν τῶν στρατευομένων non potuisse quemquam prudentius gerere se quam tu gesseris, existimo. [h]ii quoque qui tecum fuerunt omnes confitentur, uersum illum ⟨*Enn. ann. 370 V.*[2]⟩ in te posse dici:

unus homo nobis uigilando restituit rem.

---

16 gere *M*, rege *rel.* ΜΟΥΙCᴀCΔΙCΤЄΤΡᴀΤΗΓΩΝ *M et sim. rel.* (ᴀ *pro* Δ *habent GX′Υ*; ΤЄCΤΡᴀΤΗΓΩΝ *VLS*, *in quibus ss.* mihi et meis tuisque commilitibus gere), *ταῖς Μούσαις στρ. uulg.*; *post Μούσαις legunt καλά uel ἄριστε Turn.*, *ἄριστα Casaub.*, *αἰεί Bentl.*; *ταῖς μου ἴσα σαῖς τε Roth*, *ταῖς (ἐ)μοῦ πάσαις Büch.* 18 *νομιμώτατε ed. a. 1480* (ς?), ΝΟΜΙΜΩΜᴀΤЄ Ω (legitime *ss. in VLS*), *μονιμώτατε Casaub.* 19 *excidisse uidetur uerbum*, laudo *post* Tiberi *inseruit Steph.*, uerso *pro* uero *propos. Büch.* 21 *ἀποθυμίαν Salm.*, ᴀΠΟΘΥΜЄΙᴀ *ML*, -ЄΙᴀΝ *rel.*, *ἀπείθειαν Bentl.*, *an λιποθυμίαν?* (*ss.* et tantam defectionem militantium *in VLS*) 23 tu te *Urs.*

6 Siue quid incidit de quo sit cogitandum diligentius, siue quid stomachor, ualde medius Fidius Tiberium meum desidero succurritque uersus ille Homericus ⟨*Il.* 10, 246⟩:

τούτου γ' ἑσπ⟨ο⟩μένοιο καὶ ἐκ πυρὸς αἰθομένοιο
ἄμφω νοστήσαιμεν, ἐπ⟨ε⟩ὶ περίοιδε νοῆσαι.

7 Attenuatum te esse continuatione laborum cum audio et lego, di me perdant nisi cohorrescit corpus meum; teque oro ut parcas tibi, ne si te languere audierimus, et ego et mater tua expiremus et summa imperi sui populus R. periclitetur.

Nihil interest ualeam ipse necne, si tu non ualebis.

Deos obsecro, ut te nobis conseruent et ualere nunc et semper patiantur, si non p. R. perosi sunt.

22 Excessum Augusti non prius palam fecit, quam Agrippa iuuene interempto. hunc tribunus militum custos appositus occidit lectis codicillis, quibus ut id faceret iubebatur; quos codicillos dubium fuit, Augustusne moriens reliquisset, quo materiam tumultus post se subduceret; an nomine Augusti Liuia et ea conscio Tiberio an ignaro, dictasset. Tiberius renuntianti tribuno, factum esse quod imperasset, neque imperasse se et redditurum eum senatui rationem respondit, inuidiam scilicet in praesentia uitans. nam mox silentio
23 rem obliterauit. iure autem tribuniciae potestatis coacto senatu incohataque adlocutione derepente uelut impar dolori congemuit, utque non solum uox sed et spiritus deficeret optauit ac perlegendum librum Druso filio tradidit. inlatum deinde Augusti testamentum,

---

2 stomachorum *MGV*(*L*[1]*?*)*P*, -chandum *R*, -chosum *Heins.* uelde *M*, uade *R* 5 TECΠMENOIO *Ω*, *corr. edd. Rom.* 11 et de summa *TP*[2]*T* (*edd.*) 30 et *om. M*

non admissis signatoribus nisi senatorii ordinis, ceteris extra curiam signa agnoscentibus, recitauit per libertum. testamenti initium fuit: quoniam atrox fortuna Gaium et Lucium filios mihi eripuit, Tiberius Caesar mihi ex parte dimidia et sextante heres esto. quo et ipso aucta suspicio est opinantium successorem ascitum eum necessitate magis quam iudicio, quando ita praefari non abstinuerit.

Principatum, quamuis neque occupare confestim 24 neque agere dubitasset, et statione militum, hoc est ui et specie dominationis assumpta, diu tamen recusauit, impudentissimo mimo nunc adhortantis amicos increpans ut ignaros, quanta belua esset imperium, nunc precantem senatum et procumbentem sibi ad genua ambiguis responsis et callida cunctatione suspendens, ut quidam patientiam rumperent atque unus in tumultu proclamaret: aut agat aut desistat! alter coram exprobraret ceteros, quod polliciti sint tarde praestare, se⟨d⟩ ipsum, quod praestet tarde polliceri. tandem quasi coactus et querens miseram et 2 onerosam iniungi sibi seruitutem, recepit imperium; nec tamen aliter, quam ut depositurum se quandoque spem faceret. ipsius uerba sunt: dum ueniam ad id tempus, quo uobis aequum possit uideri dare uos aliquam senectuti meae requiem.

Cunctandi causa erat metus undique imminentium 25 discriminum, ut saepe lupum se auribus tenere diceret. nam et seruus Agrippae Clemens nomine non contemnendam manum in ultionem domini compararat et L. Scribonius Libo uir nobilis res nouas clam moliebatur et duplex seditio militum in Illyrico et in Germania exorta est. flagitabant ambo exercitus multa 2

---

3 atrox] sinistra *ΠQ et pro u. l. R* 10 et *del. Bentl. Madv.* 12 mimo *I. F. Gron.*, animo *Ω* 13 bellua *MV*[1]*T* 19 sed *ΠQ et pro u. l. R*, se *rel.* (se et *O*, sed *P*[2]), *del. Lips. fort. recte* 29 comparat *MG*, -rauerat *T*

extra ordinem, ante omnia ut aequarentur stipendio praetoriani⟨s⟩. Germaniciani quidem etiam principem detractabant non a se datum summaque ui Germanicum, qui tum iis praeerat, ad capessendam rem p. urgebant, quanquam obfirmate resistentem. quem maxime casum timens, partes sibi quas senatui liberet, tuendas in re p. depoposcit, quando uniuersae sufficere solus nemo posset nisi cum altero uel etiam cum pluribus.
3 simulauit et ualitudinem, quo aequiore animo Germanicus celerem successionem uel certe societatem principatus opperiretur. compositis seditionibus Clementem quoque fraude deceptum redegit in potestatem. Libonem, ne quid in nouitate acerbius fieret, secundo demum anno in senatu coarguit, medio temporis spatio tantum cauere contentus; nam et inter pontifices sacrificanti simul pro secespita plumbeum cultrum subiciendum curauit et secretum petenti non nisi adhibito Druso filio dedit dextramque obambulantis ueluti incumbens, quoad perageretur sermo, continuit.

26 Verum liberatus metu ciuilem admodum inter initia ac paulo minus quam priuatum egit. ex plurimis maximisque honoribus praeter paucos et modicos non recepit. natalem suum plebeis incurrentem circensibus uix unius bigae adiectione honorari passus est. templa, flamines, sacerdotes decerni sibi prohibuit, etiam statuas atque imagines nisi permittente se poni; permisitque ea sola condicione, ne inter simulacra deorum sed
2 inter ornamenta aedium ponerentur. intercessit et quo minus in acta sua iuraretur, et ne mensis September Tiberius, October Liuius uocarentur. praenomen quoque imperatoris cognomenque patris patriae et ciuicam in uestibulo coronam recusauit; ac ne Augusti quidem nomen, quanquam hereditarium, nullis nisi ad reges ac

---

2 praetoriani germaniciani quidam *MGVL*, praetoriani germanicianis. Quidam *rel.*, *corr. Steph.* (ς?) 3 detrect- *GX′T* 22 non ⟨ullum⟩ *Polak* 33 nullus *M*, ullis *edd.*

dynastas epistulis addidit. nec amplius quam mox tres consulatus, unum paucis diebus, alterum tribus mensibus, tertium absens usque in Idus Maias gessit.

Adulationes adeo auersatus est, ut neminem 27 senatorum aut officii aut negotii causa ad lecticam suam admiserit, consularem uero satisfacientem sibi ac per genua orare conantem ita suffugerit, ut caderet supinus; atque etiam, si quid in sermone uel in continua oratione blandius de se diceretur, non dubitaret interpellare ac reprehendere et commutare continuo. dominus appellatus a quodam denuntiauit, ne se amplius contumeliae causa nominaret. alium dicentem sacras eius occupationes et rursus alium, auctore eo senatum se a[u]disse, uerba mutare et pro auctore suasorem, pro sacris laboriosas dicere coegit. sed et aduersus 28 conuicia malosque rumores et famosa de se ac suis carmina firmus ac patiens subinde iactabat in ciuitate libera linguam mentemque liberas esse debere; et quondam senatu cognitionem de eius modi criminibus ac reis flagitante: non tantum, inquit, otii habemus, ut implicare nos pluribus negotiis debeamus; si hanc fenestram aperueritis, nihil aliud agi sinetis: omnium inimicitiae hoc praetexto ad uos deferentur. extat et sermo eius in senatu perciuilis: siquidem locutus aliter fuerit, dabo operam ut rationem factorum meorum dictorumque reddam; si perseuerauerit, in uicem eum odero.

Atque haec eo notabiliora erant, quod ipse in 29 appellandis uenerandisque et singulis et uniuersis prope excesserat humanitatis modum. dissentiens in curia a Q. Haterio: ignoscas, inquit, rogo, si quid aduersus te liberius sicut senator dixero. et deinde omnis

---

1 mox] omnino *T*   4 aduersatus *MG*¹*T'*, uersatus *V*   9 dubitarit *Bentl.*   14 se adi(i)sse ς, statuisse *Momms.*   24 nos ς   25 si qui de m⟨e⟩ *Madv.*   alter ς

adloquens: dixi et nunc et saepe alias, p. c., bonum et salutarem principem, quem uos tanta et tam libera potestate instruxistis, senatui seruire debere et uniuersis ciuibus saepe et plerumque etiam singulis; neque id dixisse me paenitet, et bonos et aequos et fauentes uos habui dominos et adhuc habeo.

30 Quin etiam speciem libertatis quandam induxit conseruatis senatui ac magistratibus et maiestate pristina et potestate. neque tam paruum quicquam neque tam magnum publici priuatique negotii fuit, de quo non ad patres conscriptos referretur: de uectigalibus ac monopoliis, de extruendis reficiendisue operibus, etiam de legendo uel exauctorando milite ac legionum et auxiliorum discriptione, denique quibus imperium prorogari aut extraordinaria bella mandari, quid et qua[m] forma[m] regum litteris rescribi placeret. praefectum alae de ui et rapinis reum causam in senatu dicere coegit. numquam curiam nisi solus intrauit; lectica quondam intro latus aeger comites a se re-
31 mouit. quaedam aduersus sententiam suam decerni ne questus quidem est. negante eo destinatos magistratus abesse oportere, ut praesentes honori adquiescerent, praetor designatus liberam legationem impetrauit. iterum censente, ut Trebianis legatam in opus noui theatri pecuniam ad munitionem uiae transferre concederetur, optinere non potuit quin rata uoluntas legatoris esset. cum senatus consultum per discessionem forte fieret, transeuntem eum in alteram partem, in qua pauciores erant, secutus est nemo.

---

4 ⟨semper⟩ seruire *Bergk* 8 ubertatis *MG*[1] *et pro u. l.* *L*[2]*P*[2] 16 et qua forma ς, ad quam formam ϱ, et ad quam formam *Casaub.*, et quam ad f. *Bentl.* 17 regum ς, legum *Ω* 18 senatum *MGΥ* 23 abesse ς, adesse *Ω et Bentl. legens* rogante *pro* negante 24 imperauit *MV* 25 tribianis *V*, trebiani *R*, Trebanis *Bentl.* 27 potuit *Υ'P*[2], optinuit (obt-) *rel.* (potui *V in marg.*)

Cetera quoque non nisi per magistratus et iure ordi- 2
nario agebantur, tanta consulum auctoritate, ut legati ex Africa adierint eos querentes, trahi se a Caesare ad quem missi forent. nec mirum, cum palam esset, ipsum quoque eisdem et assurgere et decedere uia.
corripuit consulares exercitibus praepositos, quod non 32
de rebus gestis senatui scriberent quodque de tribuendis quibusdam militaribus donis ad se referrent, quasi non omnium tribuendorum ipsi ius haberent. praetorem conlaudauit, quod honore inito consuetudinem antiquam ret⟨t⟩ulisset de maioribus suis pro contione memorandi. quorundam illustrium exequias usque ad rogum frequentauit.

Parem moderationem minoribus quoque et personis 2
et rebus exhibuit. cum Rhodiorum magistratus, quod litteras publicas sine subscriptione ad se dederant, euocasset, ne uerbo quidem insectatus ac tantum modo iussos subscribere remisit. Diogenes grammaticus, disputare sabbatis Rhodi solitus, uenientem eum, ut se extra ordinem audiret, non admiserat ac per seruolum suum in septimum diem distulerat; hunc Romae salutandi sui causa pro foribus adstantem nihil amplius quam ut post septimum annum rediret admonuit. praesidibus onerandas tributo prouincias suadentibus rescripsit b o n i p a s t o r i s e s s e t o n d e r e p e c u s, n o n d e g l u b e r e.

Paulatim principem exeruit praestititque etsi uarium 33
diu, commodiorem tamen saepius et ad utilitates publicas proniorem. ac primo eatenus interueniebat, ne quid perperam fieret. itaque et constitutiones senatus quasdam rescidit et magistratibus pro tribunali cognoscentibus plerumque se offerebat consiliarium assidebat-

---

8 referrent $T'P^2$, ferrent *rel.* 9 ipsius $MGV^1(P^1?)S$, ipsi L^1, ipse ius (*et tum* haberet) *ΠR* 18 iusso ***M***, iussu *G* 23 ut *del. Bentl.* 29 interueniebant *M* 31 recidit *M* 32 assidebantque *M*

que iuxtim uel exaduersum in parte primori; et si quem
reorum elabi gratia rumor esset, subitus aderat iudices-
que aut e plano aut e quaesitoris tribunali legum et
religionis et noxae, de qua cognoscerent, admonebat;
atque etiam, si qua in publicis moribus desidia aut
34 mala consuetudine labarent, corrigenda suscepit. lu-
dorum ac munerum impensas corripuit mercedibus
scaenicorum recisis paribusque gladiatorum ad certum
numerum redactis. Corinthiorum uasorum pretia in
immensum exarsisse tresque mul⟨l⟩os triginta milibus
nummum uenisse grauiter conquestus, adhibendum
supellectili modum censuit annonamque macelli sena-
tus arbitratu quotannis temperandam, dato aedilibus
negotio popinas ganeasque usque eo inhibendi, ut ne
opera quidem pistoria proponi uenalia sinerent. et ut
parsimoniam publicam exemplo quoque iuuaret, sol-
lemnibus ipse cenis pridiana saepe ac semesa obsonia
apposuit dimidiatumque aprum, affirmans o m n i a e a d e m
h a b e r e, q u a e t o t u m.
2 Cotidiana oscula edicto prohibuit, item strenarum
commercium ne ultra Kal. Ian. exerceretur. consuerat
quadriplam stren[u]am, et de manu, reddere; sed offen-
sus interpellari se toto mense ab iis qui potestatem
35 sui die festo non habuissent, ultra non tulit. matronas
prostratae pudicitiae, quibus accusator publicus deesset,
ut propinqui more maiorum de communi sententia
coercerent auctor fuit. eq(uiti) R(omano) iuris iurandi
gratiam fecit, uxorem in stupro generi compertam di-
mitteret, quam se numquam repudiaturum ante iura-
2 uerat. feminae famosae, ut ad euitandas legum poenas
iure ac dignitate matronali exoluerentur, lenocinium
profiteri coeperant, et ex iuuentute utriusque ordinis
profligatissimus quisque, quominus in opera scaenae

1 exaduerso *X* 10 mullos ς 17 semensa *MG* 21 consueuerat (*sic*) *M*, censuerat *X* 22 quadruplam *X'* 28 fecit ⟨ut⟩ *Erasm.*

harenaeque edenda senatus consulto teneretur, famosi
iudicii notam sponte subibant; eos easque omnes, ne
quod refugium in tali fraude cuiquam esset, exilio ad-
fecit. senatori latum clauum ademit, cum cognosset
sub Kal. Iul. demigrasse in hortos, quo uilius post
diem aedes in urbe conduceret. alium e quaestura re-
mouit, quod uxorem pridie sortitionem ductam postridie
repudiasset. externas caerimonias, Aegyptios Iudai- **36**
cosque ritus compescuit, coactis qui superstitione ea
tenebantur religiosas uestes cum instrumento omni
comburere. Iudaeorum iuuentutem per speciem sacra-
menti in prouincias grauioris caeli distribuit, reliquos
gentis eiusdem uel similia sectantes urbe summouit,
sub poena perpetuae seruitutis nisi obtemperassent.
expulit et mathematicos, sed deprecantibus ac se artem
desituros promittentibus ueniam dedit.

In primis tuendae pacis a grassaturis ac latrociniis **37**
seditionumque licentia curam habuit. stationes militum
per Italiam solito frequentiores disposuit. Romae castra
constituit, quibus praetorianae cohortes uagae ante id
tempus et per hospitia dispersae continerentur.

Populares tumultus et ortos grauissime coercuit 2
et ne orerentur sedulo cauit. caede in theatro per
discordiam admissa capita factionum et histriones,
propter quos dissidebatur, relegauit, nec ut reuocaret
umquam ullis populi precibus potuit euinci. cum 3
Pollentina plebs funus cuiusdam primipilaris non prius
ex foro misisset quam extorta pecunia per uim here-
dibus ad gladiatorium munus, cohortem ab urbe et
aliam a Cotti regno dissimulata itineris causa detectis
repente armis concinentibusque signis per diuersas
portas in oppidum immisit ac partem maiorem plebei
ac decurionum in perpetua uincula coiecit. aboleuit

---

1 tenerentur *uulg.* 6 e] ae *M*, *om.* *X'*, et ς, a *Bentl.* 7 sortitionem *MGV*[1], -ne *rel.* 20 idem *Υ* 25 quod *MG* 26 umquam *om.* *X* 28 exorta *MGVQ*[1] 32 plebis *X*

et ius moremque asylorum, quae usquam erant. Cyzicenis in ciues R. uiolentius quaedam ausis publice libertatem ademit, quam Mithridatico bello meruerant.

4 Hostiles motus nulla postea expeditione suscepta per legatos compescuit, ne per eos quidem nisi cunctanter et necessario. reges infestos suspectosque comminationibus magis et querelis quam ui repressit; quosdam per blanditias atque promissa extractos ad se non remisit, ut Marobodum Germanum, [t]Rhascuporim Thracem, Archelaum Cappadocem, cuius etiam regnum in formam prouinciae redegit.

38 Biennio continuo post adeptum imperium pedem porta non extulit; sequenti tempore praeterquam in propinqua oppida et, cum longissime, Antio tenus nusquam afuit, idque perraro et paucos dies; quamuis prouincias quoque et exercitus reuisurum se saepe pronuntiasset et prope quotannis profectionem praepararet, uehiculis comprehensis, commeatibus per municipia et colonias dispositis, ad extremum uota pro itu et reditu suo suscipi passus, ut uulgo iam per iocum Callip⟨p⟩ides uocaretur, quem cursitare ac ne cubiti quidem mensuram progredi prouerbio Graeco notatum
39 est. sed orbatus utroque filio, quorum Germanicus in Syria, Drusus Romae obierat, secessum Campaniae petit; constanti et opinione et sermone paene omnium quasi neque rediturus umquam et cito mortem etiam obiturus. quod paulo minus utrumque euenit; nam neque Romam amplius rediit [s]et paucos post dies iuxta Tarracinam in praetorio, cui Speluncae nomen est, incenante eo complura et ingentia saxa fortuito

---

2 quiddam *Polak* 3 meruerant ς (*Beroald.*), -runt Ω 5 ⟨et⟩ ne? (nec Π^2*R*) 6 suspectosue *Polak* 9 Rhascuporim *ego* (Rhesc- *Bentl.*), thrascipolim (thrascy- *GV*, -polum *LPS*) Ω, Rhascypolim *Beroald.* 21 gallipidis *MGX'* (-es L^2), gallipedes *Υ*, *corr. ed. Basil. 1533* 28 et *Erasm.*, sed *MGX'*, sed et *Υ* 30 cenante ς

superne dilapsa sunt, multisque conuiuarum et ministrorum elisis praeter spem euasit.

Peragrata Campania, cum Capuae Capitolium, Nolae 40
templum Augusti, quam causam profectionis praetenderat, dedicasset, Capreas se contulit, praecipue delectatus insula, quod uno paruoque litore adiretur, saepta undique praeruptis immensae altitudinis rupibus et profundo mari[s]. statimque reuocante assidua obtestatione populo propter cladem, qua apud Fidenas supra uiginti hominum milia gladiatorio munere amphitheatri ruina perierant, transiit in continentem potestatemque omnibus adeundi sui fecit: tanto magis, quod urbe egrediens ne quis se interpellaret edixerat ac toto itinere adeuntis submouerat.

Regressus in insulam rei p. quidem curam usque 41
adeo abiecit, ut postea non decurias equitum umquam supplerit, non tribunos militum praefectosque, non prouinciarum praesides ullos mutauerit, Hispaniam et Syriam per aliquot annos sine consularibus legatis habuerit, Armeniam a Parthis occupari, Moesiam a Dacis Sarmatisque, Gallias a Germanis uastari neglexerit: magno dedecore imperii nec minore discrimine.
ceterum secreti licentiam nanctus et quasi ciuitatis 42
oculis remotis, cuncta simul uitia male diu dissimulata tandem profudit: de quibus singillatim ab exordio referam. in castris tiro etiam tum propter nimiam uini auiditatem pro Tiberio Biberius, pro Claudio Caldius, pro Nerone Mero uocabatur. postea princeps in ipsa publicorum morum correctione cum Pomponio Flacco et L. Pisone noctem continuumque biduum epulando potandoque consumpsit, quorum alteri Syriam prouinciam, alteri praefecturam urbis confestim detulit, codicillis quoque iucundissimos et omnium hora-

---

1 delapsa ς 8 mari *Steph.* 9 quam *MG*, quia *X* 11 pariebant *MG* 12 magis ⟨mutato animo⟩ *uel* ⟨cunctis mirantibus⟩ *Polak* 13 qui $VL^1P\Pi^1Q$ 24 remotus *T*

2 rum amicos professus. Cestio Gall[i]o, libidinoso ac prodigo seni, olim ab Augusto ignominia notato et a se ante paucos dies apud senatum increpito cenam ea lege condixit, ne quid ex consuetudine immutaret aut demeret, utque nudis puellis ministrantibus cenaretur. ignotissimum quaesturae candidatum nobilissimis anteposuit ob epotam in conuiuio propinante se uini amphoram. Asellio Sabino sestertia ducenta donauit pro dialogo, in quo boleti et ficedulae et ostreae et turdi certamen induxerat. nouum denique officium instituit a uoluptatibus, praeposito equite R. T. Caesonio Prisco.

43 secessu uero Caprensi etiam sellaria excogitauit, sedem arcanarum libidinum, in quam undique conquisiti puellarum et exoletorum greges monstrosique concubitus repertores, quos spintrias appellabat, triplici serie conexi, in uicem incestarent coram ipso, ut aspectu
2 deficientis libidines excitaret. cubicula plurifariam disposita tabellis ac sigillis lasciuissimarum picturarum et figurarum adornauit librisque Elephantidis instruxit, ne cui in opera edenda exemplar impe[t]ratae schemae deesset. in siluis quoque ac nemoribus passim Venerios locos commentus est prost[r]antisque per antra et cauas rupes ex utriusque sexus pube Paniscorum et Nympharum habitu, quae palam iam et uulgo nomine insulae abutentes C a p r i n e u m dictitabant.

44 Maiore adhuc ac turpiore infamia flagrauit, uix ut referri audiriue, nedum credi fas sit, quasi pueros primae teneritudinis, quos pisciculos uocabat, institueret, ut natanti sibi inter femina uersarentur ac luderent lingua morsuque sensim adpetentes; atque

---

1 Cestio *Roth*, sestio *Ω* gallio *MGVR*, gaulio *X* (gaunio *T*), claudio *ΠQ*, *corr.* *V*[2] (*Torr.*) 9 ostria *MG*, -ea *X* 12 capresi *V*, Capreensi *ed. Ald. 1516* sellariam *Υ* 18 dispositis *Casaub.* 20 imperatae ς (*edd. saec. XVI*) 22 iocos *POST*, lucos *L*[1] prostantesque *ΠQ*, prostr- *rel.* (-isque *MGV*, -esque *XR*) 24 habituque (q̃; *V*, quae *Steph.*) palam *Ω*; qui (*pro* que) *Bentl.*, quem *G. Becker*, ob quae *Madv.* uulgato *Υ*

etiam quasi infantes firmiores, necdum tamen lacte
depulsos, inguini ceu papillae admoueret, pronior sane
ad id genus libidinis et natura et aetate. quare Par- 2
rasi quoque tabulam, in qua Meleagro Atalanta ore
morigeratur, legatam sibi sub condicione, ut si argu-
mento offenderetur decies pro ea sestertium acciperet,
non modo praetulit, sed et in cubiculo dedicauit. fertur
etiam in sacrificando quondam captus facie ministri
acerram praeferentis nequisse abstinere, quin paene
uixdum re diuina peracta ibidem statim seductum con-
stupraret simulque fratrem eius tibicinem; atque utri-
que mox, quod mutuo flagitium exprobrarant, crura
fregisse. feminarum quoque, et quidem illustrium, **45**
capitibus quanto opere solitus sit inludere, euidentissime
apparuit Malloniae cuiusdam exitu, quam perductam
nec quicquam amplius pati constantissime recusantem
delatoribus obiecit ac ne ream quidem interpellare desiit,
ecquid paeniteret; donec ea relicto iudicio domum
se abripuit ferroque transegit, obscaenitate[m] ọris hir-
suto atque olido seni clare exprobrata. unde mora
in Atellanico exhodio ⟨*com. inc. frg. p. 333*⟩ proximis
ludis adsensu maximo excepta percrebruit, hircum
uetulum capreis naturam ligurire.

Pecuniae parcus ac tenax comites peregrinationum **46**
expeditionumque numquam salario, cibariis tantum
sustentauit, una modo liberalitate ex indulgentia
uitrici prosecutus, cum tribus classibus factis pro
dignitate cuiusque, primae sescenta sestertia, secundae
quadringenta distribuit, ducenta tertiae, quam non
amicorum sed Graecorum appellabat.

Princeps neque opera ulla magnifica fecit — nam et **47**

---

4 ore *om.* T 7 protulit XT et *om.* $M\Pi^1Q$ 15 productam X 16 nec] ne GT, et ς, ac *Bentl.* 18 ecquid Π^2 ecquit Π^1Q, haecquid MGR, ecqui V, et quid X 19 obscenitate oris Tς (-tē horis V, -tē moris S) 20 nota P^2T (*uulg.*) 26 unam — liberalitatem X' 30 gratorum *Turn.*

quae sola susceperat, Augusti templum restitutionemque Pompeiani theatri, imperfecta post tot annos reliquit — neque spectacula omnino edidit; et iis, quae ab aliquo ederentur, rarissime interfuit, ne quid exposceretur, utique postquam comoedum Actium coactus est manumittere. paucorum senatorum inopia sustentata, ne pluribus opem ferret, negauit se aliis subuenturum, nisi senatui iustas necessitatium causas probassent. quo pacto plerosque modestia et pudore deterruit, in quibus Hortalum, Quinti Hortensi oratoris nepotem, qui permodica re familiari auctore Augusto quattuor liberos tulerat.

48 Publice munificentiam bis omnino exhibuit, pro-
posito milies sestertium gratuito in trienni tempus et
rursus quibusdam dominis insularum, quae in monte
Caelio deflagrarant, pretio restituto. quorum alterum
magna difficultate nummaria populo auxilium flagitante
coactus est facere, cum per senatus consultum san-
xisset, ut faeneratores duas patrimonii partes in solo
collocarent, debitores totidem aeris alieni statim sol-
uerent, nec res expediretur; alterum ad mitigandam
temporum atrocitatem. quod tamen beneficium tanti
aestimauit, ut montem Caelium appellatione mutata
2 uocari Augustum iusserit. militi post duplicata ex
Augusti testamento legata nihil umquam largitus est,
praeterquam singula milia denariorum praetorianis,
quod Seiano se non accommodassent, et quaedam
munera Syriacis legionibus, quod solae nullam Seiani
imaginem inter signa coluissent. atque etiam missiones
ueteranorum rarissimas fecit, ex senio mortem, ex
morte compendium captans. ne prouincias quidem

---

1 id est augusti *T'* 4 alio *Periz.* ne quid | neque *M* 6 est *T*, *om. rel.* 8 necessitatum *GXT* 11 permodicaret *MGV* familiaris *M*, -es *G* (permodicae rei familiaris *Bentl.*, per modica rei f. *Büch.*) 14 sestertio ς et rursus et *MG* 17 ⟨in⟩ magna *Bentl.*

liberalitate ulla subleuauit, excepta Asia, disiectis ter-
rae motu ciuitatibus.

Procedente mox tempore etiam ad rapinas conuertit 49
animum. satis constat, Cn. Lentulum Augurem, cui
census maximus fuerit, metu et angore ad fastidium
uitae ab eo actum et ut ne quo nisi ipso herede more-
retur; condemnatam et generosissimam feminam Lepi-
dam in gratiam Quirini consularis praediuitis et orbi,
qui dimissam eam e matrimonio post uicensimum an-
num ueneni olim in se comparati arguebat; praeterea 2
Galliarum et Hispaniarum Syriaeque et Graeciae prin-
cipes confiscatos ob tam leue ac tam inpudens calumnia-
rum genus, ut quibusdam non aliud sit obiectum, quam
quod partem rei familiaris in pecunia haberent; pluri-
mis etiam ciuitatibus et priuatis ueteres immunitates
et ius metallorum ac uectigalium adempta; sed et Vo-
nonem regem Parthorum, qui pulsus a suis quasi in
fidem p. R. cum ingenti gaza Antiochiam se receperat.
spoliatum perfidia et occisum.

Odium aduersus necessitudines in Druso primum 50
fratre detexit, prodita eius epistula, qua secum de co-
gendo ad restituendam libertatem Augusto agebat,
deinde et in reliquis. Iuliae uxori tantum afuit ut
relegatae, quod minimum est, offici aut humanitatis
aliquid impertiret, ut ex constitutione patris uno oppido
clausam domo quoque egredi et commercio hominum
frui uetuerit; sed et peculio concesso a patre prae-
bitisque annuis fraudauit, per speciem publici iuris,
quod nihil de his Augustus testamento cauisset. matrem 2
Liuiam grauatus uelut partes sibi aequas potentiae uindi-
cantem, et congressum eius assiduum uitauit et lon-
giores secretioresque sermones, ne consiliis, quibus
tamen interdum et egere et uti solebat, regi uideretur.
tulit etiam perindigne actum in senatu, ut titulis suis

---

4 sat ς   6 coactum *Bentl.*   et *del. Madv.*   28 fraudauerit *Bentl.*

3 quasi Augusti, ita et Liuiae filius adiceretur. quare
non parentem patriae appellari, non ullum insignem
honorem recipere publice passus est; sed et frequenter
admonuit, maioribus nec feminae conuenientibus ne-
gotiis abstineret, praecipue ut animaduertit incendio
iuxta aedem Vestae et ipsam interuenisse populumque
et milites, quo enixius opem ferrent, adhortatam, sicut
51 sub marito solita esset. dehinc ad simultatem usque
processit hac, ut ferunt, de causa. instanti saepius,
ut ciuitate donatum in decurias adlegeret, negauit alia
se condicione adlecturum, quam si pateretur ascribi
albo extortum id sibi a matre. at illa commota
ueteres quosdam ad se Augusti codicillos de acerbitate
et intolerantia morum eius e sacrario protulit atque
recitauit. hos et custoditos tam diu et exprobratos
tam infeste adeo grauiter tulit, ut quidam putent inter
2 causas secessus hanc ei uel praecipuam fuisse. toto
quidem triennio, quo uiuente matre afuit, semel omnino
eam nec amplius quam uno die paucissimis uidit horis;
ac mox neque aegrae adesse curauit defunctamque et,
dum aduentus sui spem facit, complurium dierum mora
corrupto demum et tabido corpore funeratam prohibuit
consecrari, quasi id ipsa mandasset. testamentum quo-
que eius pro irrito habuit omnisque amicitias et fa-
miliaritates, etiam quibus ea funeris sui curam mo-
riens demandauerat, intra breue tempus afflixit, uno ex
iis, equestris ordinis uiro, et in antliam condemnato.

52 Filiorum neque naturalem Drusum neque adoptiuum
Germanicum patria caritate dilexit, alterius uitiis in-
fensus. nam Drusus fluxioris remissiorisque uitae erat.
itaque ne mortuo quidem perinde adfectus est, sed
tantum non statim a funere ad negotiorum consuetu-
2 dinem rediit iustitio longiore inhibito. quin et Ilien-

2 non nullum *MV*   4 quod non *post* admonuit *add. T*
19 nec *om. M* (*in G ss. m. 1*)   20 ac *om. X'*   27 equestri
MX' (*non T*)   29 alterius ⟨uirtutibus, alterius⟩ uitiis *Lips.*

sium legatis paulo serius consolantibus, quasi obliterata
iam doloris memoria, irridens se quoque respondit
uicem eorum dolere, quod egregium ciuem
Hectorem amisissent. Germanico usque adeo ob-
trectauit, ut et praeclara facta eius pro superuacuis
eleuarit et gloriosissimas uictorias ceu damnosas rei
p. increparet. quod uero Alexandream propter immen-
sam et repentinam famem inconsulto se adisset, questus
est in senatu. etiam causa mortis fuisse ei per Cn. Pi- 3
sonem legatum Syriae creditur, quem mox huius cri-
minis reum putant quidam mandata prolaturum, nisi
ea secreto ostentant ⟨. . . . . .⟩ quae multifariam in-
scriptum et per noctes celeberrime adclamatum est:
redde Germanicum! quam suspicionem confirmauit
ipse postea coniuge etiam ac liberis Germanici crudelem
in modum afflictis.

Nurum Agrippinam post mariti mortem liberius 53
quiddam questam manu apprehendit Graecoque uersu:
si non dominaris, inquit, filiola, iniuriam te ac-
cipere existimas? nec ullo mox sermone dignatus est.
quondam uero inter cenam porrecta a se poma gustare
non ausam etiam uocare desiit, simulans ueneni se crimine
accersi; cum praestructum utrumque consulto esset, ut
et ipse temptandi gratia offerret et illa quasi certissimum
exitium caueret. nouissime calumniatus modo ad sta- 2
tuam Augusti modo ad exercitus confugere uelle, Pan-
datariam relegauit conuiciantique oculum per centu-
rionem uerberibus excussit. rursus mori inedia desti-

---

5 praeclare *Bentl.* 6 elueret *ΠQ*, eluderet *R*, eleuaret *ed. Ven. 1510* 7 increparit *S²* 10 creditur *G* (*et V in marg.*), crederetur *ΠQ, om. rel.* 11 nisi ea secreta obstarent per quae *T*, a senatu capitis dampnatum nec ea secreto ostentant quae *G* (*cf. Cal. 2*), nisi ea s. ostentant⟨i auferenda ipsumque iugulandum curasset. propter⟩ quae *Roth, minus commode priores* 12 increpitum *T*, inferibuntur *G* 13 creberrime ς 18 quidem *G* 23 utrique *Polak* 25 exitium *G et pro u. l. S²*, exitum *rel.* ad] et *M*

nanti per uim ore diducto infulciri cibum iussit. sed et perseuerantem atque ita absumptam criminosissime insectatus, cum diem quoque natalem eius inter nefastos referendum suasisset, imputauit etiam, quod non laqueo strangulatam in Gemonias abiecerit: proque tali clementia interponi decretum passus est, quo sibi gratiae agerentur et Capitolino Ioui donum ex auro sacraretur.

54 Cum ex Germanico tres nepotes, Neronem et Drusum et Gaium, ex Druso unum Tiberium haberet, destitutus morte liberorum maximos natu de Germanici filiis, Neronem et Drusum, patribus conscriptis commendauit diemque utriusque tirocinii congiario plebei dato celebrauit. sed ut comperit ineunte anno pro eorum quoque salute publice uota suscepta, egit cum senatu, non debere talia praemia tribui nisi ex-
2 pertis et aetate prouectis. atque ex eo patefacta interiore animi sui nota omnium criminationibus obnoxios reddidit uariaque fraude inductos, ut et concitarentur ad conuicia et concitati proderentur, accusauit per litteras amarissime congestis etiam probris et iudicatos hostis fame necauit, Neronem in insula Pontia, Drusum in ima parte Palatii. putant Neronem ad uoluntariam mortem coactum, cum ei carnifex quasi ex senatus auctoritate missus laqueos et uncos ostentaret, Druso autem adeo alimenta subducta, ut tomentum e culcita temptauerit mandere; amborum sic reliquias dispersas, ut uix quandoque colligi possent.

55 Super ueteres amicos ac familiares uiginti sibi e numero principum ciuitatis depoposcerat uelut consiliarios in negotiis publicis. horum omnium uix duos anne tres incolumis praestitit, ceteros alium alia de causa perculit, inter quos cum plurimorum clade

---

3 insectatus est *Υ* (*edd.*) 4 sanxisset *Bentl.* 13 plebeis *G*, plebi *ΠX* (*item p. 141, 26*) 22 hostes *GXΥ* 31 omnium (*ss. in M*) *om. Oros. VII 4, 8* (*Roth*) 32 anne] siue *G*, aut *TN*

Aelium Seianum; quem ad summam potentiam non tam beniuolentia prouexerat, quam ut esset cuius ministerio ac fraudibus liberos Germanici circumueniret, nepotemque suum ex Druso filio naturalem ad successionem imperii confirmaret.

Nihilo lenior in conuictores Graeculos, quibus uel 56
maxime adquiescebat, Xenonem quendam exquisitius sermocinantem cum interrogasset, quaenam illa tam molesta dialectos esset, et ille respondisset Doridem, relegauit Cinariam, existimans exprobratum sibi ueterem secessum, quod Dorice Rhodii loquantur. item cum soleret ex lectione cotidiana quaestiones super cenam proponere comperissetque Seleucum grammaticum a ministris suis perquirere, quos quoque tempore tractaret auctores, atque ita praeparatum uenire, primum a contubernio remouit, deinde etiam ad mortem compulit.

Saeua ac lenta natura ne in puero quidem latuit; 57
quam Theodorus Gadareus rhetoricae praeceptor et perspexisse primus sagaciter et assimilasse aptissime uisus est, subinde in obiurgando appellans eum *πηλὸν αἵματι πεφυραμένον*, id est lutum a sanguine maceratum. sed aliquanto magis in principe eluxit, etiam inter initia cum adhuc fauorem hominum moderationis
simulatione captaret. scurram, qui praetereunte funere 2
clare mortuo mandarat, ut nuntiaret Augusto nondum reddi legata quae plebei reliquisset, adtractum ad se recipere debitum ducique ad supplicium imperauit et patri suo uerum referre. nec multo post in senatu Pompeio cuidam equiti R. quiddam perneg24anti, dum uincula minatur, affirmauit fore ut ex Pompeio Pompeianus fieret, acerba cauillatione

---

7 Zenonem *uulg.* 13 comperisset (*sine* que) *ML*[1], et comp. *ΠQTN* 18 cadareus *Ω*, *corr. saec. XV* 19 assimulasse (ads- *VS*) *codd. praeter M* 21 id est — maceratum *del. ed. Iunt. 1510* 24 praetereuntem *MX'* funus *X* 25 clare] patre *V*, *om. X* 26 plebei] *u. p. 140, 13* 28 ut — referret *Polak*

simul hominis nomen incessens ueteremque partium
58 fortunam. sub idem tempus consulente praetore an iudicia maiestatis cogi iuberet, exercendas esse leges respondit et atrocissime exercuit. statuae quidam Augusti caput dempserat, ut alterius imponeret; acta res in senatu et, quia ambigebatur, per tormenta quaesita est. damnato reo paulatim genus calumniae eo processit, ut haec quoque capitalia essent: circa Augusti simulacrum seruum cecidisse, uestimenta mutasse, nummo uel anulo effigiem impressam latrinae aut lupanari intulisse, dictum ullum factumue eius existimatione aliqua laesisse. perit denique et is, qui honorem in colonia sua eodem die decerni sibi passus est, quo decreti et Augusto olim erant.

59 Multa praeterea specie grauitatis ac morum corrigendorum, sed et magis naturae optemperans, ita saeue et atrociter factitauit, ut nonnulli uersiculis ⟨*FPR p. 359*⟩ quoque et praesentia exprobrarent et futura denuntiarent mala:

Asper et immitis, breuiter uis omnia dicam?
  dispeream, si te mater amare potest.

Non es eques; quare? non sunt tibi milia centum;
  omnia si quaeras, et Rhodus exilium est.

Aurea mutasti Saturni saecula, Caesar:
  incolumi nam te ferrea semper erunt.

Fastidit uinum, quia iam sitit iste cruorem:
  tam bibit hunc auide, quam bibit ante merum.

2 Aspice felicem sibi, non tibi, Romule, Sullam
  et Marium, si uis, aspice, sed reducem,

---

1 ueterumque ς 12 periit *XT* 13 quod *MX'* (*corr.* L^2S^2 *et V in marg.*) 16 et *om. G*, re *P. Thomas* 27 tam bibet *Grut.* 28 Aspice et *M*, Aspicece *V*

nec non Antoni ciuilia bella mouentis
non semel infectas aspice caede manus,
et dic: Roma perit! regnauit sanguine multo,
ad regnum quisquis uenit ab exilio.

quae primo, quasi ab impatientibus remedi⟨or⟩um ac non tam ex animi sententia quam bile et stomacho fingerentur, uolebat accipi dicebatque identidem: oderint, dum probent. dein uera plane certaque esse ipse fecit fidem.

In paucis diebus quam Capreas attigit piscatori, qui 60
sibi secretum agenti grandem mullum inopinanter obtulerat, perfricari eodem pisce faciem iussit, territus quod is a tergo insulae per aspera et deuia erepsisset ad se; gratulanti autem inter poenam, quod non et lucustam, quam praegrandem ceperat, obtulisset, lucusta quoque lacerari os imperauit. militem praetorianum ob subreptum e uiridiario pauonem capite puniit. in quodam itinere lectica, qua uehebatur, uepribus impedita exploratorem uiae, primarum cohortium centurionem, stratum humi paene ad necem uerberauit. mox in omne genus crudelitatis erupit numquam de- 61
ficiente materia, cum primo matris, deinde nepotum et nurus, postremo Seiani familiares atque etiam notos persequeretur; post cuius interitum uel saeuissimus extitit. quo maxime apparuit, non tam ipsum ab Seiano concitari solitum, quam Seianum quaerenti occasiones sumministrasse; etsi commentario, quem de uita sua summatim breuiterque composuit, ausus est scribere Seianum se punisse, quod comperisset furere aduersus liberos Germanici filii sui; quorum ipse alterum suspecto iam, alterum oppresso demum Seiano interemit.

---

3 regnabit *ΠQ* 4 quisquis *G*, quisque *rel.* 5 remediorum *Graev.*, remedii *Steph.* 13 repsisset *X* 16 impetrauit MVL^1S 19 praetoriarum *Lips.* 27 etsic *LST*, etsi ⟨in⟩ *P. Thomas* 31 suscepto suspecto *M*, suscepto *V*

2 Singillatim crudeliter facta eius exequi longum est;
genera, uelut exemplaria saeuitiae, enumerare sat erit.
nullus a poena hominum cessauit dies, ne religiosus
quidem ac sacer; animaduersum in quosdam ineunte
anno nouo. accusati damnatique multi cum liberis
atque etiam a liberis suis. interdictum ne capite
damnatos propinqui lugerent. decreta accusatoribus
praecipua praemia, nonnumquam et testibus. nemini
3 delatorum fides abrogata. omne crimen pro capitali
receptum, etiam paucorum simpliciumque uerborum.
obiectum est poetae, quod in tragoedia Agamemnonem
probris lacessisset; obiectum et historico, quod Brutum
Cassiumque ultimos Romanorum dixisset; animaduer-
sum statim in auctores scriptaque abolita, quamuis
probarentur ante aliquot annos etiam Augusto audiente
4 recitata. quibusdam custodiae traditis non modo stu-
dendi solacium ademptum, sed etiam sermonis et con-
loqui usus. citati ad causam dicendam partim se domi
uulnerauerunt certi damnationis et ad uexationem igno-
miniamque uitandam, partim in media curia uenenum
hauserunt; et tamen conligatis uulneribus ac semia-
nimes palpitantesque adhuc in carcerem rapti. nemo
punitorum non in Gemonias abiectus uncoque tractus,
uiginti uno die abiecti tractique, inter eos feminae et
5 pueri. immaturae puellae, quia more tradito nefas esset
uirgines strangulari, uitiatae prius a carnifice, dein
strangulatae. mori uolentibus uis adhibita uiuendi.
nam mortem adeo leue supplicium putabat, ut cum
audisset unum e reis, Carnulum nomine, anticipasse
eam, exclamauerit: Carnulus me euasit. et in re-
cognoscendis custodiis precanti cuidam poenae maturi-
tatem respondit: nondum tecum in gratiam redii.

---

5 cum liberis *om.* *Q*, c. libertis *Roth* 6 a *om.* *XΥ* (*Roth*) 11 Agamemnone ⟨principem⟩ *G. Becker* 16 custodia *MVΥ* 19 et *X′*, sed *rel.*, sed et *Graev.* 23 in *M*, et in *rel.* *fort. rectius* obiectus *X′* 25 traditione fas *MV*, traditionis fas *G* 26 a *om.* *MGV* 30 carrulus *codd.* *praeter* *HGLΠQ*

annalibus suis uir consularis inseruit, frequenti quodam 6 conuiuio, cui et ipse affuerit, interrogatum eum subito et clare a quodam nano astante mensae inter copreas, cur Paconius maiestatis reus tam diu uiueret, statim quidem petulantiam linguae obiurgasse, ceterum post paucos dies scripsisse senatui, ut de poena Paconi quam primum statueret.

Auxit intenditque saeuitiam exacerbatus indicio de **62** morte filii sui Drusi. quem cum morbo et intemperantia perisse existimaret, ut tandem ueneno interemptum fraude Liuillae uxoris atque Seiani cognouit, neque tormentis neque supplicio cuiusquam pepercit, soli huic cognitioni adeo per totos dies deditus et intentus, ut Rhodiensem hospitem, quem familiaribus litteris Romam euocarat, aduenisse sibi nuntiatum torqueri sine mora iusserit, quasi aliquis ex necessariis quaestioni adesset, deinde errore detecto et occidi, ne uulgaret iniuriam. carnificinae eius ostenditur locus 2 Capreis, unde damnatos post longa et exquisita tormenta praecipitari coram se in mare iubebat, excipiente classiariorum manu et contis atque remis elidente cadauera, ne cui residui spiritus quicquam inesset. excogitauerat autem inter genera cruciatus etiam, ut larga meri potione per fallaciam oneratos, repente ueretris deligatis, fidicularum simul urinaeque tormento distenderet. quod nisi eum et mors praeuenisset et 3 Thrasyllus consulto, ut aiunt, differre quaedam spe longioris uitae compulisset, plures aliquanto necaturus ac ne reliquis quidem nepotibus parsurus creditur, cum et Gaium suspectum haberet et Tiberium ut ex adulterio conceptum aspernaretur. nec abhorret a uero; namque identidem f e l i c e m P r i a m u m uocabat, q u o d s u p e r s t e s o m n i u m s u o r u m e x t i t i s s e t.

1 quoddam *M*, quondam *G*^{3}ς *et fere edd.* 3 quoddam *M* capreas *GXΠQ* 9 et] ex *Cornelissen* 10 interceptum *Bentl.* 15 euocabat *Ω*, *corr.* ς (*Beroald.*) 20 mari *codd. praeter Π*^{1}*QPT*

63 Quam inter haec non modo inuisus ac detestabilis, sed praetrepidus quoque atque etiam contumeliis obnoxius uixerit, multa indicia sunt. haruspices secreto ac sine testibus consuli uetuit. uicina uero urbi oracula etiam dis[s]icere conatus est, sed maiestate Praenestinarum sortium territus destitit, cum obsignatas deuectasque Romam non repperisset in arca nisi relata
2 rursus ad templum. unum et alterum consulares oblatis prouinciis non ausus a se dimittere usque eo detinuit, donec successores post aliquot annos praesentibus daret, cum interim manente officii titulo etiam delegaret plurima assidue, quae illi per legatos et
64 adiutores suos exequenda curarent. nurum ac nepotes numquam aliter post damnationem quam catenatos obsutaque lectica loco mouit, prohibitis per militem obuiis ac uiatoribus respicere usquam uel consistere.

65 Seianum res nouas molientem, quamuis iam et natalem eius publice celebrari et imagines aureas coli passim uideret, uix tandem et astu magis ac dolo quam principali auctoritate subuertit. nam primo, ut a se per speciem honoris dimitteret, collegam sibi assumpsit in quinto consulatu, quem longo interuallo absens ob id ipsum susceperat. deinde spe affinitatis ac tribuniciae potestatis deceptum inopinantem criminatus est pudenda miserandaque oratione, cum inter alia patres conscriptos precaretur, *mitterent alterum e consulibus, qui se senem et solum in conspectum eorum*
2 *cum aliquo militari praesidio perduceret.* sic quoque diffidens tumultumque metuens Drusum nepotem, quem uinculis adhuc Romae continebat, solui, si res posceret, ducemque constitui praeceperat. aptatis etiam nauibus ad quascumque legiones meditabatur fugam, speculabundus ex altissima rupe identidem signa, quae,

7 relatas *T* 21 absumpsit *MR*, ads- *GPS* 30 in uinculis *G* 31 ducem (*sine* que) *M*, et ducem *Salm. fort. recte* apparatis *Bentl.*

ne nuntii morarentur, tolli procul, ut quidque factum
foret, mandauerat. uerum et oppressa coniuratione
Seiani nihilo securior aut constantior per nouem proxi-
mos menses non egressus est uilla, quae uocatur Ionis.
Vrebant insuper anxiam mentem uaria undique 66
conuicia, nullo non damnatorum omne probri genus
coram uel per libellos in orchestra positos ingerente.
quibus quidem diuersissime adficiebatur, modo ut prae
pudore ignota et celata cuncta cuperet, nonnumquam
eadem contemneret et proferret ultro atque uulgaret.
quin et Artabani Parthorum regis laceratus ėst litteris
parricidia et caedes et ignauiam et luxuriam obicientis
monentisque, ut uoluntaria morte maximo iustissimo-
que ciuium odio quam primum satis faceret. postremo 67
semet ipse pertaesus, tali[s] epistulae principio tantum
non summam malorum suorum professus est: quid
scribam uobis, p. c., aut quo modo scribam,
aut quid omnino non scribam hoc tempore, dii
me deaeque peius perdant quam cotidie perire
sentio, si scio.

Existimant quidam praescisse haec eum peritia futu- 2
rorum ac multo ante, quanta se quandoque acerbitas
et infamia maneret, prospexisse; ideoque, ut impe-
rium inierit, et patris patriae appellationem et ne in
acta sua iuraretur obstinatissime recusasse, ne mox
maiore dedecore impar tantis honoribus inueniretur.
quod sane ex oratione eius, quam de utraque re habuit, 3
colligi potest; uel cum ait: similem se semper sui
futurum nec umquam mutaturum mores suos,
quam diu sanae mentis fuisset; sed exempli

---

1 ne *om. T* 4 Iouis *edd. cum Lς*, Iunonis *Heins.* 7 per *LPOT, om. rel., in marg. add. V (m. 1?) et Q*[2] (libello — proposito *Bentl.*) 9 caperet *X* 10 conteneret *M*, contineret *GT* 15 tali *Muret.* 19 quam ⟨me⟩ *Wölfflin*, perire ⟨me⟩ *Bentl. coll. Tac. a. VI 6* (quam perire me cotidie) 20 si *X'* (*del. P*[2]), *om. rel.* 22 ac *om. M, inde* multoque *Bentl.* 27 ex *MT*, et ex *rel. fort. rectius*

causa cauendum esse, ne se senatus in acta cuiusquam obligaret, quia aliquo casu mutari posset. et rursus:

4 Si quando autem, inquit, de moribus meis deuotoque uobis animo dubitaueritis, — quod prius quam eueniat, opto ut me supremus dies huic mutatae uestrae de me opinioni eripiat — nihil honoris adiciet mihi patria appellatio, uobis autem exprobrabit aut temeritatem delati mihi eius cognominis aut inconstantiam contrarii de me iudicii.

68 Corpore fuit amplo atque robusto, statura quae iustam excederet; latus ab umeris et pectore, ceteris quoque membris usque ad imos pedes aequalis et congruens; sinistra manu agiliore ac ualidiore, articulis ita firmis, ut recens et integrum malum digito terebraret, caput pueri uel etiam adulescentis talitro uul-
2 neraret. colore erat candido, capillo pone occipitium summissiore ut ceruicem etiam obtegeret, quod gentile in illo uidebatur; facie honesta, in qua tamen crebri et subiti tumores, cum praegrandibus oculis et qui, quod mirum esset, noctu etiam et in tenebris uiderent, sed ad breue et cum primum e somno patuissent;
3 deinde rursum hebescebant. incedebat ceruice rigida et obstipa, adducto fere uultu, plerumque tacitus, nullo aut rarissimo etiam cum proximis sermone eoque tardissimo, nec sine molli quadam digitorum gesticulatione. quae omnia ingrata atque arrogantiae plena et animaduertit Augustus in eo et excusare temptauit saepe apud senatum ac populum professus natu-
4 rae uitia esse, non animi. ualitudine prosperrima usus est, tempore quidem principatus paene toto prope inlaesa, quamuis a tricesimo aetatis anno arbitratu eam suo rexerit sine adiumento consilioue medicorum.

2 qui *Beroald.* 8 patris *T*, patris patriae ς 19 subtegeret *X* 23 e] a Π^1ς 30 ac] et *X*

Circa deos ac religiones neglegentior, quippe ad- 69
dictus mathematicae plenusque persuasionis cuncta fato
agi, tonitrua tamen praeter modum expauescebat et
turbatiore caelo numquam non coronam lauream capite
gestauit, quod fulmine afflari negetur id genus frondis.
Artes liberales utriusque generis studiosissime co- 70
luit. in oratione Latina secutus est Coruinum Messa-
lam, quem senem adulescens obseruarat. sed adfecta-
tione et morositate nimia obscurabat stilum, ut ali-
quanto ex tempore quam a cura praestantior haberetur.
composuit et carmen lyricum, cuius est titulus con- 2
questio de morte L. Caesaris. fecit et Graeca poe-
mata imitatus Euphorionem et Rhianum et Parthenium,
quibus poetis admodum delectatus scripta omnium et
imagines publicis bibliothecis inter ueteres et prae-
cipuos auctores dedicauit; et ob hoc plerique eruditorum
certatim ad eum multa de his ediderunt. maxime tamen 3
curauit notitiam historiae fabularis usque ad ineptias
atque derisum; nam et grammaticos, quod genus ho-
minum praecipue, ut diximus, appetebat, eius modi
fere quaestionibus experiebatur: quae mater Hecu-
bae, quod Achilli nomen inter uirgines fuisset,
quid Sirenes cantare sint solitae. et quo primum
die post excessum Augusti curiam intrauit, quasi pietati
simul ac religioni satis facturus Minonis exemplo
ture quidem ac uino uerum sine tibicine supplicauit,
ut ille olim in morte filii. sermone Graeco quamquam 71
alioqui promptus et facilis, non tamen usque quaque
usus est abstinuitque maxime in senatu; adeo quidem,
ut monopolium nominaturus ueniam prius postularet,
quod sibi uerbo peregrino utendum esset. atque etiam
cum in quodam decreto patrum ἔμβλημα recitaretur,
commutandam censuit uocem et pro peregrina nostratem

5 gestabat *HN* 11 conquaesitio (conque- *VL*) *MVL*, conquisitio *Υ* 14 omnium] eorum *uulg.* 25 minois *GQ* 33 censuerit *Erasm.* nostratim *MG*

requirendam aut, si non reperiretur, uel pluribus et
per ambitum uerborum rem enuntiandam. militem quo-
que Graece testimonium interrogatum nisi Latine re-
spondere uetuit.
72 Bis omnino toto secessus tempore Romam redire
conatus, semel triremi usque ad proximos naumachiae
hortos subuectus est disposita statione per ripas Tiberis,
quae obuiam prodeuntis submoueret, iterum Appia
usque ad septimum lapidem; sed prospectis modo nec
aditis urbis moenibus rediit, primo incertum qua de
2 causa, postea ostento territus. erat ei in oblectamentis
serpens draco, quem ex consuetudine manu sua ciba-
turus cum consumptum a formicis inuenisset, monitus
est ut uim multitudinis caueret. rediens ergo propere
Campaniam Asturae in languorem incidit, quo pau-
lum leuatus Cerceios pertendit. ac ne quam suspicionem
infirmitatis daret, castrensibus ludis non tantum inter-
fuit, sed etiam missum in harenam aprum iaculis de-
super petit; statimque latere conuulso et, ut exaestua-
3 rat, afflatus aura in grauiorem recidit morbum. susten-
tauit tamen aliquamdiu, quamuis Misenum usque de-
uectus nihil ex ordine cotidiano praetermitteret, ne con-
uiuia quidem aut ceteras uoluptates partim intempe-
rantia partim dissimulatione. nam Chariclen medicum,
quod commeatu afuturus e conuiuio egrediens manum
sibi osculandi causa apprehendisset, existimans temp-
tatas ab eo uenas, remanere ac recumbere hortatus est
cenamque protraxit. nec abstinuit consuetudine quin
tunc quoque instans in medio triclinio astante lictore
73 singulos ualere dicentis appellaret. interim cum in
actis senatus legisset dimissos ac ne auditos quidem
quosdam reos, de quibus strictim et nihil aliud quam
nominatos ab indice scripserat, pro contempto se habi-
tum fremens repetere Capreas quoquo modo destinauit,

4 uetuerit *Bentl.* 7 est *del. Roth* 11 ei *om. M*
15 ⟨in⟩ Camp. *Steph.* 30 singulis *MX'* dicentes *GT'*

non temere quicquam nisi ex tuto ausurus. sed tempestatibus et ingrauescente ui morbi retentus paulo post obiit in uilla Lucullana octauo et septuagesimo aetatis anno, tertio et uicesimo imperii, XVII. Kal. Ap. Cn. Acerronio Proculo C. Pontio Nigr<in>o conss. a. 37

Sunt qui putent uenenum ei a Gaio datum lentum 2 atque tabificum; alii, in remissione fortuitae febris cibum desideranti negatum; nonnulli, puluinum iniectum, cum extractum sibi deficienti anulum mox resipiscens requisisset. Seneca eum scribit intellecta defectione exemptum anulum quasi alicui traditurum parumper tenuisse, dein rursus aptasse digito et compressa sinistra manu iacuisse diu immobilem; subito uocatis ministris ac nemine respondente consurrexisse nec procul a lectulo deficientibus uiribus concidisse.

Supremo natali suo Apollinem Temenitem et ampli- 74 tudinis et artis eximiae, aduectum Syracusis ut in bibliotheca templi noui poneretur, uiderat per quietem affirmantem sibi non posse se ab ipso dedicari. et ante paucos quam obiret dies, turris Phari terrae motu Capreis concidit. ac Miseni cinis e fauilla et carbonibus ad calficiendum triclinium inlatis, extinctus iam et diu frigidus, exarsit repente prima uespera atque in multam noctem pertinaciter luxit.

Morte eius ita laetatus est populus, ut ad primum 75 nuntium discurrentes pars: Tiberium in Tiberim! clamitarent, pars Terram matrem deosque Manes orarent, ne mortuo sedem ullam nisi inter impios darent, alii uncum et Gemonias cadaueri minarentur, exacerbati super memoriam pristinae crudelitatis etiam recenti atrocitate. nam cum senatus consulto cautum esset, 2 ut poena damnatorum in decimum semper diem differretur, forte accidit ut quorundam supplicii dies is esset,

---

5 nigro Ω, *corr. Torr.* 22 ad calficiendum *GVLS*, adficiendum *M*, ad calfac- *P*, ad calefac- *rel.* illatis ς, inlatus (ill-) Ω 25 Mortem *MHGVR*

quo nuntiatum de Tiberio erat. hos implorantis ho-
minum fidem, quia absente adhuc Gaio nemo extabat
qui adiri interpellarique posset, custodes, ne quid ad-
uersus constitutum facerent, strangulauerunt abiece-
3 runtque in Gemonias. creuit igitur inuidia, quasi etiam
post mortem tyranni saeuitia permanente. corpus ut
moueri a Miseno coepit, conclamantibus plerisque Atel-
lam potius deferendum et in amphitheatro semiusti-
landum, Romam per milites deportatum est crematum-
que publico funere.

76 Testamentum duplex ante biennium fecerat, alterum sua, alterum liberti manu, sed eodem exemplo, obsignaueratque etiam humillimorum signis. eo testamento heredes aequis partibus reliquit Gaium ex Germanico et Tiberium ex Druso nepotes substituitque in uicem; dedit et legata plerisque, inter quos uirginibus Vestalibus, sed et militibus uniuersis plebeique Romanae uiritim atque etiam separatim uicorum magistris.

C. SVETONI TRANQVILLI
DE VITA CAESARVM
LIBER IIII
C. CALIGVLA

Germanicus, C. Caesaris pater, Drusi et minoris 1 Antoniae filius, a Tiberio patruo adoptatus, quaesturam quinquennio ante quam per leges liceret et post eam consulatum statim gessit, missusque ad exercitum in Germaniam, excessu Augusti nuntiato, legiones uniuersas imperatorem Tiberium pertinacissime recusantis et sibi summam rei p. deferentis incertum pietate an constantia maiore compescuit atque hoste mox deuicto triumphauit. consul deinde iterum creatus ac prius 2
quam honorem iniret ad componendum Orientis statum expulsus, cum Armeniae regem deuicisset, Cappadociam in prouinciae formam redegisset, annum agens aetatis quartum et tricensimum diuturno morbo Antiochiae obiit, non sine ueneni suspicione. nam praeter liuores, qui toto corpore erant, et spumas, quae per os fluebant, cremati quoque cor inter ossa incorruptum repertum est, cuius ea natura existimatur, ut tinctum ueneno igne confici nequeat. obiit autem, ut opinio 2
fuit, fraude Tiberi, ministerio et opera Cn. Pisonis, qui

---

11 expulsus] ex s. c. missus *Bentl.* deiecisset *uel* dedisset *Lips.*, delegisset *O. Clason*

sub idem tempus Syriae praepositus, nec dissimulans
offendendum sibi aut patrem aut filium, quasi plane
ita necesse esset, etiam aegrum Germanicum grauissi-
mis uerborum ac rerum acerbitatibus nullo adhibito
modo adfecit; propter quae, ut Romam rediit, paene
discerptus a populo, a senatu capitis damnatus est.
3 omnes Germanico corporis animique uirtutes, et quantas
nemini cuiquam, contigisse satis constat: formam et
fortitudinem egregiam, ingenium in utroque eloquen-
tiae doctrinaeque genere praecellens, beniuolentiam sin-
gularem conciliandaeque hominum gratiae ac prome-
rendi amoris mirum et efficax studium. formae minus
congruebat gracilitas crurum, sed ea quoque paulatim
repleta assidua equi uectatione post cibum. hostem
2 comminus saepe percussit. orauit causas etiam trium-
phalis; atque inter cetera studiorum monimenta reli-
quit et comoedias Graecas. domi forisque ciuilis,
libera ac foederata oppida sine lictoribus adibat. sicubi
clarorum uirorum sepulcra cognosceret, inferias Mani-
bus dabat. caesorum clade Variana ueteres ac di-
spersas reliquias uno tumulo humaturus, colligere sua
3 manu et comportare primus adgressus est. obtrecta-
toribus etiam, qualescumque et quantacumque de causa
nanctus esset, lenis adeo et innoxius, ut Pisoni de-
creta sua rescindenti, clientelas di[u]uexanti non prius
suscensere in animum induxerit, quam ueneficiis quo-
que et deuotionibus impugnari se comperisset; ac ne
tunc quidem ultra progressus, quam ut amicitiam ei
more maiorum renuntiaret mandaretque domesticis ul-
4 tionem, si quid sibi accideret. quarum uirtutum fruc-
tum uberrimum tulit, sic probatus et dilectus a suis,
ut Augustus — omitto enim necessitudines reliquas —

3 ettam** *M*, ettam *G*[1], et tam (*et ss.* ł etiam) *R*, tam *δ*, et iam *Bentl.*, iam *Preud.* 5 quod *Υ* 7 germanico *ΠQ*, -ci *rel.* animaeque *X* 8 unquam *G* 15 triumphales *G* 25 sua re] *hic desinit V* diuexanti *Torr.* 26 ueneficiis *ΠQL*[2], benef- *rel.* 32 ut] et *M*

diu cunctatus an sibi successorem destinaret, adoptandum Tiberio dederit; sic uulgo fauorabilis, ut plurimi tradant, quotiens aliquo adueniret uel sicunde discederet, prae turba occurrentium prosequentiumue nonnumquam eum discrimen uitae adisse, e Germania uero post compressam seditionem reuertenti praetorianas cohortes uniuersas prodisse obuiam, quamuis pronuntiatum esset, ut duae tantum modo exirent, populi autem Romani sexum, aetatem, ordinem omnem usque ad uicesimum lapidem effudisse se. tamen longe maiora 5
et firmiora de eo iudicia in morte ac post mortem extiterunt. quo defunctus est die, lapidata sunt templa, subuersae deum arae, Lares a quibusdam familiares in publicum abiecti, partus coniugum expositi. quin et barbaros ferunt, quibus intestinum quibusque aduersus nos bellum esset, uelut in domestico communique maerore consensisse ad indutias; regulos quosdam barbam posuisse et uxorum capita rasisse ad indicium maximi luctus; regum etiam regem et exercitatione uenandi et conuictu megistanum abstinuisse, quod apud Parthos iusti⟨ti⟩ instar est. Romae quidem, cum ad 6
primam famam ualitudinis attonita et maesta ciuitas sequentis nuntios opperiretur, et repente iam uesperi incertis auctoribus conualuisse tandem percrebruisset, passim cum luminibus et uictimis in Capitolium concursum est ac paene reuolsae templi fores, ne quid gestientis uota reddere moraretur, expergefactus e somno Tiberius gratulantium uocibus atque undique concinentium ⟨*FPR p. 360*⟩:

salua Roma, salua patria, saluus est Germanicus.

et ut demum fato functum palam factum est, non sola- 2
ciis ullis, non edictis inhiberi luctus publicus potuit durauitque etiam per festos Decembris mensis dies.

---

6 reuertentis *M* 11 indicia ς 21 iusticii *ΠQ*, iusti *rel.* 31 et] sed ς

auxit gloriam desideriumque defuncti et atrocitas in-
sequentium temporum, cunctis nec temere opinantibus
reuerentia eius ac metu repressam Tiberi saeuitiam,
7 quae mox eruperit. habuit in matrimonio Agrippi-
nam, M. Agrippae et Iuliae filiam, et ex ea nouem
liberos tulit: quorum duo infantes adhuc rapti, unus
iam puerascens insigni festiuitate, cuius effigiem habitu
Cupidinis in aede Capitolinae Veneris Liuia dedicauit,
Augustus in cubiculo suo positam, quotiensque in-
troiret, exosculabatur; ceteri superstites patri fuerunt,
tres sexus feminini, Agrippina Drusilla Liuilla, con-
tinuo triennio natae; totidem mares, Nero et Drusus
et C. Caesar. Neronem et Drusum senatus Tiberio
criminante hostes iudicauit.

8 C. Caesar natus est pridie Kal. Sept. patre suo et
a. 12 p. C. C. Fonteio Capitone coss. ubi natus sit, incertum
diuersitas tradentium facit. Cn. Lentulus Gaetulicus
Tiburi genitum scribit, Plinius Secundus in Treueris
uico Ambitaruio supra Confluentes; addit etiam pro
argumento aras ibi ostendi inscriptas OB AGRIPPINAE
PVERPERIVM. uersiculi imperante mox eo diuulgati
apud hibernas legiones procreatum indicant ⟨*FPR*
p. 361⟩:

in castris natus, patriis nutritus in armis,
iam designati principis omen erat.

2 ego in actis Anti editum inuenio. Gaetulicum refellit
Plinius quasi mentitum per adulationem, ut ad laudes
iuuenis gloriosique principis aliquid etiam ex urbe
Herculi sacra sumeret, abusumque audentius mendacio,
quod ante annum fere natus Germanico filius Tiburi
fuerat, appellatus et ipse C. Caesar, de cuius amabili
3 pueritia immaturoque obitu supra diximus ⟨*c. 7*⟩. Pli-

---

5 et ex *ΥT*, ex *rel. fort. uerius* 7 puer nascens *MGX* 9 quotienscumque *ΠQTς* 10 exosculabat *MG* 13 gaius *X* 22 hiberna legionum *Beroald.* 26 refert *X* 29 hercula *Mδ*, -le *X* (*non T*) 31 fuerit *GT*, ⟨mortuus⟩ fuerat *Bergk*

nium arguit ratio temporum. nam qui res Augusti
memoriae mandarunt, Germanicum exacto consulatu
in Galliam missum consentiunt iam nato Gaio. nec
Plini opinionem inscriptio arae quicquam adiuuerit,
cum Agrippina bis in ea regione filias enixa sit, et
qualiscumque partus sine ullo sexus discrimine puer-
perium uocetur, quod antiqui etiam puellas pueras, sic-
ut et pueros puellos dictitarent. extat et Augusti 4
epistula, ante paucos quam obiret menses ad Agrippi-
nam neptem ita scripta de Gaio hoc — neque enim
quisquam iam alius infans nomine pari tunc supere-
rat —: puerum Gaium XV. Kal. Iun. si dii uo-
lent, ut ducerent Talarius et Asillius, heri cum
iis constitui. mitto praeterea cum eo ex seruis
meis medicum, quem scripsi Germanico si uellet
ut retineret. ualebis, mea Agrippina, et dabis
operam ut ualens peruenias ad Germanicum
tuum. abunde parere arbitror non potuisse ibi nasci 5
Gaium, quo prope bimulus demum perductus ab urbe
sit. uersiculorum quoque fidem eadem haec eleuant et
eo facilius, quod ii sine auctore sunt. sequenda est
igitur, quae sola [auctor] restat et publici instru-
menti auctoritas, praesertim cum Gaius Antium omni-
bus semper locis atque secessibus praelatum non aliter
quam natale solum dilexerit tradaturque etiam sedem
ac domicilium imperii taedio urbis transferre eo de-
stinasse.

Caligulae cognomen castrensi ioco traxit, quia mani- 9
pulario habitu inter milites educabatur. apud quos
quantum praeterea per hanc nutrimentorum consuetu-
dinem amore et gratia ualuerit, maxime cognitum est,
cum post excessum Augusti tumultuantis et in furorem

---

8 dictitarint *P. Thomas* 11 iamiam *M* 13 asellius *T* 16 ⟨uti⟩ ut *Casaub.* (*in M post* uellet *aliquid erasum*) 22 auctor (auctore *ST*, actorum *Beroald.*) *et* et *del. Scriver.*, et *tuetur Oud.* 28 loco *Ω*, *corr.* *ϱ* (*Beroald.*) manipulari *G* 30 propterea *Casaub.*

usque praecipites solus haud dubie ex conspectu suo flexit. non enim prius destiterunt, quam ablegari eum ob seditionis periculum et in proximam ciuitatem demandari animaduertissent; tunc demum ad paenitentiam uersi repreenso ac retento uehiculo inuidiam quae sibi
10 fieret deprecati sunt. comitatus est patrem et Syriaca expeditione. unde reuersus primum in matris, deinde ea relegata in Liuiae Augustae proauiae suae contubernio mansit; quam defunctam praetextatus etiam tunc pro rostris laudauit. transitque ad Antoniam auiam et undeuicensimo aetatis anno accitus Capreas a Tiberio uno atque eodem die togam sumpsit barbamque posuit, sine ullo honore qualis contigerat tiro-
2 cinio fratrum eius. hic omnibus insidiis temptatus elic⟨i⟩entium cogentiumque se ad querelas nullam umquam occasionem dedit, perinde obliterato suorum casu ac si nihil cuiquam accidisset, quae uero ipse pateretur incredibili dissimulatione transmittens tantique in auum et qui iuxta erant obsequii, ut non immerito sit dictum nec seruum meliorem ullum nec deteriorem do-
11 minum fuisse. naturam tamen saeuam atque probrosam ne tunc quidem inhibere poterat, quin et animaduersionibus poenisque ad supplicium datorum cupidissime interesset et ganeas atque adulteria capillamento celatus et ueste longa noctibus obiret ac scaenicas saltandi canendique artes studiosissime appeteret, facile id sane Tiberio patiente, si per has mansuefieri posset ferum eius ingenium. quod sagacissimus senex ita prorsus perspexerat, ut aliquotiens praedicaret exitio suo omniumque Gaium uiuere et se na-

---

1 aut *M*, haut *GΠR* ex *om.* *Π*¹*Q*, et *Roth* 2 ablegari *G*, obl- *rel.* 5 reprehenso *X*, represso *ΠQ* 11 inde uicesimo *M*²*T'*, unetuicesimo *Oud.* 13 post *MLP*¹*Q*, posuit post *S*, posit *Becker* 14 hinc *Sabell.* 15 elicentium *XΠQ*, et (*et ss.* ł e *R*) licentium *rel.*, *corr.* *L*³ς (inlic- *Bentl.*) 22 ne *G*ς, nec *rel.* 23 poenis (*sine* que) *M*, *del.* *Bentl.* 24 interesse *MG* 25 obire *MG*

tricem [serpentis id genus] p(opulo) R(omano), Phaethontem orbi terrarum educare.

Non ita multo post Iuniam Claudillam M. Silani 12
nobilissimi uiri f(iliam) duxit uxorem. deinde augur in locum fratris sui Drusi destinatus, prius quam inauguraretur ad pontificatum traductus est insigni testimonio pietatis atque indolis, cum deserta desolataque reliquis subsidiis aula, Seiano †uete suspecto mox et oppresso, ad spem successionis paulatim admoueretur. quam quo magis confirmaret, amissa Iunia ex partu 2
Enniam Naeuiam, Macronis uxorem, qui tum praetorianis cohortibus praeerat, sollicitauit ad stuprum, pollicitus et matrimonium suum, si potitus imperio fuisset; deque ea re et iure iurando et chirographo cauit. per hanc insinuatus Macroni ueneno Tiberium adgressus est, ut quidam opinantur, spirantique adhuc detrahi anulum et, quoniam suspicionem retinentis dabat, puluinum iussit inici atque etiam fauces manu sua oppressit, liberto, qui ob atrocitatem facinoris exclamauerat, confestim in crucem acto. nec abhorret a ueritate, 3
cum sint quidam auctores, ipsum postea etsi non de perfecto, at certe de cogitato quondam parricidio professum; gloriatum enim assidue in commemoranda sua pietate, ad ulciscendam necem matris et fratrum introisse se cum pugione cubiculum Tiberi[i] dormientis et misericordia correptum abiecto ferro recessisse; nec illum, quanquam sensisset, aut inquirere quicquam aut exequi ausum.

Sic imperium adeptus, p(opulum) R(omanum), uel 13
dicam hominum genus, uoti compotem fecit, exoptatissimus princeps maximae parti prouincialium ac militum, quod infantem plerique cognouerant, sed et uni-

---

1 serp. id gen. *del. Graev.* 8 uete *M*, uetere *G*, ue (ne *L*) tunc *LP¹S*, hoste *T*, hoste tunc *OP²T*, iam tunc *Polit.*, uero tunc *Erasm.*, autem *Bentl.*, -que tunc *olim ego* 10 admissa *M*, dimissa *G* 11 Naeuii *Casaub.* 17 renitentis *Reines.* 26 sed *Lips.*, at *Oud.* 29 uel] uelut *X*, uel ut ita *T*

uersae plebi urbanae ob memoriam Germanici patris
miserationemque prope afflictae domus. itaque ut a
Miseno mouit quamuis lugentis habitu et funus Tiberi
prosequens, tamen inter altaria et uictimas ardentisque
taedas densissimo et laetissimo obuiorum agmine incessit,
super fausta nomina sidus et pullum et pupum et
14 alumnum appellantium; ingressoque urbem, statim
consensu senatus et irrumpentis in curiam turbae, inrita
Tiberi uoluntate, qui testamento alterum nepotem suum
praetextatum adhuc coheredem ei dederat, ius arbi-
triumque omnium rerum illi permissum est tanta pu-
blica laetitia, ut tribus proximis mensibus ac ne totis
quidem supra centum sexaginta milia uictimarum caesa
tradantur.

2 Cum deinde paucos post dies in proximas Cam-
paniae insulas traiecisset, uota pro reditu suscepta
sunt, ne minimam quidem occasionem quoquam omit-
tente in testificanda sollicitudine et cura de incolu-
mitate eius. ut uero in aduersam ualitudinem incidit,
pernoctantibus cunctis circa Palatium, non defuerunt
qui depugnaturos se armis pro salute aegri quique
3 capita sua titulo proposito uouerent. accessit ad im-
mensum ciuium amorem notabilis etiam externorum
fauor. namque Artabanus Parthorum rex, odium sem-
per contemptumque Tiberi prae se ferens, amicitiam
huius ultro petiit uenitque ad colloquium legati con-
sularis et transgressus Euphraten aquilas et signa
Romana Caesarumque imagines adorauit.

15 Incendebat et ipse studia hominum omni genere
popularitatis. Tiberio cum plurimis lacrimis pro con-
tione laudato funeratoque amplissime, confestim Pan-
dateriam et Pontias ad transferendos matris fratrisque
cineres festinauit, tempestate turbida, quo magis pietas
emineret, adiitque uenerabundus ac per semet in urnas

5 lentissimo P^1ς 6 '*sunt qui* omina *legendum putent*' *Torr.* 28 romani *M*, Romae *Bentl.* 32 pontios *M*

condidit; nec minore scaena Ostiam praefixo in bire-
mis puppe uexillo et inde Romam Tiberi subuectos per
splendidissimum quemque equestris ordinis medio ac
frequenti die duobus ferculis Mausoleo intulit, inferias-
que is annua religione publice instituit, et eo amplius
matri circenses carpentumque quo in pompa traducere-
tur. at in memoriam patris Septembrem mensem Ger- 2
manicum appellauit. post haec Antoniae auiae, quid-
quid umquam Liuia Augusta honorum cepisset, uno
senatus consulto congessit; patruum Claudium, equitem
R. ad id tempus, collegam sibi in consulatu assump-
sit; fratrem Tiberium die uirilis togae adoptauit
appellauitque principem iuuentutis. de sororibus auctor 3
fuit, ut omnibus sacramentis adicerentur: neque me
liberosque meos cariores habebo quam Gaium
habeo et sorores eius; item relationibus consulum:
quod bonum felixque sit C. Caesari sororibus-
que eius.

Pari popularitate damnatos relegatosque restituit; 4
criminum, si quae residua ex priore tempore manebant,
omnium gratiam fecit; commentarios ad matris fra-
trumque suorum causas pertinentis, ne cui postmodum
delatori aut testi maneret ullus metus, conuectos in
forum, et ante clare obtestatus deos neque legisse
neque attigisse quicquam, concremauit; libellum de
salute sua oblatum non recepit, contendens nihil sibi
admissum cur cuiquam inuisus esset, negauitque
se delatoribus aures habere. spintrias monstrosarum 16

1 biremi *GX* 4 feruenti *Lips.* fericulis *MGT* 5 publici *M* 10 concessit *Heins.* 14 adi(i)cerentur *ed. Lugd. 1534 al.*, adficerentur (aff- *plerique*) *Ω*, adiiceretur *ed. Basil. 1533*, adigerentur *Urs.* 15 neque liberos *Turn.* habebo *MRΠ*², habeo *rel.* 16 habeo et ς (*ed. Rom. I*), et^{h}abeo *M* (*inde* et ab eo *Bentl.*), et habeo *XT*, et *G ponens* habeo *post* eius, et (*om.* habeo) *ed. Rom. II et sic corr. L*³ *fort. recte* 20 qua *X* 28 spintrias *Π*, P. sinthrias *MG et sim. rel.* (*prius* s *om. PST*)

libidinum aegre ne profundo mergeret exoratus, urbe submouit. Titi Labieni, Cordi Cremuti, Cassi Seueri scripta senatus consultis abolita requiri et esse in manibus lectitarique permisit, quando maxime sua interesset ut facta quaeque posteris tradantur. rationes imperii ab Augusto proponi solitas sed a Tibe-
2 rio intermissas publicauit magistratibus liberam iuris dictionem et sine sui appellatione concessit. equites R. seuere curioseque nec sine moderatione recognouit, palam adempto equo quibus aut probri aliquid aut ignominiae inesset, eorum qui minore culpa tenerentur nominibus modo in recitatione praeteritis ut leuior labor iudicantibus foret, ad quattuor prioris quintam decuriam addidit. temptauit et comitiorum more reuo-
3 cato suffragia populo reddere. legata ex testamento Tiberi quamquam abolito, sed et Iuliae Augustae, quod Tiberius suppresserat, cum fide ac sine calumnia repraesentata persoluit. ducentesimam auctionum Italiae remisit; multis incendiorum damna suppleuit; ac si quibus regna restituit, adiecit et fructum omnem uectigaliorum et reditum medii temporis, ut Antiocho
4 Commageno sestertium milies confiscatum. quoque magis nullius non boni exempli fautor uideretur, mulieri libertinae octingenta donauit, quod excruciata grauissimis tormentis de scelere patroni reticuisset. quas ob res inter reliquos honores decretus est ei clipeus aureus, quem quotannis certo die collegia sacerdotum in Capitolium ferrent, senatu prosequente nobilibusque pueris ac puellis carmine modulato laudes uirtutum eius canentibus. decretum autem ut dies,

1 ne *T*, non *MG* (*sic et tum* mergere *Büch.*), ut non *X* exortatus (exh- *G*) *MGT* 14 reuocatos (-to *R*) ut *MGLP*¹*R*, reuocato sua *Bentl.* 15 redderet *G* 16 Liuiae ς (*Beroald.*) 18 centesimam *Turn.* 20 adfecit (aff- *plerique*) *Ω*, *corr.* ς (*Beroald.*) 21 reditu *M*, -tuum *Beroald.* 24 octoginta (-enta *Q*) *L*¹*ΠQ*, octiginta *L*²

quo cepisset imperium, Parilia uocaretur, uelut argumentum rursus conditae urbis.

Consulatus quattuor gessit, primum ex Kal. Iul. per 17
duos menses, secundum ex Kal. Ian. per XXX dies, tertium usque in Idus Ian., quartum usque septimum Idus easdem. ex omnibus duos nouissimos coniunxit. tertium autem Luguduni iniit solus, non ut quidam opinantur superbia neglegentiaue, sed quod defunctum sub Kalendarum diem collegam rescisse absens non potuerat. congiarium populo bis dedit trecenos sester- 2
tios, totiens abundantissimum epulum senatui equestrique ordini, etiam coniugibus ac liberis utrorumque; posteriore epulo forensia insuper uiris, feminis ac pueris fascias purpurae ac conchylii distribuit. et ut laetitiam publicam in perpetuum quoque augeret, adiecit diem Saturnalibus appellauitque Iuuenalem.

Munera gladiatoria partim in amphitheatro Tauri 18
partim in Saeptis aliquot edidit, quibus inseruit cateruas Afrorum Campanorumque pugilum ex utraque regione electissimorum. neque spectaculis semper ipse praesedit, sed interdum aut magistratibus aut amicis praesidendi munus iniunxit. scaenicos ludos et assidue 2
et uarii generis ac multifariam fecit, quondam et nocturnos accensis tota urbe luminibus. sparsit et missilia uariarum rerum et panaria cum obsonio uiritim diuisit; qua epulatione equiti R. contra se hilarius auidiusque uescenti partes suas misit, sed et senatori ob eandem causam codicillos, quibus praetorem eum extra ordinem designabat. edidit et circenses plurimos 3
a mane ad uesperam interiecta modo Africanarum uenatione modo Troiae decursione, et quosdam prae-

4 iuñ (iunii *S*) *X* 6 ex quibus tris *Bentley* (tres *iam Pagius*) 10 poterat *X* 14 fasces *Ω*, *corr.* ς (*Beroald.*) ac *ΠX*, at *MQR*, atque *G* (*recte puto*), aut *Büch.* et ut $GΥ'P^2$, ut et *M*, ut LP^1 16 diem *om.* $MGLP^1$, *post* Saturn. *inserit* P^2, *ante* adiecit *Büch.* 19 afrorumque campanorum *MLPSR* 23 quosdam ς 31 quondam *Lips.*

cipuos, minio et chrysocolla constrato circo nec ullis nisi ex senatorio ordine aurigantibus. commisit et subitos, cum e Gelotiana apparatum circi prospicientem pauci ex proximis Maenianis postulassent.

19 Nouum praeterea atque inauditum genus spectaculi excogitauit. nam Baiarum medium interuallum †Puteolanas moles, trium milium et sescentorum fere passuum spatium, ponte coniunxit contractis undique onerariis nauibus et ordine duplici ad anc[h]oras conlocatis superiectoque terreno *ac derecto in Appiae uiae
2 formam. per hunc pontem ultro citro commeauit biduo continenti, primo die phalerato equo insignisque quercea corona et caetra et gladio aureaque chlamyde, postridie quadrigario habitu curriculoque biiugi famosorum equorum, prae se ferens Dareum puerum ex Parthorum obsidibus, comitante praetorianorum agmine et in esse-
3 dis cohorte amicorum. scio plerosque existimasse talem a Gaio pontem excogitatum aemulatione Xerxis, qui non sine admiratione aliquanto angustiorem Hellespontum contabulauerit; alios, ut Germaniam et Britanniam, quibus imminebat, alicuius inmensi operis fama territaret. sed auum meum narrantem puer audiebam, causam operis ab interioribus aulicis proditam, quod Thrasyl⟨l⟩us mathematicus anxio de successore Tiberio et in uerum nepotem proniori affirmasset non magis Gaium imperaturum quam per Baianum sinum equis discursurum.

20 Edidit et peregre spectacula, in Sicilia Syracusis

---

3 subito *M* 6 Baulorum *Oud.* interuallum] inter Baulos et *Büch.* et puteolanas (et *ss.*) *S* (et Puteolanae molis *ed. Basil. 1533*), usque ad P. *Sabell.*, usque P. *ed. Paris 1509* (*malim* P. usque), ad P. *Torr.*, P. ad *Casaub.* 10 aggere terreno $T'P^2$ (*edd.*) 12 fal- *Ω* quercea *ϱ* (*Roth*), quiercica *MG*, quercica *T*, aerea (*praeced.* insignis quoque) *X*, quercina *et* quernea *ς*, *fort.* querquea (*cf. Ps. Vict. epit. 3, 9 cod. Landolfi*) 13 caethra L^1, cętura (cet- *ΠQ*) *MGT et pro u. l.* L^2, cathedra *rel.* 18 xerxis Π^2 (*corr. ex* serxis ?), xersis *fere rel.* (*om. G*) 25 in *om. M* (uerum in *Oud.*)

asticos ludos et in Gallia Luguduni miscellos; sed hic certamen quoque Graecae Latinaeque facundiae, quo certamine ferunt uictoribus praemia uictos contulisse, eorundem et laudes componere coactos; eos autem, qui maxime displicuissent, scripta sua spongia linguaue delere iussos, nisi ferulis obiurgari aut flumine proximo mergi maluissent

Opera sub Tiberio semiperfecta, templum Augusti **21**
theatrumque Pompei, absoluit. incohauit autem aquae ductum regione Tiburti et amphitheatrum iuxta Saepta, quorum operum a successore eius Claudio alterum peractum, omissum alterum est. Syracusis conlapsa uetustate moenia deorumque aedes refectae. destinauerat et Sami Polycratis regiam restituere, Mileti Didymeum peragere, in iugo Alpium urbem condere, sed ante omnia Isthmum in Achaia perfodere, miseratque iam ad dimetiendum opus primipilarem.

Hactenus quasi de principe, reliqua ut de monstro **22**
narranda sunt.

Compluribus cognominibus adsumptis — nam et pius et castrorum filius et pater exercituum et optimus maximus Caesar uocabatur — cum audiret forte reges, qui officii causa in urbem aduenerant, concertantis apud se super cenam de nobilitate generis, exclamauit ⟨*Hom. Il. 2, 204*⟩:

εἷς κοίρανος ἔστω, εἷς βασιλεύς.

nec multum afuit quin statim diadema sumeret speciemque principatus in regni formam conuerteret. uerum **2**
admonitus et principum et regum se excessisse fastigium, diuinam ex eo maiestatem asserere sibi coepit; datoque negotio, ut simulacra numinum religione et arte praeclara, inter quae Olympii Iouis, apportarentur e Graecia, quibus capite dempto suum imponeret, partem

---

17 demet- *L* 32 olympi *M*, -pici *GT* 33 egregia *Ω*, *corr. ed. Ven. 1510*

Palatii ad forum usque promouit, atque aede Castoris
et Pollucis in uestibulum transfigurata, consistens saepe
inter fratres deos, medium adorandum se adeuntibus
exhibebat; et quidam eum Latiarem Iouem consalu-
3 tarunt. templum etiam numini suo proprium et sacer-
dotes et excogitatissimas hostias instituit. in templo
simulacrum stabat aureum iconicum amiciebaturque
cotidie ueste, quali ipse uteretur. magisteria sacerdotii
ditissimus quisque et ambitione et licitatione maxima
uicibus comparabant. hostiae erant phoenicopteri, pa-
uones, tetraones, numidicae, meleagrides, phasianae,
4 quae generatim per singulos dies immolarentur. et
noctibus quidem plenam fulgentemque lunam inuitabat
assidue in amplexus atque concubitum, interdiu uero
cum Capitolino Ioue secreto fabulabatur, modo insusur-
rans ac praebens in uicem aurem, modo clarius nec
sine iurgiis. nam uox comminantis audita est ⟨*Hom.
Il. 23, 724*⟩:

ἤ μ' ἀνάειρ' ἢ ἐγὼ σέ,

donec exoratus, ut referebat, et in contubernium ultro
inuitatus super templum Diui Augusti ponte transmisso
Palatium Capitoliumque coniunxit. mox, quo propior
esset, in area Capitolina nouae domus fundamenta iecit.
23 Agrippae se nepotem neque credi neque dici ob
ignobilitatem eius uolebat suscensebatque, si qui uel
oratione uel carmine imaginibus eum Caesarum in-
sererent. praedicabat autem matrem suam ex incesto,
quod Augustus cum Iulia filia admisisset, procreatam;
ac non contentus hac Augusti insectatione Actiacas
Si[n]culasque uictorias, ut funestas p. R. et calamitosas,
2 uetuit sollemnibus feriis celebrari. Liuiam Augustam
proauiam Vlixem stolatum identidem appellans, etiam
ignobilitatis quadam ad senatum epistula arguere ausus

11 tetracones *M* 14 concubitus *G* 30 Siculasque ς (*Sabell.*, *qui malebat* Actiacam Siculamque), singulasque (que *om. R*) Ω 31 Iuliam *Casaub.*

est quasi materno auo decurione Fundano ortam, cum
publicis monumentis certum sit, Aufidium Lurconem
Romae honoribus functum. auiae Antoniae secretum
petenti denegauit, nisi ut interueniret Macro praefectus,
ac per istius modi indignitates et taedia causa extitit
mortis, dato tamen, ut quidam putant, et ueneno; nec
defunctae ullum honorem habuit prospexitque e tricli-
nio ardentem rogum. fratrem Tiberium inopinantem 3
repente immisso tribuno militum interemit Silanum
item socerum ad necem secandasque nouacula fauces
compulit, causatus in utroque, quod hic ingressum se
turbatius mare non esset secutus ac spe occupandi
urbem, si quid sibi per tempestates accideret, reman-
sisset, ille antidotum obol[e]uisset, quasi ad praeca-
uenda uenena sua sumptum, cum et Silanus inpatien-
tiam nauseae uitasset et molestiam nauigandi, et Tibe-
rius propter assiduam et ingrauescentem tussim medi-
camento usus esset. nam Claudium patruum non nisi
in ludibrium reseruauit.

Cum omnibus sororibus suis consuetudinem stupri **24**
fecit plenoque conuiuio singulas infra se uicissim con-
locabat uxore supra cubante. ex iis Drusillam uitiasse
uirginem praetextatus adhuc creditur atque etiam in
concubitu eius quondam deprehensus ab Antonia auia,
apud quam simul educabantur; mox Lucio Cassio Lon-
gino consulari conlocatam abduxit et in modum iustae
uxoris propalam habuit; heredem quoque bonorum
atque imperii aeger instituit. eadem defuncta iustitium 2
indixit, in quo risisse lauisse cenasse cum parentibus
aut coniuge liberisue capital fuit. ac maeroris im-
patiens, cum repente noctu profugisset ab urbe transcu-
currissetque Campaniam, Syracusas petit, rursusque inde
propere rediit barba capilloque promisso; nec umquam

2 *an* Alfidium? lyrgonem *Ω*, *corr. Steph.* 14 oboluisset *Beroald.* 15 impatientia nauseae uitasset molestiam *Bentl.* 30 capitale *GX*, capita *T* 31 transcurrissetque *XΠ*

postea quantiscumque de rebus, ne pro contione quidem populi aut apud milites, nisi per numen Drusillae
3 deierauit. reliquas sorores nec cupiditate tanta nec dignatione dilexit, ut quas saepe exoletis suis prostrau<er>it; quo facilius eas in causa Aemili Lepidi condemnauit quasi adulteras et insidiarum aduersus se conscias ei nec solum chirographa omnium requisita fraude ac stupro diuulgauit, sed et tres gladios in necem suam praeparatos Marti Vltori addito elogio consecrauit.

25 Matrimonia contraxerit turpius an dimiserit an tenuerit, non est facile discernere. Liuiam Orestillam C. Pisoni nubentem, cum ad officium et ipse uenisset, ad se deduci imperauit intraque paucos dies repudiatam biennio post relegauit, quod repetisse usum prioris mariti tempore medio uidebatur. alii tradunt adhibitum cenae nuptiali mandasse ad Pisonem contra accumbentem: n o l i u x o r e m m e a m p r e m e r e, statimque e conuiuio abduxisse secum ac proximo die edixisse: m a t r i m o n i u m s i b i r e p e r t u m e x e m p l o R o-
2 m u l i e t A u g u s t i. Lolliam Paulinam, C. Memmio consulari exercitus regenti nuptam, facta mentione auiae eius ut quondam pulcherrimae, subito ex prouincia euocauit ac perductam a marito coniunxit sibi breuique missam fecit interdicto cuiusquam in perpetuum coitu.
3 Caesoniam neque facie insigni neque aetate integra matremque iam ex alio uiro trium filiarum, sed luxuriae ac lasciuiae perditae, et ardentius et constantius amauit, ut saepe chlamyde peltaque et galea ornatam ac iuxta adequitantem militibus ostenderit, amicis uero

3 delirauit $MGLP^1R$ († deierauit *ss. in R*) 4 prostrauerit ς, -strarit *Burm.* 6 adultera *M* 7 ei] et *X*, *om. TN* 8 stupra *Lips.* 12 decernere *Periz.* 19 secum] cum *M*, eum *G*, eam *X* 21 C.] P. *praenomen in titulis est* memmio GP^2ST, memmi (-ii ΠRP^1) *rel.* consulari GQP^2S^2T, consularis *rel.* 22 regentis ς *et uet. edd. retinentes* Memmi consularis, *fort. rectius* 29 pellaque *MG*, pallaque *T*

etiam nudam. uxorio nomine dignatus est † quam enixam,
uno atque eodem die professus et maritum se eius et
patrem infantis ex ea natae. infantem autem, Iuliam 4
Drusillam appellatam, per omnium dearum templa
circumferens Mineruae gremio imposuit alendamque et
instituendam commendauit. nec ullo firmiore indicio
sui seminis esse credebat quam feritatis, quae illi quo-
que tanta iam tunc erat, ut infestis digitis ora et ocu-
los simul ludentium infantium incesseret. leue ac fri- **26**
gidum sit his addere, quo propinquos amicosque pacto
tractauerit, Ptolemaeum regis Iubae filium, consobrinum
suum — erat enim et is M. Antoni ex Selene filia
nepos — et in primis ipsum Macronem, ipsam Enniam,
adiutores imperii: quibus omnibus pro necessitudinis
iure proque meritorum gratia cruenta mors persoluta est.

Nihilo reuerentior leniorue erga senatum, quosdam 2
summis honoribus functos ad essedum sibi currere
togatos per aliquot passuum milia et cenanti modo
ad pluteum modo ad pedes stare succinctos linteo
passus est; alios cum clam interemisset, citare nihilo
minus ut uiuos perseuerauit, paucos post dies uolun-
taria morte perisse mentitus. consulibus oblitis de 3
natali suo edicere abrogauit magistratum fuitque per
triduum sine summa potestate res p. quaestorem suum
in coniuratione nominatum flagellauit ueste detracta
subiectaque militum pedibus, quo firme uerberaturi in-
sisterent.

Simili superbia uiolentiaque ceteros tractauit or- 4
dines. inquietatus fremitu gratuita in circo loca de
media nocte occupantium, omnis fustibus abegit; elisi

---

1 quam enixam *post* nudam *colloc. T*, non prius *post* nomine *suppl. Roth*, haud ante *post* nudam *Oud.*, quartum *uel* quarto *pro* quam *coni. Büch.* 3 nata *M*, nati *XR* 6 indicio *T'P*² (al iudicio *Π*²), *post* feritatis *habet G*, *om. MLP*¹ 12 iis *MR* antonio *M*¹, -nii *M*² *et rel.* helene *X* 17 occurrere *T'* 22 ementitus *Bentl. fort. recte* 26 qua firme *uel* quo firmius *Polak*

per eum tumultum uiginti amplius equites R., totidem matronae, super innumeram turbam ceteram. scaenicis ludis, inter plebem et equitem causam discordiarum ferens, decimas maturius dabat, ut equestri⟨a⟩ ab
5 infimo quoque occuparentur. gladiatorio munere reductis interdum flagrantissimo sole uelis emitti quemquam uetabat, remotoque ordinario apparatu tabidas feras, uilissimos senioque confectos gladiatores, †quoque paegniaris patres familiarum notos in bonam partem sed insignis debilitate aliqua corporis subiciebat. ac nonnumquam horreis praeclusis populo famem indixit.
27 Saeuitiam ingenii per haec maxime ostendit. cum ad saginam ferarum muneri praeparatarum carius pecudes compararentur, ex noxiis laniandos adnotauit, et custodiarum seriem recognoscens, nullius inspecto elogio, stans tantum modo intra porticum mediam, a caluo
2 ad caluum duci imperauit. uotum exegit ab eo, qui pro salute sua gladiatoriam operam promiserat, spectauitque ferro dimicantem nec dimisit nisi uictorem et post multas preces. alterum, qui se periturum ea de causa uouerat, cunctantem pueris tradidit, uerbenatum infulatumque uotum reposcentes per uicos
3 agerent, quoad praecipitaretur ex aggere. multos honesti ordinis deformatos prius stigmatum notis ad metalla et munitiones uiarum aut ad bestias condemnauit aut bestiarum more quadripedes cauea coercuit aut medios serra dissecuit, nec omnes grauibus ex causis, uerum male de munere suo opinatos, uel quod

---

4 serens ς, *uix necesse* ⟨in⟩ferens decima *Sabell.*, tesseras decima *Casaub.* equestri *Ω*, *corr.* *Sς* · 7 apparat ut *M*, apparatu ut *G* tabidis (rab- P^2S^2, rap- *T*) feris *X* (*Roth*) 8 uilissimosque senesque confectores *B.-Crus.* quoque] ⟨gladiatoribus⟩ quoque *Roth*, proque *Büch. recte puto* 9 pegmares *ΠQ*, p̃mares *R*, paegniarios *Scutilli* in bonam partem *om. X* 10 insignes *GT′* obiciebat *Burm. Roth* 11 populo *om. T* 12 Saeuitiem *MG* (*in G corr. m. 1*) 16 medios *Pulm.* 21 tradidit ut *N* ubenatum M^1, uerberatum (uer *om.* Π^1Q)*XTN*

numquam per genium suum deierassent. parentes suppli- 4
cio filiorum interesse cogebat; quorum uni ualitudinem
excusanti lecticam misit, alium a spectaculo poenae
epulis statim adhibuit atque omni comitate ad hilarita-
tem et iocos prouocauit. curatorem munerum ac uena-
tionum per continuos dies in conspectu suo catenis
uerberatum non prius occidit quam offensus putrefacti
cerebri odore. Atellan[i]ae poetam ob ambigui ioci
uersiculum media amphitheatri harena igni cremauit.
equitem R. obiectum feris, cum se innocentem procla-
masset, reduxit abscisaque lingua rursus induxit. reuo- 28
catum quendam a uetere exilio sciscitatus, quidnam ibi
facere consuesset, respondente eo per adulationem:
deos semper oraui ut, quod euenit, periret
Tiberius et tu imperares, opinans sibi quoque exules
suos mortem imprecari, misit circum insulas, qui uni-
uersos contrucidarent. cum discerpi senatorem concu-
pisset, subornauit qui ingredientem curiam repente
hostem publicum appellantes inuaderent, graphisque
confossum lacerandum ceteris traderent; nec ante sa-
tiatus est quam membra et artus et uiscera hominis
tracta per uicos atque ante se congesta uidisset. im- 29
manissima facta augebat atrocitate uerborum. nihil
magis in natura sua laudare se ac probare dicebat
quam, ut ipsius uerbo utar, ἀδιατρεψίαν, hoc est in-
uerecundiam. monenti Antoniae auiae tamquam parum
esset non oboedire: memento, ait, omnia mihi et
⟨in⟩ omnis licere. trucidaturus fratrem, quem metu
uenenorum praemuniri medicamentis suspicabatur: an-
tidotum, inquit, aduersus Caesarem? relegatis so-
roribus non solum insulas habere se, sed etiam

---

1 delerassent *M*, delir- *GLP¹O¹* suppliciis *N* 6 catomis *Gron.* 8 Atellanae *ed. Bon. 1488*, atallaniae *MT*, Tallaniae *G*, atellaniae *X* loci *Ω*, *corr. M²* 9 igne *XR* 25 ΑΔΙΑΤΡΕΦΙΑΝ *Ω*, -ψιαν *ed. Rom. II* hoc est inuerecundiam *del. Egn.* 27 et in omnes ς, et hominis *MXΠR*, et ominis *Q¹* edominis *G*, et dominis *Q²*, in omnes ς

2 gladios minabatur. praetorium uirum ex secessu Anti-
cyrae, quam ualitudinis causa petierat, propagari sibi
commeatum saepius desiderantem cum mandasset inter-
imi, adiecit necessariam esse sanguinis mis-
sionem, cui tam diu non prodesset elleborum.
decimo quoque die numerum puniendorum ex custodia
subscribens rationem se purgare dicebat. Gallis
Graecisque aliquot uno tempore condemnatis gloria-
30 batur Gallograeciam se subegisse. non temere in
quemquam nisi crebris et minutis ictibus animaduerti
passus est, perpetuo notoque iam praecepto: ita feri
ut se mori sentiat. punito per errorem nominis alio
quam quem destinauerat, ipsum quoque paria meruisse
dixit. tragicum ⟨*Acc. trag. 203*⟩ illud subinde iactabat:

oderint, dum metuant.

2 saepe in cunctos pariter senatores ut Seiani clientis,
ut matris ac fratrum suorum delatores, inuectus est
prolatis libellis, quos crematos simulauerat, defensaque
Tiberi saeuitia quasi necessaria, cum tot criminantibus
credendum esset. equestrem ordinem ut scaenae hare-
naeque deuotum assidue proscidit. infensus turbae
fauenti aduersus studium suum exclamauit: utinam
p. R. unam ceruicem haberet! cumque Tetrinius
latro postularetur, et qui postularent, Tetrinios
3 esse ait. retiari tunicati quinque numero gregatim dimi-
cantes sine certamine ullo totidem secutoribus succu-
buerant; cum occidi iuberentur, unus resumpta fuscina
omnes uictores interemit: hanc ut crudelissimam caedem
et defleuit edicto et eos, qui spectare sustinuissent,
31 execratus est. queri etiam palam de condicione tem-
porum suorum solebat, quod nullis calamitatibus pu-
blicis insignirentur; Augusti principatum clade Variana,
Tiberi ruina spectaculorum apud Fidenas memorabilem
factum, suo obliuionem imminere prosperitate rerum;

---

2 prorogari ς 11 fieri *M¹GTTN* 27 unius *MLPS*

atque identidem exercituum caedes, famem, pestilentiam, incendia, hiatum aliquem terrae optabat.

Animum quoque remittenti ludoque et epulis dedito 32
eadem factorum dictorumque saeuitia aderat. saepe in conspectu prandentis uel comisantis seriae quaestiones per tormenta habebantur, miles decollandi artifex quibuscumque e custodia capita amputabat. Puteolis dedicatione pontis, quem excogitatum ab eo significauimus ⟨*cap. 19*⟩, cum multos e litore inuitasset ad se, repente omnis praecipitauit, quosdam gubernacula apprehendentes contis remisque detrusit in mare. Romae 2
publico epulo seruum ob detractam lectis argenteam laminam carnifici confestim tradidit, ut manibus abscisis atque ante pectus e collo pendentibus, praecedente titulo qui causam poenae indicaret, per coetus epulantium circumduceretur. murmillonem e ludo rudibus secum battuentem et sponte prostratum confodit ferrea sica ac more uictorum cum palma discucurrit. admota altaribus uictima succinctus poparum habitu 3
elato alte malleo cultrarium mactauit. lautiore conuiuio effusus subito in cachinnos consulibus, qui iuxta cubabant, quidnam rideret blande quaerentibus: quid, inquit, nisi uno meo nutu iugulari utrumque uestrum statim posse? inter uarios iocos, cum assistens 33
simulacro Iouis Apellen tragoedum consuluisset uter illi maior uideretur, cunctantem flagellis discidit conlaudans subinde uocem deprecantis quasi etiam in gemitu praedulcem. quotiens uxoris uel amiculae collum exoscularetur, addebat: tam bona ceruix simul ac iussero demetur. quin et subinde iactabat exquisiturum se uel fidiculis de Caesonia sua, cur eam tanto opere diligeret.

---

1 exercitus *M*, -tū *G*, -tibus *Bentl.* 6 ⟨et⟩ miles *Ruhnken* 10 repente] ponte *ΠQ*, r. e ponte *Casaub.* 11 retrusit *Bentl.* 12 lecto *N* 13 tradit *MLPS* 16 in ludo *Lips.* 25 apellen *H*, appellent *M*, appellem *fere rel.* consuluisse *M* 30 demetetur *Reines.*

34 Nec minore liuore ac malignitate quam superbia
saeuitiaque paene aduersus omnis aeui hominum genus
grassatus est. statuas uirorum inlustrium ab Augusto
ex Capitolina area propter angustias in campum Mar-
tium conlatas ita subuertit atque disiecit ut restitui
saluis titulis non potuerint, uetuitque posthac uiuen-
tium cuiquam usquam statuam aut imaginem nisi con-
2 sulto et auctore se poni. cogitauit etiam de Homeri
carminibus abolendis, cur enim sibi non licere
dicens, quod Platoni licuisset, qui eum e ciuitate
quam constituebat eiecerit? sed et Vergili[i] ac
Titi Liui scripta et imagines paulum afuit quin ex
omnibus bibliothecis amoueret, quorum alterum ut
nullius ingenii minimaeque doctrinae, alterum ut uer-
bosum in historia neglegentemque carpebat. de iuris
quoque consultis, quasi scientiae eorum omnem usum
aboliturus, saepe iactauit se mehercule effecturum
35 ne quid respondere possint praeter eum. uetera
familiarum insignia nobilissimo cuique ademit, Tor-
quato torquem, Cincinnato crinem, Cn. Pompeio stirpis
antiquae Magni cognomen. Ptolemaeum, de quo ret⟨t⟩uli
⟨*c. 26*⟩, et arcessitum e regno et exceptum honorifice,
non alia de causa repente percussit, quam quod edente
se munus ingressum spectacula conuertisse hominum
2 oculos fulgore purpureae abollae animaduertit. pulchros
et comatos, quotiens sibi occurrerent, occipitio raso
deturpabat. erat Aesius Proculus patre primipilari, ob
egregiam corporis amplitudinem et speciem Colosseros
dictus; hunc spectaculis detractum repente et in hare-
nam deductum Thr⟨a⟩eci et mox hoplomacho compa-

2 ⟨omne⟩ omnis *Graev.* (omne *pro* omnis aeui *ΠRP*^{2}*STN*) 7 nisi] nisi se *Τ'*, nisi ex *P* 8 se *om. Τ* 9 liceret *HSς* 18 qui ς, quis (*et tum* possit) *Lips. al.* praeter eum] praeterea *Reines.* (possint. praeterea *Torr.*), praeter aequum *Sabell.*, p. rem *Is. Voss.*, p. reum *Rutgers.* 23 perculit *Lips.* 27 Aesius *scripsi*, esius (hes- *Π*) *Ω*, Caesius *Heins.* 29 e spect- *GΤ* 30 aplomacho (ampl- *X*) *Ω*, *corr. Sabell.*

rauit bisque uictorem constringi sine mora iussit et
pannis obsitum uicatim circumduci ac mulieribus
ostendi, deinde iugulari. nullus denique tam abiectae 3
condicionis tamque extremae sortis fuit, cuius non
commodis obtrectaret. Nemorensi regi, quod multos
iam annos poteretur sacerdotio, ualidiorem aduersa-
rium subornauit. cum quodam die muneris essedario
Porio post prosperam pugnam seruum suum manu-
mittenti studiosius plausum esset, ita proripuit se
spectaculis, ut calcata lacinia togae praeceps per gradus
iret, indignabundus et clamitans d o m i n u m g e n t i u m
p o p u l u m e x r e l e u i s s i m a p l u s h o n o r i s g l a d i a-
t o r i t r i b u e n t e m q u a m c o n s e c r a t i s p r i n c i p i b u s
a u t p r a e s e n t i s i b i.

Pudicitiae ⟨neque suae⟩ neque alienae pepercit. **36**
M. Lepidum, Mnesterem pantomimum, quosdam ob-
sides dilexisse fertur commercio mutui stupri. Vale-
rius Catullus, consulari familia iuuenis, stupratum a
se ac latera sibi contubernio eius defessa etiam uoci-
feratus est. super sororum incesta et notissimum pro-
stitutae Pyrallidis amorem non temere ulla inlustriore
femina abstinuit. quas plerumque cum maritis ad ce- 2
nam uocatas praeterque pedes suos transeuntis dili-
genter ac lente mercantium more considerabat, etiam
faciem manu adleuans, si quae pudore submitterent;
quotiens deinde libuisset egressus triclinio, cum maxime
placitam seuocasset, paulo post recentibus adhuc lasci-
uiae notis reuersus uel laudabat palam uel uituperabat,
singula enumerans bona malaue corporis atque con-
cubitus. quibusdam absentium maritorum nomine repu-
dium ipse misit iussitque in acta ita referri.

Nepotatus sumptibus omnium prodigorum ingenia **37**

---

5 nemoressi (-resi G^1) Ω, *corr.* G^3ς 8 post] ob *ΠQ* 9 proripuit se *Roth*, proripuit ML^1P, proripuit e *GR*, se pr. L^3ST, se pr. e *ΠQ*, prorupit *Bentl.* 13 tribuere *Lips.* 15 neque suae *add.* *N*ς (*cf. Vict. Caes.* 5, 5) 23 uocatis M^1 32 Nepotinis *ΠQ et pro u. l. R* prodigiorum *MGT*

superauit, commentus nouum balnearum usum, porten-
tosissima genera ciborum atque cenarum, ut calidis
frigidisque unguentis lauaretur, pretiosissima margarita
aceto liquefacta sorberet, conuiuis ex auro panes et
obsonia apponeret, aut frugi hominem esse opor-
tere dictitans aut Caesarem. quin et nummos non
mediocris summae e fastigio basilicae Iuliae per ali-
2 quot dies sparsit in plebem. fabricauit et deceris Li-
burnicas gemmatis puppibus, uersicoloribus uelis, magna
thermarum et porticuum et tricliniorum laxitate magna-
que etiam uitium et pomiferarum arborum uarietate;
quibus discumbens de die inter choros ac symphonias
litora Campaniae peragraret. in extructionibus prae-
toriorum atque uillarum omni ratione posthabita nihil
tam efficere concupiscebat quam quod posse effici nega-
3 retur. et iactae itaque moles infesto ac profundo mari
et excisae rupes durissimi silicis et campi montibus
aggere aequati et complanata fossuris montium iuga,
incredibili quidem celeritate, cum morae culpa capite
lueretur. ac ne singula enumerem, immensas opes to-
tumque illud T⟨i⟩. Caesaris uicies ac septies milies
sestertium non toto uertente anno absumpsit.

38 Exhaustus igitur atque egens ad rapinas conuertit
animum uario et exquisitissimo calumniarum et auc-
tionum et uectigalium genere. negabat iure ciuitatem
Romanam usurpare eos, quorum maiores sibi posteris-
que eam impetrassent, nisi si filii essent, neque enim
intellegi debere posteros ultra hunc gradum; prola-
taque Diuorum Iuli et Augusti diplomata ut uetera
2 et obsoleta deflabat. arguebat et perperam editos cen-
sus, quibus postea quacumque de causa quicquam

---

3 pretiosissimas margaritas — liquefactas *XN* 8 de cedris *TN* 12 symphonias *GSNς*, symphro (sim- *TT*) *rel.* 15 tamen *MR* 21 Ti. *Roth,* T. Ω (Ty. S^2, tiberii *GP*) 27 nisi si *M*, nisi *rel.* 29 ut] ut et *X* (*non T*), et *R* 30 deflabat *corr. in* deflæbat *M*, deflebat *XT*, delebat *G*, deflabat *uel* difflabat *Lips.*, eleuabat *Heins.*, deridebat *Ern.* et] ut *Bentl.*

incrementi accessisset. testamenta primipilarium, qui ab initio Tiberi principatus neque illum neque se heredem reliquissent, ut ingrata rescidit; item ceterorum ut irrita et uana, quoscumque quis diceret herede Caesare mori destinasse. quo metu iniecto cum iam et ab ignotis inter familiares et a parentibus inter liberos palam heres nuncuparetur, derisores uocabat, quod post nuncupationem uiuere perseuerarent, et multis uenenatas matteas misit. cognoscebat autem 3 de talibus causis, taxato prius modo summae ad quem conficiendum consideret, confecto demum excitabatur. ac ne paululum quidem morae patiens super quadraginta reos quondam ex diuersis criminibus una sententia condemnauit gloriatusque est expergefacta e somno Caesonia q u a n t u m e g i s s e t, d u m e a m e r i d i a r e t.

Auctione proposita reliquias omnium spectaculorum 4 subiecit ac uenditauit, exquirens per se pretia et usque eo extendens, ut quidam immenso coacti quaedam emere ac bonis exuti uenas sibi inciderent. nota res est, Aponio Saturnino inter subsellia dormitante, monitum a Gaio praeconem ne praetorium uirum crebro capitis motu nutantem sibi praeteriret, nec licendi finem factum, quoad tredecim gladiatores sestertium nonagies ignoranti addicerentur. in Gallia quoque, cum damna- **39** tarum sororum ornamenta et supellectilem et seruos atque etiam libertos immensis pretiis uendidisset, inuitatus lucro, quidquid instrumenti ueteris aulae erat ab urbe repetiit, comprensis ad deportandum meritoriis quoque uehiculis et pistrinensibus iumentis, adeo ut et panis Romae saepe deficeret et litigatorum plerique, quod occurrere absentes ad uadimonium non possent, causa caderent. cui instrumento distrahendo ni- 2

5 inlecto (ill- *S*, ille *P*) *MX*, illato *N* 7 heredes *T* 11 ⟨et⟩ confecto *Madv.* 13 uana *T* 18 intendens *N* 23 sestertio *Ern.* 24 damnatorum (*del.* sororum) *Burm.*, damnatorum sociorum *Oud.* 26 liberios *M*, liberos *rel.*, *corr.* ς (*Beroald.*) 30 saepe] paene *G. Becker*

hil non fraudis ac lenocinii adhibuit, modo auaritiae singulos increpans et quod non puderet eos locupletiores esse quam se, modo paenitentiam simulans quod principalium rerum priuatis copiam faceret. compererat prouincialem locupletem ducenta sestertia numerasse uocatoribus, ut per fallaciam conuiuio interponeretur, nec tulerat moleste tam magno aestimari honorem cenae suae; huic postero die sedenti in auctione misit, qui nescio quid friuoli ducentis milibus traderet diceretque cenaturum apud Caesarem uocatu ipsius.

40 Vectigalia noua atque inaudita primum per publicanos, deinde, quia lucrum exuberabat, per centuriones tribunosque praetorianos exercuit, nullo rerum aut hominum genere omisso, cui non tributi aliquid imponeret. pro edulibus, quae tota urbe uenirent, certum statumque exigebatur; pro litibus ac iudiciis ubicumque conceptis quadragesima summae, de qua litigaretur, nec sine poena, si quis composuisse uel donasse negotium conuinceretur; ex gerulorum diurnis quaestibus pars octaua; ex capturis prostitutarum quantum quaeque uno concubitu mereret; additumque ad caput legis, ut tenerentur publico et quae meretricium quiue lenocinium fecissent, nec non et matrimonia obnoxia
41 essent. eius modi uectigalibus indictis neque propositis, cum per ignorantiam scripturae multa commissa fierent, tandem flagitante populo proposuit quidem legem, sed et minutissimis litteris et angustissimo loco, uti ne cui describere liceret. ac ne quod non manubiarum genus experiretur, lupanar in Palatio constituit, districtisque et instructis pro loci dignitate compluribus

---

15 prędulibus *M*, pro eduliis *XN* 16 statutumque *GRς* 18 condonasse *Polak* 22 teneretur MG^1X quae] qui *G* meretricium *RTδ et sic m. 2 corr. in PSΠQ num recte quaeritur,* meretricum *rel.*, meritorium *Bentl.*, quae⟨stus⟩ meretricum *Büch. retinens* teneretur 25 scripturae *del. Burm.* 30 districtisque $M^1\delta$, distructisque Π^1Q *et sic corr. in M (m. 1?)*, destructisque *rel.*, distinctisque *ed. Bas. 1533,* discretisque *Bentl.*

cellis, in quibus matronae ingenuique starent, misit circum fora et basilicas nomenculatores ad inuitandos ad libidinem iuuenes senesque; praebita aduenientibus pecunia faenebris appositique qui nomina palam subnotarent, quasi adiuuantium Caesaris reditus. ac ne 2 ex lusu quidem aleae compendium spernens plus mendacio atque etiam periurio lucrabatur. et quondam proximo conlusori demandata uice sua progressus in atrium domus, cum praetereuntis duos equites R. locupletis sine mora corripi confiscarique iussisset, exultans rediit gloriansque numquam se prosperiore alea usum.

Filia uero nata paupertatem nec iam imperatoria **42** modo sed et patria conquerens onera conlationes in alimonium ac dotem puellae recepit. edixit et strenas ineunte anno se recepturum stetitque in uestibulo aedium Kal. Ian. ad captandas stipes, quas plenis ante eum manibus ac sinu omnis generis turba fundebat. nouissime contrectandae pecuniae cupidine incensus, saepe super immensos aureorum aceruos patentissimo diffusos loco et nudis pedibus spatiatus et toto corpore aliquamdiu uolutatus est.

Militiam resque bellicas semel attigit neque ex desti- **43** nato, sed cum ad uisendum nemus flumenque Clitumni Meuaniam processisset, admonitus de supplendo numero Batauorum, quos circa se habebat, expeditionis Germanicae impetum cepit; neque distulit, sed legionibus et auxiliis undique excitis, dilectibus ubique acerbissime actis, contracto et omnis generis commeatu quanto numquam antea, iter ingressus est confecitque modo tam festinanter et rapide, ut praetorianae cohortes contra morem signa iumentis imponere et ita subsequi cogerentur, interdum adeo segniter delicateque, ut octa-

---

4 fenoris *T*, fenebri *et tum* appositisque ς   18 incessus MQ^1ς   23 clitumin *MGX*, clitumni (-unni *R*) in *T*   28 quantos $M\Pi^2R$ 29 ante alter *Ω*, *corr. Gron.*   32 delicateque *G*, delicate MLP^1, et delicate *rel.*

phoro ueheretur atque a propinquarum urbium plebe
uerri sibi uias et conspergi propter puluerem exigeret.

44 Postquam castra attigit, ut se acrem ac seuerum
ducem ostenderet, legatos, qui auxilia serius ex di-
uersis locis adduxerant, cum ignominia dimisit; at in
exercitu recensendo plerisque centurionum maturis iam
et nonnullis ante paucissimos quam consummaturi
essent dies, primos pilos ademit, causatus senium cuius-
que et imbecillitatem; ceterorum increpita cupiditate
commoda emeritae militiae ad †sescentorum milium sum-
2 mam recidit. nihil autem amplius quam Adminio Cy-
nobellini Britannorum regis filio, qui pulsus a patre
cum exigua manu transfugerat, in deditionem recepto,
quasi uniuersa tradita insula, magnificas Romam litte-
ras misit, monitis speculatoribus, ut uehiculo ad forum
usque et curiam pertenderent nec nisi in aede Martis
ac frequente senatu consulibus traderent.

45 Mox deficiente belli materia paucos de custodia
Germanos traici occulique trans Rhenum iussit ac sibi
post prandium quam tumultuosissime adesse hostem
nuntiari. quo facto proripuit se cum amicis et parte
equitum praetorianorum in proximam siluam, trun-
catisque arboribus et in modum tropaeorum adornatis
ad lumina reuersus, eorum quidem qui secuti non
essent timiditatem et ignauiam corripuit, comites autem
et participes uictoriae nouo genere ac nomine corona-
rum donauit, quas distinctas solis ac lunae siderum-
2 que specie exploratorias appellauit. rursus obsides
quosdam abductos e litterario ludo clamque praemissos,
deserto repente conuiuio, cum equitatu insecutus ueluti
profugos ac reprehensos in catenis reduxit; in hoc
quoque mimo praeter modum intemperans. repetita

---

1 a *om.* *MGLP*^{1}, *inde* aque *Bentl.* 2 et aqua inspergi *H*
4 e *X* 5 cum *om.* *MGLP*^{1} (*cf.* *Aug.* *24, 2*) 6 maturos *MGL*
8 estis *M* 10 sex *uel* senum *Lips.*, sexagenum *Büch.* num-
mum *Bentl.* 11 Minocynobelinum *Oros.* *VII 5, 5* 27 quasi *MG*

cena renuntiantis coactum agmen sic ut erant loricatos ad discumbendum adhortatus est. monuit etiam notissimo Vergili ⟨*Aen. I 207*⟩ uersu durarent secundisque se rebus seruarent.

Atque inter haec absentem senatum populumque 3 grauissimo obiurgauit edicto, quod Caesare proeliante et tantis discriminibus obiecto tempestiua conuiuia, circum et theatra et amoenos secessus celebrarent. postremo quasi perpetraturus bellum, 46 derecta acie in litore Oceani ac ballistis machinisque dispositis, nemine gnaro aut opinante quidnam coepturus esset, repente ut conchas legerent galeasque et sinus replerent imperauit, spolia Oceani uocans Capitolio Palatioque debita, et in indicium uictoriae altissimam turrem excitauit, ex qua ut Pharo noctibus ad regendos nauium cursus ignes emicarent; pronuntiatoque militi donatiuo centenis uiritim denariis, quasi omne exemplum liberalitatis supergressus: abite, inquit, laeti, abite locupletes.

Conuersus hinc ad curam triumphi praeter captiuos 47 ac transfugas barbaros Galliarum quoque procerissimum quemque et, ut ipse dicebat, ἀξιοθριάμβ⟨ε⟩υτον, ac nonnullos ex principibus legit ac seposuit ad pompam coegitque non tantum rutilare et summittere comam, sed et sermonem Germanicum addiscere et nomina barbarica ferre. praecepit etiam triremis, quibus introierat Oceanum, magna ex parte itinere terrestri Romam deuehi. scripsit et procuratoribus, triumphum appararent quam minima summa, sed quantus numquam alius fuisset, quando in omnium hominum bona ius haberent.

Prius quam prouincia decederet, consilium iniit 48 nefandae atrocitatis legiones, quae post excessum Augusti seditionem olim mouerant, contrucidandi, quod

---

7 intempestiua *ΠQST* 11 ignaro *MR* (ignaro agmine quidnam *H*) 29 nimia *X* 30 alias *Bentl*

et patrem suum Germanicum ducem et se infantem tunc obsedissent, uixque a tam praecipiti cogitatione reuocatus, inhiberi nullo modo potuit quin decimare uelle perseueraret. uocatas itaque ad contionem inermes, atque etiam gladiis depositis, equitatu armato
2 circumdedit. sed cum uideret suspecta re plerosque dilabi ad resumenda si qua uis fieret arma, profugit contionem confestimque urbem †omnem petit, deflexa omni acerbitate in senatum, cui ad ⟨a⟩uertendos tantorum dedecorum rumores palam minabatur, querens inter cetera fraudatum se iusto triumpho, cum ipse paulo ante, ne quid de honoribus suis ageretur, etiam
49 sub mortis poena denuntiasset. aditus ergo in itinere a legatis amplissimi ordinis ut maturaret orantibus, quam maxima uoce: ueniam, inquit, ueniam, et hic mecum, capulum gladii crebro uerberans, quo cinctus erat. edixit et reuerti se, sed iis tantum qui optarent, equestri ordini et populo; nam se neque ciuem neque principem senatui amplius fore.
2 uetuit etiam quemquam senatorum sibi occurrere. atque omisso uel dilato triumpho ouans urbem natali suo ingressus est; intraque quartum mensem periit, ingentia facinora ausus et aliquanto maiora moliens, siquidem proposuerat Antium, deinde Alexandream commigrare interempto prius utriusque ordinis electissimo quoque.
3 quod ne cui dubium uideatur, in secretis eius reperti sunt duo libelli diuerso titulo, alteri gladius, alteri pugio index erat; ambo nomina et notas continebant morti destinatorum. inuenta et arca ingens uariorum uenenorum plena, quibus mox a Claudio demersis infecta maria traduntur non sine piscium exitio, quos enectos aestus in proxima litora eiecit.

---

8 urbem omnem] omnem urbem *X*, urbem *Υ* (*edd.*) 9 senatu *MG* (*corr.* G^3) ad auertendos TL^3, animaduertendos *Υ*, aduertendos *rel.* 17 edixit et] edixisse ML^1P, edixit *ST*, dicens se *G* reuertisse diis *G* 22 quintum *Rycqius al.* 25 que *pro* quoque *M* (*cf. Oros. VII 5, 10*) 32 enecatos *Oros.*

Statura fuit eminenti, colore expallido, corpore 50
enormi, gracilitate maxima ceruicis et crurum, oculis
et temporibus concauis, fronte lata et torua, capillo
raro at circa uerticem nullo, hirsutus cetera. quare
transeunte eo prospicere ex superiore parte aut omnino
quacumque de causa capram nominare, criminosum et
exitiale habebatur. uultum uero natura horridum ac
taetrum etiam ex industria efferabat componens ad
speculum in omnem terrorem ac formidinem.

Valitudo ei neque corporis neque animi constitit. 2
puer comitiali morbo uexatus, in adulescentia ita pa-
tiens laborum erat, ut tamen nonnumquam subita de-
fectione ingredi, stare, colligere semet ac sufferre uix
posset. mentis ualitudinem et ipse senserat ac subinde
de secessu deque purgando cerebro cogitauit. creditur
potionatus a Caesonia uxore amatorio quidem medica-
mento, sed quod in furorem uerterit. incitabatur in- 3
somnio maxime; neque enim plus quam tribus nocturnis
horis quiescebat ac ne iis quidem placida quiete, sed
pauida miris rerum imaginibus, ut qui inter ceteras
pelagi quondam speciem conloquentem secum uidere
uisus sit. ideoque magna parte noctis uigiliae cubandi-
que taedio nunc toro residens, nunc per longissimas
porticus uagus inuocare identidem atque expectare lucem
consuerat.

Non inmerito mentis ualitudini attribuerim diuer- 51
sissima in eodem uitia, summam confidentiam et contra
nimium metum. nam qui deos tanto opere contemneret,
ad minima tonitrua et fulgura coniuere, caput ob-
uoluere, at uero maiore proripere se e strato sub

---

1 pallido *ΥTN*, squalido *Bentl.* 4 at] ad *M*, et *H*, ac *LPOTN*, aut *S* 7 exitiabile *HGΠ* 8 efferabat $L^{2}POT$, efferebat *rel.* 13 gredi *M*, gradi *GX* 16 potione inuitatus *Heins.*, potione temptatus *Oud.* 17 insomnia *Steph.* 22 cubandi quoque *XN* 30 at (ad *M*) uero maiore *MLP*, ad (at $G^{1}OT$) uero maiora *GΥ'O*, ad maiora uero *HNς*, at uero ad maiora *Heins.*

lectumque condere solebat. peregrinatione quidem Sici-
liensi irrisis multum locorum miraculis repente a Mes-
sana noctu profugit Aetnaei uerticis fumo ac murmure
2 pauefactus. aduersus barbaros quoque minacissimus,
cum trans Rhenum inter angustias densumque agmen
iter essedo faceret, dicente quodam non mediocrem
fore consternationem sicunde hostis appareat, equum
ilico conscendit ac propere ⟨re⟩uersus ad pontes, ut
eos calonibus et impedimentis stipatos repperit, impa-
tiens morae per manus ac super capita hominum trans-
3 latus est. mox etiam audita rebellione Germaniae fugam
et subsidia fugae classes apparabat, uno solacio ad-
quiescens transmarinas certe sibi superfuturas pro-
uincias, si uictores Alpium iuga, ut Cimbri, uel etiam
urbem, ut Senones quondam, occuparent; unde credo
percussoribus eius postea consilium natum apud tumul-
tuantes milites ementiendi, ipsum sibi manus intulisse
nuntio malae pugnae perterritum.

52 Vestitu calciatuque et cetero habitu neque patrio neque ciuili, ac ne uirili quidem ac denique humano semper usus est. saepe depictas gemmatasque indutus paenulas, manuleatus et armillatus in publicum processit; aliquando sericatus et cycladatus; ac modo in crepidis uel coturnis, modo in speculatoria caliga, nonnumquam socco muliebri; plerumque uero aurea barba, fulmen tenens aut fuscinam aut caduceum deorum insignia, atque etiam Veneris cultu conspectus est. triumphalem quidem ornatum etiam ante expeditionem assidue gestauit, interdum et Magni Alexandri thoracem repetitum e conditorio eius.

53 Ex disciplinis liberalibus minimum eruditioni, eloquentiae plurimum attendit, quantumuis facundus et promptus, utique si perorandum in aliquem esset. irato

2 multorum G^1T (*in G corr. m. 1*) 8 uersus Ω, *corr. Bentl. et Cannegieter* 12 apparebat MQ^1 15 caperent *X* 20 nec denique *Ern.*, aut d. *Wolf* 26 fiscinam MGS^1 deorum insignia *del. Bentl.*

et uerba et sententiae suppetebant, pronuntiatio quoque
et uox, ut neque eodem loci prae ardore consisteret et
exaudiretur a procul stantibus. peroraturus strictu- 2
rum se lucubrationis suae telum minabatur, lenius
comptiusque scribendi genus adeo contemnens, ut Sene-
cam tum maxime placentem commissiones meras
componere et harenam esse sine calce diceret.
solebat etiam prosperis oratorum actionibus rescribere
et magnorum in senatu reorum accusationes defensiones-
que meditari ac, prout stilus cesserat, uel onerare
sententia sua quemque uel subleuare, equestri quoque
ordine ad audiendum inuitato per edicta.

Sed et aliorum generum artes studiosissime et diuer- 54
sissimas exercuit. Thra⟨e⟩x et auriga, idem cantor
atque saltator, battuebat pugnatoriis armis, aurigabat
extructo plurifariam circo; canendi ac saltandi uolup-
tate ita efferebatur, ut ne publicis quidem spectaculis
temperaret quo minus et tragoedo pronuntianti con-
cineret et gestum histrionis quasi laudans uel corrigens
palam effingeret. nec alia de causa uidetur eo die, quo 2
periit, peruigilium indixisse quam ut initium in scae-
nam prodeundi licentia temporis auspicaretur. saltabat
autem nonnumquam etiam noctu; et quondam tres con-
sulares secunda uigilia in Palatium accitos multaque
et extrema metuentis super pulpitum conlocauit, deinde
repente magno tibiarum et scabellorum crepitu cum
palla tunicaque talari prosiluit ac desaltato cantico
abiit. atque hic tam docilis ad cetera natare nesciit.

Quorum uero studio teneretur, omnibus ad insaniam 55
fauit. Mnesterem pantomimum etiam inter spectacula
osculabatur, ac si qui saltante eo uel leuiter obstreperet,
detrahi iussum manu sua flagellabat. equiti R. tu-

---

2 loco *GT* 6 tum] cum *Bentl.* 13 aliarum ML^1PQ
14 thrax *Ω*, Threx *Torr.* 21 scaenam (sce-) TG^3, -na *rel.*
25 deinde *MT*, dein *rel. fort. rectius* 26 *an* scabillorum?
28 notare *Bentl.*

multuanti per centurionem denuntiauit, abiret sine mora Ostiam perferretque ad Ptolemaeum regem in Mauretaniam codicillos suos; quorum exemplum erat: ei quem istoc misi, neque boni quicquam ne-
2 que mali feceris. Thr⟨a⟩eces quosdam Germanis corporis custodibus praeposuit. murmillonum armaturas recidit. Columbo uictori, leuiter tamen saucio, uenenum in plagam addidit, quod ex eo Columbinum appellauit; sic certe inter alia uenena scriptum ab eo repertum est. prasinae factioni ita addictus et deditus, ut cenaret in stabulo assidue et maneret, agitatori Eutycho comisatione quadam in apophoretis uicies
3 sestertium contulit. Incitato equo, cuius causa pridie circenses, ne inquietaretur, uiciniae silentium per milites indicere solebat, praeter equile marmoreum et praesaepe eburneum praeterque purpurea tegumenta ac monilia e gemmis domum etiam et familiam et supellectilem dedit, quo lautius nomine eius inuitati acciperentur; consulatum quoque traditur destinasse.

56 Ita bacchantem atque grassantem non defuit plerisque animus adoriri. sed una ⟨atque⟩ altera conspiratione detecta, aliis per inopiam occasionis cunctantibus, duo consilium communicauerunt perfeceruntque, non sine conscientia potentissimorum libertorum praefectorumque praetori; quod ipsi quoque etsi falso in quadam coniuratione quasi participes nominati, suspectos tamen se et inuisos sentiebant. nam et statim seductis magnam fecit inuidiam destricto gladio affirmans sponte se periturum, si et illis morte dignus uideretur, nec cessauit ex eo criminari alterum alteri atque inter se omnis committere.

2 Cum placuisset Palatinis ludis spectaculo egressum

3 mauritaniam *Ω* 5 germani *MGL* 8 indidit *Polak* 9 inscriptum *Bentl.* 16 ebureum *MGL*^{1}*PT* 17 monilia gemmas *XR* (*R in marg.*), monile e gemmis *ΠQ* 21 atque altera *scripsi*, altera *M*, et altera *GΠQ*, alteraque *XR* 23 duo *ΠQT*, duae *rel.* 29 dignos *M* ne *M*

meridie adgredi, primas sibi partes Cassius Chaerea
tribunus cohortis praetoriae depoposcit, quem Gaius
seniorem iam et mollem et effeminatum denotare omni
probro consuerat et modo signum petenti Priapum
aut Venerem dare, modo ex aliqua causa agenti
gratias osculandam manum offerre formatam commo-
tamque in obscaenum modum.

Futurae caedis multa prodigia extiterunt. Olympiae 57
simulacrum Iouis, quod dissolui transferrique Romam
placuerat, tantum cachinnum repente edidit, ut machinis
labefactis opifices diffugerint; superuenitque ilico qui-
dam Cassius nomine, iussum se somnio affirmans im-
molare taurum Ioui. Capitolium Capuae Id. Mar⟨t.⟩ 2
de caelo tactum est, item Romae cella Palatini atriensis.
nec defuerunt qui coniectarent altero ostento periculum
a custodibus domino portendi, altero caedem rursus
insignem, qualis eodem die facta quondam fuisset.
consulenti quoque de genitura sua Sulla mathematicus
certissimam necem appropinquare affirmauit. monue- 3
runt et Fortunae Antiatinae, ut a Cassio caueret; qua
causa ille Cassium Longinum Asiae tum proconsulem
occidendum delegauerat, inmemor Chaeream Cassium
nominari. pridie quam periret, somniauit consistere
se in caelo iuxta solium Iouis impulsumque ab eo dex-
tri pedis pollice et in terras praecipitatum. prodigiorum
loco habita sunt etiam, quae forte illo ipso die paulo
prius acciderant. sacrificans respersus est phoenicopteri 4
sanguine; et pantomimus Mnester tragoediam salta-
uit, quam olim Neoptolemus tragoedus ludis, quibus
rex Macedonum Philippus occisus est, egerat; et cum
in Laureolo mimo, in quo a[u]ctor proripiens se ruina
sanguinem uomit, plures secundarum certatim experi-
mentum artis darent, cruore scaena abundauit. para-

3 ut mollem *edd. Rom. princ.* 10 dedit *M* 17 eadem *X* die *om. T* 20 et *om. X* 31 laureaco *T* auctor ς, actor *Ω* se] e *R*, se e *Torr.* (prorepens e ruina *B. Rhenan.*) 32 uomit *ΠQ*, uomitu *MG*, uomit ut *LR*, uomuit ut *fere rel.*

batur et in noctem spectaculum, quo argumenta inferorum per Aegyptios et Aethiopas explicarentur.
58 VIIII. Kal. Febr. hora fere septima cunctatus an ad prandium surgeret marcente adhuc stomacho pridiani cibi onere, tandem suadentibus amicis egressus est. cum in crypta, per quam transeundum erat, pueri nobiles ex Asia ad edendas in scaena operas euocati praepararentur, ut eos inspiceret hortareturque restitit, ac nisi princeps gregis algere se diceret, redire ac
2 repraesentare spectaculum uoluit. duplex dehinc fama est: alii tradunt adloquenti pueros a tergo Chaeream ceruicem gladio caesim grauiter percussisse praemissa uoce: *hoc age!* dehinc Cornelium Sabinum, alterum e coniuratis, tribunum ex aduerso traiecisse pectus; alii Sabinum summota per conscios centuriones turba signum more militiae petisse et Gaio *Iouem* dante Chaeream exclamasse: *accipe ratum!* respicientique
3 maxillam ictu discidisse. iacentem contractisque membris clamitantem *se uiuere* ceteri uulneribus triginta confecerunt; nam signum erat omnium: *repete!* quidam etiam per obscaena ferrum adegerunt. ad primum tumultum lecticari cum asseribus in auxilium accucurrerunt, mox Germani corporis custodes, ac nonnullos ex percussoribus, quosdam etiam senatores innoxios interemerunt.

59 Vixit annis uiginti nouem, imperauit triennio et decem mensibus diebusque octo. cadauer eius clam in hortos Lamianos asportatum et tumultuario rogo semiambustum leui caespite obrutum est, postea per sorores ab exilio reuersas erutum et crematum sepultumque. satis constat, prius quam id fieret, hortorum custodes umbris inquietatos; in ea quoque domo, in qua occubuerit, nullam noctem sine aliquo terrore transac-

6 cripta Γ, cryptam (*uel* cri-) *rel.* 10 praesentare *M* 17 cherean *MΠ* reatum *L* (*at* e *exp.*), iratum *Lips.* 27 VIII *XΓ*, VII *G* 33 errore *MΠ¹Q*, horrore *G*

tam, donec ipsa domus incendio consumpta sit. perit una et uxor Caesonia gladio a centurione confossa et filia parieti inlisa.

60 Condicionem temporum illorum etiam per haec aestimare quiuis possit. nam neque caede uulgata statim creditum est, fuitque suspicio ab ipso Gaio famam caedis simulatam et emissam, ut eo pacto hominum erga se mentes deprehenderet; neque coniurati cuiquam imperium destinauerunt; et senatus in asserenda libertate adeo consensit, ut consules primo non in curiam, quia Iulia uocabatur, sed in Capitolium conuocarent, quidam uero sententiae loco abolendam Caesarum memoriam ac diruenda templa censuerint. obseruatum autem notatumque est in primis Caesares omnes, quibus Gai praenomen fuerit, ferro perisse, iam inde ab eo, qui Cinnanis temporibus sit occisus.

---

1 periit *GT'* 11 conuocarint *Oud.* 13 censuerunt *X*, censerent *Ern.*

C. SVETONI TRANQVILLI

DE VITA CAESARVM

LIBER V

DIVVS CLAVDIVS

1 Patrem Claudi Caesaris Drusum, olim Decimum
mox Neronem praenomine, Liuia, cum Augusto gra-
uida nupsisset, intra mensem tertium peperit, fuitque
suspicio ex uitrico per adulterii consuetudinem pro-
creatum. statim certe uulgatus est uersus ⟨*com. Att.*
frg. III p. 449 n. 213⟩:

τοῖς εὐτυχοῦσι καὶ τρίμηνα παιδία.

2 is Drusus in quaesturae praeturaeque honore dux Rae-
tici, deinde Germanici belli Oceanum septemtrionalem
primus Romanorum ducum nauigauit transque Rhenum
fossas naui et immensi operis effecit, quae nunc adhuc
Drusinae uocantur. hostem etiam frequenter caesum
ac penitus in intimas solitudines actum non prius de-
stitit insequi, quam species barbarae mulieris humana
amplior uictorem tendere ultra sermone Latino prohi-
3 buisset. quas ob res ouandi ius et triumphalia orna-
menta percepit; ac post praeturam confestim inito con-
sulatu atque expeditione repetita supremum diem morbo
obiit in aestiuis castris, quae ex eo Scelerata sunt appel-

11 naui *MG* (gnaui *Bentl.*), noui *Υ*, magna ui *X* 19 scele-
rato *M*

lata. corpus eius per municipiorum coloniarumque primores suscipientibus obuiis scribarum decuriis ad urbem deuectum sepultumque est in campo Martio. ceterum exercitus honorarium ei tumulum excitauit, circa quem deinceps stato die quotannis miles decurreret Galliarumque ciuitates publice supplicarent. praeterea senatus inter alia complura marmoreum arcum cum tropaeis uia Appia decreuit et Germanici cognomen ipsi posterisque eius. fuisse autem creditur non minus 4
gloriosi quam ciuilis animi; nam ex hoste super uictorias opima quoque spolia captasse summoque saepius discrimine duces Germanorum tota acie insectatus; nec dissimulasse umquam pristinum se rei p. statum, quandoque posset, restituturum. unde existimo nonnullos tradere ausos, suspectum eum Augusto reuocatumque ex prouincia et quia cunctaretur, interceptum ueneno. quod equidem magis ne praetermitterem rettuli, quam 5
quia uerum aut ueri simile putem, cum Augustus tanto opere et uiuum dilexerit, ut coheredem semper filiis instituerit, sicut quondam in senatu professus est, et defunctum ita pro contione laudauerit, ut deos precatus sit, similes ei Caesares suos facerent sibique tam honestum quandoque exitum darent quam illi dedissent. nec contentus elogium tumulo eius uersibus a se compositis insculpsisse, etiam uitae memoriam prosa oratione composuit.

Ex Antonia minore complures quidem liberos tulit, 6
uerum tres omnino reliquit: Germanicum, Liuillam, Claudium.

Claudius natus est Iullo Antonio Fabio Africano 2
conss. Kal. Aug. Luguduni eo ipso die quo primum a.10a
ara ibi Augusto dedicata est, appellatusque Tiberius Claudius Drusus. mox fratre maiore in Iuliam familiam

---

5 statuto *GRL*^{2}*POT*   8 germani *MGL*   11 summo *Polak*   17 ne ⟨quid⟩ *Polak*   20 et *T*, *om. rel.*   25 exculpsisse *X*   30 iulio *Ω*, Iulo *Pulm.*

adoptato Germanici cognomen assumpsit. infans autem
relictus a patre ac per omne fere pueritiae atque adu-
lescentiae tempus uariis et tenacibus morbis conflictatus
est, adeo ut animo simul et corpore hebetato ne pro-
gressa quidem aetate ulli publico priuatoque muneri
2 habilis existimaretur. diu atque etiam post tutelam
receptam alieni arbitrii et sub paedagogo fuit; quem
barbarum et olim superiumentarium ex industria sibi
appositum, ut se quibuscumque de causis quam sae-
uissime coerceret, ipse quodam libello conqueritur. ob
hanc eandem ualitudinem et gladiatorio munere, quod
simul cum fratre memoriae patris edebat, palliolatus
nouo more praesedit; et togae uirilis die circa mediam
noctem sine sollemni officio lectica in Capitolium latus
3 est. disciplinis tamen liberalibus ab aetate prima non
mediocrem operam dedit ac saepe experimenta cuiusque
etiam publicauit. uerum ne sic quidem quicquam digni-
tatis assequi aut spem de se commodiorem in poste-
rum facere potuit.

2 Mater Antonia portentum eum hominis dicti-
tabat, nec absolutum a natura, sed tantum inco-
hatum; ac si quem socordiae argueret, stultiorem
aiebat filio suo Claudio. auia Augusta pro despec-
tissimo semper habuit, non affari nisi rarissime, non
monere nisi acerbo et breui scripto aut per internun-
tios solita. soror Liuilla cum audisset quandoque
imperaturum, tam iniquam et tam indignam sortem
p. R. palam et clare detestata est. nam auunculus
maior Augustus quid de eo in utramque partem opi-
natus sit, quo certius cognoscatur, capita ex ipsius
epistulis posui.

4 Collocutus sum cum Tiberio, ut mandasti
mea Liuia, quid nepoti tuo Tiberio faciendum
esset ludis Martialibus. consentit autem uter-

5 priuatoue ς munere *MG* 23 claudi (-ii *G*) *MGQ*(Π^1?)
28 nam] nam et *T* 30 agnoscatur *X*

que nostrum, semel nobis esse statuendum,
quod consilium in illo sequamur. nam si est
artius, ut ita dicam, holocleros, quid est quod
dubitemus, quin per eosdem articulos et gradus
producendus sit, per quos frater eius productus
sit? sin autem ἠλαττῶσθαι sentimus eum et 2
βεβλάφθαι καὶ εἰς τὴν τοῦ σώματος καὶ εἰς
τὴν τῆς ψ⟨υ⟩χῆς ἀρτιότητα, praebenda materia
deridendi et illum et nos non est hominibus τὰ
τοιαῦτα σκώπτειν καὶ μυκτηρίζειν εἰωθόσιν.
nam semper aestuabimus, si de singulis arti-
culis temporum deliberabimus, μὴ προϋποκει-
μένου ἡμῖν posse arbitremur eum gerere ho-
nores necne. in praesentia tamen quibus de 3
rebus consulis, curare eum ludis Martialibus
triclinium sacerdotum non displicet nobis, si
est passurus se ab Siluani filio homine sibi
affini admoneri, ne quid faciat quod conspici
et derideri possit. spectare eum circenses ex
puluinari non placet nobis; expositus enim in
fronte prima spectaculorum conspicietur. in
Albanum montem ire eum non placet nobis aut
esse Romae Latinarum diebus. cur enim non
praeficitur urbi, si potest sequi fratrem suum
in montem? habes nostras, mea Liuia, senten- 4
tias, quibus placet semel de tota re aliquid
constitui, ne semper inter spem et metum
fluctuemur. licebit autem, si uoles, Antoniae
quoque nostrae des hanc partem epistulae
huius legendam. rursus alteris litteris:

Tiberium adulescentem ego uero, dum tu 5
aberis, cotidie inuitabo ad cenam, ne solus

3 ut] et ut *Beroald.*, et *Casaub.* 6 ЄΛΔΤΤΩCΘΔΙ (-ΩCЄΔΙ *M al.*) *Ω*, *corr. Beroald.* 8 ψυχης *edd. Rom. pr.* 10 ЄΗΙΩΘΟCΙΝ *fere Ω*, *corr. edd. Rom.* 17 sillani ς, Silani *Beroald.* 22 montem *om.* Π^1Q 28 fluctuemus *XT* 32 nec *MG*

cenet cum suo Sulpicio et Athenodoro. qui uellem diligentius et minus μετεώρως deligeret sibi aliquem, cuius motum et habitum et incessum imitaretur. misellus ἀτυχεῖ· nam ἐν τοῖς σπουδαίοις, ubi non aberrauit eius animus, satis apparet ἡ τῆς ψυχῆς αὐτοῦ εὐγένεια. item tertiis litteris:

6 Tiberium nepotem tuum placere mihi declamantem potuisse, peream nisi, mea Liuia, admiror. nam qui tam ἀσαφῶς loquatur, qui possit cum declamat σαφῶς dicere quae dicenda sunt, non uideo.

7 Nec dubium est, quid post haec Augustus constituerit et reliquerit eum nullo praeter auguralis sacerdotii honore impertitum ac ne heredem quidem nisi inter tertios ac paene extraneos [n]e parte sexta nuncuparet, legatoque non amplius quam octingentorum sestertiorum prosecutus.

5 Tiberius patruus petenti honores consularia ornamenta detulit; sed instantius legitimos flagitanti id solum codicillis rescripsit, quadraginta aureos in Saturnalia et Sigillari⟨a⟩ misisse ei. tunc demum abiecta spe dignitatis ad otium concessit, modo in hortis et suburbana domo, modo in Campaniae secessu delitescens, atque ex contubernio sordidissimorum hominum super ueterem segnitiae notam ebrietatis quoque

---

1 cenat *G* 2 deligerent *Burm.* 4 NΔM *Ω*, *λίαν uel πάνυ edd. ante Rothium* 14 et] qui *Steph.*, cum *Bentl.*, cum et *Oud.*, ut *Smilda*, ut qui *P. Thomas* 16 inter tercios *T*, intertios (-cios) *rel.*, in tertiis (*et tum* extraneis) *Bentl.* e *ed. Rom. II*, ne *Ω*, ex *Steph.* partes extra *GX* (L^2) nuncuparit *Steph.* 17 legato (*om.* que) *Torr.*, legato quoque *Ern.* 18 prosecutus sit *Steph.*, sit pr. (sit *pro nota* HS) *Bentl.* 22 sigillari *Ω*, *corr.* L^3ς 24 suburbana domo modo *X*, suburbana modo domo *M*, suburbanis modo *G*, suburbano modo $\Pi^1 Q$, suburbano modo domo modo $\Pi^2 R$ 25 delitiscens MLP^2Q

et aleae infamiam subiit, cum interim, quanquam hoc
modo agenti, numquam aut officium hominum aut reue-
rentia publice defuit.
Equester ordo bis patronum eum perferendae pro 6
se legationis elegit, semel cum deportandum Romam
corpus Augusti [h]umeris suis ab consulibus exposce-
re[n]t, iterum cum oppressum Seianum apud eosdem
gratularetur; quin et spectaculis aduenienti assurgere et
lacernas deponere solebat. senatus quoque, ut ad nume- 2
rum sodalium Augustalium sorte ductorum extra ordi-
nem adiceretur, censuit et mox ut domus ei, quam in-
cendio amiserat, publica impensa restitueretur, dicen-
daeque inter consulares sententiae ius esset. quod de-
cretum abolitum est, excusante Tiberio imbecillitatem
eius ac damnum liberalitate sua resarsurum pollicente.
qui tamen moriens et in tertiis heredibus eum ex parte
tertia nuncupatum, legato etiam circa sestertium uicies
prosecutus commendauit insuper exercitibus ac senatui
populoque R. inter ceteras necessitudines nominatim.
Sub Gaio demum fratris filio secundam existima- 7
tionem circa initia imperii omnibus lenociniis colligente
honores auspicatus consulatum gessit una per duos
menses, euenitque ut primitus ingredienti cum fascibus
forum praeteruolans aquila dexteriore umero consideret.
sortitus est et de altero consulatu in quartum annum;
praeseditque nonnumquam spectaculis in Gai uicem,
adclamante populo: feliciter partim patruo impe-
ratoris partim Germanici fratri! nec eo minus 8
contumeliis obnoxius uixit. nam et si paulo serius ad
praedictam cenae horam occurrisset, non nisi aegre et
circuito demum triclinio recipiebatur, et quotiens post

---

1 *a* Cum interim *uulgo incip. nouum caput* (*sic in M*, Tum *pro* Cum *G*), *rectius Torr. al. ab* Equester 3 publica *T*ς 6 exposceret ς, -retur *Casaub.* 9 lucernas *codd. praeter* $\Pi^2 T$ 10 doctorum *M* 12 miserat *M* 15 eius *om. X* resarturum Q^2ς 16 et *del. Lips.* 17 sestertii *I. F. Gron.* 27 paruo ·λ· patruo *M* 28 partem *M*

cibum addormisceret, quod ei fere accidebat, olearum
aut palmularum ossibus incessebatur, interdum ferula
flagroue uelut per ludum excitabatur a copreis. sole-
bant et manibus stertentis socci induci, ut repente
expergefactus faciem sibimet confricaret.
9 Sed ne discriminibus quidem caruit. primum in
ipso consulatu, quod Neronis et Drusi fratrum Caesaris
statuas segnius locandas ponendasque curasset, paene
honore summotus est; deinde extraneo uel etiam do-
mesticorum aliquo deferente assidue uarieque inquie-
tatus. cum uero detecta esset Lepidi et Gaetulici
coniuratio, missus in Germaniam inter legatos ad gratu-
landum etiam uitae periculum adiit, indignante ac
fremente Gaio patruum potissimum ad se missum quasi
ad puerum regendum, adeo ut non defuerint, qui tra-
derent praecipitatum quoque in flumen, sic ut uestitus
2 aduenerat. atque ex eo numquam non in senatu
nouissimus consularium sententiam dixit, ignominiae
causa post omnis interrogatus. etiam cognitio falsi
testamenti recepta est, in quo et ipse signauerat. po-
stremo sestertium octogies pro introitu noui sacerdotii
coactus impendere, ad eas rei familiaris angustias deci-
dit, ut cum obligatam aerario fidem liberare non
posset, in uacuum lege praediatoria uenalis pependerit
10 sub edicto praefectorum. Per haec ac talia maxima
aetatis parte transacta quinquagesimo anno imperium
cepit quantumuis mirabili casu. exclusus inter ceteros
ab insidiatoribus Gai, cum quasi secretum eo deside-
rante turbam submouerent, in diaetam, cui nomen est
Hermaeum, recesserat; neque multo post rumore caedis
exterritus prorepsit ad solarium proximum interque
2 praetenta foribus uela se abdidit. latentem discurrens

1 obdormisceret *ed. Bon. 1488 al.* 2 ferulae flagro *T* 3 capreis *X* 6 primo *M* 7 ⟨C.⟩ Caesaris *Bentl.* 9 est *del. Bentl.* 22 recidit *Bentl.* 28 desiderante *T*, -ti *rel.* 31 scolarium *ML*[1]*PR*

forte gregarius miles, animaduersis pedibus, [e] studio
sciscitandi quisnam esset, ad[co]gnouit extractumque et
prae metu ad genua sibi adcidentem imperatorem
salutauit. hinc ad alios commilitones fluctuantis nec
quicquam adhuc quam frementis perduxit. ab his
lecticae impositus et, quia sui diffugerant uicissim
succollantibus in castra delatus est tristis ac trepidus,
miserante obuia turba quasi ad poenam raperetur in-
sons. receptus intra uallum inter excubias militum 3
pernoctauit, aliquanto minore spe quam fiducia. nam
consules cum senatu et cohortibus urbanis forum Capi-
toliumque occupauerant asserturi communem libertatem;
accitusque et ipse per tr. pl. in curiam ad suadenda
quae uiderentur, ui se et necessitate teneri respon-
dit. uerum postero die et senatu segniore in exequendis 4
conatibus per taedium ac dissensionem diuersa censen-
tium et multitudine, quae circumstabat, unum rec-
torem iam et nominatim exposcente, armatos pro con-
tione iurare in nomen suum passus est promisitque
singulis quina dena sestertia, primus Caesarum fidem
militis etiam praemio pigneratus.

Imperio stabilito nihil antiquius duxit quam id bi- 11
duum, quo de mutando rei p. statu haesitatum erat,
memoriae eximere. omnium itaque factorum dictorum-
que in eo ueniam et obliuionem in perpetuum sanxit
ac praestitit, tribunis modo ac centurionibus paucis
e coniuratorum in Gaium numero interemptis, exempli
simul causa et quod suam quoque caedem depoposcisse
cognouerat. conuersus hinc ad officia pietatis ius iuran- 2
dum neque sanctius sibi neque crebrius instituit quam

---

1 e *om. G* (*del. Madv.*), ex *T*, et *Polit.*, eius *Bentl.* 2 agnouit *Tς* (*cf. Aug. 65*), *del. Madv. legens* extractum et 15 postero uero die senatu *T* 18 eum poscente *Casaub.* armatos *ΠQ*, armatus *rel., sic et tum* iurari *Bentl.* 21 milites *MGR*, multis *Π* 24 dictorumue *G et Oros. VII 6, 4* 26 ac] a *Mς* 27 e *om. MGX, fort.* ex 29 conuersis hunc *M*

per Augustum. auiae Liuiae diuinos honores et circensi pompa currum elephantorum Augustino similem decernenda curauit; parentibus inferias publicas, et hoc amplius patri circenses annuos natali die, matri carpentum, quo per circum duceretur, et cognomen Augustae ab uiua recusatum. †a fratris memoria per omnem occasionem celebratam comoediam quoque Graecam Neapolitano certamine docuit ac de sententia
3 iudicum coronauit. ne Marcum quidem Antonium inhonoratum ac sine grata mentione transmisit, testatus quondam per edictum, tanto impensius petere se ut natalem patris Drusi celebrarent, quod idem esset et aui sui Antoni[i]. Tiberio marmoreum arcum iuxta Pompei theatrum, decretum quidem olim a senatu uerum omissum, peregit. Gai quoque etsi acta omnia rescidit, diem tamen necis, quamuis exordium principatus sui, uetuit inter festos referri.

12 At in semet augendo parcus atque ciuilis praenomine Imperatoris abstinuit, nimios honores recusauit, sponsalia filiae natalemque geniti nepotis silentio ac tantum domestica religione transegit. neminem exulum nisi ex senatus auctoritate restituit. ut sibi in curiam praefectum praetori tribunosque militum secum inducere liceret utque rata essent quae procuratores sui in
2 iudicando statuerent, precario exegit. ius nundinarum in priuata praedia a consulibus petit. cognitionibus magistratuum ut unus e consiliariis frequenter interfuit; eosdem spectacula edentis surgens et ipse cum cetera turba uoce ac manu ueneratus est. tr(ibunis) pl(ebis) adeuntibus se pro tribunali excusauit, quod propter
3 angustias non posset audire eos nisi stantes. quare in

---

1 Liuiae *om. M* 5 quo *X*, quod *rel.* 6 uiua *Lips.*, auia *Ω* a fratris memoria *MGX*, ad fr. memoriam *Υ*, at fr. memoria *et tum* celebrata *Bentl.*, *fort.* at in fr. memoriam 7 quoque ⟨eius⟩ *Bentl.* 8 dedit *Beroald.* 15 gaio *M*, gaii *GRS*² 18 Et *X* 26 petiit *Υ'P* 30 pro se *M* 31 eo *M*

breui spatio tantum amoris fauorisque collegit, ut cum
profectum eum Ostiam perisse ex insidiis nuntiatum
esset, magna consternatione populus et militem quasi
proditorem et senatum quasi parricidam diris execra-
tionibus incessere non ante destiterit, quam unus atque
alter et mox plures a magistratibus in rostra pro-
ducti saluum et appropinquare confirmarent.

Nec tamen expers insidiarum usque quaque per- 13
mansit, sed et a singulis et per factionem et denique
ciuili bello infestatus est. e plebe homo nocte media
iuxta cubiculum eius cum pugione deprehensus est;
reperti et equestris ordinis duo in publico cum dolone
ac uenatorio cultro praestolantes, alter ut egressum
theatro, alter ut sacrificantem apud Martis aedem adore-
retur. conspirauerunt autem ad res nouas Gallus Asi- 2
nius et Statilius Coruinus, Pollionis ac Messalae ora-
torum nepotes, assumptis compluribus libertis ipsius
atque seruis. bellum ciuile mouit Furius Camillus
Scribonianus Delmatiae legatus; uerum intra quintum
diem oppressus est legionibus, quae sacramentum mu-
tauerant, in paenitentiam religione conuersis, postquam
denuntiato ad nouum imperatorem itinere casu quodam
ac diuinitus neque aquila ornari neque signa conuelli
mouerique potuerunt.

Consulatus super pristinum quattuor gessit; ex qui- 14
bus duos primos iunctim, sequentis per interuallum
quarto quemque anno, semenstrem nouissimum, bimen-
stris ceteros, tertium autem nouo circa principem exem-
plo in locum demortui suffectus. ius et consul et extra
honorem laboriosissime dixit, etiam suis suorumque
diebus sollemnibus, nonnumquam festis quoque anti-

---

5 incessent *M, om. G,* incessens *Bentl.* 7 festinarent *Π,* affirmarent ς 9 sed et a *T*, etaeta *M*, et a *GX* (*sic Bentl. delens l. 10* est) 10 noctu *MXΠQ* (*corr.* L^2S^2) 15 gallus *X*, gallius *rel.* 16 polionis *MG* massalae *MT* 23 ac] an *Torr.* aquila *om. G*, aquilae *Oros. VII 6, 7* 24 moueriue *Oros.* 26 duo *M* primus *MG* 31 sollemnis *MT* (*corr.* Q^2)

quitus et religiosis. nec semper praescripta legum secutus duritiam lenitatemue multarum ex bono et aequo, perinde ut adficeretur, moderatus est; nam et iis, qui apud priuatos iudices plus petendo formula excidissent, restituit actiones et in maiore fraude conuictos legitimam poenam supergressus ad bestias con-
15 demnauit. in cognoscendo autem ac decernendo mira uarietate animi fuit, modo circumspectus et sagax, interdum inconsultus ac praeceps, nonnumquam friuolus amentique similis. cum decurias rerum actu expungeret, eum, qui dissimulata uacatione quam beneficio liberorum habebat responderat, ut cupidum iudicandi dimisit; alium interpellatum ab aduersariis de propria lite negantemque cognitionis rem sed ordinari iuris esse, agere causam confestim apud se coegit, proprio negotio documentum daturum, quam aequus
2 iudex in alieno negotio futurus esset. feminam non agnoscentem filium suum dubia utrimque argumentorum fide ad confessionem compulit indicto matrimonio iuuenis. absentibus secundum praesentes facillime dabat, nullo dilectu culpane quis an aliqua necessitate cessasset. proclamante quodam praecidendas falsario manus, carnificem statim acciri cum machaera mensaque lanionia flagitauit. peregrinitatis reum orta inter aduocatos leui contentione, togatumne an palliatum dicere causam oporteret, quasi aequitatem integram ostentans, mutare habitum saepius et prout accusare-
3 tur defendereturue, iussit. de quodam etiam negotio ita ex tabella pronuntiasse creditur, secundum eos se sentire, qui uera proposuissent. propter quae

10 actui *B.-Crus.* expunget *M*, -getur *Π*[1]*Q* 11 uocatione *MG* (*in G corr. m. 1*) 14 sed *om.* *M*[1] 20 ⟨de⟩ absentibus *I. F. Gron.* 21 delectu *T* culpa nequis *M*, culpae n. *GT*, culpam n. *X* an *Steph.*, in *Ω* 22 ce^{s}sasse *M*, cessasse uideretur *δ* 25 contentione *MQ*[2], contentatione *GT*, concertatione *X* 27 et *del.* *B.-Crus.*

usque eo euiluit, ut passim ac propalam contemptui esset. excusans quidam testem e prouincia ab eo uocatum negauit praesto esse posse dissimulata diu causa; ac post longas demum interrogationes: mortuus est, inquit, puto, licuit. alius gratias agens quod reum defendi pateretur, adiecit: et tamen fieri solet. illud quoque a maioribus natu audiebam, adeo causidicos patientia eius solitos abuti, ut discedentem e tribunali non solum uoce reuocarent, sed et lacinia togae retenta, interdum pede apprehenso detinerent. ac ne cui haec 4
mira sint, litigatori Graeculo uox in altercatione excidit: καὶ σὺ γέρων εἶ καὶ μωρός. equitem quidem Romanum obscaenitatis in feminas reum, sed falso et ab impotentibus inimicis conficto crimine, satis constat, cum scorta meritoria citari aduersus se et audiri pro testimonio uideret, graphium et libellos, quos tenebat in manu, ita cum magna stultitiae et saeuitiae exprobratione iecisse in faciem eius, ut genam non leuiter perstrinxerit.

Gessit et censuram intermissam diu post Plancum 16
Paulumque censores, sed hanc quoque inaequabiliter uarioque et animo et euentu. recognitione equitum iuuenem probri plenum, sed quem pater probatissimum sibi affirmabat, sine ignominia dimisit, habere dicens censorem suum; alium corruptelis adulteriisque famosum nihil amplius quam monuit, ut aut parcius aetatulae indulgeret aut certe cautius; addiditque: quare enim ego scio, quam amicam habeas? et cum orantibus familiaribus dempsisset cuidam appositam notam: litura tamen, inquit, extet. splendidum 2
uirum Graeciaeque prouinciae principem, uerum Latini sermonis ignarum, non modo albo iudicum erasit, sed in peregrinitatem redegit. nec quemquam nisi sua uoce, utcumque quis posset, ac sine patrono rationem

8 descendentem *T* e] et *M* 17 et saeuitiae] saeuitiae *M*, saeuitiaeque *G*ς 18 fecisse *MLP* 21 inaequaliter *T*

uitae passus est reddere. notauitque multos, et quos-
dam inopinantis et ex causa noui generis, quod se
inscio ac sine commeatu Italia excessissent; quendam
uero et quod comes regis in prouincia fuisset, referens,
maiorum temporibus Rabirio Postumo Ptolemaeum
Alexandriam crediti seruandi causa secuto crimen
3 maiestatis apud iudices motum. plures notare conatus,
magna inquisitorum neglegentia sed suo maiore dede-
core, innoxios fere repperit, quibuscumque caelibatum
aut orbitatem aut egestatem obiceret, maritos, patres,
opulentos se probantibus; eo quidem, qui sibimet uim
ferro intulisse arguebatur, inlaesum corpus ueste depo-
4 sita ostentante. fuerunt et illa in censura eius nota-
bilia, quod essedum argenteum sumptuose fabricatum
ac uenale ad Sigillaria redimi concidique coram impe-
rauit; quodque uno die XX edicta proposuit, inter
quae duo, quorum altero admonebat, ut uberi uinearum
prouentu bene dolia picarentur; altero, nihil aeque
facere ad uiperae morsum quam taxi arboris sucum.
17 Expeditionem unam omnino suscepit eamque modi-
cam. cum decretis sibi a senatu ornamentis trium-
phalibus leuiorem maiestati principali titulum arbitra-
retur uelletque iusti triumphi decus, unde adquireret
Britanniam potissimum elegit, neque temptatam ulli
post Diuum Iulium et tunc tumultuantem ob non reddi-
2 tos transfugas. huc cum ab Ostia nauigaret, uehe-
menti circio bis paene demersus est, prope Liguriam
iuxtaque Sto<e>chadas insulas. quare a Massilia Ge-
soriacum usque pedestri itinere confecto inde trans-
misit ac sine ullo proelio aut sanguine intra paucissi-
mos dies parte insulae in deditionem recepta, sexto

2 causis *X* se in socio *MGL* 3 italiae *M* 11 et quodam *Lips.* sibi metu uim ferro *MT*, sibi ferro metũ *G* 16 quoque *M* 22 maiestate *Sabell.* principali ς, -lem Ω 23 undeunde acquirere *I. F. Gron.* (*cf. Oros. VII 6, 9*) 28 stochadas (stoca- *X*) Ω, *corr.* ς a (*add. in M m. 1*) *del. Graev.* gessoriacum *X* 30 aut] ac *Oros.*

quam profectus erat mense Romam rediit triumphauit-
que maximo apparatu. ad cuius spectaculum comme- 3
are in urbem non solum praesidibus prouinciarum per-
misit, uerum etiam exulibus quibusdam; atque inter
hostilia spolia naualem coronam fastigio Palatinae do-
mus iuxta ciuicam fixit, traiecti et quasi domiti Oceani
insigne. currum eius Messalina uxor carpento secuta
est; secuti et triumphalia ornamenta eodem bello adepti,
sed ceteri pedibus et in praetexta, M. Crassus Frugi
equo phalerato et in ueste palmata, quod eum hono-
rem iterauerat.

Vrbis annonaeque curam sollicitissime semper egit. **18**
cum Aemiliana pertinacius arderent, in diribitorio dua-
bus noctibus mansit ac deficiente militum ac familiarum
turba auxilio plebem per magistratus ex omnibus uicis
conuocauit ac positis ante se cum pecunia fiscis ad
subueniendum hortatus est, repraesentans pro opera
dignam cuique mercedem. artiore autem annona ob 2
assiduas sterilitates detentus quondam medio foro a
turba conuiciisque et simul fragminibus panis ita in-
festatus, ut aegre nec nisi postico euadere in Palatium
ualuerit, nihil non ex[eo]cogitauit ad inuehendos etiam
tempore hiberno commeatus. nam et negotiatoribus
certa lucra proposuit suscepto in se damno, si cui
quid per tempestates accidisset, et naues mercaturae
causa fabricantibus magna commoda constituit pro
condicione cuiusque: ciui[s] uacationem legis Papiae **19**
Poppaeae, Latino ius Quiritium, feminis ius IIII libe-
rorum; quae constituta hodieque seruantur.

Opera magna potius †quam necessaria quam multa **20**

---

6 traiecto *ML¹P* 8 secuta *LT* 9 p̃texta M. *G* (*num recte quaeritur*), praetextam *M*, pretexta *X* (eodem *usque* palmata *om. T*) 15 magistros *Lips.* 22 excogitauit *Tς*, ex eo agitauit *Bentl.* inueniendos *XR* 27 ciui *Turn.*, ciuis *Ω*, ciuibus *ς* 28 pompeae (-eiae *G*) *MGX* 29 hodie *T* 30 potiusque necessaria *ed. Rom. II,* potius necessariaque *Madv.*, *aptior alia copula* (ac *Bentl.*, atque *Kraffert*, et *ego*) quam *posterius om. Π¹Q*

perfecit, sed uel praecipua: ductum aquarum a Gaio
incohatum, item emissarium Fucini lacus portumque
Ostiensem, quanquam sciret ex iis alterum ab Augusto
precantibus assidue Marsis negatum, alterum a Diuo
Iulio saepius destinatum ac propter difficultatem
omissum. Claudiae aquae gelidos et uberes fontes,
quorum alteri Caeruleo, alteri Curtio et Albudigno
nomen est, simulque riuum Anienis noui lapideo opere
in urbem perduxit diuisitque in plurimos et ornatissi-
2 mos lacus. Fucinum adgressus est non minus conpen-
dii spe quam gloriae, cum quidam priuato sumptu
emissuros se repromitterent, si sibi siccati agri con-
cederentur. per tria autem passuum milia partim effosso
monte partim exciso' canalem absoluit aegre et post
undecim annos, quamuis continuis XXX hominum mili-
3 bus sine intermissione operantibus. portum Ostiae
extruxit circumducto dextra sinistraque brachio et ad
introitum profundo iam solo mole obiecta; quam quo
stabilius fundaret, nauem ante demersit, qua magnus
obeliscus ex Aegypto fuerat aduectus, congestisque pilis
superposuit altissimam turrem in exemplum Alexandrini
Phari, ut ad nocturnos ignes cursum nauigia dirigerent.

21 Congiaria populo saepius distribuit. spectacula quo-
que complura et magnifica edidit, non usitata modo
ac solitis locis, sed et commenticia et ex antiquitate
repetita, et ubi praeterea nemo ante eum. ludos dedi-
cationis Pompeiani theatri, quod ambustum restituerat,
e tribunali posito in orchestra commisit, cum prius
apud superiores aedes supplicasset perque mediam
caueam sedentibus ac silentibus cunctis descendisset.
2 fecit et saeculares, quasi anticipatos ab Augusto nec
legitimo tempori reseruatos, quamuis ipse in historiis

---

7 albudino *uulg.* 8 nouo *X* 13 passus *MGL* effosso *Sς*, exfossa *M*, exfosso *rel.*, ecfosso *Roth* 16 ostia *MX* 18 salo *Steph.* 20 pellis *T* 21 Alexandrinae *Beroald.* 22 *an* derigerent?

suis prodat, intermissos eos Augustum multo post dili-
gentissime annorum ratione subducta in ordinem rede-
gisse. quare uox praeconis irrisa est inuitantis more
sollemni ad ludos, quos nec spectasset quisquam
nec spectaturus esset, cum superessent adhuc qui
spectauerant, et quidam histrionum producti olim tunc
quoque producerentur. circenses frequenter etiam in
Vaticano commisit, nonnumquam interiecta per quinos
missus uenatione. circo uero maximo marmoreis car- 3
ceribus auratisque metis, quae utraque et tofina ac
lignea antea fuerant, exculto propria senatoribus con-
stituit loca promiscue spectare solitis; ac super qua-
drigarum certamina Troiae lusum exhibuit et Africa-
nas, conficiente turma equitum praetorianorum, ducibus
tribunis ipsoque praefecto; praeterea Thessalos equites,
qui feros tauros per spatia circi agunt insiliuntque
defessos et ad terram cornibus detrahunt.

Gladiatoria munera plurifariam ac multiplicia ex- 4
hibuit: anniuersarium in castris praetorianis sine uena-
tione apparatuque, iustum atque legitimum in Saeptis;
ibidem extraordinarium et breue dierumque paucorum,
quodque appellare coepit sportulam, quia primum da-
turu[m]s edixerat, uelut ad subitam condictamque
cenulam inuitare se populum. nec ullo spectaculi 5
genere communior aut remissior erat, adeo ut oblatos
uictoribus aureos prolata sinistra pariter cum uulgo
uoce digitisque numeraret ac saepe hortando rogando-
que ad hilaritatem homines prouocaret, dominos
identidem appellans, immixtis interdum frigidis et
arcessitis iocis; qualis est ut cum Palumbum postu-
lantibus daturum se promisit, si captus esset. illud

---

4 spectasse *M* 10 et *del. Madv.* (ς?) 13 exhibuit. Exhibuit et *T* 18 plurifariam *R*ς, -ria (multifaria *G*) *rel.* (*Ω*) 22 quodquod *M*, quotquot *G*, quod *Büch.* appellari — sportula *Lips.* daturus edixerat *ed. Bas. 1533,* daturum se dixerat (-rant *T*) *Ω* 23 dictamque *T* 30 locis *MGX* ut *om.* ς, uel *Büch.*

plane quantumuis salubriter et in tempore: cum essedario, pro quo quattuor fili deprecabantur, magno omnium fauore indulsisset rudem, tabulam ilico misit admonens populum, quanto opere liberos suscipere deberet, quos uideret et gladiatori prae-
6 sidio gratiaeque esse. edidit et in Martio campo expugnationem direptionemque oppidi ad imaginem bellicam et deditionem Britanniae regum praeseditque paludatus. quin et emissurus Fucinum lacum naumachiam ante commisit. sed cum proclamantibus naumachiariis: haue imperator, morituri te salutant! respondisset: aut non, neque post hanc uocem quasi uenia data quisquam dimicare uellet, diu cunctatus an omnes igni ferroque absumeret, tandem e sede sua prosiluit ac per ambitum lacus non sine foeda uacillatione discurrens partim minando partim adhortando ad pugnam compulit. hoc spectaculo classis Sicula et Rhodia concurrerunt, duodenarum triremium singulae, exciente bucina Tritone argenteo, qui e medio lacu per machinam emerserat.

22 Quaedam circa caerimonias ciuilemque et militarem morem, item circa omnium ordinum statum domi forisque aut correxit aut exoleta reuocauit aut etiam noua instituit. in cooptandis per collegia sacerdotibus neminem nisi iuratus nominauit; obseruauitque sedulo, ut quotiens terra in urbe mouisset, ferias aduocata contione praetor indiceret, utque dira aue in Capitolio uisa obsecratio haberetur, eamque ipse iure maximi pontificis pro rostris populo praeiret summotaque operariorum seruorumque turba.

---

5 debere *M* 8 editionem *MX* 12 aut] autem *S*, an *G* 13 uellent $MG\Pi^1$ 14 omines (a nomine signi) *M*, homines *X*, omnis *Roth* 15 bacillatione *Ω*, *corr.* ς 17 classes *Bentl.* 19 exciente *ΠR*, eiciente (eiti- *G*) *rel.* bucinam *X* 27 aue *Roth* (aui *Turn.*), aut *MGLP*, aut in urbe aut *T′O* 29 commonito *post* pontificis *add.* *T*, commonente *OST* summota (*sine* que) *G*

Rerum actum diuisum antea in hibernos aestiuosque 23
menses coniunxit. iuris dictionem de fidei commissis
quotannis et tantum in urbe delegari magistratibus
solitam in perpetuum atque etiam per prouincias pote-
statibus demandauit. capiti Papiae Poppaeae legis a
Tiberio Caesare, quasi sexagenarii generare non possent,
addito obrogauit. sanxit ut pupillis extra ordinem 2
tutores a consulibus darentur, utque ii, quibus a
magistratibus prouinciae interdicerentur, urbe quoque
et Italia summouerentur. ipse quosdam nouo exemplo
relegauit, ut ultra lapidem tertium uetaret egredi ab
urbe.

De maiore negotio acturus in curia medius inter
consulum sellas tribunicio subsellio sedebat. commeatus
a senatu peti solitos benefici sui fecit. ornamenta con- 24
sularia etiam procuratoribus ducenariis indulsit. sena-
toriam dignitatem recusantibus equestrem quoque ade-
mit. latum clauum, quamuis initio affirmasset non
lecturum se senatorem nisi ciuis R. abnepotem, etiam
libertini filio tribuit, sed sub condicione si prius ab
equite R. adoptatus esset; ac sic quoque reprehen-
sionem uerens, et Appium Caecum censorem, generis
sui proauctorem, libertinorum filios in senatum ad-
legisse docuit, ignarus temporibus Appi et deinceps
aliquamdiu libertinos dictos non ipsos, qui manu
emitterentur, sed ingenuos ex his procreatos. collegio 2
quaestorum pro stratura uiarum gladiatorium munus
iniunxit detractaque Ostiensi et Gallica prouincia curam
aerari Saturni reddidit, quam medio tempore praetores
aut, uti nunc, praetura functi sustinuerant.

Triumphalia ornamenta Silano, filiae suae sponso, 3
nondum puberi dedit, maioribus uero natu tam multis

---

7 addita *G*, edicto *X* abrogauit sanxitque *G* 14 tribunicio⟨ue⟩ *Momms.*, ⟨sella uel⟩ tribunicio *Smilda* 18 flatum *MG* 23 auctorem ϱς, *del. Bentl. coniciens* auctorem *pro* censorem 30 haut *G* utique nunc *R*, utique *ΠQST*

tamque facile, ut epistula communi[s] legionum nomine extiterit petentium, ut legatis consularibus simul cum exercitu et triumphalia darentur, ne causam belli quoquo modo quaererent. Aulo Plautio etiam ouationem decreuit ingressoque urbem obuiam progressus et in Capitolium eunti et inde rursus reuertenti latus texit. Gabinio Secundo Cauchis gente Germanica superatis cognomen Cauchius usurpare concessit.

25 Equestris militias ita ordinauit, ut post cohortem alam, post alam tribunatum legionis daret; stipendiaque instituit et imaginariae militiae genus, quod uocatur supra numerum, quo absentes et titulo tenus fungerentur. milites domus senatorias salutandi causa ingredi etiam patrum decreto prohibuit. libertinos, qui se pro equitibus R. agerent, publicauit, ingratos et de quibus patroni quererentur reuocauit in seruitutem aduocatisque eorum negauit se aduersus libertos ipso-
2 rum ius dicturum. cum quidam aegra et adfecta mancipia in insulam Aesculapi[i] taedio medendi exponerent, omnes qui exponerentur liberos esse sanxit, nec redire in dicionem domini, si conualuissent; quod si quis necare quem mallet quam exponere, caedis crimine teneri. uiatores ne per Italiae oppida nisi aut pedibus aut sella aut lectica transirent, monuit edicto. Puteolis et Ostiae singulas cohortes ad arcendos incendiorum casus collocauit.

3 Peregrinae condicionis homines uetuit usurpare Romana nomina dum taxat gentilicia. ciuitatem R. usurpantes in campo Esquilino securi percussit. prouincias Achaiam et Macedoniam, quas Tiberius ad curam suam transtulerat, senatui reddidit. Lyciis ob exitia-

---

1 communi *ed. Bas. 1533* (ς?) 2 exierit *Ern.* 3 nec *T* 7 chaucis *Π* 8 chaucius *Π*, Cauchici *Bentl.*, *potius* Cauchi[us] *i. Cauchii* (Chaucii *uel* Chaucium *B.-Crus.*) 10 deret *M* 13 domos *Erasm.* 23 per uiale *ΠQ et pro u. l. R* oppidi *MΠQ* 29 esquilino *GQT*, -nio *rel.*

biles inter se discordias libertatem ademit, Rhodiis ob paenitentiam ueterum delictorum reddidit. Iliensibus quasi Romanae gentis auctoribus tributa in perpetuum remisit recitata uetere epistula Graeca senatus populique R. Seleuco regi amicitiam et societatem ita demum pollicentis, si consanguineos suos Ilienses ab omni onere immunes praestitisset. Iudaeos impul- 4
sore Chresto assidue tumultuantis Roma expulit. Germanorum legatis in orchestra sedere permisit, simplicitate eorum et fiducia commotus, quod in popularia deducti, cum animaduertissent Parthos et Armenios sedentis in senatu, ad eadem loca sponte transierant, nihilo deteriorem uirtutem aut condicionem suam praedicantes. Druidarum religionem apud Gallos dirae im- 5
manitatis et tantum ciuibus sub Augusto interdictam penitus aboleuit; contra sacra Eleusinia etiam transferre ex Attica Romam conatus est, templumque in Sicilia Veneris Erycinae uetustate conlapsum ut ex aerario pop. R. reficeretur, auctor fuit. cum regibus foedus in foro i[e]cit porca caesa ac uetere fetialium praefatione adhibita. sed et haec et cetera totumque adeo ex parte magna principatum non tam suo quam uxorum libertorumque arbitrio administrauit, talis ubique plerumque, qualem esse eum aut expediret illis aut liberet.

Sponsas admodum adulescens duas habuit: Aemiliam 26
Lepidam Augusti proneptem, item Liuiam Medullinam, cui et cognomen Camillae erat, e genere antiquo dictatoris Camilli. priorem, quod parentes eius Augustum offenderant, uirginem adhuc repudiauit, posteriorem ipso die, qui erat nuptiis destinatus, ex ualitudine

---

5 populusque *MGR* 8 Christo *Oros. VII 6, 15* 14 druidarum *Nς*, driadarum (dry- *deter.*) *Ω*, Dryid- *ed. Ven. I* 20 icit *Sabell.*, iecit *Ω* 23 ministrauit *GX* utique *Urs.*, rebus uerbisque *Polak* 28 et cognomen et *M*, cognomen et *T* 29 quodquot *M* eius *om.* *M*[1] (*insert. m. 1?*)

2 amisit. uxores deinde duxit Plautiam Vrgulanillam triumphali et mox Aeliam Paetinam consulari patre. cum utraque diuortium fecit, sed cum Paetina ex leuibus offensis, cum Vrgulanilla ob libidinum probra et homicidii suspicionem. post has Valeriam Messalinam, Barbati Messalae consobrini sui filiam, in matrimonium accepit. quam cum comperisset super cetera flagitia atque dedecora C. Silio etiam nupsisse dote inter auspices consignata, supplicio adfecit confirmauitque pro contione apud praetorianos, quatenus sibi matrimonia male cederent, permansurum se in caelibatu, ac nisi permansisset, non recusaturum
3 confodi manibus ipsorum. nec durare ualuit quin de condicionibus continuo tractaret, etiam de Paetinae, quam olim exegerat, deque Lolliae Paulinae, quae C. Caesari nupta fuerat. uerum inlecebris Agrippinae, Germanici fratris sui filiae, per ius osculi et blanditiarum occasiones pellectus in amorem, subornauit proximo senatu qui censerent, cogendum se ad ducendum eam uxorem, quasi rei p. maxime interesset, dandamque ceteris ueniam talium coniugiorum, quae ad id tempus incesta habebantur. ac uix uno interposito die confecit nuptias, non repertis qui sequerentur exemplum, excepto libertino quodam et altero primipilari, cuius nuptiarum officium et ipse cum Agrippina
27 celebrauit. liberos ex tribus uxoribus tulit: ex Vrgulanilla Drusum et Claudiam, ex Paetina Antoniam, ex Messalina Octauiam et quem primo Germanicum, mox Britannicum cognominauit. Drusum †pompeium puberem amisit piro per lusum in sublime iactato et hiatu oris excepto strangulatum, cum ei ante paucos dies

---

1 ergulanillam (erc- *GΠQ*) *codd. praeter M* 4 ergulanilla (erc- *GΠQ*) *Ω* 8 et dote *T* 9 consignati *M* 13 se confodi *POST* 22 ingesta *MGδ* 26 erculanilla (herc- *L*, erg- *ST*) *Ω* 29 Pompeis impuberem *Lips.*, prope iam p. *Bentl.*, prope tum p. *Büch.* 31 cum ei *Lips.*, cui et *Ω*

filiam Seiani despondisset. quo magis miror fuisse qui traderent fraude a Seiano necatum. Claudiam ex liberto suo Botere conceptam, quamuis ante quintum mensem diuortii natam alique coeptam, exponi tamen ad matris ianuam et nudam iussit abici. Antoniam 2
Cn. Pompeio Magno, deinde Fausto Sullae, nobilissimis iuuenibus, Octauiam Neroni priuigno suo collocauit, Silano ante desponsam. Britannicum uicesimo imperii die inque secundo consulatu, natum sibi paruulum etiam tum, et militi pro contione manibus suis gestans et plebi per spectacula gremio aut ante se retinens assidue commendabat faustisque om⟨i⟩nibus cum adclamantium turba prosequebatur. e generis Neronem adoptauit, Pompeium atque Silanum non recusauit modo, sed et interemit.

Libertorum praecipue suspexit Posiden spadonem, 28
quem etiam Britannico triumpho inter militares uiros hasta pura donauit; nec minus Felicem, quem cohortibus et alis prouinciaeque Iudaeae praeposuit, trium reginarum maritum; et Harpocran, cui lectica per urbem uehendi spectaculaque publice edendi ius tribuit; ac super hos Polybium ab studiis, qui saepe inter duos consules ambulabat; sed ante omnis Narcissum ab epistulis et Pallantem a rationibus, quos decreto quoque senatus non praemiis modo ingentibus, sed et quaestoriis praetoriisque ornamentis honorari libens passus est; tantum praeterea adquirere et rapere, ut querente eo quondam de fisci exiguitate non absurde dictum sit, abundaturum, si a duobus libertis in consortium reciperetur. his, ut dixi ⟨*c. 25*⟩, uxori- 29
busque addictus, non principem [se], sed ministrum egit,

---

2 ex] ut *Urs.* 3 Sotere *Reines.* 4 aliq: ** *M*, aliique *P*, aliquo *TS* 9 inque sec. cons. *del. Nipperdey, post* sibi *colloc. Clinton*, in Q. Secundi cons. *Lehmann* (*Claud. p. 132*), *distinctionem mutauit Büch.* 12 omnibus *Ω*, *corr.* ς 25 indigentibus *MGRδ* 31 se *del. Graev.*

compendio cuiusque horum uel etiam .studio aut libidine honores exercitus impunitates supplicia largitus est, et quidem insciens plerumque et ignarus. ac ne singillatim minora quoque enumerem, reuocatas liberalitates eius, iudicia rescissa, suppositos aut etiam palam immutatos datorum officiorum codicillos: Appium Silanum consocerum suum Iuliasque, alteram Drusi, alteram Germanici filiam, crimine incerto nec defensione ulla data occidit, item Cn. Pompeium maioris
2 filiae uirum et L. Silanum minoris sponsum. ex quibus Pompeius in concubitu dilecti adulescentuli confossus est, Silanus abdicare se praetura ante IIII. Kal. Ian. morique initio anni coactus die ipso Claudi[i] et Agrippinae nuptiarum. in quinque et triginta senatores trecentosque amplius equites R. tanta facilitate animaduertit, ut, cum de nece consularis uiri renuntiante centurione factum esse quod imperasset, negaret quicquam se imperasse, nihilo minus rem comprobaret, affirmantibus libertis officio milites functos, quod ad
3 ultionem imperatoris ultro procucurrissent. nam illud omnem fidem excesserit quod nuptiis, quas Messalina cum adultero Silio fecerat, tabellas dotis et ipse consignauerit, inductus, quasi de industria simularentur ad auertendum transferendumque periculum, quod imminere ipsi per quaedam ostenta portenderetur.

30 Auctoritas dignitasque formae non defuit †et ueterum stanti uel sedenti ac praecipue quiescenti, nam et prolixo nec exili corpore erat et specie canitieque pulchra, opimis ceruicibus; ceterum et ingredientem destituebant poplites minus firmi, et remisse quid uel serio

---

2 impunitate *M*, -tem *Bentl.*, immunitates *Lips.* 3 est *del. Bentl.* 4 quaeque *GXII* 7 consocerem *X*, socerum *Momms.* 9 ulli *Graev.* 15 CCque *olim Büch.* 16 cum *om.* ϱς (*pars edd.*) 18 cum tamen *ante* nihilo *add.* *Υ* comprobarit *Bentl.* 22 silo *Q*, sili *MGLPO*, silani *S* 26 et ueterum *MGLPδ* (*inde* ei uerum *Bentl. Oud. probabiliter*), uel *Υ*, *om. OSTN*, ceterum ς, ei uel *G. Becker*, ei quidem uel *Polak*

agentem multa dehonestabant: risus indecens, ira turpior
spumante rictu, umentibus naribus, praeterea linguae
titubantia caputque cum semper tum in quantulocum-
que actu uel maxime tremulum. ualitudine sicut olim 31
graui, ita princeps prospera usus est excepto stomachi
dolore, quo se correptum etiam de consciscenda morte
cogitasse dixit.

Conuiuia agitauit et ampla et assidua ac fere paten- 32
tissimis locis, ut plerumque sesceni simul discumberent.
conuiuatus est et super emissarium Fucini lacus ac
paene summersus, cum emissa impetu aqua redun-
dasset. adhibebat omni cenae et liberos suos cum
pueris puellisque nobilibus, qui more ueteri ad fulcra
lectorum sedentes uescerentur. conuiuae, qui pridie
scyphum aureum subripuisse existimabatur, reuocato
in diem posterum calicem fictilem apposuit. dicitur
etiam meditatus edictum, quo ueniam daret flatum
crepitumque uentris in conuiuio emittendi, cum peri-
clitatum quendam prae pudore ex continentia reppe-
risset.

Cibi uinique quocumque et tempore et loco appeten- 33
tissimus, cognoscens quondam in Augusti foro ictusque
nidore prandii, quod in proxima Martis aede Saliis
apparabatur, deserto tribunali ascendit ad sacerdotes
unaque decubuit. nec temere umquam triclinio abs-
cessit nisi distentus ac madens, et ut statim supino
ac per somnum hianti pinna in os inderetur ad exone-
randum stomachum. somni breuissimi erat. nam ante 2
mediam noctem plerumque uigilabat, ut tamen interdiu
nonnumquam in iure dicendo obdormisceret uixque ab
aduocatis de industria uocem augentibus excitaretur.

2 humentibus *GXΥ*, tum- *Ruhnken* 9 sexcenteni (sesc- *R*) *ΥNT*, sexageni *Lips.* 13 qui *Υ'O*, ut *δ* *fort. recte, om. rel., at* ut *post* ueteri *add. G* 14 uescenti *LPO* 17 et flatum *GΥδ* 22 uictusque *X* 29 euigilabat *Casaub.* interdum *Ω*, *corr.* ς

libidinis in feminas profusissimae, marum omnino expers. aleam studiosissime lusit, de cuius arte librum quoque emisit, solitus etiam in gestatione ludere, ita essedo alueoque adaptatis ne lusus confunderetur.

34 Saeuum et sanguinarium natura fuisse, magnis minimisque apparuit rebus. tormenta quaestionum poenasque parricidarum repraesentabat exigebatque coram. cum spectare antiqui moris supplicium Tiburi concupisset et deligatis ad palum noxiis carnifex deesset, accitum ab urbe uesperam usque opperiri perseuerauit. quocumque gladiatorio munere, uel suo uel alieno, etiam forte prolapsos iugulari iubebat, maxime retia-
2 rios, ut expirantium facies uideret. cum par quoddam mutuis ictibus concidisset, cultellos sibi paruulos ex utroque ferro in usum fieri sine mora iussit. bestiaris meridianisque adeo delectabatur, ut et prima luce ad spectaculum descenderet et meridie dimisso ad prandium populo persederet praeterque destinatos etiam leui subitaque de causa quosdam committeret, de fabrorum quoque ac ministrorum atque id genus numero, si automatum uel pegma uel quid tale aliud parum cessisset. induxit et unum ex nomenculatoribus suis, sic ut erat togatus.

35 Sed nihil aeque quam timidus ac diffidens fuit. primis imperii diebus quanquam, ut diximus ⟨*c. 12*⟩, iactator ciuilitatis, neque conuiuia inire ausus est nisi ut speculatores cum lanceis circumstarent militesque uice ministrorum fungerentur, neque aegrum quemquam uisitauit nisi explorato prius cubiculo culcitisque et stragulis praetemptatis et excussis. reliquo autem tempore salutatoribus scrutatores semper apposuit, et qui-
2 dem omnibus et acerbissimos. sero enim ac uix remisit, ne feminae praetextatique pueri et puellae contrectarentur et ne cuius comiti aut librario calamariae et

---

8 expectare *MGδ*, et spectare *X* 18 pretorque destinatus *Γ* 23 togatum *Casaub.* 28 uicem *Bentl.* 34 aut graphiariae *uulg.*

graphiariae thecae adimerentur. motu ciuili cum eum
Camillus, non dubitans etiam citra bellum posse terreri,
contumeliosa et minaci et contumaci epistula cedere
imperio iuberet uitamque otiosam in priuata re agere,
dubitauit adhibitis principibus uiris an optemperaret.
quasdam insidias temere delatas adeo expauit, ut de- 36
ponere imperium temptauerit. quodam, ut supra ret-
tuli ⟨*c. 13*⟩, cum ferro circa sacrificantem se depre-
henso, senatum per praecones propere conuocauit lacri-
misque et uociferatione miseratus est condicionem suam,
cui nihil tuti usquam esset, ac diu publico abstinuit.
Messalinae quoque amorem flagrantissimum non tam
indignitate contumeliarum quam periculi metu abiecit,
cum adultero Silio adquiri imperium credidisset; quo
tempore foedum in modum trepidus ad castra confugit,
nihil tota uia quam essetne sibi saluum imperium
requirens. nulla adeo suspicio, nullus auctor tam leuis 37
extitit, a quo non mediocri scrupulo iniecto ad cauen-
dum ulciscendumque compelleretur. unus ex litigato-
ribus seducto in salutatione affirmauit, uidisse se per
quietem occidi eum a quodam; dein paulo post, quasi
percussorem agnosceret, libellum tradentem aduersarium
suum demonstrauit: confestimque is pro deprenso ad
poenam raptus est. pari modo oppressum ferunt Ap- 2
pium Silanum: quem cum Messalina et Narcissus con-
spirassent perdere, diuisis partibus alter ante lucem
similis attonito patroni cubiculum inrupit, affirmans
somniasse se uim ei ab Appio inlatam; altera in admi-
rationem formata sibi quoque eandem speciem aliquot
iam noctibus obuersari rettulit; nec multo post ex
composito inrumpere Appius nuntiatus, cui pridie ad
id temporis ut adesset praeceptum erat, quasi plane
repraesentaretur somnii fides, arcessi statim ac mori

---

1 et thecae *MGT* 23 deprehenso *GXR* 28 alter *MX* admiratione *GX* 29 firmata *X* 33 arceri ac statim *Lips.*

iussus est. nec dubitauit postero die Claudius ordinem rei gestae perferre ad senatum ac liberto gratias agere,
38 quod pro salute sua etiam dormiens excubaret. irae atque iracundiae conscius sibi, utramque excusauit edicto distinxitque, pollicitus alteram quidem breuem et innoxiam, alteram non iniustam fore. Ostiensibus, quia sibi subeunti Tiberim scaphas obuiam non miserint, grauiter correptis eaque cum inuidia, ut in ordinem se coactum conscriberet, repente tantum non
2 satis facientis modo ueniam dedit. quosdam in publico parum tempestiue adeuntis manu sua reppulit. item scribam quaestorium itemque praetura functum senatorem inauditos et innoxios relegauit, quod ille aduersus priuatum se intemperantius affuisset, hic in aedilitate inquilinos praediorum suorum contra uetitum cocta uendentes multasset uilicumque interuenientem flagellasset. qua de causa etiam coercitionem popinarum aedilibus ademit.

3 Ac ne stultitiam quidem suam reticuit simulatamque a se ex industria sub Gaio, quod aliter euasurus peruenturusque ad susceptam stationem non fuerit, quibusdam oratiunculis testatus est; nec tamen persuasit, cum intra breue tempus liber editus sit, cui index erat μωρῶν ἐπανάστασις, argumentum autem stultitiam neminem fingere.

39 Inter cetera in eo mirati sunt homines et obliuionem et inconsiderantiam, uel ut Graece dicam, μετεωρίαν et ἀβλεψίαν. occisa Messalina, paulo post quam in triclinio decubuit, cur domina non ueniret requisiit. multos ex iis, quos capite damnauerat, postero statim

4 utrumque ς 7 sibi *om. X* 9 ascriberet ς, scriberet *Roth* 10 facientib; *G*, facientes *ΠQ* modo ueniam ς, ueniam modo *Ω* 11 idem *MGX* (*non T*) 12 item *X* senatorum *M* 16 coacta *XT* 22 tamen *I. F. Gron.* (tamen ante *Urs.*), ante *Ω* (aut̃ *Π*[1]), sane *Büch.* 23 cum] quam *Xδ* 24 stultitiam ⟨stultum⟩ *Casaub.* 27 inconsiderationem *X* 28 quam] cum *Casaub.*

die et in consilium et ad aleae lusum admoneri iussit
et, quasi morarentur, ut somniculosos per nuntium in-
crepuit. ducturus contra fas Agrippinam uxorem, non 2
cessauit omni oratione filiam et alumnam et in gre-
mio suo natam atque educatam praedicare. adsci-
turus in nomen Neronem, quasi parum reprehenderetur,
quod adulto iam filio priuignum adoptaret, identidem
diuulgauit neminem umquam per adoptionem fa-
miliae Claudiae insertum.

Sermonis uero rerumque tantam saepe neglegen- 40
tiam ostendit, ut nec quis nec inter quos, quoue tem-
pore ac loco uerba faceret, scire aut cogitare existi-
maretur. cum de laniis ac uinariis ageretur, exclamauit
in curia: rogo uos, quis potest sine offula ui-
uere? descripsit⟨que⟩ abundantiam ueterum taberna-
rum, unde solitus esset uinum olim et ipse petere.
de quaesturae quodam candidato inter causas suffraga- 2
tionis suae posuit, quod pater eius frigidam aegro
sibi tempestiue dedisset. inducta teste in senatu:
haec, inquit, matris meae liberta et ornatrix
fuit, sed me patronum semper existimauit; hoc
ideo dixi, quod quidam sunt adhuc in domo
mea, qui me patronum non putant. sed et pro 3
tribunali Ostiensibus quiddam publice orantibus cum
excanduisset, nihil habere se uociferatus est, quare
eos demereatur; si quem alium, et se liberum
esse. nam illa eius cotidiana et plane omnium hora-
rum et momentorum erant: quid, ego tibi Tele-
genius uideor? et: *λάλ⟨ε⟩ι καὶ μὴ θίγγανε*, multaque
talia etiam priuatis deformia, nedum principi, neque
infacundo neque indocto, immo etiam pertinaciter libe-
ralibus studiis dedito.

---

1 in conuiuium. *Urs.* 6 familiae *post* nomen *add.* *Υ'* 15 descripsitque *Torr.*, descripsit etiam *N*, ac d. *Oud.*, et d. *Büch.* 17 quaesturae ς (*Beroald.*), questore Ω 27 illa eius] illius *X* 28 telegonius *GΥ*, Telegennius *Scalig.* 29 ΛΑΛΙ-ΚΑΙΜΕΘΙΝΓΑΝω *fere* Ω, *corr.* *Turn.*

41 Historiam in adulescentia hortante T. Liuio, Sul-
picio uero Flauo etiam adiuuante, scribere adgressus
est. et cum primum frequenti auditorio commisisset,
aegre perlegit refrigeratus saepe a semet ipso. nam
cum initio recitationis defractis compluribus subsellis
obesitate cuiusdam risus exortus esset, ne sedato qui-
dem tumultu temperare potuit, quin ex interuallo sub-
2 inde facti reminisceretur cachinnosque reuocaret. in
principatu quoque et scripsit plurimum et assidue
recitauit per lectorem. initium autem sumpsit histo-
riae post caedem Caesaris dictatoris, sed et transiit
ad inferiora tempora coepitque a pace ciuili, cum
sentiret neque libere neque uere sibi de superioribus
tradendi potestatem relictam, correptus saepe et a matre
et ab auia. prioris materiae duo uolumina, posterioris
3 unum et quadraginta reliquit. composuit et de uita
sua octo uolumina, magis inepte quam ineleganter;
item Ciceronis defensionem aduersus Asini Galli
libros satis eruditam. nouas etiam commentus est
litteras tres ac numero ueterum quasi maxime ne-
cessarias addidit; de quarum ratione cum priuatus ad-
huc uolumen edidisset, mox princeps non difficulter
optinuit ut in usu quoque promiscuo essent. extat
talis scriptura in plerisque libris ac diurnis titulisque
operum.

42 Nec minore cura Graeca studia secutus est, amorem
praestantiamque linguae occasione omni professus. cui-
dam barbaro Graece ac Latine disserenti: cum utro-
que, inquit, sermone nostro sis paratus; et in
commendanda patribus conscriptis Achaia, gratam
sibi prouinciam ait communium studiorum com-
mercio; ac saepe in senatu legatis perpetua oratione
respondit. multum uero pro tribunali etiam Homericis

5 *an* diffractis? 10 lectorũ *M* 11 sed *del. Müller ap. B.-Crus.* et *del. Torr.* 21 uolumen adhuc *MLPS*^{1}*R* (*corr S*^{2}) 24 ac] actis *Burm.* 29 nostro *om. X*

locutus est uersibus. quotiens quidem hostem uel insidiatorem ultus esset, excubitori tribuno signum de more poscenti non temere aliud dedit quam ⟨*Il. 24, 369 Od. 21, 133*⟩:

ἄνδρ' ἀπαμύνασθαι, ὅτε τις πρότερος χαλεπήνῃ.

Denique et Graecas scripsit historias, Tyrrhenicon **2** uiginti, Carchedoniacon octo. quarum causa ueteri Alexandriae Musio additum ex ipsius nomine ⟨nouum⟩; institutumque ut quotannis in altero Tyrrhenicon libri, in altero Carchedoniacon diebus statutis uelut in auditorio recitarentur toti a singulis per uices.

Sub exitu uitae signa quaedam nec obscura paeni- **43** tentis de matrimonio Agrippinae deque Neronis adoptione dederat, siquidem commemorantibus libertis ac laudantibus cognitionem, qua pridie quandam adulterii ream condemnarat, s i b i q u o q u e i n f a t i s e s s e iactauit o m n i a i m p u d i c a, s e d n o n i m p u n i t a m a t r i m o n i a; et subinde obuium sibi Britannicum artius complexus hortatus est, u t c r e s c e r e t r a t i o n e m q u e a s e o m n i u m f a c t o r u m a c c i p e r e t; Graeca insuper uoce prosecutus: *ὁ τρώσας ἰάσεται.* cumque impubi teneroque adhuc, quando statura permitteret, togam dare destinasset, adiecit: u t t a n d e m p o p u l u s R. u e r u m C a e s a r e m h a b e a t. non multoque post testamentum **44** etiam conscripsit ac signis omnium magistratuum obsignauit. prius igitur quam ultra progrederetur, praeuentus est ab Agrippina, quam praeter haec con-

5 ΑΝΔΡΑΕΠ- *Ω*, *ἄνδρ' ἐπ-* *uulg.* ΧΑΛΕΠΕΛΙΝΕΙ *M*, -ΠΕΝΕΙ *LS*, -ΠΑΙΝΕΙ *R*, -ΠΗΑΙΝΕΙ *rel.*, *corr. Torr.* 8 ex] et *Torr.*, est *Bentl.* ⟨nouum⟩ *Drechsler* (*Ztschr. f. öst. Gymn. 1890 p. 195*); alterum *suppl. Urs.*, Claudieum *Roth*, aliud *Polak* (*post* Musio *omnes*) 10 statis *Urs.* 19 ut *del. Bentl.* 21 rectas facite *ante graeca add. X* ΟΘΩϹΑϹ *M*, ΟΕΡΩϹΑΕ *L et fere S* *ἰάσεται m. rec. in marg. P* (*καὶ ἰάσεται P. Victorius fort. rectius*, *σε ἰάσεται Bentl.*), ΠΕΙϹΕΤΑΙ (-ΑΤΑΙ *ΥΡΤ*) *Ω*

scientia quoque nec minus delatores multorum criminum arguebant.

2 Et ueneno quidem occisum conuenit; ubi autem et per quem dato, discrepat. quidam tradunt epulanti in arce cum sacerdotibus per Halotum spadonem praegustatorem; alii domestico conuiuio per ipsam Agrippinam, quae boletum medicatum auidissimo ciborum talium optulerat. etiam de subsequentibus diuersa fama
3 est. multi statim hausto ueneno obmutuisse aiunt excruciatumque doloribus nocte tota defecisse prope lucem. nonnulli inter initia consopitum, deinde cibo affluente euomuisse omnia, repetitumque toxico, incertum pultine addito, cum uelut exhaustum refici cibo oporteret, an immisso per clystera[m], ut quasi abundantia laboranti etiam hoc genere egestionis subueni-
45 retur. mors eius celata est, donec circa successorem omnia ordinarentur. itaque et quasi pro aegro adhuc uota suscepta sunt et inducti per simulationem comoedi, qui uelut desiderantem oblectarent. excessit III. Id.
a. 54 p. C. Octob. Asinio Marcello Acilio Auiola coss. sexagesimo quarto aetatis, imperii quarto decimo anno, funeratusque est sollemni principum pompa et in numerum deorum relatus; quem honorem a Nerone destitutum abolitum-
46 que recepit mox per Vespasianum. praesagia mortis eius praecipua fuerunt: exortus crinitae stellae, quam cometen uocant, tactumque de caelo monumentum Drusi patris, et quod eodem anno ex omnium magistratuum genere plerique mortem obierant. sed nec ipse ignorasse aut dissimulasse ultima uitae suae tempora uidetur, aliquot quidem argumentis. nam et cum

---

2 acuebant *Bentl.*, urguebant *Madv.* 7 ualidissimo *MGδ* 11 nonnolli propter *M* 12 afluente *M* 14 clysteram (-re *T*) *MX*, -rum *G*, -rem *T*, *corr.* ς 16 eius mors *X* 19 oblectaret *M* 21 aetatis *usque* decimo *om. M* 23 destitutum *del. Graev.*, desitum *Bentl.* abolitum (*sine* que) *MXδ*, *del. G. Becker*, ⟨tum⟩ abol. *Büch.* 25 quam — uocant *del. G. Becker* 27 omni *Bentl.*

consules designaret, neminem ultra mensem quo obiit designauit, et in senatu, cui nouissime interfuit, multum ad concordiam liberos suos cohortatus, utriusque aetatem suppliciter patribus commendauit, et in ultima cognitione pro tribunali accessisse ad finem mortalitatis, quanquam abominantibus qui audiebant, semel atque iterum pronuntiauit.

---

5 accessisse se *GT*

C. SVETONI TRANQVILLI

DE VITA CAESARVM

LIBER VI

NERO

1 Ex gente Domitia duae familiae claruerunt, Calui-
norum et A⟨h⟩enobarborum. A⟨h⟩enobarbi auctorem
originis itemque cognominis habent L. Domitium, cui
rure quondam reuertenti iuuenes gemini augustiore
forma ex occursu imperasse traduntur, nuntiaret senatui
ac populo uictoriam, de qua incertum adhuc erat;
atque in fidem maiestatis adeo permulsisse malas, ut e
nigro rutilum aerique adsimilem capillum redderent.
quod insigne mansit et in posteris eius, ac magna pars
2 rutila barba fuerunt. functi autem consulatibus septem,
triumpho censuraque duplici et inter patricios adlecti
perseuerauerunt omnes in eodem cognomine. ac ne
praenomina quidem ulla praeterquam Gnaei et Luci
usurparunt; eaque ipsa notabili uarietate, modo con-
tinuantes unum quodque per trinas personas, modo
alternantes per singulas. nam primum secundumque
ac tertium A⟨h⟩enobarborum Lucios, sequentis rursus
tres ex ordine Gnaeos accepimus, reliquos non nisi
uicissim tum Lucios tum Gnaeos. pluris e familia
cognosci referre arbitror, quo facilius appareat ita
degenerasse a suorum uirtutibus Nero, ut tamen uitia

---

4 auctiores M^1 (*corr. m. 1*)

cuiusque quasi tradita et ingenita ret⟨t⟩ulerit. ut igi- 2
tur paulo altius repetam, atauus eius Cn. Domitius in
tribunatu pontificibus offensior, quod alium quam se
in patris sui locum cooptassent, ius sacerdotum subro-
gandorum a collegiis ad populum transtulit; at in con-
sulatu Allobrogibus Aruernisque superatis elephanto
per prouinciam uectus est turba militum quasi inter
sollemnia triumphi prosequente. in hunc dixit Licinius 2
Crassus orator non esse mirandum, quod aeneam
barbam haberet, cui os ferreum, cor plumbeum
esset. huius filius praetor C. Caesarem abeuntem con-
sulatu, quem aduersus auspicia legesque gessisse exi-
stimabatur, ad disquisitionem senatus uocauit; mox
consul imperatorem ab exercitibus Gallicis retrahere
temptauit successorque ei per factionem nominatus
principio ciuilis belli ad Corfinium captus est. unde 3
dimissus Massiliensis obsidione laborantis cum aduentu
suo confirmasset, repente destituit acieque demum
Pharsalica occubuit; uir neque satis constans et ingenio
truci in desperatione rerum mortem timore appetitam
ita expauit, ut haustum uenenum paenitentia euomuerit
medicumque manumiserit, quod sibi prudens ac sciens
minus noxium temperasset. consultante autem Cn. Pom-
peio de mediis ac neutram partem sequentibus solus
censuit hostium numero habendos.

Reliquit filium omnibus gentis suae procul dubio 3
praeferendum. is inter conscios Caesarianae necis
quamquam insons damnatus lege Pedia, cum ad Cassium
Brutumque se propinqua sibi cognatione iunctos con-
tulisset, post utriusque interitum classem olim com-
missam retinuit, auxit etiam, nec nisi partibus ubique
profligatis M. Antonio sponte et ingentis meriti loco

4 cumoptassent *M*[1], coapt- *T′δ* 6 auernisque superantis *M* (auern- *etiam GQR*) 8 lucinius *Mδ* 17 massiliensi *X*, -ses *GT* 20 truci ⟨qui⟩ *Polak* temere *Bentl.* 31 nisi] sibi *M*

2 tradidit. solusque omnium ex iis, qui pari lege damnati erant, restitutus in patriam amplissimos honores percucurrit; ac subinde redintegrata dissensione ciuili, eidem Antonio legatus, delatam sibi summam imperii ab iis, quos Cleopatrae pudebat, neque suscipere neque recusare fidenter propter subitam ualitudinem ausus, transiit ad Augustum et in diebus paucis obiit, nonnulla et ipse infamia aspersus. nam Antonius eum desiderio amicae Seruiliae Naidis transfugisse iactauit.

4 Ex hoc Domitius nascitur, quem emptorem familiae pecuniaeque in testamento Augusti fuisse mox uulgo notatum est, non minus aurigandi arte in adulescentia clarus quam deinde ornamentis triumphalibus ex Germanico bello. uerum arrogans, profusus, immitis censorem L. Plancum uia sibi decedere aedilis coegit; praeturae consulatusque honore equites R. matronasque ad agendum mimum produxit in scaenam. uenationes et in circo et in omnibus urbis regionibus dedit, munus etiam gladiatorium, sed tanta saeuitia, ut necesse fuerit
5 Augusto clam frustra monitum edicto coercere. ex Antonia maiore patrem Neronis procreauit omni parte uitae detestabilem, siquidem comes ad Orientem C. Caesaris iuuenis, occiso liberto suo, quod potare quantum iubebatur recusarat, dimissus e cohorte amicorum nihilo modestius uixit; sed et in uiae Appiae uico repente puerum citatis iumentis haud ignarus obtriuit et Romae medio foro cuidam equiti R. liberius iurganti oculum
2 eruit; perfidiae uero tantae, ut non modo argentarios pretiis rerum coemptarum, sed et in praetura mercede palmarum aurigarios fraudauerit, notatus ob haec et sororis ioco ⟨......⟩ querentibus dominis factionum re-

---

5 neq. recusare neq. suscipere *Polak* 15 uia *om.* *T* 18 edidit *Bentl.* 25 repentem δ (*Gujetus*) 26 haut *MGS* gnarus *MRδ* 29 et *om.* *M* 31 sororis] Caesaris *Urs.*, Neronis Caesaris *Oud.* ioco ς *et pro u. l.* *R*, loco Ω *ante* querentibus (quaer- *MR*) *suppl.* quae *Casaub.*, qui *Urs.* *Oud.*, *at plura deesse uidentur* (et Tiberi edicto qui *prop.* *Büch.*)

praesentanda praemia in posterum sanxit. maiestatis quoque et adulteriorum incestique cum sorore Lepida sub excessu Tiberi reus, mutatione temporum euasit decessitque Pyrgis morbo aquae intercutis, sublato filio Nerone ex Agrippina Germanico genita.

Nero natus est Anti post VIIII. mensem quam 6
Tiberius excessit, XVIII. Kal. Ian. tantum quod exoriente sole, paene ut radiis prius quam terra contingeretur. de genitura eius statim multa et formidulosa multis coiectantibus praesagio fuit etiam Domiti[i] patris uox, inter gratulationes amicorum n e g a n t i s q u i c q u a m e x s e e t A g r i p p i n a n i s i d e t e s t a b i l e e t m a l o p u b l i c o n a s c i p o t u i s s e. eiusdem futurae in- 2
felicitatis signum euidens die lustrico extitit; nam C. Caesar, rogante sorore ut infanti quod uellet nomen daret, intuens Claudium patruum suum, a quo mox principe Nero adoptatus est, e i u s s e dixit d a r e, neque ipse serio sed per iocum et aspernante Agrippina, quod tum Claudius inter ludibria aulae erat.

Trimulus patrem amisit; cuius ex parte tertia heres, 3
ne hanc quidem integram cepit correptis per coheredem Gaium uniuersis bonis. et subinde matre etiam relegata paene inops atque egens apud amitam Lepidam nutritus est sub duobus paedagogis saltatore atque tonsore. uerum Claudio imperium adepto non solum paternas opes reciperauit, sed et Crispi Passieni uitrici sui hereditate ditatus est. gratia quidem et potentia reuoca- 4
tae restitutaeque matris usque eo floruit, ut emanaret in uulgus missos a Messalina uxore Claudi[i], qui eum meridiantem, quasi Britannici aemulum, strangularent. additum fabulae †ad eosdem dracone e puluino se pro-

---

1 sanxit] dixit *Lips.*, suasit *Polak* 6 Anti *Roth* (Antii *Turn. et margo P*), ante Ω post *om. T* nonum *GRT*, nouem *et tum* menses $\Pi\varsigma$ 9 formidol- Ω 13 felicitatis *Urs.* 16 patrum *M*, patrem *Q* 25 uero claudio *M*, claudio uero *G*δ 28 emanarit *Lips.* 29 uxore Claudi *del. Polak* 31 ad *MLP*, at *G*, et *T*, *om. OSI recte puto* (addita fabula est *Lips.*)

ferente conterritos refugisse. quae fabula exorta est deprensis in lecto eius circum ceruicalia serpentis exuuiis; quas tamen aureae armillae ex uoluntate matris inclusas dextro brachio gestauit aliquamdiu ac taedio tandem maternae memoriae abiecit rursusque extremis suis rebus frustra requisiit.

7 Tener adhuc necdum matura pueritia circensibus ludis Troiam constantissime fauorabiliterque lusit. undecimo aetatis anno a Claudio adoptatus est Annaeoque Senecae iam tunc senatori in disciplinam traditus. ferunt Senecam proxima nocte uisum sibi per quietem C. Caesari praecipere, et fidem somnio Nero breui fecit prodita immanitate naturae quibus primum potuit experimentis. namque Britannicum fratrem, quod se post adoptionem A⟨h⟩enobarbum ex consuetudine salutasset, ut subditiuum apud patrem arguere conatus est. amitam autem Lepidam ream testimonio coram afflixit gratificans matri, a qua rea premebatur.

2 Deductus in forum tiro populo congiarium, militi donatiuum proposuit indictaque decursione praetorianis scutum sua manu praetulit; exin patri gratias in senatu egit. apud eundem consulem pro Bononiensibus Latine, pro Rhodis atque Iliensibus Graece uerba fecit. auspicatus est et iuris dictionem praefectus urbi sacro Latinarum, celeberrimis patronis non tralaticias, ut assolet, et breuis, sed maximas plurimasque postulationes certatim ingerentibus, quamuis interdictum a Claudio esset. nec multo post duxit uxorem Octauiam ediditque pro Claudi salute circenses et uenationem.

8 Septemdecim natus annos, ut de Claudio palam factum est, inter horam sextam septimamque processit ad excubitores, cum ob totius diei diritatem non aliud

1 fabulae *M* 7 pueritiae *M* (*inde* maturae pueritiae *Graev.*, maturus pueritiae *Bentl.*) 8 duodecimo *Lips.*, tertio decimo *Torr.* 11 fuerunt *M*[1] 18 qua reprimebatur *X* 21 exinde *Π*, exhinc *X* 24 praefectis *ΠQ* urbis sacro *G*, urbis atque *T*

auspicandi tempus accommodatius uideretur; proque Palati gradibus imperator consalutatus lectica in castra et inde raptim appellatis militibus in curiam delatus est discessitque iam uesperi, ex immensis, quibus cumulabatur, honoribus tantum patris patriae nomine recusato propter aetatem.

Orsus hinc a pietatis ostentatione Claudium appa- 9
ratissimo funere elatum laudauit ⟨et⟩ consecrauit. memoriae Domiti[i] patris honores maximos habuit. matri summam omnium rerum priuatarum publicarumque permisit. primo etiam imperii die signum excubanti tribuno dedit optimam matrem ac deinceps eiusdem saepe lectica per publicum simul uectus est. Antium coloniam deduxit ascriptis ueteranis e praetorio additisque per domicilii translationem ditissimis primipilarium; ubi et portum operis sumptuosissimi fecit.

Atque ut certiorem adhuc indolem ostenderet, ex 10
Augusti praescripto imperaturum se professus, neque liberalitatis neque clementiae, ne comitatis quidem exhibendae ullam occasionem omisit. grauiora uectigalia aut aboleuit aut minuit. praemia delatorum Papiae legis ad quartas redegit. diuisis populo uiritim quadringenis nummis senatorum nobilissimo cuique, sed a re familiari destituto annua salaria et quibusdam quingena constituit, item praetorianis cohortibus frumentum menstruum gratuitum. et cum de supplicio 2
cuiusdam capite damnati ut ex more subscriberet admoneretur: quam uellem, inquit, nescire litteras. omnis ordines subinde ac memoriter salutauit. agenti senatui gratias respondit: cum meruero. ad campe-

1 auspicanti *Bentl.* 2 consulatatus *M*(Π^1?), consultatus Π^2*RT*, consulatus *GQ* 8 et *add.* ς (consecrauitque *edd. Rom.*) 13 est *om. X* 17 mitiorem ς, rectiorem *Polak* 20 omisit (obm- *T*) *RL*^{2}*S*^{2}*TN*, emisit *rel.* (*Ω*) 22 quadrigenis *MGLR*, quadrag- *rel., corr. S* (ĩ *in ras.*) 23 sadare *M*, sed re *X* 27 ut *om. R* 28 nescirem *Bentl.* (*cf. Sen. clem. II 1, 2*) 29 ordine *edd. Gryphii*

stres exercitationes suas admisit et plebem declamauitque saepius publice; recitauit et carmina, non modo domi sed et in theatro, tanta uniuersorum laetitia, ut ob recitationem supplicatio decreta sit eaque pars carminum aureis litteris Ioui Capitolino dicata.

11 Spectaculorum plurima et uaria genera edidit: iuuenales, circenses, scaenicos ludos, gladiatorium munus. iuuenalibus senes quoque consulares anusque matronas recepit ad lusum. circensibus loca equiti secreta a ceteris tribuit commisitque etiam camelorum quadrigas.
2 ludis, quos pro aeternitate imperii susceptos appellari maximos uoluit, ex utroque ordine et sexu plerique ludicras partes sustinuerunt; notissimus eques R. elephanto supersidens per catadromum decucurrit; inducta Afrani togata, quae Incendium ⟨in⟩scribitur, concessumque ut scaenici ardentis domus supellectilem diriperent ac sibi haberent; sparsa et populo missilia omnium rerum per omnes dies: singula cotidie milia auium cuiusque generis, multiplex penus, tesserae frumentariae, uestis, aurum, argentum, gemmae, margaritae, tabulae pictae, mancipia, iumenta atque etiam
12 mansuetae ferae, nouissime naues, insulae, agri. hos ludos spectauit e proscaeni fastigio. munere, quod in amphitheatro ligneo regione Martii campi intra anni spatium fabricato dedit, neminem occidit, ne noxiorum quidem. exhibuit autem ad ferrum etiam quadringentos senatores sescentosque equites Romanos et quosdam fortunae atque existimationis integrae, ex isdem ordinibus confectores quoque ferarum et uaria harenae ministeria. exhibuit et naumachiam marina aqua innantibus beluis; item pyrrichas quasdam e numero epheborum, quibus post editam operam diplomata

---

3 et *om. X* 4 eaque] atque *Υ* 14 gatadromum *Ω*, *corr.* *ς* 15 inscrib- *Erasm.* 19 auium *Gς*, aulum *rel.* 26 quadragenos s. sexagenosque *Lips.* 31 ad pyrrichas quosdam *Ern.*, pyrrichistas quosdam *Madv.* e] c *Oud.* 32 edictam *MGRX* (*non T*)

ciuitatis Romanae singulis optulit. inter pyrricharum 2
argumenta taurus Pasiphaam ligneo iuuencae simulacro
abditam iniit, ut multi spectantium crediderunt; Icarus
primo statim conatu iuxta cubiculum eius decidit ipsum-
que cruore respersit. nam perraro praesidere, ceterum
accubans, paruis primum foraminibus, deinde toto podio
adaperto spectare consueuerat.

Instituit et quinquennale certamen primus omnium 3
Romae more Graeco triplex, musicum gymnicum eque-
stre, quod appellauit Neronia; dedicatisque thermis
atque gymnasio senatui quoque et equiti oleum prae-
buit. magistros toto certamini praeposuit consulares
sorte, sede praetorum. deinde in orchestram senatum-
que descendit et orationis quidem carminisque Latini
coronam, de qua honestissimus quisque contenderat,
ipsorum consensu concessam sibi recepit, citharae
autem a iudicibus ad se delatam adorauit ferrique ad
Augusti statuam iussit. gymnico, quod in Saeptis 4
edebat, inter buthysiae apparatum barbam primam
posuit conditamque in auream pyxidem et pretiosissi-
mis margaritis adornatam Capitolio consecrauit. ad
athletarum spectaculum inuitauit et uirgines Vestales,
quia Olympiae quoque Cereris sacerdotibus spectare
conceditur.

Non immerito inter spectacula ab eo edita et Tiri- 13
datis in urbem introitum ret⟨t⟩ulerim. quem Armeniae
regem magnis pollicitationibus sollicitatum, cum desti-
nato per edictum die ostensurus populo propter nubi-
lum distulisset, produxit quo oportunissime potuit,
dispositis circa fori templa armatis cohortibus, curuli
residens apud rostra triumphantis habitu inter signa
militaria atque uexilla. et primo per deuexum pulpi- 2

2 pasiphaan *M*, -phan *uel*- pham *rel.* (*cf. Galb.* 2) 7 consuerat M^2XR 12 toti ς 13 sorte ductos sed et praetorios *Bentl.* (sed et pr. *iam Steph.*) 20 et *del. Bentl.* 23 Olympia *Casaub.* 29 detulisset eproduxit *M* (de *in* dis *corr. m.* 2)

tum subeuntem admisit ad genua adleuatumque dextra exosculatus est, dein precanti tiara[m] deducta[m] diadema inposuit, uerba supplicis interpretata praetorio uiro multitudini pronuntiante; perductum inde in theatrum ac rursus supplicantem iuxta se latere dextro conlocauit. ob quae imperator consalutatus, laurea in Capitolium lata, Ianum geminum clausit, tamquam nullo residuo bello.

14 Consulatus quattuor gessit: primum bimenstrem, secundum et nouissimum semenstres, tertium quadrimenstrem; medios duos continuauit, reliquos inter
15 annua spatia uariauit. in iuris dictione postulatoribus nisi sequenti die ac per libellos non temere respondit. cognoscendi morem eum tenuit, ut continuis actionibus omissis singillatim quaeque per uices ageret. quotiens autem ad consultandum secederet, neque in commune quicquam neque propalam deliberabat, sed et conscriptas ab uno quoque sententias tacitus ac secreto legens, quod ipsi libuisset perinde atque pluribus idem uideretur pronuntiabat.

2 In curiam libertinorum filios diu non admisit; admissis a prioribus principibus honores denegauit. candidatos, qui supra numerum essent, in solacium dilationis ac morae legionibus praeposuit. consulatum in senos plerumque menses dedit. defunctoque circa Kal. Ian. altero e consulibus neminem substituit improbans exemplum uetus Canini Rebili uno die consulis. triumphalia ornamenta etiam quaestoriae dignitatis et nonnullis ex equestri ordine tribuit nec utique de causa militari. de quibusdam rebus orationes ad

2 tiara deducta ς, diariam deductam Ω 6 consulatus *MG* 7 tamquam nullo *Faernus et Lips.*, tam nullo quam Ω, iam nullo quasi *Gron.* 9 bimestrum *M* 12 postulantibus *Reines.* 14 in cognoscendo *Υ′* 15 ageret *Υ′ uix recte*, *om. MGLP*, quaereret *Büch.* 18 et *om.* ς (*Urs.*) 21 admissis a *GΥ*, admissa *M*, admissos *X* (-os *in L corr. ex* -is) 29 nonnullis et *Lips.* 30 sed et *post* militari *add. Υ* de quibusdam rebus *del. G. Becker*

senatum missas praeterito quaestoris officio per consulem plerumque recitabat. formam aedificiorum urbis 16 nouam excogitauit et ut ante insulas ac domos porticus essent, de quarum solariis incendia arcerentur; easque sumptu suo extruxit. destinarat etiam Ostia tenus moenia promouere atque inde fossa mare ueteri urbi inducere.

Multa sub eo et animaduersa seuere et coercita nec 2 minus instituta: adhibitus sumptibus modus; publicae cenae ad sportulas redactae; interdictum ne quid in popinis cocti praeter legumina aut holera ueniret, cum antea nullum non obsonii genus proponeretur; afflicti suppliciis Christiani, genus hominum superstitionis nouae ac maleficae; uetiti quadrigariorum lusus, quibus inueterata licentia passim uagantibus fallere ac furari per iocum ius erat; pantomimorum factiones cum ipsis simul relegatae; aduersus falsarios tunc primum reper- 17 tum, ne tabulae nisi pertusae ac ter lino per foramina traiecto obsignarentur; cautum ut testamentis primae duae cerae testatorum modo nomine inscripto uacuae signaturis ostenderentur, ac ne qui alieni testamenti scriptor legatum sibi ascriberet; item ut litigatores pro patrociniis certam iustamque mercedem, pro subsellis nullam omnino darent praebente aerario gratuita; utque rerum actu ab aerario causae ad forum ac reciperatores transferrentur et ut omnes appellationes a iudicibus ad senatum fierent.

Augendi propagandique imperii neque uoluntate ulla 18 neque spe motus umquam, etiam ex Britannia deducere exercitum cogitauit, nec nisi uerecundia, ne obtrectare parentis gloriae uideretur, destitit. Ponti modo regnum concedente Polemone, item Alpium defuncto Cottio in prouinciae formam redegit.

---

3 et *del. Ern.* 4 quarum *ΠQ*, quorum *rel.* (*Ω*) 5 ostiam *MG*Π^2*R* 11 uenirent *MLP* 12 affecti *Steph.* (*cf. Oros. VII 7, 10*) 19 ut] ut in *T* 25 causae *del. Madv.* 30 ne] nec *M* 31 gloriam *X*

19 Peregrinationes duas omnino suscepit, Alexandrinam et Achaicam; sed Alexandrina ipso profectionis die destitit turbatus religione simul ac periculo. nam cum circumitis templis in aede Vestae resedisset, consurgenti ei primum lacinia obhaesit, dein tanta oborta
2 caligo est, ut dispicere non posset. in Achaia Isthmum perfodere adgressus praetorianos pro contione ad incohandum opus cohortatus est tubaque signo dato primus rastello humum effodit et corbulae congestam umeris extulit. parabat et ad Caspias portas expeditionem conscripta ex Italicis senum pedum tironibus noua legione, quam Magni Alexandri phalanga appellabat.

3 Haec partim nulla reprehensione, partim etiam non mediocri laude digna in unum contuli, ut secernerem a probris ac sceleribus eius, de quibus dehinc dicam.

20 Inter ceteras disciplinas pueritiae tempore imbutus et musica, statim ut imperium adeptus est, Terpnum citharoedum uigentem tunc praeter alios arcessiit diebusque continuis post cenam canenti in multam noctem assidens paulatim et ipse meditari exercerique coepit neque eorum quicquam omittere, quae generis eius artifices uel conseruandae uocis causa uel augendae factitarent; sed et plumbeam chartam supinus pectore sustinere et clystere uomituque purgari et abstinere pomis cibisque officientibus; donec blandiente profectu, quamquam exiguae uocis et fuscae, prodire in scaenam concupiit, subinde inter familiares Graecum prouerbium iactans occultae musicae nullum esse respec-
2 tum. et prodit Neapoli primum ac ne concusso quidem repente motu terrae theatro ante cantare destitit,

---

2 alexandrinam *codd. praeter GΠT*, alexandrina in *Oud.* 3 destituit ϱϛ, deseruit *Bentl.* simul religione *Υ* 4 cum *om. M, hic habent ΠQδ, post* templis *GRX* circuitis *GΥ'* 6 dispicere ϛ despicere Ω 11 conscriptam *MGLPR* 26 potibus *uel* pomatis *Reines.* 30 prodiit *ΥT* neapolim *codd. praeter ΠQ*

quam incohatum absolueret nomon. ibidem saepius et per complures cantauit dies; sumpto etiam ad reficiendam uocem breui tempore, impatiens secreti a balineis in theatrum transiit mediaque in orchestra frequente populo epulatus, si paulum subbibisset, aliquid se sufferi tinniturum Graeco sermone promisit. captus 3 autem modulatis Alexandrinorum laudationibus, qui de nouo commeatu Neapolim confluxerant, plures Alexandria euocauit. neque eo segnius adulescentulos equestris ordinis et quinque amplius milia e plebe robustissimae iuuentutis undique elegit, qui diuisi in factiones plausuum genera condiscerent — bombos et imbrices et testas uocabant — operamque nauarent cantanti sibi, insignes pinguissima coma et excellentissimo cultu, pu[e]ris ac sine anulo laeuis, quorum duces quadringena milia sestertia merebant.

Cum magni aestimaret cantare etiam Romae, Nero- 21 neum agona ante praestitutam diem reuocauit flagitantibusque cunctis caelestem uocem respondit quidem in hortis se copiam uolentibus facturum, sed adiuuante uulgi preces etiam statione militum, quae tunc excubabat, repraesentaturum se pollicitus est libens; ac sine mora nomen suum in albo profitentium citharoedorum iussit ascribi sorticulaque in urnam cum ceteris demissa intrauit ordine suo, simul praefecti praetorii citharam sustinentes, post tribuni militum iuxtaque amicorum intimi. utque constitit, peracto 2 principio, Niobam se cantaturum per Cluuium Rufum consularem pronuntiauit et in horam fere decimam perseuerauit coronamque eam et reliquam certa-

---

5 epulat *Mδ*, epulans *Salm.* 6 sufferi *MG*, sufferri *rei*, sufferti *ed. Ven. I* 15 puris P^2 (*Bentl.*), pueris *MXδ*, pueri *GT*, pueros S^2, purpureis *Roth* ac] nec *Gς* laeuis *G* (*et in P m. rec.*), laeuiis *M*, leuis *T*, leuiis *ST*, uelis *LPO*, laenis *Roth* 16 quadragena *T* sestertium *uel* HS *uulg.*, *abesse mauult Oud.* 26 post] pro *M* 28 niobâ *G*, -ban *MT*, -bem *X*

minis partem in annum sequentem distulit, ut saepius
canendi occasio esset. quod cum tardum uideretur,
non cessauit identidem se publicare. dubitauit etiam
an priuatis spectaculis operam inter scaenicos daret
3 quodam praetorum sestertium decies offerente. tragoe-
dias quoque cantauit personatus heroum deorumque,
item heroidum ac dearum, personis effectis ad simili-
tudinem oris sui et feminae, prout quamque diligeret.
inter cetera cantauit Canac[h]en parturientem, Oresten
matricidam, Oedipodem excaecatum, Herculem insa-
num. in qua fabula fama est tirunculum militem posi-
tum ad custodiam aditus, cum eum ornari ac uinciri
catenis, sicut argumentum postulabat, uideret, accurrisse
ferendae opis gratia.

22 Equorum studio uel praecipue ab ineunte aetate
flagrauit plurimusque illi sermo, quanquam uetaretur,
de circensibus erat; et quondam tractum prasini agi-
tatorem inter condiscipulos querens, obiurgante paeda-
gogo, de Hectore se loqui ementitus est. sed cum
inter initia imperii eburneis quadrigis cotidie in abaco
luderet, ad omnis etiam minimos circenses e secessu
commeabat, primo clam, deinde propalam, ut nemini
2 dubium esset eo die utique affuturum. neque dissimu-
labat uelle se palmarum numerum ampliari; quare
spectaculum multiplicatis missibus in serum protrahe-
batur, ne dominis quidem iam factionum dignantibus
nisi ad totius diei cursum greges ducere. mox et ipse
aurigare atque etiam spectari saepius uoluit positoque
in hortis inter seruitia et sordidam plebem rudimento
uniuersorum se oculis in circo maximo praebuit, ali-
quo liberto mittente mappam unde magistratus solent.

3 non dubitauit *STN* 4 an ϱς, in *MGT, om. XN* daret *MGTϱ,* dare *XN* 5 quaedam *M* 8 quam *M*[1] 10 ędipodē *G*, -den *rel.* 12 onerari *in marg. ed. Gryphii* 16 fraglauit *MLS* 17 prasim *LST*, prasū *P*, prasiniū *G*, prasinum ς (*edd.*) 18 magistro *T* 24 ampliare *ΠQST* 25 protrahebantur *MT* 31 libertorum *Bentl.*

nec contentus harum artium experimenta Romae de- 3
disse, Achaiam, ut diximus ⟨*c. 19*⟩, petit hinc maxime
motus. instituerant ciuitates, apud quas musici agones
edi solent, omnes citharoedorum coronas ad ipsum
mittere. eas adeo grate recipiebat, ut legatos, qui per-
tulissent, non modo primos admitteret, sed etiam fa-
miliaribus epulis interponeret. a quibusdam ex his
rogatus ut cantaret super cenam, exceptusque effusius,
solos scire audire Graecos solosque se et studiis
suis dignos ait. nec profectione dilata, ut primum
Cassiopen traiecit, statim ad aram Iouis Cassii cantare
auspicatus certamina deinceps obiit omnia. nam et **23**
quae diuersissimorum temporum sunt, cogi in unum
annum, quibusdam etiam iteratis, iussit et Olympiae
quoque praeter consuetudinem musicum agona com-
misit. ac ne quid circa haec occupatum auocaret deti-
neretue, cum praesentia eius urbicas res egere a liberto
Helio admoneretur, rescripsit his uerbis: quamuis
nunc tuum consilium sit et uotum celeriter
reuerti me, tamen suadere et optare potius
debes, ut Nerone dignus reuertar.

Cantante eo ne necessaria quidem causa excedere 2
theatro licitum est. itaque et enixae quaedam in
spectaculis dicuntur et multi taedio audiendi laudan-
dique clausis oppidorum portis aut furtim desiluisse
de muro aut morte simulata funere elati. quam autem
trepide anxieque certauerit, quanta aduersariorum aemu-
latione, quo metu iudicum, uix credi potest. aduer-
sarios, quasi plane condicionis eiusdem, obseruare,
captare, infamare secreto, nonnumquam ex occursu
maledictis incessere ac, si qui arte praecellerent, con-
rumpere etiam solebat. iudices autem prius quam in- 3
ciperet reuerentissime adloquebatur, omnia se fa-
cienda fecisse, sed euentum in manu esse For-

7 ⟨et⟩ a *Bentl.* 11 casii N^1ς 22 nec *HT* 23 est] erat *X* 25 clusis *MQ* oppidorum *del. Polak* 26 funere *del. G. Becker*

tunae; illos ut sapientis et doctos uiros fortuita debere excludere; atque, ut auderet hortantibus, aequiore animo recedebat, ac ne sic quidem sine sollicitudine, taciturnitatem pudoremque quorundam pro tristitia et malignitate arguens suspectosque sibi dicens

24 in certando uero ita legi oboediebat, ut numquam excreare ausus sudorem quoque frontis brachio detergeret; atque etiam in tragico quodam actu, cum elapsum baculum cito resumpsisset, pauidus et metuens ne ob delictum certamine summoueretur, non aliter confirmatus est quam adiurante hypocrita non animaduersum id inter exultationes succlamationesque populi. uictorem autem se ipse pronuntiabat; qua de causa et praeconio ubique contendit. ac ne cuius alterius hieronicarum memoria aut uestigium extaret usquam, subuerti et unco trahi abicique in latrinas omnium statuas

2 et imagines imperauit. aurigauit quoque plurifariam, Olympiis uero etiam decemiugem, quamuis id ipsum in rege Mithradate carmine quodam suo reprehendisset; sed excussus curru ac rursus repositus, cum perdurare non posset, destitit ante decursum; neque eo setius coronatus est. decedens deinde prouinciam uniuersam libertate donauit simulque iudices ciuitate Romana et pecunia grandi. quae beneficia e medio stadio Isthmiorum die sua ipse uoce pronuntiauit.

25 Reuersus e Graecia Neapolim, quod in ea primum artem protulerat, albis equis introiit disiecta parte muri, ut mos hieronicarum est; simili modo Antium, inde Albanum, inde Romam; sed et Romam eo curru, quo Augustus olim triumphauerat, et in ueste purpurea distinctaque stellis aureis chlamyde coronamque capite gerens Olympiacam, dextra manu Pythiam, prae-

---

2 adderet *T* 3 siquidam *MG* (sic- *G*) 5 et] ac *T* 8 quondam *Bentl.* 14 condit *M* 19 mithrid- *uel* mitrid- *codd. praeter M* 22 decedensque inde *Bentl.* 29 et *del. Torr.* 30 ueste *del. Torr*

eunte pompa ceterarum cum titulis, ubi et quos quo
cantionum quoue fabularum argumento uicisset; se-
quentibus currum ouantium ritu plausoribus, Augustia-
nos militesque se triumphi eius clamitantibus.
dehinc diruto circi maximi arcu per Velabrum forum- 2
que Palatium et Apollinem petit. incedenti passim
uictimae caesae sparso per uias identidem croco inge-
staeque aues ac lemnisci et bellaria. sacras coronas in
cubiculis circum lectos posuit, item statuas suas citha-
roedico habitu, qua nota etiam nummum percussit
ac post haec tantum afuit a remittendo laxandoque 3
studio, ut conseruandae uocis gratia neque milites um-
quam, nisi absens aut alio uerba pronuntiante, appel-
laret neque quicquam serio iocoue egerit, nisi astante
phonasco, qui moneret parceret arteriis ac suda-
rium ad os applicaret; multisque uel amicitiam
suam optulerit uel simultatem indixerit, prout quisque
se magis parciusue laudasset.

Petulantiam, libidinem, luxuriam, auaritiam, crude- **26**
litatem sensim quidem primo et occulte et uelut
iuuenili errore exercuit, sed ut tunc quoque dubium
nemini foret naturae illa uitia, non aetatis esse. post
crepusculum statim adrepto pilleo uel galero popinas
inibat circumque uicos uagabatur ludibundus nec sine
pernicie tamen, siquidem redeuntis a cena uerberare
ac repugnantes uulnerare cloacisque demergere assuerat,
tabernas etiam effringere et expilare; quintana domi
constituta, ubi partae et ad licitationem diuidendae
praedae pretium absumeretur. ac saepe in eius modi 2
rixis oculorum et uitae periculum adiit, a quodam
laticlauio, cuius uxorem adtrectauerat, prope ad necem
caesus. quare numquam postea publico se illud horae

---

1 ceterorum *Υ'* 13 appellarit *Bentl.* 14 locoue *M* 19 luxoriem *M* 21 feruore exeruit *Bentl.* ut] et *MGR* 23 galerio *MLPO* 28 diuendendae *Torr.* 29 adsumeretur *Πς* 32 postea a *MGΠ²R¹*

sine tribunis commisit procul et occulte subsequenti-
bus. interdiu quoque clam gestatoria sella delatus in
theatrum seditionibus pantomimorum e parte proscaeni
superiore signifer simul ac spectator aderat; et cum
ad manus uentum esset lapidibusque et subselliorum
fragminibus decerneretur, multa et ipse iecit in popu-
27 lum atque etiam praetoris caput consauciauit. paulatim
uero inualescentibus uitiis iocularia et latebras omisit
nullaque dissimulandi cura ad maiora palam erupit.
2 Epulas a medio die ad mediam noctem protrahebat,
refotus saepius calidis piscinis ac tempore aestiuo ni-
uatis; cenitabatque nonnumquam et in publico, nau-
machia praeclusa uel Martio campo uel circo maximo,
inter scortorum totius urbis et ambubaiarum mini-
3 steria. quotiens Ostiam Tiberi deflueret aut Baianum
sinum praeternauigaret, dispositae per litora et ripas
deuersoriae tabernae parabantur insignes ganea[e] et
matronarum institorio copas imitantium atque hinc
inde hortantium ut appelleret. indicebat et familiaribus
cenas, quorum uni mitellita quadragies sestertium con-
stitit, alteri pluris aliquanto rosaria.
28 Super ingenuorum paedagogia et nuptarum con-
cubinatus Vestali uirgini Rubriae uim intulit. Acten
libertam paulum afuit quin iusto sibi matrimonio con-
iungeret, summissis consularibus uiris qui regio genere
ortam peierarent. puerum Sporum exectis testibus etiam
in muliebrem naturam transfigurare conatus cum dote
et flammeo per sollemni⟨a⟩ nuptiarum celeberrimo offi-
cio deductum ad se pro uxore habuit; extatque cuius-
dam non inscitus iocus bene agi potuisse cum rebus
humanis, si Domitius pater talem habuisset
2 uxorem. hunc Sporum, Augustarum ornamentis excul-

---

4 simul aspectator *M* 9 causa *Υ* 13 a martio *MGΥ* 14 ambularum *Mδ* 15 aut ad *Υ* 17 ganea *Salm.* 18 institor locopas *MX*, institutor iocopas *G* inuitantium *X* 19 ornantium *M*, orantium *GΥ* 20 sestertio *Salm.* 28 sollemnia ς, sollemne *Turn.*

tum lecticaque uectum, et circa conuentus mercatusque Graeciae ac mox Romae circa Sigillaria comitatus est identidem exosculans. nam matris concubitum appetisse et ⟨ab⟩ obtrectatoribus eius, ne ferox atque impotens mulier et hoc genere gratiae praeualeret, deterritum nemo dubitauit, utique postquam meretricem, quam fama erat Agrippinae simillimam, inter concubinas recepit. olim etiam quotiens lectica cum matre ueheretur, libidinatum inceste ac maculis uestis proditum affirmant.

Suam quidem pudicitiam usque adeo prostituit, ut **29**
contaminatis paene omnibus membris nouissime quasi genus lusus excogitaret, quo ferae pelle contectus emitteretur e cauea uirorumque ac feminarum ad stipitem deligatorum inguina inuaderet et, cum affatim desaeuisset, conficeretur a Doryphoro liberto; cui etiam, sicut ipsi Sporus, ita ipse denupsit, uoces quoque et heiulatus uim patientium uirginum imitatus. ex nonnullis comperi persuasissimum habuisse eum neminem hominem pudicum aut ulla corporis parte purum esse, uerum plerosque dissimulare uitium et callide optegere; ideoque professis apud se obscaenitatem cetera quoque concessisse delicta.

Diuitiarum et pecuniae fructum non alium putabat **30**
quam profusionem, sordidos ac deparcos esse quibus impensarum ratio constaret, praelautos uereque magnificos qui abuterentur ac perderent. laudabat mirabaturque auunculum Gaium nullo magis nomine, quam quod ingentis a Tiberio relictas opes in breui spatio prodegisset. quare nec largiendi 2
nec absumendi modum tenuit. in Tiridatem, quod uix credibile uideatur, octingena nummum milia diurna

---

4 ab *Qς*, ad *Π* (*exp. m. 2*), *om. rel.* (ab rectoribus *Bentl.*) 6 quae forma erat A. simillima *G. Becker* 7 ⟨esse⟩ simillimam *Madv.* 9 ac] a *PO*, *om. T*, ex *Grut.* affirmabant *M* 13 stipem *MT* 14 euaderet *M* 17 eiul- *XT* 19 hominum *Mδ*, *om. N* 29 opes tam breui *Bentl.* 30 assumendi *M* tiriditatem *MRX* (*non T*)

erogauit abeuntique super sestertium milies contulit. Menecraten citharoedum et Spiculum murmillonem triumphalium uirorum patrimoniis aedibusque donauit. cercopithecum Panerotem faeneratorem et urbanis rusticisque praediis locupletatum prope regio extulit funere. 3 nullam uestem bis induit. quadringenis in punctum sestertiis aleam lusit. piscatus est rete aurato et purpura coccoque funibus nexis. numquam minus mille carrucis fecisse iter traditur, soleis mularum argenteis, canusinatis mulionibus, armillata phalerataque Mazacum turba atque cursorum.

31 Non in alia re tamen damnosior quam in aedificando domum a Palatio Esquilias usque fecit, quam primo transitoriam, mox incendio absumptam restitutamque auream nominauit. de cuius spatio atque cultu suffecerit haec ret⟨t⟩ulisse. uestibulum eius fuit, in quo colossus CXX pedum staret ipsius effigie; tanta laxitas, ut porticus triplices miliarias haberet; item stagnum maris instar, circumsaeptum aedificiis ad urbium speciem; rura insuper aruis atque uinetis et pascuis siluisque uaria, cum multitudine omnis generis pecudum ac ferarum. in ceteris partibus cuncta auro lita, distincta gemmis unionumque conchis erant; cenationes laqueatae tabulis eburneis uersatilibus, ut flores, fistulatis, ut unguenta desuper spargerentur; praecipua cenationum rotunda, quae perpetuo diebus ac noctibus uice mundi circumageretur; balineae marinis et albulis fluentes aquis. eius modi domum cum absolutam dedi-

---

2 speculum *Ω, corr. Beroald.* 3 uiuorum *MRLPSδ* 7 rete aurato *Υ* (retibus aureis *H cum Eutr. VII 14, 1 Oros. VII 7, 3*), ueste aurato *M* (*inde* reste *Salm.*), ueste aurata *rel.* et *om. GTN* 9 confecisse *Oros. VII 7, 3* 10 falerataque Mazacum *Salm.* (Mazycum *Roth*), falerata cimazacum *M*, phalerata (phalera *G*) cimazacum *GXR*, et phalerata cimazacum (c̣ụ̃-cymazacum *Π*) *ΠQ* 11 cussorem *M* 12 alia *GΠQN*, aliena *rel.* 18 habet *Mδ* 23 erat *MX* 25 fistulis *X*, fistulatae *Casaub.* aspargerentur *M*[1]

caret, hactenus comprobauit, ut se diceret quasi hominem tandem habitare coepisse.

Praeterea incohabat piscinam a Miseno ad Auernum 3
lacum contectam porticibusque conclusam, quo quidquid totis Bais calidarum aquarum esset conuerteretur; fossam ab Auerno Ostiam usque, ut nauibus nec tamen mari iretur, longitudinis per centum sexaginta milia, latitudinis, qua contrariae quinqueremes commearent. quorum operum perficiendorum gratia quod ubique esset custodiae in Italiam deportari, etiam scelere conuictos non nisi ad opus damnari praeceperat.

Ad hunc impendiorum furorem, super fiduciam im- 4
perii, etiam spe quadam repentina immensarum et reconditarum opum impulsus est ex indicio equitis R. pro comperto pollicentis thesauros antiquissimae gazae, quos Dido regina fugiens Tyro secum extulisset, esse in Africa uastissimis specubus abditos ac posse erui paruula molientium opera. uerum ut spes fefellit, desti- 32
tutus atque ita iam exhaustus et egens ut stipendia quoque militum et commoda ueteranorum protrahi ac differri necesse esset, calumniis rapinisque intendit animum.

Ante omnia instituit, ut e libertorum defunctorum 2
bonis pro semisse dextans ei cogeretur, qui sine probabili causa eo nomine essent, quo fuissent ullae familiae quas ipse contingeret; deinde, ut ingratorum in principem testamenta ad fiscum pertinerent, ac ne impune esset studiosis iuris, qui scripsissent uel dictassent ea; tunc ut lege maiestatis facta dictaque omnia, quibus modo delator non deesset, tenerentur.
reuocauit et praemia coronarum, quae umquam sibi 3

1 haectenus *M* 9 quot — essent *Lips.* 10 custodiarum *Torr.* ⟨in⟩ scelere *Bentl.* 24 ⟨si⟩ qui *Lips. delens* ei, ⟨et ut liberti haberentur⟩ qui *Madv.* 25 esset quo fuissent *Urs.*, fuissent quo essent *Casaub.* fuissent *del. G. Becker* 28 uiris *fere libri praeter M* 31 quae] quas *Bentl.*

ciuitates in certaminibus detulissent. et cum interdixisset usum amethystini ac Tyrii coloris summisissetque qui nundinarum die pauculas uncias uenderet, praeclusit cunctos negotiatores. quin etiam inter canendum animaduersam matronam in spectaculis uetita purpura cultam demonstrasse procuratoribus suis dicitur detractamque ilico non ueste modo sed et bonis exuit.
4 nulli delegauit officium ut non adiceret: scis quid mihi opus sit, et: hoc agamus, ne quis quicquam habeat. ultimo templis compluribus dona detraxit simulacraque ex auro uel argento fabricata conflauit, in iis Penatium deorum, quae mox Galba restituit.

33 Parricidia et caedes a Claudio exorsus est; cuius necis etsi non auctor, at conscius fuit, neque dissimulanter, ut qui boletos, in quo cibi genere uenenum is acceperat, quasi deorum cibum posthac prouerbio Graeco conlaudare sit solitus. certe omnibus rerum uerborumque contumeliis mortuum insectatus est, modo stultitiae modo saeuitiae arguens; nam et morari eum desisse inter homines producta prima syllaba iocabatur multaque decreta et constituta, ut insipientis atque deliri, pro irritis habuit; denique bustum eius consaepiri nisi humili leuique maceria neglexit.

2 Britannicum non minus aemulatione uocis, quae illi iucundior suppetebat, quam metu ne quandoque apud hominum gratiam paterna memoria praeualeret, ueneno adgressus est. quod acceptum a quadam Lucusta, uenenariorum indice, cum opinione tardius cederet uentre modo Britannici moto, accersitam mulierem sua

---

1 in certaminibus ciuitates *T* 3 perculit *Budaeus* 5 animaduersum *X* 10 compluris *MG* 17 omnium *G* 19 desisse *om. G, post* homines *colloc. T* 21 deleri *Mδ* (*cf. Vesp.* 5, 2) 23 materia *Ω*, *corr. Gutherius* 28 uenenorum ς, uenenorum rariorum (uariorum *olim ego*) *Madv.* inclite *T*, inclyta ς (*sic et* uenenariarum *Oud.*); (uenenorum) uenditrice *Heins.*, artifice *P. Thomas*; (uenenaria) institrice *Heins.*; (uenenariorum) principe *Roscher* 29 acersitam *MT*, arcessitam *LS*

manu uerberauit arguens pro ueneno remedium de-
disse; excusantique minus datum ad occultandam faci-
noris inuidiam: sane, inquit, legem Iuliam timeo,
coegitque se coram in cubiculo quam posset uelocissi-
mum ac praesentaneum coquere. deinde in haedo ex- 3
pertus, postquam is quinque horas protraxit, iterum
ac saepius recoctum porcello obiecit; quo statim exa-
nimato inferri in triclinium darique cenanti secum Bri-
tannico imperauit. et cum ille ad primum gustum con-
cidisset, comitiali morbo ex consuetudine correptum
apud conuiuas ementitus postero die raptim inter maxi-
mos imbres tralaticio extulit funere. Lucustae pro na-
uata opera impunitatem praediaque ampla, sed et disci-
pulos dedit.

Matrem facta dictaque sua exquirentem acerbius et 34
corrigentem hactenus primo grauabatur, ut inuidia
identidem oneraret quasi cessurus imperio Rhodumque
abiturus, mox et honore omni et potestate priuauit
abductaque militum et Germanorum statione contu-
bernio quoque ac Palatio expulit; neque in diuexanda
quicquam pensi habuit, summissis qui et Romae mo-
rantem litibus et in secessu quiescentem per conuicia
et iocos terra marique praeteruehentes inquietarent.
uerum minis eius ac uiolentia territus perdere statuit; 2
et cum ter ueneno temptasset sentiretque antidotis prae-
munitam, lacunaria, quae noctu super dormientem
laxata machina deciderent, parauit. hoc consilio per
conscios parum celato solutilem nauem, cuius uel
naufragio uel camarae ruina periret, commentus est
atque ita reconciliatione simulata iucundissimis litteris
Baias euocauit ad sollemnia Quinquatruum simul cele-
branda; datoque negotio trierarchis, qui liburnicam qua

---

13 praemiaque *Bentl.* 16 corripientem *Bentl.* 20 in deuexanda *X*, inde uexando *Bentl.* 22 et incessu *MG* 29 camerae *codd. praeter ML* 31 quinquatrum *MLT*, trium *GPT*, quinquennalium *S*

aduecta erat uelut fortuito concursu confringerent, protraxit conuiuium repetentique Baulos in locum corrupti nauigii machinosum illud optulit, hilare prosecutus atque in digressu papillas quoque exosculatus.
3 reliquum temporis cum magna trepidatione uigilauit opperiens coeptorum exitum. sed ut diuersa omnia nandoque euasisse eam comperit, inops consilii L. Agermum libertum eius saluam et incolumem cum gaudio nuntiantem, abiecto clam iuxta pugione ut percussorem sibi subornatum arripi constringique iussit, matrem occidi, quasi deprehensum crimen uoluntaria morte
4 uitasset. adduntur his atrociora nec incertis auctoribus: ad uisendum interfectae cadauer accurrisse, contrectasse membra, alia uituperasse, alia laudasse, sitique interim oborta bibisse. neque tamen conscientiam sceleris, quanquam et militum et senatus populique gratulationibus confirmaretur, aut statim aut umquam postea ferre potuit, saepe confessus exagitari se materna specie uerberibusque Furiarum ac taedis ardentibus. quin et facto per Magos sacro euocare Manes et exorare temptauit. peregrinatione quidem Graeciae et Eleusinis sacris, quorum initiatione impii et scelerati uoce praeconis summouentur, interesse non ausus est.

5 Iunxit parricidio matris amitae necem. quam cum ex duritie alui cubantem uisitaret, et illa tractans lanuginem eius, ut assolet, iam grandis natu per blanditias forte dixisset: simul hanc excepero, mori uolo, conuersus ad proximos confestim se positurum uelut irridens ait, praecepitque medicis ut largius purgarent aegram; necdum defunc-

---

1 concurcusu M^1, concussu *Salm.* 2 repentique $M\Pi^1Q^1\delta$ 3 et hilare Υ 6 dimersa Υ 7 lagermum (larg- *G*) $MG\Pi^1QST$, lagerinum *rel.*, L. Agerinum *edd. cum* ς 12 nec] sed *Lips.*

20 permagros *M*, per manes *G* 25 duritiae *M*, duriciȩ (a above) *P* (*corr. m. 1*), -ia *rel.* 26 assolent iam grandes *Salm. Grut.*, assolet iam grandibus *Casaub.*

tae bona inuasit suppresso testamento, ne quid abscederet.

Vxores praeter Octauiam duas postea duxit, Pop- **35**
paeam Sabinam quaestorio patre natam et equiti R.
antea nuptam, deinde Statiliam Messalinam Tauri bis
consulis ac triumphalis abneptem. qua ut poteretur,
uirum eius Atticum Vestinum consulem in honore ipso
trucidauit. Octauiae consuetudinem cito aspernatus,
corripientibus amicis s u f f i c e r e i l l i d e b e r e respondit
u x o r i a o r n a m e n t a. eandem mox saepe frustra stran- 2
gulare meditatus dimisit ut sterilem, sed improbante
diuortium populo nec parcente conuiciis, etiam relegauit, denique occidit sub crimine adulteriorum adeo
inpudenti falsoque, ut in quaestione pernegantibus
cunctis Anicetum paedagogum suum indicem subiecerit,
qui fingeret † dolo stupratam a se fateretur. Poppaeam 3
duodecimo die post diuortium Octauiae in matrimonium acceptam dilexit unice; et tamen ipsam quoque
ictu calcis occidit, quod se ex aurigatione sero reuersum grauida et aegra conuiciis incesserat. ex hac
filiam tulit Claudiam Augustam amisitque admodum
infantem.

Nullum adeo necessitudinis genus est, quod non 4
scelere perculerit. Antoniam Claudi filiam, recusantem post Poppaeae mortem nuptias suas, quasi molitricem nouarum rerum interemit; similiter [inter] ceteros aut affinitate aliqua sibi aut propinquitate coniunctos; in quibus Aulum Plautium iuuenem, quem cum ante mortem per uim conspurcasset: e a t n u n c, inquit, m a t e r m e a e t s u c c e s s o r e m m e u m o s c u l e t u r, iactans dilectum ab ea et ad spem imperii impulsum.

3 pompeiam (popei- *Π*) *Ω, corr. Sabell.* (*cf. l. 16*) 6 abnepotem *MGL¹Q* 10 uxori *M*, -ris *δ* 16 fingeret *MG*, fingeret et *X fort. recte, om. Υ* fatereturque *G, del. Oud.* pompeiam (poppei- *Q*) *Ω, cf. supra l. 3, sim. infra l. 25 et p. 246, 1* (*p. 246, 1* poppeia *etiam L*) 26 inter *om. ϱ*, interemit *et* item *ς*, inter⟨cepit⟩ *Polak*

5 priuignum Rufrium Crispinum Poppaea natum, impuberem adhuc, quia ferebatur ducatus et imperia ludere, mergendum mari, dum piscaretur, seruis ipsius demandauit. Tuscum nutricis filium relegauit, quod in procuratione Aegypti balineis in aduentum suum extructis lauisset. Senecam praeceptorem ad necem compulit, quamuis saepe commeatum petenti bonisque cedenti persancte iurasset suspectum se frustra periturumque potius quam nociturum ei. Burro praefecto remedium ad fauces pollicitus toxicum misit. libertos diuites et senes, olim adoptionis mox dominationis suae fautores atque rectores, ueneno partim cibis partim potionibus indito intercepit.

36 Nec minore saeuitia foris et in exteros grassatus est. stella crinita, quae summis potestatibus exitium portendere uulgo putatur, per continuas noctes oriri coeperat. anxius ea re, ut ex Balbillo astrologo didicit, solere reges talia ostenta caede aliqua illustri expiare atque a semet in capita procerum depellere, nobilissimo cuique exitium destinauit; enimuero multo magis et quasi per iustam causam duabus coniurationibus prouulgatis, quarum prior maiorque Pisoniana Romae, posterior Viniciana Beneuenti conflata atque
2 detecta est. coniurati e uinculis triplicium catenarum dixere causam, cum quidam ultro crimen faterentur, nonnulli etiam imputarent, tamquam aliter illi non possent nisi morte succurrere dedecorato flagitiis omnibus. damnatorum liberi urbe pulsi enectique ueneno aut fame; constat quosdam cum paedagogis et capsaris uno prandio pariter necatos, alios diurnum uictum prohibitos quaerere.

37 Nullus posthac adhibitus dilectus aut modus interi-

1 rufirium (rufinum *T*) *X*, rufium *Π* Poppaea] *u. ad p. 245, 16* 5 balileis *R*, balneis *GXΠ* 11 fauctores *MRS*, auctores *Salm.* 17 babillo *ΠQ*; *cf.* *Βάρβιλλος Dionis LXVI 9* 22 promulgatis *R*, proflig- *Bentl.* 29 cum] cum de *M* 32 nullius *MGLP* delectus *T*

mendi quoscumque libuisset quacumque de causa. sed ne de pluribus referam, Saluidieno Orfito obiectum est quod tabernas tres de domo sua circa forum ciuitatibus ad stationem locasset, Cassio Longino iuris consulto ac luminibus orbato, quod in uetere gentili[s] stemmate C. Cassi percussoris Caesaris imagines retinuisset, Paeto Thraseae tristior et paedagogi uultus. mori iussis non amplius quam horarum spatium da- 2
bat; ac ne quid morae interueniret, medicos admouebat qui cunctantes continuo curarent: ita enim uocabatur uenas mortis gratia incidere. creditur etiam polyphago cuidam Aegypti generis crudam carnem et quidquid daretur mandere assueto, concupisse uiuos homines laniandos absumendosque obicere. elatus inflatusque 3
tantis uelut successibus negauit quemquam principum scisse quid sibi liceret, multasque nec dubias significationes saepe iecit, ne reliquis quidem se parsurum senatoribus, eumque ordinem sublaturum quandoque e re p. ac prouincias et exercitus equiti R. ac libertis permissurum. certe neque adueniens neque proficiscens quemquam osculo impertiit ac ne resalutatione quidem; et in auspicando opere Isth[i]mi[i] magna frequentia clare ut sibi ac populo R. bene res uerteret optauit dissimulata senatus mentione.

Sed nec populo aut moenibus patriae pepercit. di- 38
cente quodam in sermone communi ⟨*trag. frg. adesp.* 513⟩:

ἐμοῦ θανόντος γαῖα μειχθήτω πυρί,

immo, inquit, ἐμοῦ ζῶντος, planeque ita fecit. nam quasi offensus deformitate ueterum aedificiorum et

1 libuisset ⟨et⟩ *P. Thomas* 5 gentili S^2δϛ, gentilis *MGX*, gentis *Υ* 6 restituisset *X* 8 III (trium) *ante* horarum *add.* *G*(ϱ), duarum ϛ horarium *Beroald.* 10 uocabat *X*, iocabatur *G* 14 elatus] flatus *MP*Π^2 (*et fort. R*), *om.* Π^1*Q* inflatus (*sine* que) Π^1*Q* 15 successionibus *M* 17 passurum *MX*, parciturum *G* 19 et *om.* *M* 22 sthimii *fere* Ω (isth- Π^2*R*) 24 intentione *Υ* 26 conuiuii ϛ 27 ΜΙΧΘΗΤΩ *M*, *corruptius LS*

angustiis flexurisque uicorum, incendit urbem tam palam, ut plerique consulares cubicularios eius cum stuppa taedaque in praediis suis deprehensos non attigerint, et quaedam horrea circa domum Auream, quorum spatium maxime desiderabat, ut bellicis machinis labefacta atque inflammata sint, quod saxeo
2 muro constructa erant. per sex dies septemque noctes ea clade saeuitum est ad monumentorum bustorumque deuersoria plebe compulsa. tunc praeter immensum numerum insularum domus priscorum ducum arserunt hostilibus adhuc spoliis adornatae deorumque aedes ab regibus ac deinde Punicis et Gallicis bellis uotae dedicataeque, et quidquid uisendum atque memorabile ex antiquitate durauerat. hoc incendium e turre Maecenatiana prospectans laetusque flammae, ut aiebat, pulchritudine Halosin Ilii in illo suo scaenico habitu
3 decantauit. ac ne non hinc quoque quantum posset praedae et manubiarum inuaderet, pollicitus cadauerum et ruderum gratuitam egestionem nemini ad reliquias rerum suarum adire permisit; conlationibusque non receptis modo uerum et efflagitatis prouincias priua-
39 torumque census prope exhausit. accesserunt tantis ex principe malis probrisque quaedam et fortuita: pestilentia unius autumni, quo triginta funerum milia in rationem Libitinae uenerunt; clades Britannica, qua duo praecipua oppida magna ciuium sociorumque caede direpta sunt; ignominia ad Orientem legionibus in Armenia sub iugum missis aegreque Syria retenta. mirum et uel praecipue notabile inter haec fuerit nihil eum patientius quam maledicta et conuicia hominum tulisse,

---

5 ut] in *Q*, ui ς, *del. F. A. Wolf* (desiderabatur *I. Gron.*) 6 labefactata *uulg.* (*cf. Oros. VII 7, 5*) atque] nec *Lips.*, neque *Bentl.* 9 diuersoria *Ω* 10 ducum *Υ*, dum *MGPO*, deum (dm̃) *LST* 12 deditaque *MLPS*, editęque *G*, dedicatae *Salm.* 14 e] & *M*[1], de *H* 19 neminem *Oros. VII 7, 7* 21 afflagitatis *M*, flag- *T* 23 quodam *M* 24 milia *om. L, ante* funerum *habet Oros. VII 7, 11*

neque in ullos leniorem quam qui se dictis aut carminibus lacessissent extitisse. multa Graece Latineque 2
⟨*FPR p. 369*⟩ proscripta aut uulgata sunt, sicut illa:

Νέρων Ὀρέστης Ἀλκμέων μητροκτόνος.

νεόψηφον· Νέρων ἰδίαν μητέρα ἀπέκτεινε.

Quis negat Aeneae magna de stirpe Neronem?
sustulit hic matrem, sustulit ille patrem.

Dum tendit citharam noster, dum cornua Parthus,
noster erit Paean, ille Hecatebeletes.

Roma domus fiet: Veios migrate, Quirites,
si non et Veios occupat ista domus.

sed neque auctores requisiit et quosdam per indicem delatos ad senatum adfici grauiore poena prohibuit.
transeuntem eum Isidorus Cynicus in publico clara uoce 3
corripuerat, quod Naupli mala bene cantitaret, sua bona male disponeret; et Datus Atellanarum histrio in cantico quodam ⟨*Atell. inc. frg. V*⟩

ὑγίαινε πάτερ, ὑγίαινε μῆτερ

ita demonstrauerat, ut bibentem natantemque faceret, exitum scilicet Claudi Agrippinaeque significans, et in nouissima clausula

Orcus uobis ducit pedes

senatum gestu notarat. histrionem et philosophum Nero nihil amplius quam urbe Italiaque summouit, uel

---

4 *μητροκτόνοι Sabell.* 5 *νεόνυμφον* ς *(edd.), cf. Büch. Rh. Mus. LXI p. 308* 15 cantitaret *del. O. Jahn Philol. 26 (1867) p. 16* 16 male] mala *Mδ* 18 ΠΑΤΗΡΥΓΕΙΝΕΜΕΤΗΡ *Ω* 19 rem monstrauerat *Bentl.* 20 exitium *T* 23 notarat *Oud.*, notaret *Ω* ⟨et⟩ histr- *Bentl.*

contemptu omnis infamiae uel ne fatendo dolorem irritaret ingenia.

40 Talem principem paulo minus quattuordecim annos perpessus terrarum orbis tandem destituit, initium facientibus Gallis duce Iulio Vindice, qui tum eam prouinciam pro praetore optinebat.

2 Praedictum a mathematicis Neroni olim erat fore ut quandoque destitueretur; unde illa uox eius celeberrima: *τὸ τέχνιον ἡμᾶς διατρέφει*, quo maiore scilicet uenia meditaretur citharoedicam artem, principi sibi gratam, priuato necessariam. spoponderant tamen quidam destituto Orientis dominationem, nonnulli nominatim regnum Hierosolymorum, plures omnis pristinae fortunae restitutionem. cui spei pronior, Britannia Armeniaque amissa ac rursus utraque recepta, defunc-
3 tum se fatalibus malis existimabat. ut uero consulto Delphis Apolline septuagensimum ac tertium annum cauendum sibi audiuit, quasi eo demum obiturus, ac nihil coniectans de aetate Galbae, tanta fiducia non modo senectam sed etiam perpetuam singularemque concepit felicitatem, ut amissis naufragio pretiosissimis rebus non dubitauerit inter suos dicere pisces eas sibi relaturos.

4 Neapoli de motu Galliarum cognouit die ipso quo matrem occiderat, adeoque lente ac secure tulit ut gaudentis etiam suspicionem praeberet tamquam occasione nata spoliandarum iure belli opulentissimarum prouinciarum; statimque in gymnasium progressus certantis athletas effusissimo studio spectauit. cenae quoque tempore interpellatus tumultuosioribus litteris hactenus excanduit, ut malum iis qui descissent minaretur. denique per octo continuos dies non rescribere

5 Galliis *Bentl.* 9 ΔΙΑΤΡΕΣΦΕΙ *MLS*, -ΤΡΕΦΕΙ *rel.*, *διαθρέψει Turn. e Dione LXIII 27*, *ἀεὶ τρέφει Is. Vossius* 11 quidem *M* 13 oms *M* 26 gaudentis *Beroald.*, gaudentib(us) *MGXQ* (*perscriptum in G*), gaudendi *ΠR*

cuiquam, non mandare quid aut praecipere conatus rem silentio oblit[t]erauit. edictis tandem Vindicis con- 41
tumeliosis et frequentibus permotus senatum epistula in ultionem sui reique publicae adhortatus est, excusato languore faucium, propter quem non adesset. nihil autem aeque doluit, quam ut malum se citharoedum increpitum ac pro Nerone Ahenobarbum appellatum; et nomen quidem gentile, quod sibi per contumeliam exprobraretur, resumpturum se professus est deposito adoptiuo, cetera conuicia, ut falsa, non alio argumento refellebat, quam quod etiam inscitia sibi tanto opere ⟨e⟩laboratae perfectaeque a se artis obiceretur, singulos subinde rogitans, nossentne quemquam praestantiorem. sed urgentibus aliis super alios nuntiis Romam 2
praetrepidus rediit; leuiterque modo in itinere friuolo auspicio mente recreata, cum adnotasset insculptum monumento militem Gallum ab equite R. oppressum trahi crinibus, ad eam speciem exiluit gaudio caelumque adorauit. ac ne tunc quidem aut senatu aut populo coram appellato quosdam e primoribus uiris domum euocauit transactaque raptim consultatione reliquam diei partem per organa ⟨h⟩ydraulica noui et ignoti generis circumduxit, ostendensque singula, de ratione ac difficultate cuiusque disserens, iam se etiam prolaturum omnia in theatrum affirmauit, si per Vindicem liceat.

Postquam deinde etiam Galbam et Hispanias desci- 42
uisse cognouit, conlapsus animoque male facto diu sine uoce et prope intermortuus iacuit, utque resipiit, ueste discissa, capite conuerberato, actum de se pronuntiauit consolantique nutriculae et aliis quoque iam principibus similia accidisse memoranti, se uero prae-

---

12 elaboratae *Bernegger* 21 eouocauit *M* reliqua diei parte ⟨eos⟩ *Casaub.* 23 ⟨ac⟩ de *uel* de⟨que⟩ *Bentl.* 27 descisse *N* 28 fracto *X* (*uulg.*) 29 intermortuos *M*, instar mortuus *L* resipuit *codd. praeter MPOT* 30 discussa *MΠQ*, descissa *L*

ter ceteros inaudita et incognita pati respondit,
2 qui summum imperium uiuus amitteret. nec eo setius quicquam ex consuetudine luxus atque desidiae omisit uel inminuit; quin immo, cum prosperi quiddam ex prouinciis nuntiatum esset, super abundantissimam cenam iocularia in defectionis duces carmina lasciueque modulata, quae uulgo notuerunt, etiam gesticulatus est; ac spectaculis theatri clam inlatus cuidam scaenico placenti nuntium misit abuti eum occupationibus suis.

43 Initio statim tumultus multa et inmania, uerum non abhorrentia a natura sua creditur destinasse: successores percussoresque summittere exercitus et prouincias regentibus, quasi conspiratis idemque et unum sentientibus; quidquid ubique exulum, quidquid in urbe hominum Gallicanorum esset contrucidare, illos ne desciscentibus adgregarentur, hos ut conscios popularium suorum atque fautores; Gallias exercitibus diripiendas permittere; senatum uniuersum ueneno per conuiuia necare; urbem incendere feris in populum immissis,
2 quo difficilius defenderentur. sed absterritus non tam paenitentia quam perficiendi desperatione credensque expeditionem necessariam, consules ante tempus priuauit honore atque in utriusque locum solus iniit consulatum, quasi fatale esset non posse Gallias debellari nisi a consule. ac susceptis fascibus cum post epulas triclinio digrederetur, innixus umeris familiarium affirmauit, simul ac primum prouinciam attigisset, inermem se in conspectum exercituum proditurum nec quicquam aliud quam fleturum, reuocatisque ad paenitentiam defectoribus insequenti die laetum inter laetos cantaturum epinicia, quae iam nunc sibi componi oporteret.

---

4 prospere *X*   7 innotuerunt *ΠQ*   16 nec *M*   21 defenderetur *T*   25 a] a se ς   30 quam *om. M*   33 oporterent *Mδ*, oportere. At *Bentl.*

In praeparanda expeditione primam curam habuit **44**
deligendi uehicula portandis scaenicis organis concubinasque, quas secum educeret, tondendi ad uirilem modum et securibus peltisque Amazonicis instruendi. mox tribus urbanas ad sacramentum citauit ac nullo idoneo respondente certum dominis seruorum numerum indixit; nec nisi ex tota cuiusque familia probatissimos, ne dispensatoribus quidem aut amanuensibus exceptis, recepit. partem etiam census omnes ordines conferre **2**
iussit et insuper inquilinos priuatarum aedium atque insularum pensionem annuam repraesentare fisco; exegitque ingenti fastidio et acerbitate nummum asperum, argentum pustulatum, aurum ad obrussam, ut plerique omnem collationem palam recusarent, consensu flagitantes a delatoribus potius reuocanda praemia quaecumque cepissent. ex annonae quoque caritate lucran- **45**
ti[a] adcreuit inuidia; nam et forte accidit, ut in publica fame Alexandrina nauis nuntiaretur puluerem luctatoribus aulicis aduexisse.

Quare omnium in se odio incitato nihil contume- **2**
liarum defuit quin subiret. statuae eius a uertice cirrus appositus est cum inscriptione Graeca: nunc demum agona esse, et traderet tandem. alterius collo ascopa deligata simulque titulus: ego quid potui? sed tu culleum meruisti. ascriptum et columnis, etiam Gallos eum cantando excitasse. iam noctibus iurgia cum seruis plerique simulantes crebro Vindicem poscebant.

Terrebatur ad hoc euidentibus portentis somniorum **46**
et auspiciorum et ominum, cum ueteribus tum nouis.

---

16 lucranti *Oud.*, lucrantium ς, luctantium *Sabell.*, flagrantior *Bentl.* 23 raderet *Turn.* 24 ascopa (ac scopa *R*, et sc- *ΠQ*) *Ω*, ascopera *Polit.*, ascoma *Turn.* delicata *MGX* ego quod potui *Torr.*, egi quod potui *Grut.* (*cf. Chawner Class. Review IX p. 109, Howard Harv. Stud. VII p. 208*) 26 etiam] iam *Π*[1]*Q* iam] etiam *Torr.* 27 plerisque *MGR* 30 omnium *MX*

numquam antea somniare solitus occisa demum matre
uidit per quietem nauem sibi regenti extortum guberna-
culum trahique se ab Octauia uxore in artissimas tene-
bras et modo pinnatarum formicarum multitudine op-
pleri, modo a simulacris gentium ad Pompei theatrum
dedicatarum circumiri arcerique progressu; asturconem,
quo maxime laetabatur, posteriore corporis parte in
simiae speciem transfiguratum ac tantum capite integro
2 hinnitus edere canoros. de Mausoleo, sponte foribus
patefactis, exaudita uox est nomine eum cientis. Kal.
Ian. exornati Lares in ipso sacrificii apparatu conci-
derunt; auspicanti Sporus anulum muneri optulit, cuius
gemmae scalptura erat Proserpinae raptus; uotorum
nuncupatione, magna iam ordinum frequentia, uix reper-
3 tae Capitolii claues. cum ex oratione eius, qua in Vin-
dicem perorabat, recitaretur in senatu daturos poenas
sceleratos ac breui dignum exitum facturos, conclama-
tum est ab uniuersis: tu facies, Auguste. obser-
uatum etiam fuerat nouissimam fabulam cantasse eum
publice Oedipodem exulem atque in hoc desisse uersu
⟨*trag. frg. adesp. 8*⟩:

θανεῖν μ' ἄνωγε σύγγαμος, μήτηρ, πατήρ.

47 Nuntiata interim etiam ceterorum exercituum de-
fectione litteras prandenti sibi redditas concerpsit, men-
sam subuertit, duos scyphos gratissimi usus, quos Home-
rios a caelatura carminum Homeri uocabat, solo inlisit
ac sumpto a Lucusta ueneno et in auream pyxidem
condito transiit in hortos Seruilianos, ubi praemissis
libertorum fidissimis Ostiam ad classem praeparandam
tribunos centurionesque praetorii de fugae societate
2 temptauit. sed partim tergiuersantibus, partim aperte
detrectantibus, uno uero etiam proclamante ⟨*Verg.
Aen. 12, 646*⟩:

---

4 penn- *codd. praeter M* 13 sculptura *Ω* (sca- *corr. ex* scu- *ut uid. Π*) 20 desisse ς, dedisse (dixisse *P*) *MX*, finem dedisse *G*, decidisse *Τ* 22 ΜΕΝΩΓΕ *Ω*, *cf. Dio LXIII 28*

usque adeone mori miserum est?

uarie agitauit, Parthosne an Galbam supplex peteret,
an atratus prodiret in publicum proque rostris quanta
maxima posset miseratione ueniam praeteritorum pre-
caretur, ac ni flexisset animos, uel Aegypti praefectu-
ram concedi sibi oraret. inuentus est postea in scrinio
eius hac de re sermo formatus; sed deterritum putant,
ne prius quam in forum perueniret discerperetur.

Sic cogitatione in posterum diem dilata ad mediam 3
fere noctem excitatus, ut comperit stationem militum
recessisse, prosiluit e lecto misitque circum amicos, et
quia nihil a quoquam renuntiabatur, ipse cum paucis
hospitia singulorum adiit. uerum clausis omnium fori-
bus, respondente nullo, in cubiculum rediit, unde iam
et custodes diffugerant, direptis etiam stragulis, amota
et pyxide ueneni; ac statim Spiculum murmillonem uel
quemlibet alium percussorem, cuius manu periret, re-
quisiit et nemine reperto: ergo ego, inquit, nec ami-
cum habeo nec inimicum? procurritque, quasi prae
cipitaturus se in Tiberim. sed reuocato rursus impetu 48
aliquid secretioris latebrae ad colligendum animum de-
siderauit, et offerente Phaonte liberto suburbanum suum
inter Salariam et Nomentanam uiam circa quartum
miliarium, ut erat nudo pede atque tunicatus, paenu-
lam obsoleti coloris superinduit adopertoque capite et
ante faciem optento sudario equum inscendit, quattuor
solis comitantibus, inter quos et Sporus erat. statim- 2
que tremore terrae et fulgure aduerso pauefactus audiit
e proximis castris clamorem militum et sibi aduersa
et Galbae prospera ominantium, etiam ex obuiis uiato-
ribus quendam dicentem: hi Neronem persequun-
tur, alium sciscitantem: ecquid in urbe noui de
Nerone? equo autem ex odore abiecti in uia cada-

11 circum ⟨ad⟩ *Bentl.* 17 requisiuit *GT* 32 etquid *Ω*, *corr. ed. Rom. II* 33 ex *X*, e *M*, eius *G*, *om. T*

ueris consternato, detecta facie agnitus est a quodam
3 missicio praetoriano et salutatus. ut ad deuerticulum uentum est, dimissis equis inter fruticeta ac uepres per harundineti semitam aegre nec nisi strata sub pedibus ueste ad ⟨a⟩uersum uillae parietem euasit. ibi hortante eodem Phaonte, ut interim in specum egestae harenae concederet, negauit se uiuum sub terram iturum, ac parumper commoratus, dum clandestinus ad uillam introitus pararetur, aquam ex subiecta lacuna poturus manu hausit et: *haec est*, inquit, *Neronis*
4 *decocta*. dein diuolsa sentibus paenula traiectos surculos rasit, atque ita quadripes per angustias effossae cauernae receptus in proximam cellam decubuit super lectum modica culcita, uetere pallio strato, instructum; fameque et iterum siti interpellante panem quidem sordidum oblatum aspernatus est, aquae autem tepidae
49 aliquantum bibit. tunc uno quoque hinc inde instante ut quam primum se impendentibus contumeliis eriperet, scrobem coram fieri imperauit dimensus ad corporis sui modulum, componique simul, si qua inuenirentur, frusta marmoris et aquam simul ac ligna conferri curando mox cadaueri, flens ad singula atque identidem dictitans: *qualis artifex pereo!*

2 Inter moras perlatos a cursore Phaonti codicillos praeripuit legitque se hostem a senatu iudicatum et quaeri, ut puniatur more maiorum, interrogauitque quale id genus esset poenae; et cum comperisset nudi hominis ceruicem inseri furcae, corpus uirgis ad necem caedi, conterritus duos pugiones, quos secum extulerat, arripuit temptataque utriusque acie rursus condidit,
3 causatus *nondum adesse fatalem horam*. ac modo Sporum hortabatur ut lamentari ac plangere inciperet,

---

2 ut *ΠQST*, sed ut *N*, *om. rel.* 4 sub *ΠQ*, *om. rel.* 5 aduersum *Ω*, *corr. I. F. Gron.* 6 in *om. M* 7 condereretur *T* 14 strato instructum] instratum *N*, stratum *Ern.* 17 astante *X* 19 coram se *ΠPOST* demensus *M* 24 phaontis *X* -te *Π*

modo orabat ut se aliquis ad mortem capessendam exemplo iuuaret; interdum segnitiem suam his uerbis increpabat: uiuo deformiter, turpiter — *οὐ πρέπει Νέρωνι, οὐ πρέπει — νήφειν δεῖ ἐν τοῖς τοιούτοις — ἄγε ἔγειρε σεαυτόν.* iamque equites appropinquabant, quibus praeceptum erat ut uiuum eum adtraherent. quod ut sensit, trepidanter effatus ⟨*Hom. Il. 10, 535*⟩:

ἵππων μ'[ε] ὠκυπόδων ἀμφὶ κτύπος οὔατα βάλλει

ferrum iugulo adegit iuuante Epaphrodito a libellis.
semianimisque adhuc irrumpenti centurioni et paenula 4
ad uulnus adposita in auxilium se uenisse simulanti non aliud respondit quam: sero et: haec est fides. atque in ea uoce defecit, extantibus rigentibusque oculis usque ad horrorem formidinemque uisentium. nihil prius aut magis a comitibus exegerat quam ne potestas cuiquam capitis sui fieret, sed ut quoquo modo totus cremaretur. permisit hoc Icelus, Galbae libertus, non multo ante uinculis exolutus, in quae primo tumultu coniectus fuerat.

Funeratus est impensa ducentorum milium, stragulis 50
albis auro intextis, quibus usus Kal. Ian. fuerat. reliquias Egloge et Alexandria nutrices cum Acte concubina gentili Domitiorum monimento condiderunt, quod prospicitur e campo Martio impositum colli Hortulorum. in eo monimento solium porphyretici marmoris, superstante Lunensi ara, circumsaeptum est lapide Thasio.

Statura fuit prope iusta, corpore maculoso et fetido, 51
subflauo capillo, uultu pulchro magis quam uenusto, oculis caesis et hebetioribus, ceruice obesa, uentre proiecto, gracillimis cruribus, ualitudine prospera: nam qui luxuriae immoderatissimae esset, ter omnino per quattuordecim annos languit, atque ita ut neque uino

---

3 turpiter *om.* *L*[1]ς, turpius pereo *H*, turpius peream *Ps. Vict. Epit.* 5, 7, morior turpiter *P*[2], ac turpiter *Sabell.* 4 *Νέρων* *edd. Rom.* 5 CΔYTON *GRPT* 6 ut *HGLΠRN*, *om. rel.* 17 hiceius *Ω*, *corr. Polit.* 21 Ecloge *edd. rec. post Basil. 1533* acti *MGLP*, actia *Υ O*, *corr.* ς 23 colli (*Steph.*) *et* colle ς, colliculo *G*, collo *rel.* (*Ω*) 25 ⟨e⟩ Lunensi *Salm. recte puto*

neque consuetudine reliqua abstineret; circa cultum habitumque adeo pudendus, ut comam semper in gradus formatam peregrinatione Achaica etiam pone uerticem summiserit ac plerumque synthesinam indutus ligato circum collum sudario prodierit in publicum sine cinctu et discalciatus.

52 Liberalis disciplinas omnis fere puer attigit. sed a philosophia eum mater auertit monens imperaturo contrariam esse; a cognitione ueterum oratorum Seneca praeceptor, quo diutius in admiratione sui detineret. itaque ad poeticam pronus carmina libenter ac sine labore composuit nec, ut quidam putant, aliena pro suis edidit. uenere in manus meas pugillares libellique cum quibusdam notissimis uersibus ipsius chirographo scriptis, ut facile appareret non tralatos aut dictante aliquo exceptos, sed plane quasi a cogitante atque generante exaratos; ita multa et deleta et inducta et superscripta inerant. habuit et pingendi fingendique [maxime] non mediocre studium.

53 Maxime autem popularitate efferebatur, omnium aemulus, qui quoquo modo animum uulgi mouerent. exiit opinio post scaenicas coronas proximo lustro descensurum eum ad Olympia[m] inter athletas; nam et luctabatur assidue nec aliter certamina gymnica tota Graecia spectauerat quam brabeutarum more in stadio humi assidens ac, si qua paria longius recessissent, in medium manibus suis protrahens. destinauerat etiam, quia Apollinem cantu, Solem aurigando aequiperare existimaretur, imitari et Herculis facta; praeparatumque leonem aiunt, quem uel claua uel brachiorum nexibus in amphitheatri harena spectante populo nudus
54 elideret. sub exitu quidem uitae palam uouerat, si sibi incolumis status permansisset, proditurum se partae

2 ut *om.* *MLP* 6 disculc- M^1Q (*cf. Vit.* 2, 5) 13 libellique *uel saltem* que *del.* *G. Becker* 15 translatos *GXΠQ* 16 sed plane sed *M* 18 maxime *emendatio eius quod sequitur* maxima 20 Maxima *Ω*, *corr.* ς 23 olympia ς 28 qui ς

uictoriae ludis etiam hydraulam et choraulam et utri-
cularium ac nouissimo die histrionem saltaturumque
Vergili Turnum. et sunt qui tradant Paridem histrionem
occisum ab eo quasi grauem aduersarium. erat illi **55**
aeternitatis perpetuaeque famae cupido, sed inconsulta.
ideoque multis rebus ac locis uetere appellatione de-
tracta nouam indixit ex suo nomine, mensem quoque
Aprilem Neroneum appellauit; destinauerat et Romam
Neropolim nuncupare.

Religionum usque quaque contemptor, praeter unius **56**
Deae Syriae, hanc mox ita spreuit ut urina contami-
naret, alia superstitione captus, in qua sola pertina-
cissime haesit, siquidem ⟨im⟩agunculam puellarem, cum
quasi remedium insidiarum a plebeio quodam et ignoto
muneri accepisset, detecta confestim coniuratione pro
summo numine trinisque in die sacrificiis colere per-
seuerauit uolebatque credi monitione eius futura prae-
noscere. ante paucos quam periret menses attendit et
extispicio nec umquam litauit.

Obiit tricensimo et secundo aetatis anno, die quo **57**
quondam Octauiam interemerat, tantumque gaudium
publice praebuit, ut plebs pilleata tota urbe discur-
reret. et tamen non defuerunt qui per longum tempus
uernis aestiuisque floribus tumulum eius ornarent ac
modo imagines praetextatas in rostris proferrent, modo
edicta quasi uiuentis et breui magno inimicorum malo
reuersuri. quin etiam Vologaesus Parthorum rex missis 2
ad senatum legatis de instauranda societate hoc etiam
magno opere orauit, ut Neronis memoria coleretur.
denique cum post uiginti annos adulescente me exti-
tisset condicionis incertae qui se Neronem esse iactaret,
tam fauorabile nomen eius apud Parthos fuit, ut uehe-
menter adiutus et uix redditus sit.

---

1 hydraulum *M* 2 histrione *MR* 3 histrionem *YTN*, septentrionem *rel.* 5 perpetuoque *M* 7 induxit *Π*, indidit *Bentl.* 13 acunculam *Ω*, *corr. Sabell.*, icunculam *Egn.* 22 praebuit] fuit *POT*, p(opulo) R. fuit *Oud.* 27 rex | ex *MLP*

C. SVETONI TRANQVILLI
DE VITA CAESARVM
LIBER VII
GALBA OTHO VITELLIVS

GALBA

1 Progenies Caesarum in Nerone defecit: quod futurum compluribus quidem signis, sed uel euidentissimis duobus apparuit. Liuiae olim post Augusti statim nuptias Veientanum suum reuisenti praeteruolans aquila gallinam albam ramulum lauri rostro tenentem, ita ut rapuerat, demisit in gremium; cumque nutriri alitem, pangi ramulum placuisset, tanta pullorum suboles prouenit, ut hodieque ea uilla ad Gallinas uocetur, tale uero lauretum, ut triumphaturi Caesares inde laureas decerperent; fuitque mos triumphantibus, alias confestim eodem loco pangere; et obseruatum est sub cuiusque obitum arborem ab ipso institutam elanguisse. ergo nouissimo Neronis anno et silua omnis exaruit radicitus, et quidquid ibi gallinarum erat interiit. ac subinde tacta de caelo Caesarum aede capita omnibus

2 uel *om.* *Υ*   8 hodie quoque *Π*, hodie *X*   10 alias] eas *Lips.*, illas *Burm.* (*cf. Plin. n. h. XV 136 sq.*)   11 est] est et *Mδ*

simul statuis deciderunt, Augusti etiam sceptrum e manibus excussum est.

Neroni Galba successit nullo gradu contingens Cae- 2
sarum domum, sed haud dubie nobilissimus magnaque et uetere prosapia, ut qui statuarum titulis pronepotem se Quinti Catuli Capitolini semper ascripserit, imperator uero etiam stemma in atrio proposuerit, quo paternam originem ad Iouem, maternam ad Pasiphaam Minonis uxorem referret.

Imagines et elogia uniuersi generis exequi longum 3
est, familiae breuiter attingam. qui primus Sulpiciorum cognomen Galbae tulit cur aut unde traxerit, ambigitur. quidam putant, quod oppidum Hispaniae frustra diu oppugnatum inlitis demum galbano facibus succenderit; alii, quod in diuturna ualitudine galbeo, id est remediis lana inuolutis, assidue uteretur; nonnulli, quod praepinguis fuerit uisus, quem galbam Galli uocent; uel contra, quod tam exilis, quam sunt animalia quae in aesculis nascuntur appellanturque galbae. familiam 2
illustrauit Seruius Galba consularis, temporum suorum †et eloquentissimus, quem tradunt Hispaniam ex praetura optinentem, triginta Lusitanorum milibus perfidia trucidatis, Viriat[h]ini belli causam extitisse. eius nepos ob repulsam consulatus infensus Iulio Caesari, cuius legatus in Gallia fuerat, conspirauit cum Cassio et Bruto, propter quod Pedia lege damnatus est. ab hoc 3
sunt imperatoris Galbae auus ac pater: auus clarior studiis quam dignitate — non enim egressus praeturae gradum — multiplicem nec incuriosam historiam edidit; pater consulatu functus, quanquam breui corpore atque

6 sequenti *M* Catuli *om. X* 8 pasipham *XΥ*, -phen *G* minois *codd. praeter MLRδ* (*cf. Tib. 70*) 10 elogia $\Pi^1 Q$, eologia *MLT*, eul- *rel.* 14 illatis *Υ* 17 quem] quam *MPOSTδ*, qualem *Bentl.* 18 tam *om. R* quam] quod *M*, qualia ϛ 21 et *om.* Π^1, *alioqui aut* uel *scribendum uidetur* (*sic Bentl.*) *aut statuenda lacuna* (ditissimus *Burm.*) 23 causa *MXδ* 25 legatus] inlatus (ill-) *MΥ* († legatus *ss. R, corr.* Π^2)

etiam gibber modicaeque in dicendo facultatis, causas
4 industrie actitauit. uxores habuit Mummiam Achaicam, neptem Catuli proneptemque L. Mummi, qui Corinthum excidit; item Liuiam Ocellinam ditem admodum et pulchram, a qua tamen nobilitatis causa appetitus ultro existimatur et aliquanto enixius, postquam subinde instanti uitium corporis secreto posita ueste detexit, ne quasi ignaram fallere uideretur. ex Achaica liberos Gaium et Seruium procreauit, quorum maior Gaius attritis facultatibus urbe cessit prohibitusque a Tiberio sortiri anno suo procónsulatum uoluntaria morte obiit.

4 Ser. Galba imperator M. Valerio Messala Cn. Lentulo
a. 3 a. C. cons. natus est VIIII. Kal. Ian. in uilla colli superposita prope Tarracinam sinistrorsus Fundos petentibus, adoptatusque a nouerca sua Liuia nomen et Ocellare cognomen assumpsit mutato praenomine; nam Lucium mox pro Seruio usque ad tempus imperii usurpauit. constat Augustum puero adhuc, salutanti se inter aequales, apprehensa buccula dixisse: καὶ σὺ τέκνον τῆς ἀρχῆς ἡμῶν παρατρώξῃ. sed et Tiberius, cum comperisset imperaturum eum uerum in senecta: *uiuat sane*, ait,
2 *quando id ad nos nihil pertinet*. auo quoque eius fulgur procuranti, cum exta de manibus aquila rapuisset et in frugiferam quercum contulisset, responsum est summum sed serum imperium portendi familiae; et ille irridens: *sane*, inquit, *cum mula pepererit*. nihil aeque postea Galbam temptantem res nouas confirmauit quam mulae partus, ceterisque ut obscaenum ostentum abhorrentibus, solus pro laetissimo accepit memor sacrificii dictique aui.

3 Sumpta uirili toga somniauit Fortunam dicentem,

---

9 sergium Ω, *corr. Glarean.* (*cf. l. 17*) 12 Ser. *M*, Sergius *rel.* imp̄ *MPS*, imp̄r *GL* Cn.] *debuit* L. 14 terracinam Ω sinistrosus *MR*, sinistros *Π*, -rsum *GT* 15 Liuii *Beroald.* (ς), Liuium *Heins.*, Liuianum *Bentl.* Ocellae *ed. Basil. 1533* 17 sergio Ω, *cf. l. 9* 20 ΠΑΡΑΤΡΩΖΗ Ω, *corr. Turn.* 24 frugiferum *Mδ*

stare se ante fores defessam et nisi ocius reciperetur, cuicumque obuio praedae futuram. utque euigilauit, aperto atrio simulacrum aeneum deae cubitali maius iuxta limen inuenit idque gremio suo Tusculum, ubi aestiuare consueuerat, auexit et in parte aedium consecratum menstruis deinceps supplicationibus et peruigilio anniuersario coluit.

Quanquam autem nondum aetate constanti ueterem 4
ciuitatis exoletumque morem ac tantum in domo sua haerentem obstinatissime retinuit, ut liberti seruique bis die frequentes adessent ac mane saluere, uesperi ualere sibi singuli dicerent. inter liberales disciplinas 5
attendit et iuri. dedit et matrimonio operam; uerum amissa uxore Lepida duobusque ex ea filiis remansit in caelibatu neque sollicitari ulla condicione amplius potuit, ne Agrippinae quidem, ⟨quae⟩ uiduata morte Domiti[i] maritum quoque adhuc necdum caelibem Galbam adeo omnibus sollicitauerat modis, ut in conuentu matronarum correpta iurgio atque etiam manu pulsata sit a matre Lepidae.

Obseruauit ante omnis Liuiam Augustam, cuius et 2
uiuae gratia plurimum ualuit et mortuae testamento paene ditatus est; sestertium namque quingenties praecipuum inter legatarios habuit, sed quia notata, non perscripta erat summa, herede Tiberio legatum ad quingenta reuocante, ne haec quidem accepit.

Honoribus ante legitimum tempus initis praetor 6
commissione ludorum Floralium nouum spectaculi genus elephantos funambulos edidit; exim prouinciae Aquitaniae anno fere praefuit; mox consulatum per sex

5 consuerat *M²GLSQ* 8 autem *om. Π¹ς* 16 ne] neq: *M* quae *hic add. G. Becker, post* Domitii *habent ΠQ* (*uulg.*) uiduatae *codd. praeter MG,* uiduata ⟨ea⟩ *Bentl.* 17 nedum ς 23 quinquagies *Casaub.* cum *post* quingenties *add. Υ' (uulg.)* 24 habuit sed *Gδ*, habuisset *rel.* 29 bfunambulos *M*, et fun- G exin *XΥ* (*cf. Vesp.* 4, 3)

menses ordinarium gessit, euenitque ut in eo ipse †L. Domitio patri Neronis, ipsi Saluius Otho pater Othonis succederet, uelut praesagium insequentis casus, quo medius inter utriusque filios extitit imperator.

2 A Gaio Caesare ⟨...... in locum Gaetu⟩lici substitutus, postridie quam ad legiones uenit, sollemni forte spectaculo plaudentes inhibuit data tessera, ut manus paenula[s] continerent; statimque per castra iactatum est ⟨*FPR p. 369*⟩:

disce miles militare: Galba est, non Gaetulicus.

3 pari seueritate interdixit commeatus peti. ueteranum ac tironem militem opere assiduo corroborauit matureque barbaris, qui iam in Galliam usque proruperant, coercitis, praesenti quoque Gaio talem et se et exercitum approbauit, ut inter innumeras contractasque ex omnibus prouinciis copias neque testimonium neque praemia ampliora ulli perciperent; ipse maxime insignis, quod campestrem decursionem scuto moderatus, etiam ad essedum imperatoris per uiginti passuum milia cucurrit.

7 Caede Gai nuntiata multis ad occasionem stimulantibus quietem praetulit. per hoc gratissimus Claudio receptusque in cohortem amicorum tantae dignationis est habitus, ut cum subita ei ualitudo nec adeo grauis incidisset, dilatus sit expeditionis Britannicae dies. Africam pro consule biennio optinuit extra sortem electus ad ordinandam prouinciam et intestina dissensione

---

1 *delendum* L. (lucio *G*) *uel scrib.* Cn. (*sic Torr.*) 3 quod *ΠQ* 5 lici *MX*, licio *G*, licis (-iis *R*) *T*: ⟨in locum Gaetu⟩lici *suppl. Roth, plura deesse monuit Madvig proponens* in administratione exercitus Germanici (*malim* legatus Germaniae superioris), *e prioribus legerant* Gaetulico *Steph.*, Gaetulici uice *Heins.* 7 manus paenula *Salm.*, manus paenulas (-is *OST*) *MXT*, manu paenulas *G* 13 gallia *MGX* 14 et se et] et se $M\Pi^1$, esse *Q* 19 imperatori *Bentl.* 21 occasionem ⟨captandam⟩ *G. Becker*

et barbarorum tumultu inquietam; ordinauitque magna
seueritatis ac iustitiae cura etiam in paruulis rebus.
militi, qui per expeditionem artissima annona residuum 2
cibariorum tritici modium centum denariis uendidisse
arguebatur, uetuit, simul atque indigere cibo coepisset,
a quoquam opem ferri; et is fame extabuit. at in iure
dicendo cum de proprietate iumenti quaereretur, leuibus
utrimque argumentis et testibus ideoque difficili coniec-
tura ueritatis, ita decreuit ut ad lacum, ubi adaquari
solebat, duceretur capite inuoluto atque ibidem reuelato
eius esset, ad quem sponte se a potu recepisset.

Ob res et tunc in Africa et olim in Germania gestas 8
ornamenta triumphalia accepit et sacerdotium triplex,
inter quindecimuiros sodalesque Titios item Augustales
cooptatus; atque ex eo tempore prope ad medium Ne-
ronis principatum in secessu plurimum uixit, ne ad
gestandum quidem umquam iter ingressus quam ut
secum uehiculo proximo decies sestertium in auro effer-
ret, donec in oppido Fundis moranti Hispania Tarraco-
nensis oblata est. acciditque, ut cum prouinciam in- 2
gressus sacrificaret, intra aedem publicam puero e
ministris acerram tenenti capillus repente toto capite
canesceret, nec defuerunt qui interpretarentur signi-
ficari rerum mutationem successurumque iuueni senem,
hoc est ipsum Neroni. non multo post in Cantabriae
lacum fulmen decidit repertaeque sunt duodecim se-
cures, haud ambiguum summae imperii signum.

Per octo annos uarie et inaequabiliter prouinciam 9
rexit, primo acer et uehemens et in coercendis quidem
delictis uel immodicus. nam et nummulario non ex
fide uersanti pecunias manus amputauit mensaeque eius
adfixit, et tutorem, quod pupillum, cui substitutus heres

---

2 etiam et in *MX* 10 reuelatio *M* 17 ⟨aliter⟩ iter ingressus *Torr.*, ⟨al⟩iter egressus *Lips.* 18 ⟨e⟩ proximo *Torr.* 21 intra *T*, et inter *MGX*, et intra *δ*, et intraret *Oud.* 27 summi *GXT* 29 et (*post* acer) *om.* *X* 31 mensasque *MLPR*, mensisque *G*

erat, ueneno necasset, cruce adfecit; implorantique leges et ciuem Romanum se testificanti, quasi solacio et honore aliquo poenam leuaturus, mutari multoque praeter ceteras altiorem et dealbatam statui crucem iussit. paulatim in desidiam segnitiamque conuersus est, ne quid materiae praeberet Neroni et, ut dicere solebat, quod nemo rationem otii sui reddere cogeretur.

2 Carthagine noua conuentum agens tumultuari Gallias comperit legato Aquitaniae auxilia implorante; superuenerunt et Vindicis litterae hortantis, ut humano generi assertorem ducemque se accommodaret. nec diu cunctatus condicionem partim metu partim spe recepit; nam et mandata Neronis de nece sua ad procuratores clam missa deprenderat et confirmabatur cum secundissimis auspiciis et ominibus uirginis honestae uaticinatione, tanto magis quod eadem illa carmina sacerdos Iouis Cluniae ex penetrali somnio monitus eruerat ante ducentos annos similiter a fatidica puella pronuntiata. quorum carminum sententia erat oriturum quandoque ex Hispania principem dominumque rerum.

10 Igitur cum quasi manumissioni uacaturus conscendisset tribunal, propositis ante se damnatorum occisorumque a Nerone quam plurimis imaginibus et astante nobili puero, quem exulantem e proxima Baliari insula ob id ipsum acciuerat, deplorauit temporum statum consalutatusque imperator legatum se senatus ac populi
2 R. professus est. dein iustitio indicto, e plebe quidem prouinciae legiones et auxilia conscripsit super exercitum ueterem legionis unius duarumque alarum et cohortium trium; at e primoribus prudentia atque aetate

5 segnitiemque *TPT* nein orationem *M* 16 et *ante* uirginis *add. X*, tum *Beroald.* 26 baleari *codd. praeter Mδ* 30 legionem *Heraeus ad Tac. hist. I 6* 32 prudentia atque *T*, prudentiaque *M*, prudentiaque et *GX*, prudencia et *δ* (*fort.* aetate prudentiaque)

praestantibus uel instar senatus, ad quos de maiore
re quotiens opus esset referretur, instituit. delegit et 3
equestris ordinis iuuenes, qui manente anulorum aure-
orum usu euocati appellarentur excubiasque circa cubi-
culum suum uice militum agerent. etiam per prouin-
cias edicta dimisit, auctor in singulis uniuersisque con-
spirandi simul et ut qua posset quisque opera com-
munem causam iuuarent.

Per idem fere tempus in munitione oppidi, quod 4
sedem bello delegerat, repertus est anulus opere anti-
quo, scalptura gemmae Victoriam cum tropaeo expri-
mente; ac subinde Alexandrina nauis Dertosam appulit
armis onusta, sine gubernatore, sine nauta aut uectore
ullo, ut nemini dubium esset iustum piumque et fauen-
tibus diis bellum suscipi: cum repente ex inopinato
prope cuncta turbata sunt. alarum altera castris appro- 5
pinquantem paenitentia mutati sacramenti destituere
conata est aegreque retenta in officio, et serui, quos
a liberto Neronis ad fraudem praeparatos muneri ac-
ceperat, per angiportum in balneas transeuntem paene
interemerunt, nisi cohortantibus in uicem ne occasionem
omitterent, interrogatisque de qua occasione loqueren-
tur, expressa cruciatu confessio esset. accessit ad tanta 11
discrimina mors Vindicis, qua maxime consternatus
destitutoque similis non multum afuit quin uitae renun-
tiaret. sed superuenientibus ab urbe nuntiis ut occisum
Neronem cunctosque in uerba sua iurasse cognouit,
deposita legati suscepit Caesaris appellationem iterque
ingressus est paludatus ac dependente a ceruicibus
pugione ante pectus; nec prius usum togae reciperauit
quam oppressis qui nouas res moliebantur, praefecto
praetori Nymphidio Sabino Romae, in Germania Fonteio
Capitone, in Africa Clodio Macro legatis.

---

1 uel] uelut *T* 6 in *om.* *ΠQ* (*edd.*) 11 sculptura $GX\Pi^2$ 13 aut uectore M^2 (*Salm.*), auectore M^1, ac uect- *rel.* 19 munere *T* 20 balnea *R* 24 uindicis *T*, sui indicis *MGL*, sui uindicis *rel.* 31 qui *om.* *M*

12 Praecesserat de eo fama saeuitiae simul atque auaritiae, quod ciuitates Hispaniarum Galliarumque, quae cunctantius sibi accesserant, grauioribus tributis, quasdam etiam murorum destructione punisset et praepositos procuratoresque supplicio capitis adfecisset cum coniugibus ac liberis; quodque oblatam a Tarraconensibus e uetere templo Iouis coronam auream librarum quindecim conflasset ac tres uncias, quae ponderi dee-
2 rant, iussisset exigi. ea fama et confirmata et aucta est, ut primum urbem introiit. nam cum classiarios, quos Nero ex remigibus iustos milites fecerat, redire ad pristinum statum cogeret, recusantis atque insuper aquilam et signa pertinacius flagitantis non modo inmisso equite disiecit, sed decimauit etiam. item Germanorum cohortem a Caesaribus olim ad custodiam corporis institutam multisque experimentis fidelissimam dissoluit ac sine commodo ullo remisit in patriam, quasi Cn. Dolabellae, iuxta cuius hortos tendebat, proniorem.
3 illa quoque uerene an falso per ludibrium iactabantur, adposita lautiore cena ingemuisse eum, et ordinario quidem dispensatori breuiarium rationum offerenti paropsidem leguminis pro sedulitate ac diligentia porrexisse, Cano autem choraulae mire placenti denarios quinque donasse prolatos manu sua e peculiaribus loculis suis.

13 Quare aduentus eius non perinde gratus fuit, idque proximo spectaculo apparuit, siquidem Atellanis notissimum canticum ⟨*com. frg. p. 333*⟩ exorsis:

uenit[i] Onesimus a uilla

cuncti simul spectatores consentiente uoce reliquam partem ret⟨t⟩ulerunt ac saepius uersu repetito egerunt.

---

6 puoque *M*, que *δ* ablatam *POT* 21 rationem *ML*¹*PT*, *del. uel scrib.* breuiariam rationem *Büch.* parobs- *M*, parabs- *G*, paraps- *rel.* 28 exorsis ς, exorsus *Ω* 29 uenit onesimus *δ* (*Ant. Augustinus*), uenitione simus (simul *G*) *Ω*, uenit Dorsennus *W. A. Schmidt*

maiore adeo et fauore et auctoritate adeptus est quam 14
gessit imperium, quanquam multa documenta egregii
principis daret; sed nequaquam tam grata erant, quam
inuisa quae secus fierent.
Regebatur trium arbitrio, quos una et intra Pala- 2
tium habitantis nec umquam non adhaerentis paeda-
gogos uulgo uocabant. ii erant T. Vinius legatus eius
in Hispania, cupiditatis immensae; Cornelius Laco ex
assessore praefectus praetorii, arrogantia socordiaque
intolerabilis; libertus Icelus, paulo ante anulis aureis
et Marciani cognomine ornatus ac iam summae eque-
stris gradus candidatus. his diuerso uitiorum genere
grassantibus adeo se abutendum permisit et tradidit,
ut uix sibi ipse constaret, modo acerbior parciorque,
modo remissior ac neglegentior quam conueniret prin-
cipi electo atque illud aetatis.
Quosdam claros ex utroque ordine uiros suspicione 3
minima inauditos condemnauit. ciuitates R. raro dedit,
iura trium liberorum uix uni atque alteri ac ne is
quidem nisi ad certum praefinitumque tempus. iudici-
bus sextam decuriam adici precantibus non modo ne-
gauit, sed et concessum a Claudio beneficium, ne
hieme initioque anni ad iudicandum euocarentur, eri-
puit. existimabatur etiam senatoria et equestria officia 15
bienni spatio determinaturus nec daturus nisi inuitis
ac recusantibus. liberalitates Neronis non plus deci-
mis concessis per quinquaginta equites R. ea condi-
cione reuocandas curauit exigendasque, ut et si quid
scaenici ac xystici donatum olim uendidissent, auferre-
tur emptoribus, quando illi pretio absumpto soluere
nequirent. at contra nihil non per comites atque li- 2
bertos pretio addici aut donari gratia passus est, uecti-
galia immunitates, poenas innocentium impunitates

---

11 summi ς 18 ciuitatem Π^1Q (*cf. Aug.* 40, 3) 29 ac] aut Πς (*uulg.*) 32 adici *X* 33 innocentium *ΠRN*, nocentium *rel.*

noxiorum. quin etiam populo R. deposcente supplicium Haloti et Tigillini solos ex omnibus Neronis emissariis uel maleficentissimos incolumes praestitit atque insuper Halotum procuratione amplissima ornauit, pro Tigillino etiam saeuitiae populum edicto increpuit.

16 Per haec prope uniuersis ordinibus offensis uel prae-
cipua flagrabat inuidia apud milites. nam cum in uerba
eius absentis iurantibus donatiuum grandius solito prae-
positi pronuntiassent, neque ratam rem habuit et sub-
inde iactauit legere se militem, non emere con-
suesse; atque eo quidem nomine omnis, qui ubique
erant, exacerbauit. ceterum praetorianos etiam metu et
indignitate commouit, remouens subinde plerosque ut
2 suspectos et Nymphidi socios. sed maxime fremebat
superioris Germaniae exercitus fraudari se praemis na-
uatae aduersus Gallos et Vindicem operae. ergo primi
obsequium rumpere ausi Kal. Ian. adigi sacramento
nisi in nomen senatus recusarunt statimque legationem
ad praetorianos cum mandatis destinauerunt: displi-
cere imperatorem in Hispania factum; elige-
rent ipsi quem cuncti exercitus comprobarent.
17 quod ut nuntiatum est, despectui esse non tam senectam
suam quam orbitatem ratus, Pisonem Frugi Licinianum
nobilem egregiumque iuuenem ac sibi olim probatissi-
mum testamentoque semper in bona et nomen adscitum
repente e media salutantium turba adprehendit filium-
que appellans perduxit in castra ac pro contione adop-
tauit, ne tunc quidem donatiui ulla mentione facta. quo
faciliorem occasionem M. Saluio Othoni praebuit per-
ficiendi conata intra sextum adoptionis diem.
18 Magna et assidua monstra iam inde a principio
exitum ei, qualis euenit, portenderant. cum per omne
iter dextra sinistraque oppidatim uictimae caederentur,

---

1 deposcente *ΠQN*, -ti *rel.* 6 ordinibus *om.* *M*[1] offensus *X* 16 aduersis *M* 17 ausi] aut se *R*, ac se *ΠQ* 25 insuper *Torr.*, nuper *Cornelissen*

taurus securis ictu consternatus rupto uinculo essedum eius inuasit elatisque pedibus totum cruore perfudit; ac descendentem speculator impulsu turbae lancea prope uulnerauit. urbem quoque et deinde Palatium ingressum excepit terrae tremor et assimilis quidam mugitui sonus. secuta sunt aliquanto manifestiora. monile 2
margaritis gemmisque consertum ad ornandam Fortunam suam Tusculanam ex omni gaza secreuerat; id repente quasi augustiore dignius loco Capitolinae Veneri dedicauit, ac proxima nocte somniauit speciem Fortunae querentis fraudatam se dono destinato, minantisque erepturam et ipsam quae dedisset. cumque exterritus luce prima ad expiandum somnium, praemissis qui rem diuinam appararent, Tusculum excucurrisset, nihil inuenit praeter tepidam in ara fauillam atratumque iuxta senem in catino uitreo t[h]us tenentem et in calice fictili merum. obseruatum etiam est Kal. Ian. sacrificanti 3
coronam de capite excidisse, auspicanti pullos auolasse; adoptionis die neque milites adlocuturo castrensem sellam de more positam pro tribunali oblitis ministris et in senatu curulem peruerse collocatam. prius uero 19
quam occideretur sacrificantem mane haruspex identidem monuit, caueret periculum, non longe percussores abesse.

Haud multo post cognoscit teneri castra ab Othone, ac plerisque ut eodem quam primum pergeret suadentibus — posse enim auctoritate et praesentia praeualere — nihil amplius quam continere se statuit et legionariorum firmare praesidiis, qui multifariam diuerseque tendebant. loricam tamen induit linteam, quanquam haud dissimulans parum aduersus tot mucrones profuturam. sed extractus rumoribus falsis, quos con- 2

---

5 terrae tremor *G*, terra et tremor *M*, terra tremore *rel.* 6 manifestiora] maiora et tristiora *T* 16 ficticũli *M* 18 euolasse *X* 20 obliti *M* 21 senectu *Mδ*, senectute *G* 29 diuersique *Bentl.*

spirati, ut eum in publicum elicerent, de industria dissiparant, paucis temere affirmantibus transactum negotium, oppressos, qui tumultuarentur, aduenire frequentis ceteros gratulabundos et in omne obsequium paratos, iis ut occurreret prodiit tanta fiducia, ut militi cuidam occisum a se Othonem glorianti: quo auctore? responderit, atque in forum usque processit. ibi equites, quibus mandata caedes erat, cum per publicum dimota paganorum turba equos adegissent, uiso procul eo parumper restiterunt; dein rursum incitati desertum a suis contrucidarunt.

20 Sunt qui tradant, ad primum tumultum proclamasse eum: quid agitis commilitones? ego uester sum et uos mei, donatiuum etiam pollicitum. plures autem prodiderunt optulisse ultro iugulum et ut hoc agerent ac ferirent, quando ita uideretur, hortatum. illud mirum admodum fuerit, neque praesentium quemquam opem imperatori ferre conatum et omnes qui arcesserentur spreuisse nuntium excepta Germanici⟨an⟩orum uexillatione. ii ob recens meritum, quod se aegros et inualidos magno ⟨o⟩pere fouisset, in auxilium aduolauerunt, sed serius itinere deuio per ignorantiam locorum retardati.

2 Iugulatus est ad lacum Curti ac relictus ita uti erat, donec gregarius miles a frumentatione rediens abiecto onere caput ei amputauit; et quoniam capillo arripere non poterat, in gremium abdidit, mox inserto per os pollice ad Othonem detulit. ille lixis calonibusque donauit, qui hasta suffixum non sine ludibrio circum castra portarunt adclamantes identidem: Galba Cupido, fruaris aetate tua, maxime irritati ad talem iocorum petulantiam, quod ante paucos dies exierat

---

7 processerit *Bentl.* 12 Sunt autem *POST* 15 ut *del. Torr.* 18 arcessirentur *MGΥ* 19 germaniciorum *Ω, corr. Turn.* 21 ⟨re⟩fouisset *Wölfflin* (*cf. Tac. hist. I 31*) 26 abiecta *M* capillo prae caluitie *Π et ς plurimi* 27 addidit $P^1S\Pi^1$ (*Roth*) 31 cupide *GX*

in uulgus, laudanti cuidam formam suam ut adhuc floridam et uegetam respondisse eum ⟨*Hom. Il.* 5, 254 *Od.* 21, 426⟩:

ἔτι μοι μένος ἔμπεδόν ἐστιν.

ab is Patrobii Neroniani libertus centum aureis redemptum eo loco, ubi iussu Galbae animaduersum in patronum suum fuerat, abiecit. sero tandem dispensator Argiuus et hoc et ceterum truncum in priuatis eius hortis Aurelia uia sepulturae dedit.

Statura fuit iusta, capite praecaluo, oculis caeruleis, **21**
adunco naso, manibus pedibusque articulari morbo distortissimis, ut neque calceum perpeti neque libellos euoluere aut tenere omnino ualeret. excreuerat etiam in dexteriore latere eius caro praependebatque adeo ut aegre fascia substringeretur.

Cibi plurimi traditur, quem tempore hiberno etiam **22**
ante lucem capere consuerat, inter cenam uero usque eo abundanti⟨s⟩, ut congestas super manus reliquias circumferri iuberet spargique ad pedes stantibus. libidinis in mares pronior et eos non nisi praeduros exoletosque; ferebant in Hispania Icelum e ueteribus concubinis de Neronis exitu nuntiantem non modo artissimis osculis palam exceptum ab eo, sed ut sine mora uelleretur oratum atque seductum.

Periit tertio et septuagesimo aetatis anno, imperii **23**
mense septimo senatus, ut primum licitum est, statuam ei decreuerat rostratae columnae superstantem in parte fori, qua trucidatus est; sed decretum Vespasianus aboleuit, percussores sibi ex Hispania in Iudaeam submisisse opinatus.

---

5 patrobil Ω, *corr.* ς (*Sabell.*) neronianus *T* 6 aduersum *M* 9 aurelia uia *G* (*Eutrop. VII 16, 3*), aureliae uiae *rel.* 12 neque (*ante* libellos) *Gδ*, ne *M*, nec *rel.* 18 abundantis *Graev.*, abundanti Ω, abundans S^2ς, abundantem *uulg.*, abundanter *Grut.* 19 libidini *Torr.* 20 pronioris *Steph.* 21 hicelum (ic- *T*) *X*, ehicelum *rel.* (*in M sic*: hispaniae hic elume), e⟨t⟩ Icelum *Büch.*

OTHO

1 Maiores Othonis orti sunt oppido Ferentio, familia uetere et honorata atque ex principibus Etruriae. auus M. Saluius Otho, patre equite R., matre humili incertum an ingenua, per gratiam Liuiae Augustae, in cuius domo creuerat, senator est factus nec praeturae gradum excessit.

2 Pater L. Otho, materno genere praeclaro multarumque et magnarum propinquitatium, tam carus tamque non absimilis facie Tiberio principi fuit, ut plerique procreatum ex eo crederent. urbanos honores, proconsulatum Africae et extraordinaria imperia seuerissime administrauit. ausus etiam est in Illyrico milites quosdam, quod motu Camilli ex paenitentia praepositos suos quasi defectionis aduersus Claudium auctores occiderant, capite punire et quidem ante principia se coram, quamuis ob id ipsum promotos in ampliorem
3 gradum a Claudio sciret. quo facto sicut gloriam auxit, ita gratiam minuit; quam tamen mature reciperauit detecta equitis R. fraude, quem prodentibus seruis necem Claudio parare compererat. namque et senatus honore rarissimo, statua in Palatio posita, prosecutus est eum et Claudius adlectum inter patricios conlaudans amplissimis uerbis hoc quoque adiecit: uir, quo meliores liberos habere ne opto quidem. ex Albia Terentia splendida femina duos filios tulit, L. Titianum et minorem M. cognominem sibi; tulit et filiam, quam uixdum nubilem Druso Germanici filio despondit.

2 Otho imperator IIII. Kal. Mai. natus est Camillo
32 p.C. Arruntio Domitio Ahenobarbo cons. a prima adules-

---

1 ferentino *X* (opp. Ferentano *Ps. Aur. Vict. epit. 7, 1*), Ferento *Urs.* 3 siluius *Ω*, *corr. Steph.* 7 praeclarum *M* 8 propinquitatum *GXΠQ* 14 cladium *λ*. claudium *M* 22 eum et *T*, eum *rel.*

centia prodigus ac procax, adeo ut saepe flagris obiur-
garetur a patre, ferebatur et uagari noctibus solitus
atque inualidum quemque obuiorum uel potulentum
corripere ac distento sago impositum in sublime iactare.
post patris deinde mortem libertinam aulicam gratiosam, 2
quo efficacius coleret, etiam diligere simulauit quamuis
anum ac paene decrepitam; per hanc insinuatus Neroni
facile summum inter amicos locum tenuit congruentia
morum, ut uero quidam tradunt, et consuetudine mutui
stupri. ac tantum potentia ualuit, ut damnatum repe-
tundis consularem uirum, ingens praemium pactus, prius
quam plane restitutionem ei impetrasset, non dubitaret
in senatum ad agendas gratias introducere. omnium 3
autem consiliorum secretorumque particeps die, quem
necandae matri Nero destinarat, ad auertendas suspi-
ciones cenam utrique exquisitissimae comitatis dedit;
item Poppaeam Sabinam tunc adhuc amicam eius, ab-
ductam marito demandatamque interim sibi, nuptiarum
specie recepit nec corrupisse contentus adeo dilexit,
ut ne riualem quidem Neronem aequo tulerit animo
creditur certe non modo missos ad arcessendam non 2
recepisse, sed ipsum etiam exclusisse quondam pro
foribus astantem miscentemque frustra minas et preces
ac depositum reposcentem. quare diducto matrimonio
sepositus est per causam legationis in Lusitaniam. et
satis uisum, ne poena acrior mimum omnem diuulgaret,
qui tamen sic quoque hoc disticho ⟨*FPR p. 370*⟩
enotuit:

cur Otho mentito sit, quaeritis, exul honore?
uxoris moechus coeperat esse suae.

Prouinciam administrauit quaestorius per decem
annos, moderatione atque abstinentia singulari. ut tan- 4

---

6 coleretur *Kraffert* 10 ⟨de⟩ repetundis *Urs.* 12 dubitarit *Salm.* 14 diem *MPO* 17 pompeam (-eiam *R¹L²PT*) *MΠR¹L²PI* (*cf. ad Ner.* 35) 24 deducto *X* 25 et] id *Casaub.* 29 merito *Υ*

dem occasio ultionis data est, conatibus Galbae primus
accessit; eodemque momento et ipse spem imperii cepit
magnam quidem et ex condicione temporum, sed ali-
quanto maiorem ex affirmatione Seleuci mathematici.
qui cum eum olim superstitem Neroni fore spopon-
disset, tunc ultro inopinatus aduenerat imperaturum
2 quoque breui repromittens. nullo igitur officii aut am-
bitionis in quemquam genere omisso, quotiens cena
principem acciperet, aureos excubanti cohorti uiritim
diuidebat, nec minus alium alia uia militum demere-
batur; cuidam etiam de parte finium cum uicino liti-
ganti adhibitus arbiter totum agrum redemit emanci-
pauitque, ut iam uix ullus esset, qui non et sentiret
5 et praedicaret solum successione imperii dignum. spera-
uerat autem fore ut adoptaretur a Galba, idque in dies
expectabat. sed postquam Pisone praelato spe decidit,
ad uim conuersus est instigante super animi dolorem
etiam magnitudine aeris alieni. neque enim dissimula-
bat, nisi principem se stare non posse, nihilque
referre ab hoste in acie an in foro sub credi-
2 toribus caderet. ante paucos dies seruo Caesaris pro
impetrata dispensatione decies sestertium expresserat;
hoc subsidium tanti coepti fuit. ac primo quinque specu-
latoribus commissa res est, deinde decem aliis, quos sin-
guli binos produxerant; omnibus dena sestertia reprae-
sentata et quinquagena promissa. per hos sollicitati
reliqui, nec adeo multi, haud dubia fiducia in ipso
6 negotio pluris adfuturos. tulerat animus post adop-
tionem statim castra occupare cenantemque in Palatio

3 et *om. PO* (*Graev.*) 6 imperatorem — ⟨fo⟩re promittens *Madv.* (*cf. Tib. 17, 2*) 10 minus *Π*[1]*Q*, ominus (ho- *L*) *MGL*, quominus *PO*, eo minus *rel.* militem *ed. Basil. 1546*, milites *Burm.* 14 successioni *MGQ*, -nis *ΠR* 15 die (diē *T*) *X* 18 dissimulare *G* 20 referre *GSN et pro uar. lect. L*, refelli *rel* ab] sub *Bentl.* 28 pluros adfuturis *M*, plures affuturos *G*, plurib(us) affuturis *ΠQ*, plures affuturi *XR*, *corr. Roth* erat *X*, fuerat *Urs.* animos *MGδ* 29 statim *om. M*

Galbam adgredi, sed obstitit respectus cohortis, quae tunc excubabat, ne oneraretur inuidia, quod eiusdem statione et Gaius fuerat occisus et desertus Nero. medium quoque tempus religio et Seleucus exemit.

Ergo destinata die praemonitis consciis, ut se in 2
foro sub aede Saturni ad miliarium aureum opperiren-
tur, mane Galbam salutauit, utque consueuerat osculo
exceptus, etiam sacrificanti interfuit audiuitque prae-
dicta haruspicis. deinde liberto adesse architectos nun-
tiante, quod signum conuenerat, quasi uenalem domum
inspecturus abscessit proripuitque se postica parte Palati
ad constitutum. alii febrem simulasse aiunt eamque
excusationem proximis mandasse, si quaereretur. tunc 3
abditus propere muliebri sella in castra contendit ac
deficientibus lecticaris cum descendisset cursumque ce-
pisset, laxato calceo restitit, donec omissa mora suc-
collatus et a praesente comitatu imperator consalu-
tatus inter faustas adclamationes strictosque gladios
ad principia deuenit, obuio quoque non aliter ac si
conscius et particeps foret adhaerente. ibi missis qui
Galbam et Pisonem trucidarent, ad conciliandos pollici-
tationibus militum animos nihil magis pro contione te-
status est, quam id demum se habiturum, quod sibi
illi reliquissent.

Dein uergente iam die ingressus senatum positaque 7
breui oratione quasi raptus de publico et suscipere
imperium ui coactus gesturusque communi omnium
arbitrio, Palatium petit. ac super ceteras gratulantium
adulantiumque blanditias ab infima plebe appellatus
Nero nullum indicium recusantis dedit, immo, ut qui-
dam tradiderunt, etiam diplomatibus primisque epistulis
suis ad quosdam prouinciarum praesides Neronis cog-
nomen adiecit. certe et imagines statuasque eius reponi

---

10 iuuenalem (*om.* domum) *Υ* 15 deficientis *M* lecticaribus *MGΥ*, lecticariis *X*, *corr. Roth* 24 illi] ipsi *Υ* 25 positoque *G. H. Walther* 26 ratione *Erasm.*

passus est et procuratores atque libertos ad eadem officia reuocauit, nec quicquam prius pro potestate subscripsit quam quingenties sestertium ad peragendam Auream domum.

2 Dicitur ea nocte per quietem pauefactus gemitus maximos edidisse repertusque a concursantibus humi ante lectum iacens per omnia piaculorum genera Manes Galbae, a quo deturbari expellique se uiderat, propitiare temptasse; postridie quoque in augurando tempestate orta grauiter prolapsum identidem obmurmurasse:

τί γάρ μοι καὶ μακροῖς αὐλοῖς;

8 Sub idem uero tempus Germaniciani exercitus in Vitelli uerba iurarant. quod ut comperit, auctor senatui fuit mittendae legationis, quae doceret electum iam principem, quietem concordiamque suaderet; et tamen per internuntios ac litteras consortem imperii generumque se Vitellio optulit. uerum haud dubio bello iamque ducibus et copiis, quas Vitellius praemiserat, appropinquantibus animum fidemque erga se praetorianorum
2 paene internecione amplissimi ordinis expertus est. [et] placuerat per classiarios arma transferri remittique nauibus; ea cum in castris sub noctem promerentur, insidias quidam suspicati tumultum excitauerunt; ac repente omnes nullo certo duce in Palatium cucurrerunt caedem senatus flagitantes, repulsisque tribunorum qui inhibere temptabant, nonnullis et occisis, sic ut erant cruenti, ubinam imperator esset requirentes perruperunt in triclinium usque nec nisi uiso destiterunt.
3 Expeditionem autem inpigre atque etiam praepropere incohauit, nulla ne religionum quidem cura, sed et

---

6 repertisque *Mδ* conuersantibus *X* 10 prolapsus *T* 11 *αὐλοῖς* ς (*cf. Dio 64, 7*), ΔΟΥΛΟΙϹ *M et fere rel.* (ΛΔΟΥΛΟΙϹ *G*, *om. PT*) 12 germanici *X* 15 concordiamque *GTδ*, et concordiam *T* (*uulg.*), concordiam *rel., del. G. Becker* 20 et *om.* ς (*Torr.*), ei *Büch.* 21 praemittique *Steph.*, dem- *Oud.* 29 praeponere *Mδ*, propere *ΠQ*, praepostere *Bentl.*

motis necdum conditis ancilibus, quod antiquitus infaustum habetur, et die, quo cultores deum Matris lamentari et plangere incipiunt, praeterea aduersissimis auspiciis. nam et uictima Diti patri caesa litauit, cum tali sacrificio contraria exta potiora sint, et primo egressu inundationibus Tiberis retardatus ad uicensimum etiam lapidem ruina aedificiorum praeclusam uiam offendit. simili temeritate, quamuis dubium nemini 9
esset quin trahi bellum oporteret, quando et fame et angustiis locorum urgeretur hostis, quam primum tamen decertare statuit, siue impatiens longioris sollicitudinis speransque ante Vitelli aduentum profligari plurimum posse, siue impar militum ardori pugnam deposcentium. nec ulli pugnae affuit substititque Brixelli.

Et tribus quidem, uerum mediocribus proelis apud 2
Alpes circaque Placentiam et ad Castoris, quod loco nomen est, uicit; nouissimo maximoque apud Betriacum fraude superatus est, cum spe conloquii facta, quasi ad condicionem pacis militibus eductis, ex inprouiso atque in ipsa consalutatione dimicandum fuisset. ac statim moriendi impetum cepit, ut multi nec frustra 3
opinantur, magis pudore, ne tanto rerum hominumque periculo dominationem sibi asserere perseueraret, quam desperatione ulla aut diffidentia copiarum; quippe residuis integrisque etiam nunc quas secum ad secundos casus detinuerat, et superuenientibus aliis e Dalmatia Pannoniaque et Moesia, ne uictis quidem adeo afflictis ut non in ultionem ignominiae quiduis discriminis ultro et uel solae subirent.

Interfuit huic bello pater meus Suetonius Laetus, 10
tertiae decimae legionis tribunus angusticlauius. is

---

2 haberetur *ΠT* 4 uictimas — cesas *X* dicti *M* 5 exto *M* 9 quoad *Kraffert* 14 illi *X*, ille *Urs.* 18 bretiacum *Ω* (*cf. Vesp.* 5, 7) 21 consalutatione *Π*¹*Q*, consultatione *rel. fort. recte* 23 tantum *M*¹ 26 tunc *Urs.* aduersos *uel* iactus *pro* casus *Bentl.* 31 lenis *Tς*

mox referre crebro solebat Othonem etiam priuatum usque adeo detestatum ciuilia arma, ut memorante quodam inter epulas de Cassi Brutique exitu cohorruerit; nec concursurum cum Galba fuisse, nisi confideret sine bello rem transigi posse; tunc ad despiciendam uitam exemplo manipularis militis concitatum, qui cum cladem exercitus nuntiaret nec cuiquam fidem faceret ac nunc mendaci nunc timoris, quasi fugisset, ex acie argueretur, gladio ante pedes eius incubuerit. hoc uiso proclamasse eum aiebat, non amplius se in periculum talis tamque bene meritos coniecturum.

2 Fratrem igitur fratrisque filium et singulos amicorum cohortatus, ut sibi quisque pro facultate consuleret, ab amplexu et osculo suo dimisit omnis, secretoque capto binos codicillos exarauit, ad sororem consolatorios et ad Messalinam Neronis, quam matrimonio destinarat, commendans reliquias suas et memoriam. quicquid deinde epistularum erat, ne cui periculo aut noxae apud uictorem forent, concremauit. diuisit et
11 pecunias domesticis ex copia praesenti. atque ita paratus intentusque iam morti, tumultu inter moras exorto ut eos, qui discedere et abire coeptabant, corripi quasi desertores detinerique sensit: adiciamus, inquit, uitae et hanc noctem, his ipsis totidemque uerbis, uetuitque uim cuiquam fieri; et in serum usque patente cubiculo, si quis adire uellet, potestatem sui praebuit.
2 post hoc sedata siti gelidae aquae potione arripuit duos pugiones et explorata utriusque acie, cum alterum puluino subdidisset, foribus adopertis artissimo somno quieuit. et circa lucem demum expergefactus uno se traiecit ictu infra laeuam papillam irrumpentibusque ad

---

2 arma] bella *T* 4 occisurum eum Galbam *Bentl.* cum Galba *del. Polak* 16 captato *X* 17 et *Torr.*, sed *MLT*, sed et *rel.* 23 certabant M^1, cept- M^2GTS, capt- *rel.* 26 feri *M* 28 haec *ΠQST* 30 altissimo *Valesius*

primum gemitum modo celans modo detegens plagam exanimatus est et celeriter, nam ita praeceperat, funeratus, tricensimo et octauo aetatis anno et nonagensimo et quinto imperii die.

Tanto Othonis animo nequaquam corpus aut habi- 12
tus competit. fuisse enim et modicae staturae et male pedatus ⟨s⟩cambusque traditur, munditiarum uero paene muliebrium, uulso corpore, galericulo capiti propter raritatem capillorum adaptato et adnexo, ut nemo dinosceret; quin et faciem cotidie rasitare ac pane madido linere consuetum, idque instituisse a prima lanugine, ne barbatus umquam esset; sacra etiam Isidis saepe in lintea religiosaque ueste propalam celebrasse. per quae factum putem, ut mors eius minime congruens 2
uitae maiore miraculo fuerit. multi praesentium militum cum plurimo fletu manus ac pedes iacentis exosculati, fortissimum uirum, unicum imperatorem praedicantes, ibidem statim nec procul a rogo uim suae uitae attulerunt; multi et absentium accepto nuntio prae dolore armis inter se ad internecionem concurrerunt. denique magna pars hominum incolumem grauissime detestata mortuum laudibus tulit, ut uulgo iactatum sit etiam, Galbam ab eo non tam dominandi quam rei p. ac libertatis restituendae causa interemptum.

VITELLIVS

Vitelliorum originem alii aliam et quidem diuersissi- 1
mam tradunt, partim ueterem et nobilem, partim uero nouam et obscuram atque etiam sordidam; quod ego

---

2 caeliter nam *M*, apud celiternam (ueli- *Q*, culi- *Π*) *Υ* 7 cambusque *Ω*, scamb- *Turn.* (*at cf. Bonnet, Arch. f. lat. Lex. XIII p. 579*) 9 adoptato *MGXΠ*[1] 11 consuetus *Bentl.* 12 ne *om. M* 15 maiori *GΥ* 27 ego *om. M*[1]

per adulatores obtrectatoresque imperatoris Vitelli eue-
nisse opinarer, nisi aliquanto prius de familiae con-
2 dicione uariatum esset. extat Q. †Elogi ad Quintum
Vitellium Diui Augusti quaestorem libellus, quo con-
tinetur, Vitellios Fauno Aboriginum rege et Vitellia,
quae multis locis pro numine coleretur, ortos toto Latio
imperasse; horum residuam stirpem ex Sabinis transisse
3 Romam atque inter patricios adlectam; indicia stirpis
mansisse diu uiam Vitelliam ab Ianiculo ad mare usque,
item coloniam eiusdem nominis, quam gentili copia
aduersus Aequiculos tutandam olim depoposcissent;
tempore deinde Samnitici belli praesidio in Apuliam
misso quosdam ex Vitellis subsedisse Nuceriae eorum-
que progeniem longo post interuallo repetisse urbem
2 atque ordinem senatorium. contra plures auctorem
generis libertinum prodiderunt, Cassius Seuerus nec
minus alii eundem et sutorem ueteramentarium, cuius
filius sectionibus et cognituris uberius compendium
nanctus, ex muliere uulgari, Antiochi cuiusdam furna-
riam exercentis filia, equitem R. genuerit. sed quod
2 discrepat, sit in medio. ceterum P. Vitellius domo
Nuceria, siue ille stirpis antiquae siue pudendis paren-
tibus atque auis, eques certe R. et rerum Augusti pro-
curator, quattuor filios amplissimae dignitatis cogno-
mines ac tantum praenominibus distinctos reliquit
Aul(um), Q(uintum), P(ublium), L(ucium). Aulus in
consulatu obiit, quem cum Domitio Neronis Caesaris
patre inierat, praela⟨u⟩tus alioqui famosusque cena-
rum magnificentia. Quintus caruit ordine, cum auctore
Tiberio secerni minus idoneos senatores remouerique
3 placuisset. P(ublius), Germanici comes, Cn. Pisonem
inimicum et interfectorem eius accusauit condemna-

---

1 adultores *M*, adulteros *ΠR* 3 extatq(ue) elogi (-ii *XT*, -ium *G*) *Ω*, Q. Clodii *Muret.*, Q. Longini *Lips.*, Q. Eulogii *uel* Eclogii *Casaub.* 28 praelatus *Ω*, *corr. ed. Basil. 1533* alioquin *GX*, eloquio *ΠR*

uitque, ac post praeturae honorem inter Seiani con-
scios arreptus et in custodiam fratri datus scalpro li-
brario uenas sibi incidit, nec tam mortis paenitentia
quam suorum obtestatione obligari curarique se passus
in eadem custodia morbo periit. L(ucius) ex consu- 4
latu Syriae praepositus, Artabanum Parthorum regem
summis artibus non modo ad conloquium suum, sed
etiam ad ueneranda legionum signa pellexit. mox cum
Claudio principe duos insuper ordinarios consulatus
censuramque gessit. curam quoque imperi sustinuit
absente eo expeditione Britannica; uir innocens et in-
dustrius, sed amore libertinae perinfamis, cuius etiam
saliuis melle commixtis, ne clam quidem aut raro sed
cotidie ac palam, arterias et fauces pro remedio foue-
bat. idem miri in adulando ingenii primus C. Caesarem 5
adorare ut deum instituit, cum reuersus ex Syria non
aliter adire ausus esset quam capite uelato circumuer-
tensque se, deinde procumbens. Claudium uxoribus
libertisque addictum ne qua non arte demereretur,
proximo munere a Messalina petit ut sibi pedes prae-
beret excalciandos; detractumque socculum dextrum
inter togam tunicasque gestauit assidue, nonnumquam
osculabundus. Narcissi quoque et Pallantis imagines
aureas inter Lares coluit. huius et illa uox est: saepe
facias, cum saeculares ludos edenti Claudio gratu-
laretur. decessit paralysi altero die quam correptus est, 3
duobus filiis superstitibus, quos ex Sestilia probatissima
nec ignobili femina editos consules uidit, et quidem
eodem ambos totoque anno, cum maiori minor in sex
menses successisset. defunctum senatus publico funere
honorauit, item statua pro rostris cum hac inscriptione:
PIETATIS· IMMOBILIS ERGA PRINCIPEM.

---

5 in aedem *MLPδ* († inedia L^2) custodiae LPS^1, sub custodia *δ* 14 arteria *MGδ* 16 adorari *Υ* institit *Graev.* 20 pro maximo *Υ'* 21 exculciandos $MG\Pi^1R$ (*fort. recte*), exosculandos *Q* (*cf. Ner. 51 Vesp. 8, 3*) 27 sextilia *POST* (*cf. Tac. hist. II 64*) 28 ditos *M*, edito *R*, edictos *Π*

2 A. Vitellius L. filius imperator natus est VIII. Kal. Oct., uel ut quidam VII. Id. Sept., Druso Caesare Nor-
a. 15 p. C. bano Flacco cons. genituram eius praedictam a mathematicis ita parentes exhorruerunt, ut pater magno opere semper contenderit, ne qua ei prouincia uiuo se committeretur, mater et missum ad legiones et appellatum imperatorem pro afflicto statim lamentata sit. pueritiam primamque adulescentiam Capreis egit inter Tiberiana scorta, et ipse perpetuo spint[he]riae cognomine notatus existimatusque corporis gratia initium
4 et causa incrementorum patri fuisse; sequenti quoque aetate omnibus probris contaminatus, praecipuum in aula locum tenuit, Gaio per aurigandi, Claudio per aleae studium familiaris, sed aliquanto Neroni acceptior, cum propter eadem haec, tum peculiari merito, quod praesidens certamini Neroneo cupientem inter citharoedos contendere nec quamuis flagitantibus cunctis promittere audentem ideoque egressum theatro reuocauerat, quasi perseuerantis populi legatione suscepta, exorandumque praebuerat.

5 Trium itaque principum indulgentia non solum honoribus uerum et sacerdotiis amplissimis auctus, proconsulatum Africae post haec curamque operum publicorum administrauit et uoluntate dispari et existimatione. in prouincia singularem innocentiam praestitit biennio continuato, cum succedenti fratri legatus substitisset; at in urbano officio dona atque ornamenta templorum subripuisse et commutasse quaedam ferebatur proque auro et argento stagnum et aurichalcum supposuisse.

6 Vxorem habuit Petroniam consularis uiri filiam et ex ea filium Petronianum captum altero oculo. hunc

---

7 statim *om. T* 9 in perpetuo *X* 26 continuo *B.-Crus.* subtitisset *M.* substitutus esset *X* (*sic Graev. legens antea* decedenti) 29 stamnum *G*, stannum *Π*^{1}ς (*edd.*) aurochalcum *MGL*

heredem a matre sub condicione institutum, si de potestate patris exisset, manu emisit breuique, ut creditum est, interemit, insimulatum insuper parricidii et quasi paratum ad scelus uenenum ex conscientia hausisset. duxit mox Galeriam Fundanam praetorio patre ac de hac quoque liberos utriusque sexus tulit, sed marem titubantia oris prope mutum et elinguem.

A Galba in inferiorem Germaniam contra opinionem 7 missus est. adiutum putant T. Vini suffragio, tunc potentissimi et cui iam pridem per communem factionis Venetae fauorem conciliatus esset; nisi quod Galba prae se tulit nullos minus metuendos quam qui de solo uictu cogitarent, ac posse prouincialibus copiis profundam gulam eius expleri, ut cuiuis euidens sit contemptu magis quam gratia electum. satis constat 2 exituro uiaticum defuisse, tanta egestate rei familiaris, ut uxore et liberis, quos Romae relinquebat, meritorio cenaculo abditis domum in reliquam partem anni ablocaret utque ex aure matris detractum unionem pignerauerit ad itineris impensas. creditorum quidem praestolantium ac detinentium turbam et in iis Sinuessanos Formianosque, quorum publica uectigalia interuerterat, non nisi terrore calumniae amouit, cum libertino cuidam acerbius debitum reposcenti iniuriarum formulam, quasi calce ab eo percussus, intendisset nec aliter quam extortis quinquaginta sestertiis remisisset.

Aduenientem male animatus erga principem exer- 3 citus pronusque ad res nouas libens ac supinis manibus excepit uelut dono deum oblatum, ter consulis filium, aetate integra, facili ac prodigo animo. quam ueterem de se persuasionem Vitellius recentibus etiam experimentis auxerat, tota uia caligatorum quoque mili-

4 hausit *X*, habuisse *Π* 5 galerianam *T* 9 iuni (-ii *deler.*) *Ω*, *corr. Torr.* (*cf. Galb. 14, 2*) 11 Venetae] uę *L*, suae *POST* 18 ablocarit *Bentl.*, oblocaret *Sabell.* 19 pigneraret *N*

tum obuios exosculans perque stabula ac deuersoria mulionibus ac uiatoribus praeter modum comis, ut mane singulos iamne iantassent sciscitaretur seque
8 fecisse ructu quoque ostenderet. castra uero ingressus nihil cuiquam poscenti negauit atque etiam ultro ignominiosis notas, reis sordes, damnatis supplicia dempsit. quare uixdum mense transacto, neque diei neque temporis ratione habita, ac iam uespere, subito a militibus e cubiculo raptus, ita ut erat in ueste domestica, imperator est consalutatus circumlatusque per celeberrimos uicos, strictum Diui Iuli[i] gladium tenens detractum delubro Martis atque in prima gratulatione
2 porrectum sibi a quodam. nec ante in praetorium rediit quam flagrante triclinio ex conceptu camini, cum quidem consternatis et quasi omine aduerso anxiis omnibus: bono, inquit, animo estote! nobis adluxit, nullo sermone alio apud milites usus. consentiente deinde etiam superioris prouinciae exercitu, qui prior a Galba ad senatum defecerat, cognomen Germanici delatum ab uniuersis cupide recepit, Augusti distu-
9 lit, Caesaris in perpetuum recusauit. ac subinde caede Galbae adnuntiata, compositis Germanicis rebus, partitus est copias, quas aduersus Othonem praemitteret quasque ipse perduceret. praemisso agmine laetum euenit auspicium, siquidem a parte dextra repente aquila aduolauit lustratisque signis ingressos uiam sensim antecessit. at contra ipso mouente statuae equestres, cum plurifariam ei ponerentur, fractis repente cruribus pariter corruerunt, et laurea, quam religiosissime circumdederat, in profluentem excidit; mox Viennae pro tribunali iura reddenti gallinaceus supra umerum ac deinde in capite astitit. quibus ostentis par

3 iantas͜ent *Mδ*, iact- (lact- *Π*) *ΥPOT*, gent- *G*, ient- *LS* (*cf. Vit. 13, 1*) 6 depressit *Q*, remisit *Bentl.* 19 prius *Υ* 24 agmini *ed. Basil. 1533* 26 lustratisque ς (*ed. Rom. II*), lustrauitque *Ω*

respondit exitus; nam confirmatum per legatos suos
imperium per se retinere non potuit.
De Betriacensi uictoria et Othonis exitu, cum ad- 10
huc in Gallia esset, audiit nihilque cunctatus, quicquid
praetorianarum cohortium fuit, ut pessimi exempli, uno
exauctorauit edicto iussas tribunis tradere arma. cen-
tum autem atque uiginti, quorum libellos Othoni datos
inuenerat exposcentium praemium ob editam in caede
Galbae operam, conquiri et supplicio adfici imperauit,
egregie prorsus atque magnifice et ut summi principis
spem ostenderet, nisi cetera magis ex natura et priore
uita sua quam ex imperii maiestate gessisset. namque 2
itinere incohato per medias ciuitates ritu triumphan-
tium uectus est perque flumina delicatissimis nauigiis
et uariarum coronarum genere redimitis, inter pro-
fusissimos obsoniorum apparatus, nulla familiae aut
militis disciplina, rapinas ac petulantiam omnium in
iocum uertens, qui non contenti epulo ubique publice
praebito, quoscumque libuisset in libertatem asserebant,
uerbera et plagas, saepe uulnera, nonnumquam necem
repraesentantes aduersantibus. utque campos, in qui- 3
bus pugnatum est, adit, abhorrentis quosdam cadauerum
tabem detestabili uoce confirmare ausus est, optime
olere occisum hostem et melius ciuem. nec eo
setius ad leniendam grauitatem odoris plurimum meri
propalam hausit passimque diuisit. pari uanitate atque
insolentia lapidem memoriae Othonis inscriptum intuens
dignum eo Mausoleo ait, pugionemque, quo is se
occiderat, in Agrippinensem coloniam misit Marti dedi-
candum. in Appennini quidem iugis etiam peruigilium
egit. urbem denique ad classicum introiit paludatus 11
ferroque succinctus, inter signa atque uexilla, sagulatis
comitibus ac detectis commilitonum armis.

---

6 iusas *M*, iussa *PΠ²R* tribunas *Mδ*, tribuno *T* 8 praemia *ed. Mediol. 1475 al.* 10 aegiae *M*, regie *Pithoeus* 15 uario *N* (*Bentl.*) 24 et] at *Ern.*, set *G. Becker*

2 Magis deinde ac magis omni diuino humanoque iure neglecto Alliensi die pontificatum maximum cepit, comitia in decem annos ordinauit seque perpetuum consulem. et ne cui dubium foret, quod exemplar regendae rei p. eligeret, medio Martio campo adhibita publicorum sacerdotum frequentia inferias Neroni dedit ac sollemni conuiuio citharoedum placentem palam admonuit, ut a l i q u i d e t d e d o m i n i c o d i c e r e t, incohantique Neroniana cantica primus exultans etiam plausit.
12 talibus principiis magnam imperii partem non nisi consilio et arbitrio uilissimi cuiusque histrionum et aurigarum administrauit et maxime Asiatici liberti. hunc adulescentulum mutua libidine constupratum, mox taedio profugum cum Puteolis poscam uendentem reprehendisset, coiecit in compedes statimque soluit et rursus in deliciis habuit; iterum deinde ob nimiam contumaciam et furacitatem grauatus circumforano lanistae uendidit dilatumque ad finem muneris repente subripuit et prouincia demum accepta manumisit ac primo imperii die aureis donauit anulis super cenam, cum mane rogantibus pro eo cunctis detestatus esset seuerissime talem equestris ordinis maculam.

13 Sed uel praecipue luxuriae saeuitiaeque deditus epulas trifariam semper, interdum quadrifariam dispertiebat, in iantacula et prandia et cenas comisationesque, facile omnibus sufficiens uomitandi consuetudine. indicebat autem aliud alii eadem die, nec cuiquam minus singuli apparatus quadringenis milibus nummum con-
2 stiterunt. famosissima super ceteras fuit cena data ei

---

6 ac] ac ne *M* 8 et *om.* M^1Q (*in M praecedit* aliquit), etiam *Nδ* de *om. G* domitio *XN*, domino Π^2, dominicis *Hofstee* 14 puscam *Υ* 15 soluit *ed. Basil. 1533*, coluit *Ω*, exsoluit *Oud.* 17 ferocitatem *X* (*sed* furoc- *L*, u *in ras. m. 2*) circumforaneo ς (*uulg.*) 18 delatumque *Υ* 25 in *om. X* iantacula *MGQ*, gent- *HP* (*sic G pro u. l. in marg. m. 1*), ient- *rel.* (*cf. Vit. 7, 3*) 27 minoris *Urs.*

aduenticia a fratre, in qua duo milia lectissimorum piscium, septem auium apposita traduntur. hanc quoque exuperauit ipse dedicatione patinae, quam ob immensam magnitudinem clipeum Mineruae πολιούχου dictitabat. in hac scarorum iocinera, phasianarum et pauonum cerebella, linguas phoenicopterum, murenarum lactes a Parthia usque fretoque Hispanico per nauarchos ac triremes petitarum commiscuit. ut autem 3 homo non profundae modo sed intempestiuae quoque ac sordidae gulae, ne in sacrificio quidem umquam aut itinere ullo temperauit, quin inter altaria ibidem statim uiscus et farris †paene rapta e foco manderet circaque uiarum popinas fumantia obsonia vel pridiana atque semesa.

Pronus uero ad cuiuscumque et quacumque de 14 causa necem atque supplicium nobiles uiros, condiscipulos et aequales suos, omnibus blanditiis tantum non ad societatem imperii adlicefactos uario genere fraudis occidit, etiam unum ueneno manu sua porrecto in aquae frigidae potione, quam is adfectus febre poposcerat. tum faeneratorum et stipulatorum publi- 2 canorumque, qui umquam se aut Romae debitum aut in uia portorium flagitassent, uix ulli pepercit; ex quibus quendam in ipsa salutatione supplicio traditum statimque reuocatum, cunctis clementiam laudantibus, coram interfici iussit, u e l l e s e dicens p a s c e r e o c u l o s; alterius poenae duos filios adiecit deprecari pro patre conatos. sed et equitem R. proclamantem, cum rapere- 3 tur ad poenam: h e r e s m e u s e s, exhibere testamenti

1 aduenticia *om. TN* 4 ΤΟΝΔΥΧΟΥ *Ω*, *corr. edd. uet.* dictabat *M,* dictitabant *G* 5 scarorum sacrorum *M* fas- (fass- *MLSR*) *Ω* (-orum *T*) paonum *MG* 6 phoenicopterorum *Roth* 7 nauarcos *MGXR* 12 farra ς, farris frusta ς (*Preud'h.*), farris grana *Oud.*, farcimina *Bentl.*, liba farris *Roth*, farris panes (*hoc pro* paene) *G. Becker* 15 et quacumque *in marg. add. M²* 18 non *om. M* 21 tum *XT*. tam *MG*, iam *Salm.* (*cf. Iul.* 27, 2)

tabulas coegit, utque legit coheredem sibi libertum
eius ascriptum, iugulari cum liberto imperauit. quos-
dam et de plebe ob id ipsum, quod Venetae factioni
clare male dixerant, interemit contemptu sui et noua
4 spe id ausos opinatus. nullis tamen infensior quam
uernaculis et mathematicis, ut quisque deferretur, inau-
ditum capite puniebat exacerbatus, quod post edictum
suum, quo iubebat intra Kal. Oct. urbe Italiaque mathe-
matici excederent, statim libellus propositus est, et
Chaldaeos dicere, bonum factum, ne Vitellius
Germanicus intra eundem Kalendarum diem
5 usquam esset. suspectus et in morte matris fuit,
quasi aegrae praeberi cibum prohibuisset, uaticinante
Chatta muliere, cui uelut oraculo adquiescebat, ita de-
mum firmiter ac diutissime imperaturum, si superstes
parenti extitisset. alii tradunt ipsam taedio praesentium
et imminentium metu uenenum a filio impetrasse, haud
sane difficulter.

15 Octauo imperii mense desciuerunt ab eo exercitus
Moesiarum atque Pannoniae, item ex transmarinis Iu-
daicus et Syriaticus, ac pars in absentis pars in prae-
sentis Vespasiani uerba iurarunt. ad retinendum ergo
ceterorum hominum studium ac fauorem nihil non
publice priuatimque nullo adhibito modo largitus est.
dilectum quoque ea condicione in urbe egit, ut uolun-
tariis non modo missionem post uictoriam, sed etiam
ueteranorum iustaeque militiae commoda polliceretur.
2 urgenti deinde terra marique hosti hinc fratrem cum
classe ac tironibus et gladiatorum manu opposuit, hinc
Betriacenses copias et duces; atque ubique aut supe-

---

1 utique *M*, ubique *Salm.* 5 obstinatus (obti- *R*) *MΥ*, obstinatosque *G* 6 genethliacis *Madv.* et *del. Sabell.* 9 positus *Υ* 10 edicere *Urs.* fatum *ΥLS* 11 calendarum *M* 12 extet *Bentl.* 14 chattha *MG* (h *prior in M expuncta*), catha *Υ*, cata *X* 16 alii *XN*, et alii *MΥ*, sed alii *G*, at alii *Burm.* 27 iustaque *Lips.* 29 et *post* hinc *add.* *Υ*

ratus aut proditus salutem sibi et milies sestertium a Flauio Sabino Vespasiani fratre pepigit; statimque pro gradibus Palati apud frequentes milites cedere se imperio quod inuitus recepisset professus, cunctis reclamantibus rem distulit ac nocte interposita primo diluculo sordidatus descendit ad rostra multisque cum lacrimis eadem illa, uerum e libello testatus est. rursus 3 interpellante milite ac populo et ne deficeret hortante omnemque operam suam certatim pollicente, animum resumpsit Sabinumque et reliquos Flauianos nihil iam metuentis ui subita in Capitolium compulit succensoque templo Iouis Optimi Maximi oppressit, cum et proelium et incendium e Tiberiana prospiceret domo inter epulas. non multo post paenitens facti et in alios culpam conferens uocata contione iurauit coegitque iurare et ceteros nihil sibi antiquius quiete publica fore. tunc solutum a latere pugionem consuli primum, deinde 4 illo recusante magistratibus ac mox senatoribus singulis porrigens, nullo recipiente, quasi in aede Concordiae positurus abscessit. sed quibusdam adclamantibus ipsum esse Concordiam, rediit nec solum retinere se ferrum affirmauit, uerum etiam Concordiae recipere cognomen; suasitque senatui, ut legatos cum uirginibus Vestalibus 16 mitterent pacem aut certe tempus ad consultandum petituros.

Postridie responsa opperienti nuntiatum est per exploratorem hostes appropinquare. continuo igitur abstrusus gestatoria sella duobus solis comitibus, pistore et coco, Auentinum et paternam domum clam petit, ut inde in Campaniam fugeret; mox leui rumore et incerto, tamquam pax impetrata esset, referri se in Palatium passus est. ubi cum deserta omnia repperisset,

1 sibi et] sibimet *G*, sibi *Valesius* 4 declamantibus *Ω*, *corr.* *Sς* 11 ui subdita *G*, sui (ui *S*, in *T*) subito *X* 16 et *om.* *GT* 27 hostem *ΠQ* (*uulg.*) 29 petiit *T* 30 ut inde] unde $\Pi^1 Q$ incerti *M*

dilabentibus et qui simul erant, zona se aureorum plena circumdedit confugitque in cellulam ianitoris, religato pro foribus cane lectoque et culcita obiectis.

17 Irruperant iam agminis antecessores ac nemine obuio rimabantur, ut fit, singula. ab his extractus e latebra, sciscitantes, quis esset — nam ignorabatur — et ubi esse Vitellium sciret, mendacio elusit; deinde agnitus rogare non destitit, quasi quaedam de salute Vespasiani dicturus, ut custodiretur interim uel in carcere, donec religatis post terga manibus, iniecto ceruicibus laqueo, ueste discissa seminudus in forum tractus est inter magna rerum uerborumque ludibria per totum uiae Sacrae spatium, reducto coma capite, ceu noxii solent, atque etiam mento mucrone gladii subrecto, ut uisen-
2 dam praeberet faciem neue summitteret; quibusdam stercore et caeno incessentibus, aliis incendiarium et patinarium uociferantibus, parte uulgi etiam corporis uitia exprobrante; erat enim in eo enormis proceritas, facies rubida plerumque ex uinulentia, uenter obesus, alterum femur subdebile impulsu olim quadrigae, cum auriganti Gaio ministratorem exhiberet. tandem apud Gemonias minutissimis ictibus excarnificatus atque confectus est et inde unco tractus in Tiberim.

18 Periit cum fratre et filio anno uitae septimo quinquagesimo; nec fefellit coiectura eorum qui augurio, quod factum ei Viennae ostendimus ⟨*cap. 9*⟩, non aliud portendi praedixerant quam venturum in alicuius Gallicani hominis potestatem, siquidem ab Antonio Primo aduersarum partium duce oppressus est, cui Tolosae nato cognomen in pueritia Becco fuerat: id ualet gallinacei rostrum.

---

1 simulauerant *G*, simul ierant *Bentl.* 6 ubi esset Vitellius num sciret *Madv.* 7 mendacio∗lusit *M* (o *in ras.*) 13 reducta *TN*, erecto *Eutr. VII 18, 5* coma a capite *T*, a capite coma *N* noxiis solet *Casaub.* 14 subiecto *Nς* (*cf. Eutr. l. l. et Ps. Aur. Vict. epit. 8, 4*) 19 uinol- *codd. praeter M* 21 ministratorem se *GPOST*, se min. *δ*

C. SVETONI TRANQVILLI
DE VITA CAESARVM
LIBER VIII
DIVVS VESPASIANVS DIVVS TITVS DOMITIANVS

DIVVS VESPASIANVS

Rebellione trium principum et caede incertum diu 1
et quasi uagum imperium suscepit firmauitque tandem gens Flauia, obscura illa quidem ac sine ullis maiorum imaginibus, sed tamen rei p. nequaquam paenitenda, constet licet Domitianum cupiditatis ac saeuitiae merito poenas luisse.

T. Flauius Petro, municeps Reatinus, bello ciuili 2
Pompeianarum partium centurio an euocatus, profugit ex Pharsalica acie domumque se contulit, ubi deinde uenia et missione impetrata coactiones argentarias factitauit. huius filius, cognomine Sabinus, expers militiae — etsi quidam eum primipilarem, nonnulli, cum adhuc ordines duceret, sacramento solutum per causam ualitudinis tradunt — publicum quadragesimae in Asia egit; manebantque imagines a ciuitatibus ei positae sub hoc titulo: ΚΑΛΩϹ ΤΕΛΩΝΗϹΑΝΤΙ. postea faenus 3

---

7 petronius *TT* 8 incertum sponte *post* centurio *add. X* 12 etsi] et *T* 14 publicanum *Sabell.* 15 monebantque *Lips.*, manent hodieque *Casaub.*

apud Heluetios exercuit ibique diem obiit superstitibus uxore Vespasia Polla et duobus ex ea liberis, quorum maior Sabinus ad praefecturam urbis, minor Vespasianus ad principatum usque processit. Polla Nursiae honesto genere orta patrem habuit Vespasium Pollionem, ter tribunum militum praefectumque castrorum, fratrem senatorem praetoriae dignitatis. locus etiam ad sextum miliarium a Nursia Spoletium euntibus in monte summo appellatur Vespasiae, ubi Vespasiorum complura monumenta extant, magnum indicium splendoris fami-
4 liae et uetustatis. non negauerim iactatum a quibusdam Petronis patrem e regione Transpadana fuisse mancipem operarum, quae ex Vmbria in Sabinos ad culturam agrorum quotannis commeare soleant; subsedisse autem in oppido Reatino uxore ibidem ducta. ipse ne uestigium quidem de hoc, quamuis satis curiose inquirerem, inueni.

2 Vespasianus natus est in Sabinis ultra Reate uico modico, cui nomen est Falacrinae, XV. Kal. Decb. ue-
a. 9 p. C. speri, Q. Sulpicio Camerino C. Poppaeo Sabino cons., quinquennio ante quam Augustus excederet; educatus sub paterna auia Tertulla in praediis Cosanis. quare princeps quoque et locum incunabulorum assidue frequentauit, manente uilla qualis fuerat olim, ne quid scilicet oculorum consuetudini deperiret; et auiae memoriam tanto opere dilexit, ut sollemnibus ac festis diebus pocillo quoque eius argenteo potare perseuerauerit.

2 Sumpta uirili toga latum clauum, quanquam fratre adepto, diu auersatus est, nec ut tandem appeteret compelli nisi a matre potuit. ea demum extudit magis

---

1 heluitios (-ticos *G*) *Ω* 7 etiam nunc *T* 9 uespassiae *M*, uespasianae *T* 12 petroniis *MT* 18 sabinis ς (*Sabell.*), samnis *Ω* 19 phalacrinae (-ne *deter.*) *Ω*, Falacrino *Cluver.* uesperiq(ue) *Ω*, *corr.* ς 23 incunabulo. R. *MR*, cunabulorum *ΠQ et pro u. l. R* 24 fuerit *LPSR*

conuicio quam precibus uel auctoritate, dum eum identidem per contumeliam anteambulonem fratris appellat.

Tribunatum militum in Thracia meruit; quaestor 3
Cretam et Cyrenas prouinciam sorte cepit; aedilitatis ac mox praeturae candidatus, illam non sine repulsa sextoque uix adeptus est loco, ⟨h⟩a⟨n⟩c prima statim petitione et in primis. praetor infensum senatui Gaium ne quo non genere demereretur, ludos extraordinarios pro uictoria eius Germanica depoposcit poenaeque coniuratorum addendum censuit, ut insepulti proicerentur. egit et gratias ei apud amplissimum ordinem, quod se honore cenae dignatus esset.

Inter haec Flauiam Domitillam duxit uxorem, Sta- 3
tili Capellae equitis R. Sabratensis ex Africa delicatam olim Latinaeque condicionis, sed mox ingenuam et ciuem Rom. reciperatorio iudicio pronuntiatam, patre asserente Flauio Liberale Ferenti genito nec quicquam amplius quam quaestorio scriba. ex hac liberos tulit Titum et Domitianum et Domitillam. uxori ac filiae superstes fuit atque utramque adhuc priuatus amisit. post uxoris excessum Caenidem, Antoniae libertam et a manu, dilectam quondam sibi reuocauit in contubernium habuitque etiam imperator paene iustae uxoris loco.

Claudio principe Narcissi gratia legatus legionis in 4
Germaniam missus est; inde in Britanniam translatus tricies cum hoste conflixit. duas ualidissimas gentes superque uiginti oppida et insulam Vectem Britanniae proximam in dicionem redegit partim Auli Plauti legati consularis partim Claudi[i] ipsius ductu. quare trium- 2

---

2 appellabat *Q* 3 Tribunus *Torr.* (ς?) 5 illam *Torr.*, etiam *Ω*, eam *Pighius*, sed eam *uel* et eam *uel* et illam *alii* 6 es *M* loco *post* sextoque *habent* *Υ* hanc *Bentl. Duker*, ac *Ω*, at hanc *Oud.* 7 infensum *Lips.*, infensus *MXΠ²R*, -sos *GΠ¹Q* 14 delicatam *M¹*, delig- *M²LT*, deleg- *rel.* 26 in *om. M* 27 tricies et bis *Eutr. VII 19, 1* 28 Vectam *Eutr.* (*Βέκτην Paean.*) 29 plauti palati *M*, palatini (-ani *Q*) *Υ*

phalia ornamenta et in breui spatio duplex sacerdotium accepit, praeterea consulatum, quem gessit per duos nouissimos anni menses. medium tempus ad proconsulatum usque in otio secessuque egit, Agrippinam timens potentem adhuc apud filium et defuncti quoque Narcissi amici perosam.

3 Exim sortitus Africam integerrime nec sine magna dignatione administrauit, nisi quod Hadrumeti seditione quadam rapa in eum iacta sunt. rediit certe nihilo opulentior, ut qui prope labefactata iam fide omnia praedia fratri obligaret necessarioque ad mangonicos quaestus sustinendae dignitatis causa descenderit; propter quod uulgo mulio uocabatur. conuictus quoque dicitur ducenta sestertia expressisse iuueni, cui latum clauum aduersus patris uoluntatem impetrarat, eoque nomine grauiter increpitus.

4 Peregrinatione Achaica inter comites Neronis cum cantante eo aut discederet saepius aut praesens obdormisceret, grauissimam contraxit offensam, prohibitusque non contubernio modo sed etiam publica salutatione secessit in paruam ac deuiam ciuitatem, quoad latenti etiamque extrema metuenti prouincia cum exercitu oblata est.

5 Percrebruerat Oriente toto uetus et constans opinio esse in fatis ut eo tempore Iudaea profecti rerum potirentur. id de imperatore Romano, quantum postea euentu paruit, praedictum Iudaei ad se trahentes rebellarunt caesoque praeposito legatum insuper Syriae consularem suppetias ferentem rapta aquila fugauerunt. ad hunc motum comprimendum cum exercitu ampliore et non instrenuo duce, cui tamen tuto tanta res committeretur, opus esset, ipse potissimum delectus est

6 amicos perosam ς, amicitiam periculosam *Modd.* 7 Exin *codd. praeter M* (*cf. Galba 6, 1*) 10 labefacta *X* 11 obligarit *Egn.* 14 cui ς (*Sabell.*), qui *Ω* 22 etiamque] et iam *Bentl.* 27 apparuit ς debellarunt *Υ*, rebellarant *Bentl.*

ut et industriae expertae nec metuendus ullo modo ob
humilitatem generis ac nominis. additis igitur ad co- 6
pias duabus legionibus, octo alis, cohortibus decem,
atque inter legatos maiore filio assumpto, ut primum
prouinciam attigit, proximas quoque conuertit in se,
correcta statim castrorum disciplina, unoque et altero
proelio tam constanter inito, ut in oppugnatione ca-
stelli lapidis ictum genu scutoque sagittas aliquot ex-
ceperit.

Post Neronem Galbamque Othone ac Vitellio de 5
principatu certantibus in spem imperii uenit iam pri-
dem sibi per haec ostenta conceptam.

In suburbano Flauiorum quercus antiqua, quae erat 2
Marti sacra, per tres Vespasiae partus singulos repente
ramos a frutice dedit, haud dubia signa futuri cuiusque
fati: primum exilem et cito arefactum, ideoque puella
nata non perannauit, secundum praeualidum ac prolixum
et qui magnam felicitatem portenderet, tertium uero
instar arboris. quare patrem Sabinum ferunt, haruspicio
insuper confirmatum, renuntiasse matri, nepotem ei
Caesarem genitum; nec illam quicquam aliud quam
cachinnasse, mirantem quod a d h u c s e m e n t i s c o m-
p o t e d e l i r a r e t i a m f i l i u s s u u s.

Mox, cum aedilem eum C. Caesar, succensens curam 3
uerrendis uiis non adhibitam, luto iussisset oppleri
congesto per milites in praetextae sinum, non defue-
runt qui interpretarentur, quandoque proculcatam deser-
tamque rem p. ciuili aliqua perturbatione in tutelam
eius ac uelut in gremium deuenturam.

1 industriae expertae *ΠQ*, industria experti *MR*, industria expertus *rel.* 5 prouinciam ⟨suam⟩ *G. Becker* 8 ictu *M* scuto sagittasque *M*, scutoque sagittasque *G*, scuto sagittas *T*, scuto sagittas ⟨quo⟩que *Büch.* 13 quae Π^2*QR*, *post* sacra *habet S, post* erat *ponit Bentl.*, *om. rel.* (*Ω*), *inde* ea *post* sacra *suppl. Becker* (quae erat *om.* ς, *del. Ern.*) 14 repente *om. X* 15 an frutices *Lips.*, a radice *Bentl.* edidit *Bentl.* 24 succensus *MLP,* offensus *Bentl.*

4 Prandente eo quondam canis extrarius e triuio manum humanam intulit mensaeque subiecit. cenante rursus bos arator decusso iugo triclinium irrupit ac fugatis ministris quasi repente defessus procidit ad ipsos accumbentis pedes ceruicemque summisit. arbor quoque cupressus in agro auito sine ulla ui tempestatis euulsa radicitus atque prostrata insequenti die uiridior ac firmior resurrexit.

5 At in Achaia somniauit initium sibi suisque felicitatis futurum, simul ac dens Neroni exemptus esset; euenitque ut sequenti die progressus in atrium medicus dentem ei ostenderet tantumque quod exemptum.

6 Apud Iudaeam Carmeli dei oraculum consulentem ita confirmauere sortes, ut quidquid cogitaret uolueretque animo quamlibet magnum, id esse prouenturum pollicerentur; et unus ex nobilibus captiuis Iosephus, cum coiceretur in uincula, constantissime asseuerauit fore ut ab eodem breui solueretur, uerum iam impe-
7 ratore. nuntiabantur et ex urbe praesagia: Neronem diebus ultimis monitum per quietem, ut tensam Iouis Optimi Maximi e sacrario in domum Vespasiani et inde in circum deduceret; ac non multo post comitia secundi consulatus ineunte Galba statua⟨m⟩ Diui Iuli ad Orientem sponte conuersa⟨m⟩, acieque Betriacensi, prius quam committeretur, duas aquilas in conspectu omnium conflixisse uictaque altera superuenisse tertiam ab solis
6 exortu ac uictricem abegisse. nec tamen quicquam ante temptauit, promptissimis atque etiam instantibus suis, quam sollicitatus quorundam et ignotorum et absentium fortuito fauore.

2 Moesiaci exercitus bina e tribus legionibus milia missa auxilio Othoni, postquam ingressis iter nuntiatum

5 ipsius ς   12 tantumque quod] recenter quod *R*, recenter *Π¹ST*, recenter quidem *Π²*, tantum quod ς   15 esset *G iterans* id *post* prouenturum   16 iosepus *M*   18 imperatori *MGδ*   23 statuam — conuersam ς   24 bretiacensi (bretic- *T*) *Ω* (*cf. Otho 9, 2*)   26 supereuenisse *M*

est uictum eum ac uim uitae suae attulisse, nihilo setius Aquileiam usque perseuerauerunt, quasi rumori minus crederent. ibi per occasionem ac licentiam omni rapinarum genere grassati, cum timerent ne sibi reuersis reddenda ratio ac subeunda poena esset, consilium inierunt eligendi creandique imperatoris; neque enim deteriores esse aut Hispaniensi exercitu qui Galbam, aut praetoriano qui Othonem, aut Germaniciano qui Vitellium fecissent. propositis itaque nominibus 3
legatorum consularium, quot ubique tunc erant, cum ceteros alium alia de causa improbarent et quidam e legione tertia, quae sub exitu Neronis translata ex Syria in Moesiam fuerat, Vespasianum laudibus ferrent, assensere cuncti nomenque eius uexillis omnibus sine mora inscripserunt. et tunc quidem compressa res est reuocatis ad officium numeris parumper. ceterum diuulgato facto Tiberius Alexander praefectus Aegypti primus in uerba Vespasiani legiones adegit Kal. Iul., qui principatus dies in posterum obseruatus est; Iudaicus deinde exercitus V. Idus Iul. apud ipsum iurauit.

Plurimum coeptis contulerunt iactatum exemplar 4
epistulae uerae siue falsae defuncti Othonis ad Vespasianum extrema obtestatione ultionem mandantis et ut rei p. subueniret optantis, simul rumor dissipatus destinasse uictorem Vitellium permutare hiberna legionum et Germanicas transferre in Orientem ad securiorem molliorem que militiam, praeterea ex praesidibus prouinciarum Licinius Mucianus et e regibus Vologaesus Parthus; ille deposita simultate, quam in id tempus ex aemulatione non obscure gerebat, Syriacum promisit exercitum, hic quadraginta milia sagittariorum.

Suscepto igitur ciuili bello ac ducibus copiisque in 7

7 esse ⟨se⟩ *Büch.* 11 implorarent *T* quidem *M* 13 efferrent *Gδ* 16 muneris *X et pro u. l. Π²* 18 allegit (adl- *Q*) *T* 20 idus] nonas *Tac. hist. II 79* 22 ⟨siue⟩ uerae *C. F. W. Müller* 24 hortantis ς

Italiam praemissis interim Alexandriam transiit, ut claustra Aegypti optineret. hic cum de firmitate imperii capturus auspicium aedem Serapidis summotis omnibus solus intrasset ac propitiato multum deo tandem se conuertisset, uerbenas coronasque et panificia, ut illic assolet, Basilides libertus obtulisse ei uisus est; quem neque admissum a quoquam et iam pridem propter neruorum ualitudinem uix ingredi longeque abesse constabat. ac statim aduenere litterae fusas apud Cremonam Vitelli copias, ipsum in urbe interemptum nuntiantes.

2 Auctoritas et quasi maiestas quaedam ut scilicet inopinato et adhuc nouo principi deerat; haec quoque accessit. e plebe quidam luminibus orbatus, item alius debili crure sedentem pro tribunali pariter adierunt orantes opem ualitudini demonstratam a Serapide per quietem: restituturum oculos, si inspuisset; confirma-
3 turum crus, si dignaretur calce contingere. cum uix fides esset ullo modo rem successuram ideoque ne experiri quidem auderet, extremo hortantibus amicis palam pro contione utrumque temptauit, nec euentus defuit. per idem tempus Tegeae in Arc[h]adia instinctu uaticinantium effossa sunt sacrato loco uasa operis antiqui atque in iis assimilis Vespasiano imago.

8 Talis tantaque cum fama in urbem reuersus acto de Iudaeis triumpho consulatus octo ueteri addidit; suscepit et censuram ac per totum inperii tempus nihil habuit antiquius quam prope afflictam nutantemque rem p. stabilire primo, deinde et ornare.

2 Milites pars uictoriae fiducia, pars ignominiae dolore ad omnem licentiam audaciamque processerant; sed et prouinciae ciuitatesque liberae, nec non et regna

---

6 libertus *del. Torr.*, uberius *Bentl.*, liberius *Oud.* (*cf. Tac. hist. IV 82*) 8 se abesse *Mδ*, abesse se *Π²R* 9 ac] et *M* 12 ut solet ς 15 debilis *H* 16 a] ac *M* 17 si *om. M*[1] 20 orantibus *H*

quaedam tumultuosius inter se agebant. quare Vitellianorum quidem et exauctorauit plurimos et coercuit, participibus autem uictoriae adeo nihil extra ordinem indulsit, ut etiam legitima praemia sero persoluerit. ac ne quam occasionem corrigendi disciplinam praeter- 3
mitteret, adulescentulum fragrantem unguento, cum sibi pro impetrata praefectura gratias ageret, nutu aspernatus, uoce etiam grauissima increpuit: *maluissem alium oboluisses*, litterasque reuocauit. classiarios uero, qui ab Ostia et Puteolis Romam pedibus per uices commeant, petentes constitui aliquid sibi calciarii nomine, quasi parum esset sine responso abegisse, iussit posthac excalciatos cursitare; et ex eo ita cursitant.

Achaiam, Lyciam, Rhodum, Byzantium, Samum 4
libertate adempta, item Trachiam Ciliciam et Commagenen dicionis regiae usque ad id tempus, in prouinciarum formam redegit. Cappadociae propter adsiduos barbarorum incursus legiones addidit consularemque rectorem imposuit pro eq. R.

Deformis urbs ueteribus incendiis ac ruinis erat; 5
uacuas areas occupare et aedificare, si possessores cessarent, cuicumque permisit. ipse restitutionem Capitolii adgressus ruderibus purgandis manus primus admouit ac suo collo quaedam extulit; aerearumque tabularum tria milia, quae simul conflagrauerant, restituenda suscepit undique inuestigatis exemplaribus: instrumentum imperii pulcherrimum ac uetustissimum, quo continebantur paene ab exordio urbis senatus consulta, plebi[s] scita de societate et foedere ac priuilegio cuicumque concessis. fecit et noua opera templum Pacis foro 9

---

6 fragrantem *Tς*, flagr- *MRPS*, fragl- *rel.* 11 commeabant *POST* 13 post haec *XT* exculciatos *G* (*cf. Ner. 51 Vit. 2, 3*) 16 Trachiam *Bentl.* (*sic casu Π*, Tracheam *Turn.*), thraciam *Ω* (*cf. Eutr. VII 19, 4 Ps. Vict. epit. 9, 13 Oros. VII 9, 10*) 18 redigit *M* 29 consultam *M*, consulta ac (*uel* et) *Bentl.*

proximum Diuique Claudi in Caelio monte coeptum quidem ab Agrippina, sed a Nerone prope funditus destructum; item amphitheatrum urbe media, ut destinasse compererat Augustum.

2 Amplissimos ordines et exhaustos caede uaria et contaminatos ueteri neglegentia purgauit suppleuitque recenso senatu et equite, summotis indignissimis et honestissimo quoque Italicorum ac prouincialium allecto. atque uti notum esset, utrumque ordinem non tam libertate inter se quam dignitate differre, de iurgio quodam senatoris equitisque R. ita pronuntiauit, non oportere maledici senatoribus, remaledici ciuile fasque esse.

10 Litium series ubique maiorem in modum excreuerant, manentibus antiquis intercapedine iuris dictionis, accedentibus nouis ex condicione tumultuque temporum; sorte elegit per quos rapta bello restituerentur quique iudicia centumuiralia, quibus peragendis uix suffectura litigatorum uidebatur aetas, extra ordinem diiudicarent redigerentque ad breuissimum numerum.

11 Libido atque luxuria coercente nullo inualuerat; auctor senatui fuit decernendi, ut quae se alieno seruo iunxisset, ancilla haberetur; neue filiorum familiarum faeneratoribus exigendi crediti ius umquam esset, hoc est ne post patrum quidem mortem.

Ceteris in rebus statim ab initio principatus usque
12 ad exitum ciuilis et clemens, mediocritatem pristinam neque dissimulauit umquam ac frequenter etiam prae se tulit. quin et conantis quosdam originem Flauii generis ad conditores Reatinos comitemque Herculis, cuius monimentum extat Salaria uia, referre irrisit ultro. adeoque nihil ornamentorum extrinsecus cupide

---

4 Augustum, amplissimum. Ordines *Lips.* 10 inter se *Υ*, in se *MGX*, *om. N* 18 centumuirilia *MGΥ* 22 decernendae (-de *δ*) *Mδ* 23 familiarium *codd. praeter GΠQΥ* 24 hoc est — mortem *del. Burm.* 31 uia salaria *Υ'*

appetiuit, ut triumphi die fatigatus tarditate et taedio pompae non reticuerit, merito se plecti, qui triumphum, quasi aut debitum maioribus suis aut speratum umquam sibi, tam inepte senex concupisset. ac ne tribuniciam quidem potestatem ⟨. . .⟩ patris patriae appellationem nisi sero recepit. nam consuetudinem scrutandi salutantes manente adhuc bello ciuili omiserat.

13 Amicorum libertatem, causidicorum figuras ac philosophorum contumaciam lenissime tulit. Licinium Mucianum notae impudicitiae, sed meritorum fiducia minus sui reuerentem, numquam nisi clam et hactenus retaxare sustinuit, ut apud communem aliquem amicum querens adderet clausulam: ego tamen uir sum. Saluium Liberalem in defensione diuitis rei ausum dicere: quid ad Caesarem, si Hipparchus sestertium milies habet? et ipse laudauit. Demetrium Cynicum in itinere obuium sibi post damnationem ac neque assurgere neque salutare se dignantem, oblatrantem etiam nescio quid, satis habuit canem appellare.

14 Offensarum inimicitiarumque minime memor executorue Vitelli[i] hostis sui filiam splendidissime maritauit, dotauit etiam et instruxit. trepidum eum interdicta aula sub Nerone quaerentemque, quidnam ageret aut quo abiret, quidam ex officio admissionis simul expellens abire Morbouiam iusserat. in hunc postea deprecantem non ultra uerba excanduit, et quidem totidem fere atque eadem. nam ut suspicione aliqua uel metu ad perniciem cuiusquam compelleretur tantum afuit, ut monentibus amicis cauendum esse Mettium Pompusianum, quod uolgo crederetur genesim

---

5 tribunicia — potestate *ΠQ* nec *ante* patris *add. G*, et ς, aut *Roth*, statim *O. Hirschfeld*, statim nec *Büch.* 9 ac *om. N* 14 clausulam *Duker*, clausulae *Ω* 20 canem habuit *Υ* 22 maritatam *Bentl.* 23 dotauitque *ed. Ven. I* (*cf. Ps. Vict. epit. 9, 2*) 27 non] haud ς (*uulg.*)

habere imperatoriam, insuper consulem fecerit, spondens quandoque beneficii memorem futurum.

15 Non temere quis punitus insons reperi[r]etur nisi absente eo et ignaro aut certe inuito atque decepto. Heluidio Prisco, qui et reuersum se ex Syria solus priuato nomine Vespasianum salutauerat et in praetura omnibus edictis sine honore ac mentione ulla transmiserat, non ante succensuit quam altercationibus insolentissimis paene in ordinem redactus. hunc quoque, quamuis relegatum primo, deinde et interfici iussum, magni aestimauit seruare quoquo modo, missis qui percussores reuocarent; et seruasset, nisi iam perisse falso renuntiatum esset. ceterum neque caede cuiusquam umquam ⟨......⟩ iustis suppliciis inlacrimauit etiam et ingemuit.

16 Sola est, in qua merito culpetur, pecuniae cupiditas.
non enim contentus omissa sub Galba uectigalia reuo-
casse, noua et grauia addidisse, auxisse tributa prouin-
ciis, nonnullis et duplicasse, negotiationes quoque uel
priuato pudendas propalam exercuit, coemendo quae-
2 dam tantum ut pluris postea distraheret. ne candi-
datis quidem honores reisue tam innoxiis quam nocentibus absolutiones uenditare cunctatus est. creditur etiam procuratorum rapacissimum quemque ad ampliora officia ex industria solitus promouere, quo locupletiores mox condemnaret; quibus quidem uolgo pro spongiis dicebatur uti, quod quasi et siccos madefaceret et exprimeret umentis.

3 Quidam natura cupidissimum tradunt, idque exprobratum ei a sene bubulco, qui negata[m] sibi gratuita[m]

---

3 reperiretur *Ω*, *corr.* ς (*Scriver. Salm.*) 6 Vespasianum *del. Polak* 8 suscensuit *L* 14 laetatus *suppl* ς (*uulg.*), gauisus *O. Rossbach,* laetatus est et *Roth,* laetatus est et quamuis *Büch.* etiam et *MGLP*, etiam *Q*, neque etiam *Π*, neque etiam et *RST* 20 quaedam *om. T* 21 candidatus *MGLPδ* 30 negata — gratuita libertate *Π¹QST,* negatam (-ta *δ*) — gratuitam libertatem *rel.* (*Ω*), *quod retineri mauult Oud. supplens* ob

libertate[m], quam imperium ade[m]ptum suppliciter
orabat, proclamauerit, uulpem pilum mutare, non
mores. sunt contra qui opinentur ad manubias et ra-
pinas necessitate compulsum summa aerarii fiscique
inopia, de qua testificatus sit initio statim principatus,
professus quadringenties milies opus esse, ut res
p. stare posset. quod et ueri similius uidetur, quando
et male partis optime usus est. in omne hominum genus 17
liberalissimus expleuit censum senatorium, consulares
inopes quingenis sestertiis annuis sustentauit, plurimas
per totum orbem ciuitates terrae motu aut incendio
afflictas restituit in melius, ingenia et artes uel maxime
fouit. primus e fisco Latinis Graecisque rhetoribus 18
annua centena constituit; praestantis poetas, nec non
et artifices, Coae Veneris, item Colossi refectorem in-
signi congiario magnaque mercede donauit; mechanico
quoque grandis columnas exigua impensa perducturum
in Capitolium pollicenti praemium pro commento non
mediocre optulit, operam remisit praefatus sineret se
plebiculam pascere. ludis, per quos scaena Mar- 19
celliani theatri restituta dedicabatur, uetera quoque
acroamata reuocauerat. †Appellari tragoedo quadrin-
genta, Terpno Diodoroque citharoedis ducena, nonnullis
centena, quibus minimum, quadragena sestertia super
plurimas coronas aureas dedit. sed et conuiuabatur
assidue ac saepius recta et dapsile, ut macellarios
adiuuaret. dabat sicut Saturnalibus uiris apophoreta,
ita per Kal. Mart. feminis. et tamen ne sic quidem
pristina cupiditatis infamia caruit. Alexandrini Cybio- 2
sacten eum uocare perseuerauerunt, cognomine unius

---

1 ademptum *Ω*, *corr.* *S²Tς* 2 orarat *Bentl.* 6 quadragies *Budaeus* 9 senatorum *Tς* 15 Coae Veneris *Graev.*, coeuenerit *MGT*, coemerit *LPS¹*, coemit *S²T* 20 plebeculam *N²ς* (*edd.*) 22 apelli *ρς*, Apollinari *ed. Rom. II* (*uulg.*), Apellari *Polit.*, Apellae *Büch.* 26 recte *TT*, *om.* *S* 28 nec si *M*, nec sic *ST* 29 pristina *Gδ*, pistrina *M*, pristinae *rel.* Cybiosacten *Torr.* (*e Strab. XVII 796*), cybiotanten *Ω*

e regibus suis turpissimarum sordium. sed et in funere Fauor archimimus personam eius ferens imitansque, ut est mos, facta ac dicta uiui, interrogatis palam procuratoribus, quanti funus et pompa constaret, ut audit sestertium centiens, exclamauit, centum sibi sestertia darent ac se uel in Tiberim proicerent.

20 Statura fuit quadrata, compactis firmisque membris, uultu ueluti nitentis; de quo quidam urbanorum non infacete, siquidem petenti, ut et in se aliquid diceret: dicam, inquit, cum uentrem exonerare desieris. ualitudine prosperrima usus est, quamuis ad tuendam eam nihil amplius quam fauces ceteraque membra sibimet ad numerum in sphaeristerio defricaret inediamque unius diei per singulos menses interponeret.

21 Ordinem uitae hunc fere tenuit. in principatu maturius semper ac de nocte uigilabat; dein perlectis epistulis officiorumque omnium breuiariis, amicos admittebat, ac dum salutabatur, et calciabat ipse se et amiciebat; postque decisa quaecumque obuenissent negotia gestationi et inde quieti uacabat, accubante aliqua pallacarum, quas in locum defunctae Caenidis plurimas constituerat; a secreto in balineum tricliniumque transibat. nec ullo tempore facilior aut indulgentior traditur, eaque momenta domestici ad aliquid petendum magno ⟨o⟩pere captabant.

22 Et super cenam autem et semper alias comissimus multa ioco transigebat; erat enim dicacitatis plurimae, etsi scurrilis et sordidae, ut ne praetextatis quidem uerbis abstineret. et tamen nonnulla eius facetissima extant, in quibus et haec. Mestrium Florum consu-

---

2 fauo *T* iontansque *M* (ioculans *uel* iocans *Bentl.*) 3 uiri *T* 5 audiit *GT* sestertio *I. F. Gron.* 8 urbaniorum *MR* 16 euigilabat *Graev.* (*cf. Ps. Vict. epit. 9, 15*) 18 salutatur *Ps. Vict.* (*Roth*) 21 cęnidis *Q*, cen- *ΠS*^{2}, g(a)enidis *rel.* 22 balneum *GXT* 26 super alias (aleas *Tς*) *POTς*, super aleam *Graev.* communissimus *Tς* 28 et sic *GX* scurrulis *MQRδ*

larem, admonitus ab eo plaustra potius quam plostra dicenda, postero die Flaurum salutauit. expugnatus autem a quadam, quasi amore suo deperiret, cum perductae pro concubitu sestertia quadringenta donasset, admonente dispensatore, quem ad modum summam rationibus uellet inferri: Vespasiano, inquit, adamato.
utebatur et uersibus Graecis tempestiue satis, et de 23
quodam procerae staturae improbiusque nato ⟨*Hom. Il.* 7, *213*⟩:

μακρὰ βιβάς, κραδάων δολιχόσκιον ἔγχος,

et de Cerylo liberto, qui diues admodum ob subterfugiendum quandoque ius fisci ingenuum se et Lachetem mutato nomine coeperat ferre ⟨*Menandri frg.* 223, 2 *Kock*⟩:

ὦ Λάχης, Λάχης,
ἐπὰν ἀποθάνῃς, αὖθις ἐξ ἀρχῆς ἔσει
σὺ Κηρύλος.

maxime tamen dicacitatem adfectabat in deformibus lucris, ut inuidiam aliqua cauillatione dilueret transferretque ad sales.

Quendam e caris ministris dispensationem cuidam 2
quasi fratri petentem cum distulisset, ipsum candidatum ad se uocauit; exactaque pecunia, quantam is cum suffragatore suo pepigerat, sine mora ordinauit; interpellanti mox ministro: alium tibi, ait, quaere fratrem; hic, quem tuum putas, meus est. mulionem in itinere quodam suspicatus ad calciandas mulas desiluisse, ut adeunti litigatori spatium moramque prae-

3 sui *Sabell.*, se *Modd.* productae *Υ*, perducta *Casaub.*, perducta ei *Burm.* 4 quadraginta (XL. *G*) *GΠQδ* 7 et (*post* satis)] et ut *Υ*, ut ς 11 caerulo *MG*, cerulo *rel.* 16 ΑΠΟΘΑΝΕϹ *Ω* ἀρχῆς *Casaub.*, ΑΙΧΑΡΧΗϹ *M*, ΑΥΧΑΡΗϹ *G*, ΑΥΧΑΡΧΗϹ *fere rel.* ἔσει σὺ *Büch.* (ἔσῃ *Steph.*, ἔσει *Roth*), ЄΙΡϹΥ *Ω* 17 ΓΗΡΥΛΟϹ *Ω* 19 deflueret *X*, deflecteret *N* 21 ministris *del. Lips.* 27 quondam *Bentl.* desilisse *codd. praeter M*

beret, interrogauit quanti calciasset, ⟨et⟩ pactus
3 est lucri partem. reprehendenti filio Tito, quod etiam urinae uectigal commentus esset, pecuniam ex prima pensione admouit ad nares, sciscitans num odore offenderetur; et illo negante: atquin, inquit, e lotio est. nuntiantis legatos decretam ei publice non mediocris summae statuam colosseam, iussit uel continuo ponere[t], cauam manum ostentans et paratam basim dicens.
4 ac ne in metu quidem ac periculo mortis extremo abstinuit iocis. nam cum inter cetera prodigia Mausoleum derepente patuisset et stella crinita in caelo apparuisset, alterum ad Iuniam Caluinam e gente Augusti pertinere dicebat, alterum ad Parthorum regem qui capillatus esset; prima quoque morbi accessione: uae, inquit, puto deus fio.

24 Consulatu suo nono temptatus in Campania motiun-
a.79 p.C. culis leuibus protinusque urbe repetita, Cutilias ac Reatina rura, ubi aestiuare quotannis solebat, petit. hic cum super urgentem ualitudinem creberrimo frigidae aquae usu etiam intestina uitiasset nec eo minus muneribus imperatoriis ex consuetudine fungeretur, ut etiam legationes audiret cubans, aluo repente usque ad defectionem soluta, imperatorem ait stantem mori oportere; dumque consurgit ac nititur, inter manus subleuantium extinctus est VIIII. Kal. Iul. annum agens aetatis sexagensimum ac nonum superque mensem ac diem septimum.

25 Conuenit inter omnis, tam certum eum de sua suorumque genitura semper fuisse, ut post assiduas in

---

1 et pactus est *I. Gron.*, pactusque est L^3ς, pactus et *Bentl.* 4 pa^{N}ssione *M*, pansione *GRδ* 5 atquin *M*, atqui *rel. rectius puto* 6 nuntiantes legatos *GLΥ'*, nuntianti legato ς, nuntiante legato *Oud.* ei] rei *Υ* 7 ponere *Bentl.*, poneret *MGδ*, ponerent *rel.*, ponere et *Roth* 9 extremo *om. Υ* 11 repente *G* 17 cutillas *Ω*, *corr.* ς (*Beroald.*) 18 petiit *Υ'P* 21 ut *del. Bentl.* 25 gerens *Υ*

se coniurationes ausus sit adfirmare senatui aut filios sibi successuros aut neminem. dicitur etiam uidisse quondam per quietem stateram media parte uestibuli Palatinae domus positam examine aequo, cum in altera lance Claudius et Nero starent, in altera ipse ac filii. nec res fefellit, quando totidem annis parique temporis spatio utrique imperauerunt.

DIVVS TITVS

Titus, cognomine paterno, amor ac deliciae generis 1 humani — tantum illi ad promerendam omnium uoluntatem uel ingenii uel artis uel fortunae superfuit, et, quod difficillimum est, in imperio, quando priuatus atque etiam sub patre principe ne odio quidem, nedum uituperatione publica caruit — natus est III. Kal. Ian. insigni anno Gaiana nece, prope Septizonium sordidis aedibus, cubiculo uero perparuo et obscuro, nam manet adhuc et ostenditur; educatus in aula cum Britannico 2 simul ac paribus disciplinis et apud eosdem magistros institutus. quo quidem tempore aiunt metoposcopum a Narcisso Claudi liberto adhibitum, ut Britannicum inspiceret, constantissime affirmasse illum quidem nullo modo, ceterum Titum, qui tunc prope astabat, utique imperaturum. erant autem adeo familiares, ut de potione, qua Britannicus hausta periit, Titus quoque iuxta cubans gustasse credatur grauique morbo adflictatus diu. quorum omnium mox memor statuam ei auream in Palatio posuit et alteram ex ebore equestrem, quae

---

2 successores ML^1S (*cf. Eutr. VII 20, 3 Victor Caes. 9, 4*) 3 in media *Υ* 4 cum in] cum *Υ*, cuius *Bentl.* 13 IIII *M*, *sed ultima hasta expuncta* 17 magistris *M*, -stratos *Q*, -stratus *Π* 24 gestasse *M* afflictus *ΠR*, adflictatus sit *Oud.*

circensi pompa hodieque praefertur, dedicauit prose-
3 cutusque est. in puero statim corporis animique dotes explenduerunt, magisque ac magis deinceps per aetatis gradus: forma egregia et cui non minus auctoritatis inesset quam gratiae, praecipuum robur, quanquam neque procera statura et uentre paulo proiectiore; memoria[e] singularis, docilitas ad omnis fere tum belli
2 tum pacis artes. armorum et equitandi peritissimus, Latine Graeceque uel in orando uel in fingendis poematibus promptus et facilis ad extemporalitatem usque; sed ne musicae quidem rudis, ut qui cantaret et psalleret iucunde scienterque. e pluribus comperi, notis quoque excipere uelocissime solitum, cum amanuensibus suis per ludum iocumque certantem, imitarique chirographa quaecumque uidisset, ac saepe profiteri maximum falsarium esse potuisse.

4 Tribunus militum et in Germania et in Britannia meruit summa[e] industriae nec minore modestiae[t] fama, sicut apparet statuarum et imaginum eius multitudine ac titulis per utramque prouinciam.

2 Post stipendia foro operam dedit honestam magis quam assiduam, eodemque tempore Arrecinam Tertullam, patre eq. R. sed praefecto quondam praetorianarum cohortium, duxit uxorem et in defunctae locum Marciam Furnillam splendidi generis; cum qua sublata filia diuortium fecit.

3 Ex quaesturae deinde honore legioni praepositus Tarichaeas et Gamalam urbes Iudaeae ualidissimas in

---

3 magis ac magis *Π*, magisque (*om.* ac magis) *M* 6 memoria *Π*¹*Q*, memoriae *rel.*, memoria et *Oud.* 9 linguae *post* graecęque *add.* *ΥT* 18 summa industriae — modestiae fama ς (*edd. Rom. I. II*), summae industriae (summa industria *Π*¹*Q*) — modestia et fama *Ω* 19 et *ante* statuarum *add.* *Υ* 22 Arrecinam *Roth*, adrecidiam (arr- *ΠR*) *Ω* tertullum *M*, tertullo *GTδ* 23 sed] sed de *ΠR* 27 legioni *ΠQ*, religioni (-ne *R*) *MR*, X legioni *G*, regioni *X* 28 Taricheas *Urs.* (-chias *Bentl.*, -cheam *H. Barbarus*), thracias *Ω* (trachias *ΠR*)

potestatem redegit, equo quadam acie sub feminibus
amisso alteroque inscenso, cuius rector circa se dimi-
cans occubuerat.
Galba mox tenente rem p. missus ad gratulandum, 5
quaqua iret conuertit homines, quasi adoptionis gratia
arcesseretur. sed ubi turbari rursus cuncta sensit, redit
ex itinere, aditoque Paphiae Veneris oraculo, dum de
nauigatione consulit, etiam de imperii spe confirmatus
est. cuius breui compos et ad perdomandam Iudaeam 2
relictus, nouissima Hierosolymorum oppugnatione duo-
decim propugnatores totidem sagittarum confecit icti-
bus, cepitque ea natali filiae suae tanto militum gaudio
ac fauore, ut in gratulatione imperatorem eum consalu-
tauerint et subinde decedentem prouincia detinuerint,
suppliciter nec non et minaciter efflagitantes, aut re-
maneret aut secum omnis pariter abduceret. unde nata 3
suspicio est, quasi desciscere a patre Orientisque sibi
regnum uindicare temptasset; quam suspicionem auxit,
postquam Alexandriam petens in consecrando apud
Memphim boue Apide diadema gestauit, de more qui-
dem rituque priscae religionis; sed non deerant qui
sequius interpretarentur. quare festinans in Italiam,
cum Regium, dein Puteolos oneraria naue appulisset,
Romam inde contendit expeditissimus inopinantique
patri, uelut arguens rumorum de se temeritatem: ueni,
inquit, pater, ueni. neque ex eo destitit participem 6
atque etiam tutorem imperii agere.
Triumphauit cum patre censuramque gessit una,
eidem collega et in tribunicia potestate et in septem
consulatibus fuit; receptaque ad se prope omnium offi-
ciorum cura, cum patris nomine et epistulas ipse dic-

2 ascenso *Q* (*cf. Iul. 61*) 6 rediit *T* 11 confixit *Eutr. VII 21, 2* 12 ea *M*, eam *rel.* 15 et flagitantes *MG* ut *POST* 17 regnum sibi *T* (*edd.*) 20 api *T′* 22 setius *X*, secus *uulg.* 23 dein] de $\Pi^1 Q$ puteolis *T* 30 ad se *om.* Π^1, a se *X* 31 dictare *M*

taret et edicta conscriberet orationesque in senatu recitaret etiam quaestoris uice, praefecturam quoque praetori suscepit numquam ad id tempus nisi ab eq. R. administratam, egitque aliquanto inciuilius et uiolentius, siquidem suspectissimum quemque sibi summissis qui per theatra et castra quasi consensu ad poenam
2 deposcerent, haud cunctanter oppressit. in his Aulum Caecinam consularem uocatum ad cenam ac uixdum triclinio egressum confodi iussit, sane urgente discrimine, cum etiam chirographum eius praeparatae apud milites contionis deprehendisset. quibus rebus sicut in posterum securitati satis cauit, ita ad praesens plurimum contraxit inuidiae, ut non temere quis tam aduerso rumore magisque inuitis omnibus transierit ad principatum.

7 Praeter saeuitiam suspecta in eo etiam luxuria erat, quod ad mediam noctem comisationes cum profusissimo quoque familiarium extenderet; nec minus libido propter exoletorum et spadonum greges propterque insignem reginae Berenices amorem, cui etiam nuptias pollicitus ferebatur; suspecta rapacitas, quod constabat in co⟨g⟩n⟨i⟩tionibus patris nundinari praemiarique solitum; denique propalam alium Neronem et opinabantur et praedicabant. at illi ea fama pro bono cessit conuersaque est in maximas laudes neque uitio ullo reperto et contra uirtutibus summis.

2 Conuiuia instituit iucunda magis quam profusa. amicos elegit, quibus etiam post eum principes ut et sibi et rei p. necessariis adquieuerunt praecipueque sunt usi. Berenicen statim ab urbe dimisit inuitus

1 edictas *MRδ* 3 praetori *MS*[1], -rii *GX* (*S*[2]), -ris *Υ* 7 alilum *MGδ* 8 consularem uirum *ΥT* (*cf. Ps. Vict. epit. 10, 4*) 11 coniurationis *Υ* 12 cauitia ad *MG* 13 aduersa re *Υ′O* 16 susceptam *MGδ*, ł sus⟨. . .⟩ *G m. 1 in margine resecta* (*fuerit* suspecta) 20 berenicis *MX*, beronicis *G*, beronices *Υ* 21 et rapacitas *Υ* 22 cognitionibus *Torr.*, contionibus *Ω*, negotiationibus *Urs.*, cocionibus *Boden*, auctionibus *Cornelissen* 30 sunt usi] sumptam sibi *Υ* beronicem *GΥ*

inuitam. quosdam e gratissimis delicatorum quanquam tam artifices saltationis, ut mox scaenam tenuerint, non modo fouere prolixius, sed spectare omnino in publico coetu supersedit.

Nulli ciuium quicquam ademit; abstinuit alieno, 3 ut si quis umquam; ac ne concessas quidem ac solitas conlationes recepit. et tamen nemine ante se munificentia minor, amphitheatro dedicato thermisque iuxta cele[b]riter extructis munus edidit apparatissimum largissimumque; dedit et nauale proelium in ueteri naumachia, ibidem et gladiatores atque uno die quinque milia omne genus ferarum.

Natura autem beniuolentissimus, cum ex instituto 8 Tiberi omnes dehinc Caesares beneficia a superioribus concessa principibus aliter ⟨rata⟩ non haberent, quam si eadem isdem et ipsi dedissent, primus praeterita omnia uno confirmauit edicto nec a se peti passus est. in ceteris uero desideriis hominum obstinatissime tenuit, ne quem sine spe dimitteret; quin et admonentibus domesticis, quasi plura polliceretur quam praestare posset, non oportere ait quemquam a sermone principis tristem discedere; atque etiam recordatus quondam super cenam, quod nihil cuiquam toto die praestitisset, memorabilem illam meritoque laudatam uocem edidit: amici, diem perdidi.

Populum in primis uniuersum tanta per omnis occa- 2 siones comitate tractauit, ut proposito gladiatorio munere, non ad suum, sed ad spectantium arbitrium editurum se professus sit; et plane ita fecit. nam neque negauit quicquam petentibus et ut quae uellent peterent ultro adhortatus est. quin et studium armaturae Thraecum prae se ferens saepe cum populo

2 tam *om.* M^1 artificis *Bentl.* 4 coetu *om.* ς 9 celeriter *Dom. Calderin. ad Mart. spect. 2, 7* 12 omnigenus *MGX* 15 ⟨rata⟩ *Egn.* quasi Π^1QP 16 easdem *MGT* 24 tota *X* 25 ⟨hodie⟩ diem *Casaub.* (*Eutr. VII 21, 3*)

et uoce et gestu ut fautor cauillatus est, uerum maiestate salua nec minus aequitate. ne quid popularitatis praetermitteret, nonnumquam in thermis suis admissa plebe lauit.

3 Quaedam sub eo fortuita ac tristia acciderunt, ut conflagratio Vesuuii montis in Campania, et incendium Romae per triduum totidemque noctes, item pestilentia quanta non temere alias. in iis tot aduersis ac talibus non modo principis sollicitudinem sed et parentis affectum unicum praestitit, nunc consolando per edicta,
4 nunc opitulando quatenus suppeteret facultas. curatores restituendae Campaniae e consularium numero sorte duxit; bona oppressorum in Vesuuio, quorum heredes non extabant, restitutioni afflictarum ciuitatium attribuit. urbis incendio nihil publice nisi perisse testatus, cuncta praetoriorum suorum ornamenta operibus ac templis destinauit praeposuitque compluris ex equestri ordine, quo quaeque maturius peragerentur. medendae ualitudini leniendisque morbis nullam diuinam humanamque opem non adhibuit inquisito omni sacrificiorum remediorumque genere.

5 Inter aduersa temporum et delatores amendatoresque erant ex licentia ueteri. hos assidue in foro flagellis ac fustibus caesos ac nouissime traductos per amphitheatri harenam partim subici ac uenire imperauit, partim in asperrimas insularum auehi. utque etiam similia quandoque ausuros perpetuo coerceret, uetuit

5 ac *del. Polak* 6 ue*bii *M*, uesubii *G* (su *ss. m. 1*), suebii *X*, bebii *T*, ueseui *N* (*cf. infra l. 13*) 8 ⟨fa⟩talibus *Cornelissen* 10 unici *Lips.* consulando *MR*, consulendo *Bentl.* perredicta *MG* 11 quatinus *XΠR* 12 e *om.* $X\Pi^1Q$ 13 uesuuio *M*, uesubio *G*, uesieuio *L*, ueseuio *uel* ueseuo *rel.* 14 ciuitatum *codd. praeter ML* 15 nichil nisi sibi perisse test. publice *T*, nichil nisi sibi publ. perisse test. *OT*, nihil publice perisse test. *Roth e codice Torrentii* 16 praetorium *M* 22 amandatoresque *Gδ*, amandoresque *T*, mandatoresque *X* 25 ac] aut *S* (subici *usque* partim *om.* L^1P), in seruos ac Π^2R 26 asperrima *ΠR*

inter cetera de eadem re pluribus legibus agi quaeriue
de cuiusquam defunctorum statu ultra certos annos.

Pontificatum maximum ideo se professus accipere 9
ut puras seruaret manus, fidem praestitit, nec auctor
posthac cuiusquam necis nec conscius, quamuis interdum ulciscendi causa non deesset, sed periturum se potius quam perditurum adiurans. duos patricii generis conuictos in adfectatione imperii nihil amplius quam ut desisterent monuit, docens principatum fato dari, si quid praeterea desiderarent promittens se
tributurum. et confestim quidem ad alterius matrem 2
quae procul aberat, cursores suos misit, qui anxiae saluum filium nuntiarent, ceterum ipsos non solum familiari cenae adhibuit, sed et insequenti die gladiatorum spectaculo circa se ex industria conlocatis oblata sibi ferramenta pugnantium inspicienda porrexit. dicitur etiam cognita utriusque genitura imminere ambobus periculum adfirmasse, uerum quandoque et ab alio, sicut euenit.

Fratrem insidiari sibi non desinentem, sed paene ex 3
professo sollicitantem exercitus, meditantem fugam, neque occidere neque seponere ac ne in minore quidem honore habere sustinuit, sed, ut a primo imperii die, consortem successoremque testari perseuerauit, nonnumquam secreto precibus et lacrimis orans, ut tan-
dem mutuo erga se animo uellet esse. inter haec 10
morte praeuentus est maiore hominum damno quam suo.

Spectaculis absolutis, in quorum fine populo coram ubertim fleuerat, Sabinos petit aliquanto tristior, quod sacrificanti hostia aufugerat quodque tempestate serena tonuerat. deinde ad primam statim mansionem febrim

---

4 seruaret *ΠQ*, seruasset *rel.* 7 quam puniturum *T* 10 quid *GNδ*, quod *rel.* 14 et *om. X* 16 ornamenta *T* 18 uerum] uenturum *T′* 22 imminore *M*, imminuere *T* 23 habere *om. T* 25 precipib: *M* lacrimis et precibus *T* 26 mutato *Modd.* 31 febrem *G*

nanctus, cum inde lectica transferretur, suspexisse dicitur dimotis pallulis caelum, multumque conquestus eripi sibi uitam immerenti; neque enim extare ullum suum factum paenitendum excepto dum
2 taxat uno. id quale fuerit, neque ipse tunc prodidit neque cuiquam facile succurrat. quidam opinantur consuetudinem recordatum, quam cum fratris uxore habuerit; sed nullam habuisse persancte Domitia iurabat, haud negatura, si qua omnino fuisset, immo etiam gloriatura, quod illi promptissimum erat in omnibus probris.

11 Excessit in eadem qua pater uilla Id. Sept. post biennium ac menses duos diesque XX quam successerat patri, altero et quadragesimo aetatis anno. quod ut palam factum est, non secus atque in domestico luctu maerentibus publice cunctis, senatus prius quam edicto conuocaretur ad curiam concurrit, obseratisque adhuc foribus, deinde apertis, tantas mortuo gratias egit laudesque congessit, quantas ne uiuo quidem umquam atque praesenti.

DOMITIANVS

1 Domitianus natus est VIIII. Kal. Nouemb. patre
a. 51 consule designato inituroque mense insequenti honorem, regione urbis sexta ad Malum Punicum, domo quam postea in templum gentis Flauiae conuertit. pubertatis ac primae adulescentiae tempus tanta inopia tantaque infamia gessisse fertur, ut nullum argenteum uas in

2 palludis *G*, paludib(us) *T*, paludamentis *OST*, pellibus *uel* palliolis *uel* plagulis *uel* palliis *aliaque in recentioribus* 4 paenitendo *MRδ et pro u. l.* Π^2 6 succurrit $G\Pi RS^2$ 19 quantas congessit *ed. Ven. I* 26 tempora *T* 27 egisse *Casaub.*

usu haberet. satisque constat Clodium Pollionem praetorium uirum, in quem est poema Neronis quod inscribitur L u s c i o, chirographum eius conseruasse et nonnumquam protulisse noctem sibi pollicentis; nec defuerunt qui affirmarent, corruptum Domitianum et a Nerua successore mox suo. bello Vitelliano confugit 2 in Capitolium cum patruo Sabino ac parte praesentium copiarum, sed irrumpentibus aduersariis et ardente templo apud aedituum clam pernoctauit, ac mane Isiaci celatus habitu interque sacrificulos uariae superstitionis cum se trans Tiberim ad condiscipuli sui matrem comite uno contulisset, ita latuit, ut scrutantibus qui uestigia subsecuti erant, deprehendi non potuerit. post uicto- 3 riam demum progressus et Caesar consalutatus honorem praeturae urbanae consulari potestate suscepit titulo tenus, nam iuris dictionem ad collegam proximum transtulit, ceterum omnem uim dominationis tam licenter exercuit, ut iam tum qualis futurus esset ostenderet. ne exequar singula, contractatis multorum uxoribus Domitiam Longinam Aelio Lamiae nuptam etiam in matrimonium abduxit, atque uno die super XX officia urbana aut peregrina distribuit, m i r a r i s e Vespasiano dictitante, q u o d s u c c e s s o r e m n o n e t s i b i m i t t e r e t. expeditionem quoque in Galliam Germanias- 2 que neque necessariam et dissuadentibus paternis amicis incohauit, tantum ut fratri se et opibus et dignatione adaequaret.

Ob haec correptus, quo magis et aetatis et condicionis admoneretur, habitabat cum patre una sellamque

---

2 uirum *del. Torr.* 4 pollicenti *XΠQ et pro u. l. R* 5 Domitianum *del. Torr.* 9 isici *Υ* 10 habitus *et* sacrifigulos *M* uanae ς (*edd.*), Phariae *I. Gron.* 15 cum *post* urbanae *add. Υ* 16 nam *I. Gron.*, quam *Ω*, quia ς, quoniam *Oud.* 19 ne *ΠQ*, nec *rel.* contrect- *codd. praeter M* 24 quoq: ne in *Mδ* (ne *pertinet ad* cessariam *l. 25*) gallia *M*, gallias δ 25 neq: cessariam *M* (*u. ad l. 24*), neccessariam (*om.* neque) δ 26 operibus *Π²*ς (*uulg.*)

eius ac fratris, quotiens prodirent, lectica sequebatur ac triumphum utriusque Iudaicum equo albo comitatus est. qui⟨n et e⟩ sex consulatibus non nisi unum ordinarium gessit eumque cedente ac suffragante fratre.
2 simulauit et ipse mire modestiam in primisque poeticae studium, tam insuetum antea sibi quam postea spretum et abiectum, recitauitque etiam publice. nec tamen eo setius, cum Vologaesus Parthorum rex auxilia aduersus Alanos ducemque alterum ex Vespasiani liberis depoposcisset, omni ope contendit ut ipse potissimum mitteretur; et quia discussa res est, alios Orientis reges ut idem postularent donis ac pollicitationibus sollicitare temptauit.

3 Patre defuncto diu cunctatus an duplum donatiuum militi offerret, numquam iactare dubitauit relictum se participem imperii, sed fraudem testamento adhibitam; neque cessauit ex eo insidias struere fratri clam palam⟨que⟩, quoad correptum graui ualitudine, prius quam plane efflaret animam, pro mortuo deseri iussit; defunctumque nullo praeterquam consecrationis honore dignatus, saepe etiam *carpsit obliquis orationibus et edictis.

3 Inter initia principatus cotidie secretum sibi horarum sumere solebat nec quicquam amplius quam muscas captare ac stilo praeacuto configere, ut cuidam interroganti, essetne quis intus cum Caesare, non absurde responsum sit a Vibio Crispo, ne muscam quidem. deinde uxorem Domitiam, ex qua in secundo suo consulatu filium tulerat alteroque anno ⟨. . . . . .⟩, consa-

---

3 quin et e sex *scripsi* (quin ex *Bentl.*), qui sex (*uel* quis ex) *MGRLPδ*, in sex *rel.* 17 instruere *MTδ* 18 palamque *Tς*, et palam *L*, palam *rel.* (*cf. Iul 80, 1*) 19 afflaret *Mδ* 23 initia *Υ'Nδ*, uitia *rel. et H* tempus horarum ς, horarum spatium *Saresber.*, horarium *uulg.*, lararium *Is. Voss.*, horarum III *Casaub.* (*cf. Ner. 37, 2*) 27 musca *codd. praeter MHLδ* (*cf. Victor Caes. 11, 6 Epit. 11, 8*) 29 consalutauit *Roth lacunam post* tulerat *statuens*, consulatu filium ***uit (uit

lutauit Augustam; eandem Paridis histrionis amore
deperditam repudiauit intraque breue tempus inpatiens
discidii quasi efflagitante populo reduxit.
Circa administrationem autem imperii aliquamdiu 2
se uarium praestitit, mixtura quoque aequabili uitiorum
atque uirtutum, donec uirtutes quoque in uitia deflexit:
quantum coniectare licet, super ingenii naturam inopia
rapax, metu saeuus.
Spectacula assidue magnifica et sumptuosa edidit 4
non in amphitheatro modo, uerum et in circo, ubi
praeter sollemnes bigarum quadrigarumque cursus
proelium etiam duplex, equestre ac pedestre, com-
misit; at in amphitheatro nauale quoque. nam uena-
tiones gladiatoresque et noctibus ad lychnuchos, nec
uirorum modo pugnas, sed et feminarum. praeterea
quaestoriis muneribus, quae olim omissa reuocauerat,
ita semper interfuit, ut populo potestatem faceret bina
paria e suo ludo postulandi eaque nouissima aulico
apparatu induceret. ac per omne gladiatorum specta- 2
culum ante pedes ei stabat puerulus coccinatus paruo
portentosoque capite, cum quo plurimum fabulabatur,
nonnumquam serio. auditus est certe, dum ex eo
quaerit, ecquid sciret, cur sibi uisum esset ordi-
natione proxima Aegypto praeficere Mettium

---

in ras. post 3 uel 4 litt. erasas) *M* (deest aliquid *in marg. adscr. m. rec.*), consalutauerat ut *X* (*uulg.*), consulatus (-tu *R*) filium et *GT*; *lacunam uarie suppleuerunt*: alteroque anno ab hoc consulatu filiam: Augustam *eqs. Graev.*, filiam tulerat alteroque anno filium ac consalutauerat Aug. *Oud.*, alteroque anno filiam consalutauit Aug. *Madv.*, alterumque imperii altero anno *Momms.*, alteroque anno quam imperium adeptus est amisit *temptaueram Herm. 36 p. 292*

5 mixturaque *Lips. fort. recte*, mixtura prope *Bentl.*, mixtura (*del.* quoque) *Büch.* 9 magnifica assidue *Γ* 12 duplex etiam *Γ* 16 questoris *Π*¹*Q*, questorib; *G* reuocarent *M*, -carat *T* (*Graev.*), -caret *δ* 23 ecquid *ς* (*ed. Rom. II*), et quid (et qui *X*) *Ω* cur] quid (qui *R*) *Γ'* 24 metium *MT*, ęthium *ΠQ*, etium *R* (*in Γ praecedit* p̃ficeret), Maecium *Oud.*

Rufum. edidit naualis pugnas paene iustarum classium, effosso et circumstructo iuxta Tiberim lacu, atque inter maximos imbres perspectauit.

3 Fecit et ludos saeculares, computata ratione temporum ad annum non quo Claudius proxime, sed quo olim Augustus ediderat; in iis circensium die, quo facilius centum missus peragerentur, singulos e septenis spatiis ad quina corripuit.

4 Instituit et quinquennale certamen Capitolino Ioui triplex, musicum equestre gymnicum, et aliquanto plurium quam nunc est coronatorum. certabant enim et prosa oratione Graece Latineque ac praeter citharoedos chorocitharistae quoque et psilocitharistae, in stadio uero cursu etiam uirgines. certamini praesedit crepidatus purpureaque amictus toga Graecanica, capite gestans coronam auream cum effigie Iouis ac Iunonis Mineruaeque, adsidentibus Diali sacerdote et collegio Flauialium pari habitu, nisi quod illorum coronis inerat et ipsius imago. celebrabat et in Albano quotannis Quinquatria Mineruae, cui collegium instituerat, ex quo sorte ducti magisterio fungerentur ederentque eximias uenationes et scaenicos ludos superque oratorum ac poetarum certamina.

5 Congiarium populo nummorum trecenorum ter dedit atque inter spectacula muneris largissimum epulum Septimontiali †sacrorum quidem senatui equitique panariis, plebei sportellis cum obsonio distributis initium uescendi primus fecit; dieque proximo omne genus rerum missilia sparsit, et quia pars maior intra popu-

---

2 inter maximos] in thermis *Υ* 3 prospectauit *ΠR* 5 ab anno *Υ'* 6 diebus *Friedländer* (*Marquardt, St. V. III*^{2} *p. 516*) 11 coronarum *Steph.* 14 uirgines *Lips.*, uirginis *Ω* 21 redderentque *codd. praeter Mδ* 25 epopulum *M* 26 septimontialis *Υ* Septimontiali sacro: cum quidem *I. Gron. probabiliter*, Sept. sacro quidem ς (*Torr.*), Sept. sacrorum quidem die *Sabell.*, *aliique aliter* (quondam *pro* quidem *propos. Torr. Bentl.*) 27 plebi isportellis *MG*, plebi sp. *δ*

laria deciderat, quinquagenas tesseras in singulos cuneos equestris ac senatorii ordinis pronuntiauit.

Plurima et amplissima opera incendio absumpta 5
restituit, in quis et Capitolium, quod rursus arserat; sed omnia sub titulo tantum suo ac sine ulla pristini auctoris memoria. nouam autem excitauit aedem in Capitolio Custodi Ioui et forum quod nunc Neruae uocatur, item Flauiae templum gentis et stadium et odium et naumachiam, e cuius postea lapide maximus circus deustis utrimque lateribus extructus est.

Expeditiones partim sponte suscepit, partim ne- 6
cessario: sponte in Chattos, necessario unam in Sarmatas legione cum legato simul caesa; in Dacos duas, primam Oppio Sabino consulari oppresso, secundam Cornelio Fusco praefecto cohortium praetorianarum, cui belli summam commiserat. de Chattis Dacisque post uaria proelia duplicem triumphum egit, de Sarmatis lauream modo Capitolino Ioui rettulit.

Bellum ciuile motum a L. Antonio, superioris Ger- 2
maniae praeside, confecit absens felicitate mira, cum ipsa dimicationis hora resolutus repente Rhenus transituras ad Antonium copias barbarorum inhibuisset. de qua uictoria praesagiis prius quam nuntiis comperit, siquidem ipso quo dimicatum erat die statuam eius Romae insignis aquila circumplexa pinnis clangores laetissimos edidit; pauloque post occisum Antonium adeo uulgatum est, ut caput quoque adportatum eius uidisse se plerique contenderent.

Multa etiam in communi rerum usu nouauit: spor- 7
tulas publicas sustulit reuocata rectarum cenarum consuetudine; duas circensibus gregum factiones aurati

---

9 odium] exmetodium *X* 12 cathos *MS*, catthos *fere rel.* (*om.* Π^1Q) 16 catis *MR*, catthis *uel* cattis *uel* cathis *rel.* 23 prius presagiis *T* 24 dimicandum *X* est *T* 25 pennis *XT* 28 contenderint *Bentl.* 29 in communes rerum usus *X* 31 grecum *Ω*, *corr. Beroald.*

purpureique panni ad quattuor pristinas addidit; inter-
dixit histrionibus scaenam, intra domum quidem exer-
cendi artem iure concesso; castrari mares uetuit; spa-
donum, qui residui apud mangones erant, pretia mode-
2 ratus est. ad summam quondam ubertatem uini, fru-
menti uero inopiam existimans nimio uinearum studio
neglegi arua, edixit, ne quis in Italia nouellaret utque
in prouinciis uineta succiderentur, relicta ubi plurimum
dimidia parte; nec exequi rem perseuerauit. quaedam
ex maximis officiis inter libertinos equitesque R. com-
3 municauit. geminari legionum castra prohibuit nec
plus quam mille nummos a quoquam ad signa deponi,
quod L. Antonius apud duarum legionum hiberna res
nouas moliens fiduciam cepisse etiam ex depositorum
summa uidebatur. addidit et quartum stipendium militi
aureos ternos.

8 Ius diligenter et industrie dixit, plerumque et in
foro pro tribunali extra ordinem; ambitiosas centum-
uirorum sententias rescidit; reciperatores, ne se per-
fusoriis assertionibus accommodarent, identidem admo-
nuit; nummarios iudices cum suo quemque consilio
2 notauit. auctor et tr(ibunis) pl(ebis) fuit aedilem sor-
didum repetundarum accusandi iudicesque in eum a
senatu petendi. magistratibus quoque urbicis prouincia-
rumque praesidibus coercendis tantum curae adhibuit,
ut neque modestiores umquam neque iustiores extite-
rint; e quibus plerosque post illum reos omnium cri-
3 minum uidimus. suscepta correctione morum licen-
tiam theatralem promiscue in equite spectandi inhibuit;
scripta famosa uulgoque edita, quibus primores uiri
ac feminae notabantur, aboleuit non sine auctorum
ignominia; quaestorium uirum, quod gesticulandi saltan-

2 scaena *Heins.* 5 quandam *MGδ* 8 in prouinciis *om. X* 16 aureis ternis *Lips.*, in (ad *Casaub.*) aureos ternos *Salm.* 18 ⟨et⟩ extra *Bentl.* 23 a] ac *M* 28 correctione *Lς*, correptione *rel.* (*Ω*) 30 edicta *M*

dique studio teneretur, mouit senatu; probrosis feminis
lecticae usum ademit iusque capiendi legata heredita-
tesque; equitem R. ob reductam in matrimonium uxorem,
cui dimissae adulterii crimen intenderat, erasit iudicum
albo; quosdam ex utroque ordine lege Scantinia condem-
nauit; incesta Vestalium uirginum, a patre quoque suo
et fratre neglecta, uarie ac seuere coercuit, priora capi-
tali supplicio, posteriora more ueteri. nam cum Ocu- 4
latis sororibus, item Varronillae liberum mortis permi-
sisset arbitrium corruptoresque earum relegasset, mox
Corneliam maximam uirginem absolutam olim, dein
longo interuallo repetitam atque conuictam defodi im-
perauit stupratoresque uirgis in comitio ad necem
caedi, excepto praetorio uiro, cui, dubia etiam tum
causa et incertis quaestionibus atque tormentis de
semet professo, exilium indulsit. ac ne qua religio 5
deum impune contaminaretur, monimentum, quod liber-
tus eius e lapidibus templo Capitolini Iouis destinatis
filio extruxerat, diruit per milites ossaque et reliquias
quae inerant mari mersit.

Inter initia usque adeo ab omni caede abhorrebat, 9
ut absente adhuc patre recordatus Vergili[i] uersum
⟨*georg.* 2, 538⟩:

impia quam caesis gens est epulata iuuencis

edicere destinarit, ne boues immolarentur. cupiditatis
quoque atque auaritiae uix suspicionem ullam aut
priuatus umquam aut princeps aliquamdiu dedit, immo
e diuerso magna saepe non abstinentiae modo sed
etiam liberalitatis experimenta. omnis circa se lar- 2
gissime prosecutus nihil prius aut acrius monuit quam

---

5 scantinia *G*, cantinia *MQLS*, catinia *rel.* 7 ac] at *Bentl.* 8 supplici *M* oculati *X*, Ocellatis *Beroald.* 11 uirginem maximam *Υ* olim *om. Υ* deinde *Xδ*, dehinc *Π* 12 atque] neque *Duker* (*cf. Plin. epist. IV 11*) 24 inopia *M* 25 ediscere *M* destinauit *MGδ*, destinauerit *Υ* 28 e diuerso *del. Ern.* (e *om. MLPδ*) magnae *codd. praeter Mδ* 29 experimento *X*

ne quid sordide facerent. relictas sibi hereditates ab iis, quibus liberi erant, non recepit. legatum etiam ex testamento Rusti Caepionis, qui cauerat ut quotannis ingredientibus curiam senatoribus certam summam uiritim praestaret heres suus, irritum fecit. reos, qui ante quinquennium proximum apud aerarium pependissent, uniuersos discrimine liberauit nec repeti nisi intra annum eaque condicione permisit, ut accusatori
3 qui causam non teneret exilium poena esset. scribas quaestorios negotiantis ex consuetudine sed contra Clodiam legem uenia in praeteritum donauit. subsiciua, quae diuisis per ueteranos agris carptim superfuerunt, ueteribus possessoribus ut usu capta concessit. fiscales calumnias magna calumniantium poena repressit, ferebaturque uox eius: princeps qui delatores non castigat, irritat.

10 Sed neque in clementiae neque in abstinentiae tenore permansit, et tamen aliquanto celerius ad saeuitiam desciuit quam ad cupiditatem. discipulum Paridis pantomimi ⟨im⟩puberem adhuc et cum maxime aegrum, quod arte formaque non absimilis magistro uidebatur, occidit; item Hermogenem Tarsensem propter quasdam in historia figuras, libraris etiam, qui eam descripserant, cruci fixis. patrem familias, quod Thraecem murmilloni parem, munerario imparem dixerat, detractum spectaculis in harenam canibus obiecit cum hoc titulo: impie locutus parmularius.

2 Complures senatores, in iis aliquot consulares, interemit; ex quibus Ciuicam Cerealem in ipso Asiae proconsulatu, Saluidienum Orfitum, Acilium Glabrionem ⟨in⟩ exilio, quasi molitores rerum nouarum, ceteros

---

3 rusci Ω, *corr.* ς (*Torr. Burm.*) 6 aerarium apud Υ 9 non *om.* Υ 12 superfuerant *Ern.* 16 inuitat *I. F. Gron.* 20 puberem Ω, *corr. ed. Basil. 1533* 26 e (& *Q*) spectaculis *GΥ* 28 in iis *M*, in his *GΥ*, iniuste *X*, et in his δ, in his et *Bentl.* 31 in *add. Torr.* militores *M*, motores Π^1Q

leuissima quemque de causa. Aelium Lamiam ob suspiciosos quidem, uerum et ueteres et innoxios iocos, quod post abductam uxorem laudanti uocem suam eutacto dixerat quodque Tito hortanti se ad alterum matrimonium responderat: μὴ καὶ σὺ γαμῆσαι θέλ⟨ε⟩ις; Saluium Cocceianum, quod Othonis imperatoris patrui 3 sui diem natalem celebrauerat; Mettium Pompusianum, quod habere imperatoriam genesim uulgo ferebatur et quod depictum orbem terrae in membrana[s] contionesque regum ac ducum ex Tito Liuio circumferret quodque seruis nomina Magonis et Hannibalis indidisset; Sallustium Lucullum Britanniae legatum, quod lanceas nouae formae appellari Luculleas passus esset; Iunium Rusticum, quod Paeti Thraseae et Heluidi Prisci laudes edidisset appellassetque eos sanctissimos uiros; cuius criminis occasione philosophos omnis urbe Italiaque summouit. occidit et Heluidium filium, quasi 4 scaenico exodio sub persona Paridis et Oenones diuortium suum cum uxore taxasset; Flauium Sabinum alterum e patruelibus, quod eum comitiorum consularium die destinatum perperam praeco non consulem ad populum, sed imperatorem pronuntiasset.

Verum aliquanto post ciuilis belli uictoriam saeuior, 5 plerosque partis aduersae, dum etiam latentis conscios inuestigat[o], nouo quaestionis genere distorsit immisso per obscaena igne; nonnullis et manus amputauit. satisque constat duos solos e notioribus uenia donatos, tribunum laticlauium et centurionem, qui se, quo facilius expertes culpae ostenderent, impudicos probauerant et ob id neque apud ducem neque apud milites ullius momenti esse potuisse.

---

3 abductam *Υς*, adductam *rel.* (*Ω*) 7 pomposianum *Ω*, *corr. Roth* (*cf. Vesp. 14*) 9 membrana *Scriver.*, membranis *ς* 14 petit *M*, petitus *X* et Heluidi] *cf. Macé*, *Suét. p. 413* 17 quod quasi *Υ'* 24 dudum *Υ'O* latentes *Υ'O*, fatentes *Bentl.* conscios *del. Torr.* 25 inuestigat *Steph.* (per conscios inuestigatos *Casaub.*)

11 Erat autem non solum magnae, sed etiam callidae inopinataeque saeuitiae. a[u]ctorem summarum pridie quam cruci figeret in cubiculum uocauit, assidere in toro iuxta coegit, securum hilaremque dimisit, partibus etiam de cena dignatus est. Arrecinum Clementem consularem, unum e familiaribus et emissariis suis, capitis condemnaturus in eadem uel etiam maiore gratia habuit, quoad nouissime simul gestanti, conspecto delatore eius: uis, inquit, hunc nequissimum seruum cras audiamus?

2 Et quo contemptius abuteretur patientia hominum, numquam tristiorem sententiam sine praefatione clementiae pronuntiauit, ut non aliud iam certius atrocis exitus signum esset quam principii lenitas. quosdam maiestatis reos in curiam induxerat, et cum praedixisset experturum se illa die quam carus senatui esset, facile perfecerat ut etiam more maiorum
3 puniendi condemnarentur; deinde atrocitate poenae conterritus, ad leniendam inuidiam intercessit his uerbis — neque enim ab re fuerit ipsa cognoscere —: permittite, patres conscripti, a pietate uestra impetrari, quod scio me difficulter impetraturum, ut damnatis liberum mortis arbitrium indulgeatis; nam et parcetis oculis uestris et intellegent me omnes senatui interfuisse.

12 Exhaustus operum ac munerum inpensis stipendioque, quod adiecerat, temptauit quidem ad releuandos castrenses sumptus numerum militum deminuere; sed cum et obnoxium se barbaris per hoc animaduerteret neque eo setius in explicandis oneribus haereret, nihil pensi habuit quin praedaretur omni modo. bona uiuorum ac mortuorum usquequaque quolibet et accu-

2 actorem ς (*Torr.*), auctorem *Ω* 5 est *om. S* arrecinum *Π^1QN*, arretinum *rel.* (*Ω*) 8 conspectu *$M\Pi^1Q\delta$* 13 ut] et *Mδ* 14 principis *B.-Crus.* 22 impetrare *G* 25 intelligetis *Υ*. 30 herere *ΠQ*

satore et crimine corripiebantur. satis erat obici quale-
cumque factum dictum[q]ue aduersus maiestatem prin-
cipis. confiscabantur alienissimae hereditates uel uno 2
existente, qui diceret audisse se ex defuncto, cum uiueret,
heredem sibi Caesarem esse. praeter ceteros Iudaicus
fiscus acerbissime actus est; ad quem deferebantur, qui
uel[ut] inprofessi Iudaicam uiuerent uitam uel dissi-
mulata origine imposita genti tributa non pependissent.
interfuisse me adulescentulum memini, cum a procu-
ratore frequentissimoque consilio inspiceretur nonage-
narius senex, an circumsectus esset.

Ab iuuenta minime ciuilis animi, confidens etiam et 3
cum uerbis tum rebus immodicus, Caenidi patris con-
cubinae ex Histria reuersae osculumque, ut assuerat,
offerenti manum praebuit; generum fratris indigne
ferens albatos et ipsum ministros habere, proclamauit
⟨*Hom. Il. 2, 204*⟩:

οὐκ ἀγαθὸν πολυκοιρανίη.

principatum uero adeptus neque in senatu iactare dubi- 13
tauit et patri se et fratri imperium dedisse,
illos sibi reddidisse, neque in reducenda post diuor-
tium uxore edicere ⟨re⟩uocatam eam in puluinar
suum. adclamari etiam in amphitheatro epuli die liben-
ter audiit: domino et dominae feliciter! sed et
Capitolino certamine cunctos ingenti consensu precan-
tis, ut Palfurium Suram restitueret pulsum olim senatu
ac tunc de oratoribus coronatum, nullo responso
dignatus tacere tantum modo iussit uoce praeconis.
pari arrogantia, cum procuratorum suorum nomine 2
formalem dictaret epistulam, sic coepit: dominus et
deus noster hoc fieri iubet. unde institutum post-

2 dictumue *δς*, dictumque *Ω* 4 quid *M* 6 exactus *G* 7 uel inprofessi *I. F. Gron.*, uelut inprofessi *MGΥδ*, ueluti professi *X* intra urbem *post* Iudaicam *add. Υ* 22 ediceret *X*, dicere *G* reuocatam *Salm.* 26 palfarium *Mδ* 30 formaul emdictaret *M* (formatilem *δ*, formulam dictaret epistula *Bentl.*) 31 hoc] sic *Nς*

hac, ut ne scripto quidem ac sermone cuiusquam appellaretur aliter. statuas sibi in Capitolio non nisi aureas et argenteas poni permisit ac ponderis certi. Ianos arcusque cum quadrigis et insignibus triumphorum per regiones urbis tantos ac tot extruxit, ut cuidam
3 Graece inscriptum sit: arci. consulatus septemdecim cepit, quot ante eum nemo; ex quibus septem medios continuauit, omnes autem paene titulo tenus gessit nec quemquam ultra Kal. Mai., plerosque ad Idus usque Ianuarias. post autem duos triumphos Germanici cognomine assumpto Septembrem mensem et Octobrem ex appellationibus suis Germanicum Domitianumque transnominauit, quod altero suscepisset imperium, altero natus esset.

14 Per haec terribilis cunctis et inuisus, tandem oppressus est ⟨...⟩ amicorum libertorumque intimorum simul et uxoris. annum diemque ultimum uitae iam pridem suspectum habebat, horam etiam nec non et genus mortis. adulescentulo Chaldaei cuncta praedixerant; pater quoque super cenam quondam fungis abstinentem palam irriserat ut ignarum sortis suae, quod
2 non ferrum potius timeret. quare pauidus semper atque anxius minimis etiam suspicionibus praeter modum commouebatur. ut edicti de excidendis uineis propositi gratiam faceret, non alia magis re compulsus creditur, quam quod sparsi libelli cum his uersibus erant ⟨*Anth. Pal. IX 75*⟩:

κἄν με φάγῃς ἐπὶ ῥίζαν, ὅμως ἔτι καρποφορήσω,
ὅσσον ἐπισπεῖσαι σοί, τράγε, θυομένῳ.

---

1 ac] aut *GN* 3 certianos *Mδ*, Ceruianos *Υ* 5 ac] aut *Υ* 6 arci *MGδ*, arti *Υ*, arcui *X*, *ἀρκεῖ Turn.*, *latinum uerbum postulat Bentl.* 7 quot ς, quod *Ω* 11 absumpto *MΠQδ* 16 conspiratione *post* intimorum *suppl. Υ'ON* (*post* uxoris ς), insidiis *ante* amicorum *G*, destitutus solaciis *post* uxoris *δ* (*Vict. Caes. 11, 7* consilio, *Eutrop. VII 23, 6* coniuratione) 20 quandam *X* 25 facere — credatur *Υ* *in uoce* magis *desinit R* 26 quam *Xρ*, namque *MΠQδ*, nam *G* 28. 29 *om. ΠQ* 28 *κἄν Roth*, ΚΑΙ *Ω* (*cf. CIL IV 3407, 6*) ЄΤΡΙΞΑΝ *Ω*,

eadem formidine oblatum a senatu nouum et excogitatum honorem, quamquam omnium talium appetentissimus, recusauit, quo decretum erat ut, quotiens gereret consulatum, eq(uites) R. quibus sors obtigisset, trabeati et cum hastis militaribus praecederent eum inter lictores apparitoresque. 3

Tempore uero suspecti periculi appropinquante sollicitior in dies porticuum, in quibus spatiari consuerat, parietes phengite lapide distinxit, e cuius splendore per imagines quidquid a tergo fieret prouideret. nec nisi secreto atque solus plerasque custodias, receptis quidem in manum catenis, audiebat. utque domesticis persuaderet, ne bono quidem exemplo aud[i]endam esse patroni necem, Epaphroditum a libellis capitali poena condemnauit, quod post destitutionem Nero in adipiscenda morte manu eius adiutus existimabatur. deni- **15** que Flauium Clementem patruelem suum contemptissimae inertiae, cuius filios etiam tum paruulos successores palam destinauerat abolito⟨que⟩ priore nomine alterum Vespasianum appellari, alterum Domitianum, repente ex tenuissima suspicione tantum non in ipso eius consulatu interemit. quo maxime facto maturauit sibi exitium. 4

Continuis octo mensibus tot fulgura facta nuntia- 2
taque sunt, ut exclamauerit: feriat iam, quem uolet. tactum de caelo Capitolium templumque Flauiae gentis, item domus Palatina et cubiculum ipsius, atque etiam e basi statuae triumphalis titulus excussus ui procellae

---

ποτὶ ῥίζαν tit. Pompeianus ΟΜΟCCЄΠΙΚΑΡΠΟΦΟΡЄCCΗC *fere Ω, at* ЄΠΙ *in M corr. ex* ЄΤΗ 29 (p. 328) ЄΠΙCΠЄΙCЄC *fere Ω* *σοί τράγε Bentl.*, COIKΑΡΘЄ *Ω*, *σοί κάπρε Büch.* ΟΥΔΟΜЄΝω *M et sim. rel.*

7 uero (*in marg. add. M m. 1*) *om. Roth* suspecto *LP* pericula *M*, periculo *LP* 12 manu *X* 13 audendam *ϱL*[3] 19 abolitoque *N*, et abolito *Υ*, abolito *MGX* (*Bentl.*) priori *Υ* 20 appellari] appellari iusserat *Υ′N* (*in ϱ post* Domitianum), appellans *Bentl.*, appellare *Preud'h.* 23 exitum *X* 24 iacta *Graev.* 26 factum *Mδ*

in monimentum proximum decidit. arbor, quae priuato adhuc Vespasiano euersa surrexerat, tunc rursus repente corruit. Praenestina Fortuna, toto imperii spatio annum nouum commendanti laetam eandemque semper sortem dare assueta, extremo tristissimam reddidit nec sine sanguinis mentione.

3 Mineruam, quam superstitiose colebat, somniauit excedere sacrario negantemque ultra se tueri eum posse, quod exarmata esset a Ioue. nulla tamen re perinde commotus est quam responso casuque Ascletarionis mathematici. hunc delatum nec infitiantem iactasse se quae prouidisset ex arte, sciscitatus est, quis ipsum maneret exitus; et affirmantem fore ut breui laceraretur a canibus, interfici quidem sine mora, sed ad coarguendam temeritatem artis sepeliri quoque accuratissime imperauit. quod cum fieret, euenit ut repentina tempestate deiecto funere semiustum cadauer discerperent canes, idque ei cenanti a mimo Latino, qui praeteriens forte animaduerterat, inter ceteras diei fabulas referretur.

16 Pridie quam periret, cum oblatos tubures seruari iussisset in crastinum, adiecit: s i m o d o u t i l i c u e r i t, et conuersus ad proximos affirmauit f o r e u t s e q u e n t i d i e l u n a s e i n a q u a r i o c r u e n t a r e t f a c t u m q u e a l i q u o d e x i s t e r e t, d e q u o l o q u e r e n t u r h o m i n e s p e r t e r r a r u m o r b e m. at circa mediam noctem ita est exterritus, ut e strato prosiliret. dehinc mane haruspicem ex Germania missum, qui consultus de fulgure mutationem rerum praedixerat, audiit condemnauitque.

---

1 proxumum *M* (*praecedit* monum- *in GΠQPT*) 2 tunc] T·N·C *Mδ* 4 commendanti *om. T* eademque *MTδ*, eandem *Π*¹*Q* 5 reddidit *T*′, reddit *rel.*, edidit *Bentl.* 8 negantem (*sine* que) *Steph.*, negantem quoque *Oud.*, *lacunam statuit Roth* 10 ‘*quaere an* Ascleparionis’ *Bentl. et sic Kumanudis*, Asclationis *F. Cumont* 12 seq(ue) *MGLPTϱ* prouidisse *GLPT* 15 quoque ⟨quam⟩ *Duker* 17 disiecto *Bentl.* 21 tuberes (-os *L*) *codd. praeter M* 27 prosilierit *Bentl.*

ac dum exulceratam in fronte uerrucam uehementius 2
scalpit, profluente sanguine: utinam, inquit, hactenus. tunc horas requirenti pro quinta, quam metuebat, sexta ex industria nuntiata est. his uelut transacto iam periculo laetum festinantemque ad corporis curam Parthenius cubiculo praepositus conuertit, nuntians esse qui magnum nescio quid afferret, nec differendum. itaque summotis omnibus in cubiculum se recepit atque ibi occisus est.

De insidiarum caedisque genere haec fere diuulgata 17
sunt. cunctantibus conspiratis, quando et quo modo, id est lauantemne an cenantem adgrederentur, Stephanus, Domitillae procurator et tunc interceptarum pecuniarum reus, consilium operamque obtulit. ac sinisteriore brachio uelut aegro lanis fasciisque per aliquot dies ad auertendam suspicionem obuoluto, sub ipsam horam dolonem interiecit; professusque conspirationis indicium et ob hoc admissus legenti traditum a se libellum et attonito suffodit inguina. saucium ac re- 2
pugnantem adorti Clodianus cornicularius et Maximus Partheni libertus et Satur decurio cubiculariorum et quidam e gladiatorio ludo uulneribus septem contrucidarunt. puer, qui curae Larum cubiculi ex consuetudine assistens interfuit caedi, hoc amplius narrabat, iussum se a Domitiano ad primum statim uulnus pugionem puluino subditum porrigere ac ministros uocare, neque ad caput quidquam excepto capulo et praeterea clausa omnia repperisse; atque illum interim arrepto deductoque ad terram Stephano conluctatum diu, dum modo ferrum extorquere, modo quanquam laniatis digitis oculos effodere conatur.

---

12 id est *del. Burm.*, item *Ern.* 16 obuoluto sub *G*, obuolutamb *Mδ*, obuoluto in *X*, obuoluto ad *Υ* 17 dolonem *Ferrarius*, dolum *Ω*, dolo *δ* 21 et satur *Gδ*, est et satur *MLP*, est et saturius *O*, et saturius *Υ'* 23 curae] arae *Ern.* 30 dum] tum (cum *T*) *X*, *om. edd. aliquot uet.*, *in quibus* conatum *l. 31 seruatur* 31 conatum *MGXII*[2]

3 Occisus est XIIII. Kal. Octb. anno aetatis quadragensimo quinto, imperii quinto decimo. cadauer eius populari sandapila per uispillones exportatum Phyllis nutrix in suburbano suo Latina uia funerauit, sed reliquias templo Flauiae gentis clam intulit cineribusque Iuliae Titi filiae, quam et ipsam educarat, conmiscuit.

18 Statura fuit procera, uultu modesto ruborisque pleno, grandibus oculis, uerum acie hebetiore; praeterea pulcher ac decens, maxime in iuuenta, et quidem toto corpore exceptis pedibus, quorum digitos restrictiores habebat; postea caluitio quoque deformis et obesitate uentris et crurum gracilitate, quae tamen ei ualitu-
2 dine longa remacruerant. commendari se uerecundia oris adeo sentiebat, ut apud senatum sic quondam iactauerit: usque adhoc certe et animum meum probastis et uultum. caluitio ita offendebatur, ut in contumeliam suam traheret, si cui alii ioco uel iurgio obiectaretur; quamuis libello, quem de cura capillorum ad amicum edidit, haec etiam, simul illum seque consolans, inseruerit ⟨*Hom. Il. 21, 108*⟩:

οὐχ ὁρά⟨α⟩ς, οἷος κἀγὼ καλός τε μέγας τε;

eadem me tamen manent capillorum fata, et forti animo fero comam in adulescentia senescentem. scias nec gratius quicquam decore nec
19 breuius. laboris impatiens pedibus per urbem non temere ambulauit, in expeditione et agmine equo rarius, lectica assidue uectus est armorum nullo, sagittarum uel praecipuo studio tenebatur. centenas uarii generis feras saepe in Albano secessu conficientem spectauere plerique atque etiam ex industria ita quarundam capita figentem, ut duobus ictibus quasi cor-

---

3 uispillonis *MGδ*, uespillones *Beroald.* phyllix *Ω*, *corr.* ϱς 7 rub̄r *et post 5 uel 6 litt. erasas* rubrisq: *M*, rubeus rubrisque *δ*, puborisque *P*, pudorisque *OSTN* 11 quoque *om. P,* prope *Bentl.* 13 emacruerant *Duker Bentl.* (longiore macr- *Iernstedt*) 15 adhuc *Π*[1]ϱς (*edd.*) et *om. Υ* 22 facta *X*

nua efficeret. nonnumquam in pueri procul stantis praebentisque pro scopulo dispansam dexterae manus palmam sagittas tanta arte derexit, ut omnes per interualla digitorum innocue euaderent.

20 Liberalia studia imperii initio neglexit, quanquam bibliothecas incendio absumptas impensissime reparare curasset, exemplaribus undique petitis missisque Alexandream qui describerent emendarentque. numquam tamen aut historiae carminibusue noscendis operam ullam aut stilo uel necessario dedit. praeter commentarios et acta Tiberi Caesaris nihil lectitabat; epistulas orationesque et edicta alieno formabat ingenio. sermonis tamen nec inelegantis, dictorum interdum etiam notabilium: uellem, inquit, tam formosus esse, quam Maecius sibi uidetur; et cuiusdam caput uarietate capilli subrutilum et incanum perfusam niuem mulso dixit. 21 condicionem principum miserrimam aiebat, quibus de coniuratione comperta non crederetur nisi occisis.

Quotiens otium esset, alea se oblectabat, etiam profestis diebus matutinisque horis, ac lauabat de die prandebatque ad satietatem, ut non temere super cenam praeter Matianum malum et modicam in ampulla potiunculam sumeret. conuiuabatur frequenter ac large, sed paene raptim; certe non ultra solis occasum nec ut postea comisaretur. nam ad horam somni nihil aliud quam solus secreto deambulabat.

22 Libidinis nimiae, assiduitatem concubitus uelut exer-

---

1 effingeret *Beroald.* 2 scopo *Steph.* 3 derexit ς, derexerit *Q*, direxit *rel.* 4 innocuae *PH* (*cod. Paris. 8818*), *Bentl.* 5 imperio *M*[1] (imperio inito *Bentl.*) 6 assumptas *MT* reparari *Duker* 9 cognoscendis *Π* 12 alieno ς, alfeno *MGT*, alieno alfeno *fere X* 13 et dictorum int. not. *N*, *lacunam post* inelegantis *subesse* ⟨nec . . .⟩ *putat I. W. Freund*, *post* tamen *Büch.* (⟨nec indiligentis⟩ nec) 15 maetius *corr. ut uid. ex* maecius *M*, mecius *G*, metius *XT* 16 subrutillim *M* et canum *X* 17 ⟨et⟩ condicionem *Roth* 23 martianum *X* modica *Lips.*

citationis genus clinopalen uocabat; eratque fama, quasi concubinas ipse deuelleret nataretque inter uulgatissimas meretrices. fratris filiam adhuc uirginem oblatam in matrimonium sibi cum deuinctus Domitiae nuptiis pertinacissime recusasset, non multo post alii conlocatam corrupit ultro et quidem uiuo etiam tum Tito; mox patre ac uiro orbatam ardentissime palamque dilexit, ut etiam causa mortis extiterit coactae conceptum a se abigere.

23 Occisum eum populus indifferenter, miles grauissime tulit statimque Diuum appellare conatus est, paratus et ulcisci, nisi duces defuissent; quod quidem paulo post fecit expostulatis ad poenam pertinacissime caedis auctoribus. contra senatus adeo laetatus est, ut repleta certatim curia non temperaret, quin mortuum contumeliosissimo atque acerbissimo adclamationum genere laceraret, scalas etiam inferri clipeosque et imagines eius coram detrahi et ibidem solo affligi iuberet, nouissime eradendos ubique titulos abolendamque omnem memoriam decerneret.

2 Ante paucos quam occideretur menses cornix in Capitolio elocuta est: ἔσται πάντα καλῶς, nec defuit qui ostentum sic interpretaretur ⟨*FPR p. 370*⟩:

nuper Tarpeio quae sedit culmine cornix
'est bene' non potuit dicere, dixit: 'erit'.

ipsum etiam Domitianum ferunt somniasse gibbam sibi pone ceruicem auream enatam, pro certoque habuisse beatiorem post se laetioremque portendi rei publicae statum, sicut sane breui euenit abstinentia et moderatione insequentium principum.

---

1 clinopalem Ω (palam *G*); *cf. Vict. Caes. 11, 5 epit. 11, 7* (*Mart. XIV 201*) 2 deuelleret *G*, diuelleret *rel.* 3 uirginem non *M* (*exp. m. 2*) 10 eum *om. N* 11 eum *ante* diuum *add. T* 12 duces] uires *T* 15 temperarent *Mδ*, -rarit *Bentl.* 16 atque acerbissimo *om. T* 23 qui *corr. m. 2 ex* quod *M*, qui id *Salm.* 28 rerum statum publice *M*, rei statum publicę *G*, statum rei publicae *X*

INDEX NOMINVM[1])

A

Aborigines Vit. 1,2
Accius trag. Cal. 30,1 (*cf.* T. 59,2)
Cn. Acerronius Proculus *cos. a. 37* T. 73,1
Achaia T. 4,3 6,2 Cal. 21 Cl. 25,3 42,1 N. 19,2 22,3 V. 5,5 8,4
Achaica peregrinatio N. 19,1 51 V. 4,4
Achaica *u.* Mummia
Achilles T. 70,3
Acilius (in Electra) C. 84,2
C. Acilius miles C. 68,4 (*bis*)
Acilius Auiola *cos. a. 54* Cl. 45
Acilius Glabrio D. 10,2
Acte *lib. Neronis* N. 28,1 50
Actiacus, -a, -um bellum A. 9 triumphus A. 22 T. 6,4 uictoria A. 18,2 Cal. 23,1 (*plur.*)
Actium A. 17,2 17,3 18,2 96,2
Actius comoedus T. 47
M. Actorius Naso C. 9,3 52,1 (*cogn.*)
Adminius *Britannus* Cal. 44,2
Aegisthus C. 50,1
Aegyptii Cal. 57,4
Aegyptius, -a, -um C. 39,4 (classis) T. 36 (ritus) N. 37,2 (generis)
Aegyptus C. 11 35,1 52,1 A. 17,3 18,2 66,1 93 Cl. 20,3 N. 35,5 47,2 V. 6,3 7,1 D. 4,2
Aelianus *u.* Aemilius
Aelius Lamia D. 1,3 10,2
Aelius Seianus T. 48,2 (*bis*) 55 61,1 (*quinquiens*) 62,1 65,1 65,2 Cal. 12,1 30,2 Cl. 6,1 27,1 (*bis*) Vit. 2,3
Aelia Paetina Cl. 26,2 (*bis*) 26,3 27,1
Aemiliana *locus Romae* Cl. 18,1
Mamercus Aemilius C. 1, 2
Aemilius Aelianus Cordubensis A. 51,2 (*bis*)
M. (Aemilius) Lepidus triumuiri pater C. 3 (*bis*) 5
M. Aemilius Lepidus triumuir C. 82,4 87 A. 8,3 12 13,1 16,4 27,2 31,1 54 T. 5
(Aemilius) Lepidus triumuiri f. A. 19,1
M. Aemilius Lepidus, Drusillae maritus Cal. 24,3 36,1 Cl. 9,1
Aemilia Lepida Augusti proneptis Cl. 26,1
Aemilius Papus A. 2,2
Aemilius Paulus triumuiri frater C. 29,1
L. Aemilius Paulus censoris f. A. 16,3 19,1 64,1 *eius pater* A. 16,3 Cl. 16,1
Aenaria A. 92,2
Aeneas N. 39,2
Aenobarbus *u.* Ahenob-

1) A. uitam Augusti designat, C(aesaris), Cal(igulae), Cl(audi), D(omitiani), G(albae), N(eronis), O(thonis), T(iberi), Tit(i), V(espasiani), Vit(elli). — omissa sunt mensium nomina praeter selecta quaedam.

Aequiculi Vit. 1,3
aesar A. 97,2
Aesculapii signum A. 59 insula Cl. 25,2
Aeserninus A. 43,2
Aesius Proculus patre primipilari Cal. 35,2
Aethiopes Cal. 57,4
Aethiopia C. 52,1
Aetnaeus uertex Cal. 51,1
Aetolia A. 17,3
Afer *u.* Tedius
Afer, -a, -um A. 4,2 (generis) Cal. 18,1 (pugilum)
Afranius (*in togata* Incendium) N. 11,2
L. Afranius C. 34,2 75,2 75,3
Africa C. 35,2 36 59 70 (*bis*) A. 16,4 47 T. 31,2 N. 31,4 G. 7,1 8,1 11 O. 1,2 Vit. 5 V. 3 4,3
Africanus, -a, -um triumphus C. 37,1 A. 8,1 Africanae Cal. 18,3 Cl. 21,3
Africanus *u.* Fabius
Africum bellum C. 56,1
Agamemnon T. 61,3
L. Agermus lib. N. 34,3
M. Agrippa A. 16,2 25,3 29,5 35,1 42,1 63,1 (*bis*) 64,1 (*bis*) 66,3 94,12 97,1 T. 7,2 10,1 Cal. 7 23,1
— iuuenis A. 19,2 51,1 64,1 65,1 65,4 T. 15,2 (*bis*) 22 25,1
Agrippina Attici neptis T. 7,2 7,3
— Augusti neptis A. 64,1 (*bis*) 86,3 T. 53,1 Cal. 7 8,1 8,3 8,4 (*bis*)
— mater Neronis Cal. 7 Cl. 26,3 (*bis*) 29,2 39,2 43 44,1 44,2 N. 5,2 6,1 6,2 28,2 39,3 G. 5,1 V. 4,2 9,1
Agrippinensis colonia Vit. 10,3
Ahenobarbi N. 1,1 1,2 Ahenobarborum familia N. 1,1 *u.* Domitius
Ahenobarbus *u.* Nero imp.
Aiax A. 85,2 (*trag. Augusti*)
Alani D. 2,2
Alauda legio C. 24,2
Albanum N. 25,1 D. 4,4
Albanus, -a, -um A. 72,1 (columnarum) Cl. 4,3 (montem) D. 19 (secessu)
Albia Terentia splendidissima femina O. 1,3
Albis fluuius A. 21,1
Albudignus fons Cl. 20,1
Albulae A. 82,2 (calidis) N. 31,2 (aquae)
Alcmeon N. 39,2
Magnus Alexander C. 7,1 (*bis*) A. 18,1 50 94,5 Cal. 52 N. 19,2
Alexander *u.* Tiberius
Alexandria (*uel* -ea) C. 35,1 35,2 64 76,3 79,3 A. 17,3 71,1 T. 52,2 Cal. 49,2 Cl. 16,2 42,2 N. 20,3 V. 7,1 Tit. 5,3 D. 20
Alexandria Neronis nutrix N. 50
Alexandrini C. 11 N. 20,3 V. 19,2
Alexandrinus, -a, -um bellum C. 56,1 T. 4,1 merces A. 98,2 nauis A. 98,2 N. 45,1 G. 10,4 peregrinatio N. 19,1 (*bis*) pharus Cl. 20,3 triumphus C. 37,1 A. 22 41,1
Alliensis dies Vit. 11,2
Allobroges N. 2,1
Alpes C. 25,1 56,5 A. 79,1 Cal. 21 51,3 N. 18 O. 9,2
Alpinae gentes T. 9,2
Amazones C. 22,3
Amazonicae secures peltaeque N. 44,1
Ambitaruius uicus Cal. 8,1
Ambrani (?) C. 9,3
T. Ampius C. 77
Ancharia A. 4,1
Ancus Marcius C. 6,1
Anicetus paedagogus N. 35,2
Anio T. 1,1 Cl. 20,1 (nouus)
L. Annaeus Seneca Cal. 53,2 N. 7,1 (*bis*) 35,5 52 *fort. pater* T. 73,2
Annius Cimber A. 86,3
Antiatinus *u.* Antium
Anticatones *Caesaris* C. 56,5
Anticyra Cal. 29,2
Antiochia T. 49,2 Cal. 1,2

Antiochus Commagenus rex Cal. 16,3
— quidam Vit. 2,1
L. Antistius tr. pl. C. 23,1
Antistius medicus C. 82,3
Antistius Labeo A. 54
Antium A. 58,1 T. 38 Cal. 8,2 8,5 49,2 N. 6,1 9 25,1 Antiatinae Fortunae Cal. 57,3
Antonii A. 17,2
C. Antonius *cos. a. 63 a. C.* A. 5
— triumuiri frater C. 36
L. Antonius triumuiri frater A. 9 14 15 68 T. 4,2 5
M. Antonius triumuir C. 52,2 79,2 (consul) 82,4 (consul) 83,1 84,2 A. 2,3 4,2 7,1 8,3 (*bis*) 9 10,2 10,4 11 12 13,1 13,2 13,3 16,2 17,1 17,3 17,4 17,5 20 21,3 28,1 49,1 62,1 63,2 68 69,1 70,1 86,2 T. 4,3 59,2 Cal. 26,1 Cl. 11,3 N. 3,1 3,2 (*bis*)
Antonius triumuiri f. A. 17,5 63,2
Iullus Antonius *cos. a. 10 a. C.* Cl. 2,1
Antonius Musa medicus A. 59 81,1
Antonius Primus Vit. 18
L. Antonius (Saturninus) praeses Germ. sup. D. 6,2 (*ter*) 7,3
Antonia maior triumuiri f. N. 5,1
Antonia minor triumuiri f. Cal. 1,1 10,1 15,2 23,2 24,1 29,1 Cl. 1,6 3,2 4,4 11,2 (Augusta) V. 3
Antonia Diui Claudi f. Cl. 27,1 27,2 N. 35,4
†Apellari V. 19,1 (*u.* Apelles)
Apelles tragoedus Cal. 33 *fort. idem* V. 19,1
Apis A. 93 Tit. 5,3 (boue)
Apollo A. 70,1 94,4 (*bis*) N. 25,2 40,3 (Delphis) 53 Palatinus A. 31,1 52 (N. 25,2) Sandaliarius A. 57,1 Tortor A. 70,2 Temenites T. 74 templum Actii A. 18,2 templum in Palatio A. 29,1 29,3 (N. 25,2)
Apollodorus Pergamenus A. 89,1
Apollonia A. 8,2 10,1 89,1 94,12 95
Apollonius Molo C. 4,1
Apollophanes A. 16,3
Aponi fons T. 14,3
Aponius Saturninus praetorius Cal. 38,4
Appenninus C. 44,3 (dorsum) Vit. 10,3 (iugis)
Appi Forum T. 2,2
Appius *u.* Claudius, Iunius
Appia uia T. 72,1 Cal. 19,1 Cl. 1,3 N. 5,1
Sex. Appuleius *cos. a. 14* A. 100,1
Apragopolis A. 98,4
Aprilis mensis N. 55
Apulia Vit. 1,3
Aquila *u.* Pontius
Aquileia A. 20 T. 7,3 V. 6,2
Aquilius Niger A. 11
Aquitania A. 21,1 G. 6,1 9,2
Arcadia V. 7,3
Archelaus Cappadox T. 8 37,4
Arelate T. 4,1
Areus philosophus A. 89,1
Argiuus dispensator G. 20,2
Aricia A. 4,2 (*bis*)
Aricinus A. 4,1
Ariminum A. 30,1
Armenia C. 44,3 (minor) A. 21,3 T. 9,1 11,1 41 Cal. 1,2 N. 13,1 39,1 40,2
Armenii Cl. 25,4
Arrecinus Clemens consularis D. 11,1
Arrecina Tertulla *uxor Titi* Tit. 4,2
Arruntius *u.* Furius
Artabanus rex Parthorum T. 66 Cal. 14,3 Vit. 2,4
Aruerni N. 2,1
Asclepiadis Mendetis theologumena A. 94,4
Ascletario mathematicus D. 15,3
Asellius Sabinus T. 42 2
Asia C. 2 4,2 22,2 28,1 39,1 63 A. 3,2 17,3 26,3 T. 48,2 Cal. 57,3 58,1 V. 1,2 D. 10,2
Asiatici oratores A. 86,3
Asiaticus libertus Vit. 12

Asillius Cal. 8,4
Asinius Epicadus A. 19,1 19,2
Asinius Gallus *Pollionis f.* Cl. 41,3
Asinius Gallus Pollionis nepos Cl. 13,2
Asinius Marcellus *cos. a. 54* Cl. 45
Asinius Pollio C. 30,4 55,4 56,4 A. 29,5 43,2 Cl. 13,2
Asprenas *u.* Nonius
astici ludi T. 6,4 Cal. 20
Astura A. 97,3 T. 72,2
Atalanta T. 44,2
Atella T. 75,3
Atellana Cal. 27,4 N. 39,3
Atellanicus, -a, -um T. 45 (exhodio)
Atellanus *actor* G. 13
Athenae A. 60 93
Athenodorus Cl. 4,5
Atilius *u.* Acilius
M. Atius Balbus A. 4,1 (*bis*)
Atia A. 4,1 (*bis*) 94,4 (*ter*)
Atta *u.* Claudius
Attica Cl. 25,5
Attica Ceres A. 93
Atticus *u.* Caecilius
Atticus Vestinus cos. N. 35,1
L. Audasius A. 19,1 19,2
Auentinus Vit. 16
Auernus lacus A. 16,1 N. 31,3 (*bis*)
Aufidius Lurco Cal. 23,2
Augur *u.* Lentulus
Augustales sodales Cl. 6,2 G. 8,1
Augustiani N. 25,1
Augustinus currus Cl. 11,2
Augustus imp. Augustus: C. 55,3 55,4 56,7 88 A. 2,2 (*bis*) 2,3 (*bis*) 4,1 4,2 (*bis*) 5 7,2 (cognomen) 59 94,2 94,4 94,8 94,9 94,12 100,3 T. 4,3 6,3 6,4 7,2 8 (*bis*) 10,1 11,1 11,4 12,1 12,3 13,2 15,2 16,1 17,2 (*bis*) 21,1 21,2 22 (*ter*) 23 42,2 47 48,2 50,1 50,2 51,1 57,2 58 61,3 68,3 70,3 Cal. 1,1 4 7 8,3 8,4 9 16,1 23,1 25,1 31 34,1 48,1 Cl. 1,1 1,4 1,5 3,2 4,7 6,1 11,2 20,1 21,2 25,5 26,1 N. 3,2 4 10,1 25,1 G. 1 4,1 Vit. 2,2 V. 2,1 9,1 23,4 D. 4,3 Augusti forum Cl. 33,1 Augusti templum T. 40 (*Nolae*) 47 Cal. 21 22,4 Augusti statua T. 53,2 58 N. 12,3 G. 1 Augusti simulacrum T. 58 Diuus Augustus A. 5 Cal. 22,4 38,1 Vit. 1,2 Caesar Augustus A. 58,2 C. Caesar A. 7,2 Caesar A. 51,2 70,1 70,2 97,2 C. Octauius C. 83,2 (*bis*) Romulus A. 7,2 *cf.* Thurinus
Augustus mensis A 100,3
Augustus mons T. 48,1
Augustum saeculum A. 100,3
Augustus *u.* Nero, Vitellius, Tiberius impp.
Augustae N. 28,2 (-arum ornamentis)
Augusta *u.* Antonia minor, Claudia, Domitia, Iulia, Liuia Drusilla
Auiola *u.* Acilius
aurea domus N. 31,1 38,1 O. 7,1
Aurelius Cotta C. 1,2
L. (Aurelius) Cotta C. 79,3
Aurelia mater Caesaris C. 74,2
Aurelia uia G. 20,2
Aurunculeius leg. Caes. C. 25,2
L(?). Autronius C. 9,1 (*bis*)
Axius C. 9,2

B

Baiae A. 16,1 64,2 T. 6,3 Cal. 19,1 N. 31,3 34,2
Baianus sinus C. 19,3 N. 27,3
Balbillus astrologus N. 36,1
Balbus *u.* Atius, Cornelius
Baliaris insula G. 10,1
Barbatus *u.* Valerius
Basilides libertus V. 7,1
Bataui Cal. 43
Bato Pannonius dux T. 20
Bauli N. 34,2 *cf.* Cal. 19,1
Beccus (-o) Vit. 18
Beneuentum A. 97,3 N. 36,1
Berenice Tit. 7,1 7,2
Bessi A 3,2
Betriacum O. 9,2

Betriacensis, -e Vit. 10,1 (uictoria) 15,2 (copias) V. 5,7 (acie)
Biberius Caldius Mero T. 42,1
M. Bibulus C. 9,2 10,1 19,1 (*bis*) 19,2 20,2 (*ter*) 21 49,2
Bithynia C. 2 (*bis*) 39,1 49,1 49,3
Bithynicus, -a, -um C. 49,1 (fornicem) 49,2 (reginam)
Bogudis (*gen.*) C. 52,1
Bononia A. 96,1
Bononienses A. 17,2 N. 7,2
Boter *lib.* Cl. 27,2
Bouillae A. 100,2 (*bis*)
Breuci T. 9,2
Britanni C. 25.2 Cal. 44,2
Britannia C. 25,2 47 58,1 Cal. 19,3 Cl. 17,1 21,6 N. 18 40,2 V. 4,1 (*bis*) Tit. 4,1 D. 10,3
Britannicus, -a, -um clades N. 39,1 expeditio G. 7,1 Vit. 2,4 triumphus Cl. 28
Britannicus Diui Claudi f. Cl. 27,1 27,2 43 N. 6,4 7,1 33,2 (*bis*) 33,3 Tit. 2,1 (*ter*) Germanicus Cl. 27,1
Brixellum O. 9,1
Bructerus quidam T. 19
Brundisium C. 34,1 58,2 A. 17,3 (*bis*)
D. Brutus C. 80,4 81,4 83,2 A. 10,2 10,3
L. Brutus C. 80,3 (*bis*)
M. Brutus C. 49,2 50,2 55,1 56,1 80,4 82,2 85 A. 9 10,1 13,1 85,1 T. 61,3 N. 3,1 G. 3,2 O. 10,1
ad capita bubula A. 5
Burrus praef. N. 35,5
Byzantium V 8,4

C

Caecilius Atticus eq. Rom. T. 7,2
Q. Caecilius Metellus C. 16,1 55,3
Q. Metellus (or. de prole augenda) A. 89,2
A. Caecina C. 75,5
A. Caecina consularis Tit. 6,2
Caecus *u.* Claudius
Caelius mons T. 48,1 (*bis*) V. 9,1
Caenis Antoniae lib. V. 3 21 D. 12,3
Caepio *u.* Fannius, Rustius, Seruilius
Caeruleus fons Cl. 20,1
Caesar *u.* Augustus, Claudius, Domitianus, Gaius, Iulius, Nero, Sulpicius Galba, Tiberius, Vespasianus, Vitellius
Caesar Cal. 37,1 38,2 Cl. 43 (uerus)
Caesares Cal. 60 (Caesares omnes Gaio praenomine) Cl. 1,5 10,4 G. 1 (triumphaturi) 12,2 Tit. 8,1 (omnes) Caesarum aedes G. 1 domus G. 2 imagines Cal. 14,3 23,1 memoria ac templa Cal. 60 nemus A. 43,1 potestas T. 14,2 progenies G. 1
Caesar Strabo C. 55,2
L. Caesar iuuenis C. 75,3 (*bis*)
C. Caesar Augusti nepos A. 26,2 29,4 64,1 (*bis*) 65,1 (*bis*) 65,2 67,2 93 T. 11,5 12,2 13,1 13,2 15,2 23 N. 5,1
L. Caesar Augusti nepos A. 26,2 29,4 64,1 (*bis*) 65,1 (*bis*) 65,2 T. 11,5 15,2 23 70,2
Caesareae urbes A. 60
Caesarianus, -a, -um N. 3,1 (necis)
Caesario A. 17,5
Caesetius Flauus tr. pl. C. 79,1 80,3
T. Caesonius Priscus eq. Rom. T. 42,2
Caesonia uxor Caligulae Cal. 25,3 33 38,3 50,2 59
Calagurritani A. 49,1
Caldius *u.* Biberius
Caligula *u.* Gaius imp.
Callippides T. 38
Q. Calpenus C. 39,1
Calpurnii:
Cn. Piso adulescens C. 9,3 (*bis*)
L. Piso socer Caesaris C. 21 83,1
L. Piso T. 42,1
Cn. Piso legatus Syriae T. 52,3 Cal. 2 3,3 Vit. 2,3
C. Piso, maritus Liuiae Orestillae

Cal. 25,1 (*bis*) *cf.* Pisoniana coniuratio
Piso Frugi Licinianus G.17 O.5,1 6,3
Calpurnia L. Pisonis f. uxor Caesaris C. 21 81,3
Caluinorum familia N. 1,1
Caluinus *u.* Domitius
Caluina *u.* Iunia
Caluus *u.* Licinius
Camerinus *u.* Sulpicius
Camilla *u.* Liuia Medullina
Camillus *u.* Furius
Campania A. 72,2 98,1 T. 11,1 39 40 72,2 Cal. 14,2 24,2 37,2 Cl. 5 Vit. 16 V 24 Tit. 8,3 8,4
Campanus, -a, -um ager C. 20,3 A. 4,2 uia A. 94,7 pugiles Cal. 18,1
Campus *u.* Martius campus
Canace N. 21,3
Caninius Rebilus N. 15,2 (*cf.* C. 76)
Cantabria A. 21,1 81,1 G. 8,2
Cantabricus, -a, -um bellum A. 20 85,1 expeditio A. 29,3 T. 9,1
Canus choraula G. 12,3
Capella *u.* Statilius
ad Capita bubula A. 5
Capito *u.* Fonteius
Capitolium C. 10,1 15 37,2 54,3 79,2 A. 29,1 57,1 59 91,2 94,8 94,9 (*bis*) T. 1,2 2,4 3,2 20 Cal. 6,1 16,4 22,4 46 60 Cl. 2,2 10,3 22 24,3 N. 12,4 13,2 46,2 Vit. 15,3 V. 8,5 18 D. 1,2 5 (*bis*) 13,2 15,2 23,2 Capuae T. 40 Cal. 57,2
Capitolinus, -a, -um area Cal. 22,4 34,1 certamen D. 13,1 *u.* Q. Catulus, Iuppiter, Venus
Cappadocia Cal. 1,2 V. 8,4
Cappadox T. 37,4
Capreae A. 72,3 92,2 98,1 98,3 98,4 T. 40 60 62,2 73,1 74 Cal. 10,1 Vit. 3,2 *cf.* T. 45
Caprensis secessus T. 43,1
Capricornus A. 94,12
Caprineus T. 43,2
Capua C. 81,1 (*bis*) T. 40 Cal. 57,2
Capys C. 81,1 (*bis*)
Carchedoniacon historiae *Claudi* Cl. 42,2 (*bis*)
Carinae T. 15,1
Carmeli dei oraculum V. 5,6
Carnulus T. 61,5 (*bis*)
Carthago noua G. 9,2
Cascae duo C. 82,1 82,2
Caspiae portae N. 19,2
Cassiope N. 22,3
Cassius Iuppiter N. 22,3
Cassius quidam Cal. 57,1
C. Cassius C. 80,4 85 A. 9 10,1 T. 61,3 N. 3,1 37,1 G. 3,2 O. 10,1
L. (?) Cassius C. 63
Cassius Chaerea Cal. 56,2 57,3 58,2 (*bis*)
L. Cassius Longinus consularis Cal. 24,1 57,3
Cassius Longinus iuris consultus N. 37,1
Cassius Parmensis A. 4,2
Cassius Patauinus A. 51,1
Cassius Scaeua centurio C. 68,4 (*bis*)
Cassius Seuerus A. 56,3 Cal. 16,1 Vit. 2,1
Castor C. 10,1 T. 20 Cal. 22,2
ad Castoris O. 9,2
Castricius A. 56,4
Catilina C. 14,1 17,1 (*ter*) A. 3,1 94,5
Cato (*censorius*) A. 86,3 (ex Originibus)
M. Cato (*Vticensis*) C. 14,2 19,1 20,4 30,3 53,1 A. 13,2 85,1 87,1
Catullus *u.* Valerius
Q. Catulus Capitolinus C. 15 A. 94,8 (*bis*) G. 2 3,4
Cauchi Cl. 24,3
Cauchius *u.* Gabinius Secundus
Caudex *u.* Claudius
Cebenna mons C. 25,1
Celadus lib. A. 67,1
Ceraunii montes A. 17,3
Cercei A. 16,4 T. 72,2

Cerealis *u.* Ciuica
Ceres A. 93 (Atticae) N. 12,4 (*sacerdotes*)
Cerrinius Gallus A. 53,3
Cerylus libertus V. 23,1
Cestius Gallus T. 42,2
Chaerea *u.* Cassius
Chaldaei Vit. 14,4 D. 14,1
Charicles medicus T. 72,3
Chatta mulier Vit. 14,5
Chatti D. 6,1 (*bis*)
Chii T. 8
Chrestus Cl. 25,4
Christiani N. 16,2
Cicero *u.* Tullius
Cilicia C. 3 8 V. 8,4 (Trachiam)
Cimber *u.* Annius, Tillius
Cimbri C. 11 Cal. 51,3
Cimbricum bellum A. 23,2
Cinaria T. 56
Cincinnatus Cal. 35,1
Cinna *u.* Cornelius, Heluius
Cinnanus, -a, -um Cal. 60 (temporibus)
Cisalpinus *u.* Gallia
Ciuica Cerealis D. 10,2
Claudilla *u.* Iunia
M. Claudius Marcellus C. 28,2 28,3 (*cf.* 29,1)
Claudius, -a, -um T. 1,1 (gens) Cl. 20,1 (aquae) 39,2 (familiae)
Claudii T. 2,1 (multorum) 2,4 (omnis) 6,2
L. Claudii duo T. 1,2
Atta Claudius T. 1,1
Claudius Regillianus decemuir T. 2,2
Appius Claudius Caecus T. 2,1 3,1 Cl. 24,1 (*bis*)
Claudius Caudex Caeci frater T. 2,1
Tib. (?) (Claudius) Nero T. 2,1
Tib. (Claudius) Nero Caeci f. T. 3,1
Ap. Claudius Pulcher Caeci f. T. 2,2 2,3 3,1
Claudius Drusus (*an* Russus?) T. 2,2
Tib. (Claudius) Nero Liuiae maritus A. 62,2 T. 4,1
Claudius Nero *u.* Tiberius imp.
C l a u d i u s imp. T. Claudius Drusus Cl. 2,1 Tiberius Cl. 4,1 4,5 4,6 Claudius Cal. 15,2 21 23,3 49,3 Cl. 1,6 2,1 3,2 29,2 37,2 N. 6,2 6,3 6,4 7,1 7,2 8 9 33,1 35,4 39,3 G. 7,1 14,3 O. 1,2 1,3 Vit. 2,4 2,5 4 V. 4,1 25 Tit. 2 D. 4,3 Claudius Caesar Cl. 1,1 Diuus Claudius V. 9,1 (templum) Germanicus *cogn.* Cl. 2,1
Claudia Caeci f. T. 2,3
Claudia (Quinta) Caeci neptis T. 2,3
Claudia uirgo Vestalis T. 2,4
Claudia Fuluiae ex P. Clodio filia A. 62,1
Claudia Diui Claudi f. Cl. 27,1 (*bis*)
Claudia Augusta Neronis f. N. 35,3
Clemens Agrippae seruus T. 25,1 25,3
Clemens *u.* Arrecinus, Flauius
Cleopatra C. 35,1 52,1 52,2 A. 17 (*quater*) N. 3,2
Clitumnus (nemus flumenque) Cal. 43
Clodia lex D. 9,3
Clodianus cornicularius D. 17,2
P. Clodius C. 6,2 20,4 26,1 74,2 A. 62,1 T. 2,4
Clodius Macer legatus G. 11
Clodius Pollio praetorius D. 1,1
Clunia G. 9,2
Cluuius Rufus consularis N. 21,2
Coa Venus V. 18
Cocceianus *u.* Saluius
Codeta (minor) C. 39,4
Colosseros Cal. 35,2
colossus N. 31,1 V. 18
Columbinum uenenum Cal. 55,2
Columbus Cal. 55,2
Comata *u.* Gallia
Commagene V. 8,4
Commagenus Cal. 16,3
Compitales Lares A. 31,4
Compitalicii ludi A. 31,4
Comum *u.* Nouum Comum
Concordia (Vitellius) Vit. 15,4 (*bis*)

Concordiae aedes T. 20 Vit. 15,4
Confluentes Cal. 8,1
Cordubensis A. 51,2
Cordus *u.* Cremutius
Corfinium C. 34,1 N. 2,2
Corinthia uasa A. 70,2 (*bis*) T. 34,1
Corinthiarius A. 70,2
Corinthus G. 3,4
Corneliorum genus C. 59
Cornelius, -a, -um C. 11 (legibus) A. 33,2 (lege)
Cornelius *u.* Scipio, Sulla
Cornelius centurio A. 26,1
Cornelius Balbus C. 78,1 81,2 A. 29,5
(L. Cornelius) Cinna quater consul C. 1,1
L. (Cornelius) Cinna filius C. 5
Cornelius Cinna C. 85
Cornelius Dolabella consularis C. 4,1 49,1 (*bis*) 55,1
P. Dolabella C. 36.
Cn. Dolabella G. 12,2
Cornelius Fuscus praef. coh. praet. D. 6,1
Cornelius Gallus A. 66,1 66,2
Cornelius Laco praef. praet. G. 14,2
Cornelius Nepos C. 55,1 A. 77
Cornelius Phagita C. 74,1
Cornelius Sabinus Cal. 58,2 (*bis*)
Cornelia Cinnae quater consulis f. C. 1,1 6,1 6,2
Cornelia uirgo maxima Vest. D. 8,4
L. Cornificius A. 29,4
Coruinus *u.* Statilius, Valerius
Cosana praedia V. 2,1
Cosmus seruus A. 67,1
Cossutia C. 1,1
Cotiso Getarum rex A. 63,2
Cotta *u.* Aurelius
Cottius T. 37,3 (regnum) N. 18
Crassus *u.* Licinius
Cremona V. 7,1
Cremutius Cordus A. 35,2 Cal. 16,1 (*cf.* T. 61)
Creta V. 2,3
Crispinus *u.* Rufrius
Crispus *u.* Passienus, Sallustius, Vibius
Cupido Cal. 7 G. 20,2
C. Curio pater C. 9,2 (*bis*) 9,3 49,1 (*bis*) 52,3 filius C. 29,1 36 Curiones pater et filius C. 50,1
Q. Curius C. 17,1 (*bis*) 17,2
Curti lacus A. 57,1 G. 20,2
Curtius fons Cl. 20,1
Custos *u.* Iuppiter
Cutiliae V. 24
Cybiosactes V. 19,2
Cynegirus C. 68,4
Cynicus *u.* Demetrius, Isidorus
Cynobellinus Britannorum rex Cal. 44,2
Cyrenae V. 2,3
Cyrus (*Xenophontis*) C. 87
Cyziceni T. 37,3

D

Daci C. 44,3 A. 8,2 21,1 T. 41 D. 6,1 (*bis*)
Dalmatae T. 9,2 *u.* Delm-
Danuuius T. 16,2
Dareus puer Parthus Cal. 19,2
Datus histrio N. 39,3
December mensis C. 40,2 A. 32,3 71,1 Cal. 6,2
Delmatia (Dalm- O. 9,3) A. 21,1 Cl. 13,2 O. 9,3
Delmaticus, -a, -um bellum A. 20 (*bis*) triumphus A. 22
Delphi N. 40,3
Demetrius Cynicus V. 13
Demochares A. 16,3
Dertosa G. 10,4
Dialis, -e C. 1,1 (flamen) A. 31,4 (flamonium) D. 4,4 (sacerdote)
Dianae aedes A. 29,5
Dido regina N. 31
Didymeum Mileti Cal. 21
Diodorus citharoedus V. 19,1
Diogenes grammaticus T. 32,2
Diomedes dispensator A. 67,1
Dionysius Arei f. A. 89,1

Dioscurides A. 50
Dis pater O. 8,3
Dius Fidius T. 21,6
Dolabella *u.* Cornelius
Domitia gens N. 1,1
Domitianus imp. Domitianus V. 1,1 3 D. 1,1 (*bis*) 17,2 23,2 Caesar D. 1,3 3,1 12,2 Germanicus D. 13,3 Diuus D. 23,1
Domitianus mensis D. 13,3
Domitianus Flaui Clementis f. D. 15,1
Domitiorum gentile monumentum N. 50 praenomina duo N. 1,2
Domitius, -a
L. Domitius Ahenobarbus *primus* N. 1,1
Cn. Domitius Neronis atauus N. 2,1
Cn. Domitius Caluinus C. 36
L. Domitius praetor, abauus Neronis C. 23,1 24,1 (*bis*) (*cf.* N. 2,2)
Cn. (*trad.* T.) Domitius cos. A. 17,2 (*cf.* N. 3)
Domitius Neronis auus N. 4
(Cn.) Domitius Ahenobarbus pater Neronis N. 6,1 9 28 G. 5,1 6,1 (*ubi male* L. *traditur*) O. 2,1 Vit. 2,2 *cf.* N. 5
(Domitia) Lepida Neronis amita N. 5,2 6,3 7,1
Domitia Longina Domitiani uxor Tit. 10,2 D. 1,3 3,1 (Augusta) 22
Domitilla *u.* Flauia
Dorice T. 56
Doris dialectos T. 56
Doryphorus lib. N. 29
Drausus T. 3,2
Druidae Cl. 25,5
Drusi *u.* Liuii
Drusilla *u.* Iulia, Liuia
Drusinae fossae Cl. 1,2
Drusus primus T. 3,2
Drusus *u.* Claudius
Drusus Tiberi auus T. 7,1
Drusus Tiberi frater olim Decimus mox Nero praenomine Cl. 1,1 Drusus A. 99,1 T. 7,3 50,1 76 Cal. 1,1 Cl. 1,1 1,2 11,3 46 Nero T. 4,3 Germanicus Cl. 1,3
C. Drusus A. 94,6
Drusus Caesar Tiberi f. A. 100,3 101,2 T. 7,2 15,1 23 25,3 39 52,1 (*bis*) 54,1 55 62,1 Vit. 3,2 (Drusus Caesar cos.)
Drusus Germanici f. T. 54,1 54,2 65,2 Cal. 7 12,1 Cl. 9,1 O. 1,3
Drusus Diui Claudi f. Cl. 27,1 (*bis*)
Dyrrachium C. 36 58,2 68,3
Dyrrachinus, -a, -um C. 68,2 (munitione)

E

Egloge nutrix N. 50
Q. Eglogus (?) Vit. 1,2
M. Egnatius A. 19,1
Electra Acili C. 84,2
Elephantidis libri T. 43,2
Eleusinia sacra Cl. 25,5 N. 34,4
Q. †Elogi libellus Vit. 1,2
Ennia Naeuia Macronis uxor Cal. 12,2 26,1
Ennius *poeta* A. 7,2 (*ann.*) *cf.* T. 21,5
Epaphroditus a libellis N. 49,3 D. 14,4
Epicadus *u.* Asinius
Epidius Marullus tr. pl. C. 79,1 80,3
Erycina Venus Cl. 25,5
Esius *u.* Aesius
Esquiliae T. 15,1 N. 31,1
Esquilinus campus Cl. 25,3
Etruria C. 34,1 O. 1,1
Etrusca lingua A. 97,2
Q. Eulogius (?) Vit. 1,2
Eunoe Maura C. 52,1
Euphorion T. 70,2
Euphrates Cal. 14,3
Euripides (*in Phoenissis*) C. 30,5 *cf.* A. 25,4
Eutychus agitator Cal. 55,2
Eutychus asinarius A. 96,2

F

Fabiani tribules A. 40,2
Fabius Africanus *cos. a. 10 a. C.* Cl. 2,1
Q. (Fabius) Maximus cos. C. 80,2
Falacrina V. 2,1
Fannius Caepio A. 19,1 T. 8
Faunus Aboriginum rex Vit. 1,2
M. Fauonius A. 13,2
Fauor archimimus V. 19,2
Faustus Sulla nob. iuuenis Cl. 27,2 *cf.* Sulla
Felicitatis simulacrum T. 5
Felix *lib. Claudii* Cl. 28 *cf.* L. Sulla dictator
Ferentium O. 1,1 V. 3
Fidenae T. 40 Cal. 31
Fidius T. 21,6 (medius Fidius)
Flaccus *u.* Norbanus, Pomponius, Veranius
Flaminia uia A. 30,1 100,4
Flauialium collegium D. 4,4
Flauiani Vit. 15,3
Flauii Vit. 5,2 (suburbanum Flauiorum)
Flauius, -a *cf.* Domitianus, Titus, Vespasianus
Flauius Clemens Domitiani patruelis D. 15,1
Flauius Liberalis Vespasiani socer V. 3
T. Flauius Petro municeps Reatinus V. 1,2 1,4
Flauius Sabinus Petronis f. Vespasiani pater V. 1,2 5,2
Flauius Sabinus Vespasiani frater Vit. 15,2 15,3 V. 1,3 D. 1,2
Flauius Sabinus Domitiani patruelis D. 10,4
Flauia Domitilla Vespasiani uxor V. 3
(Flauia) Domitilla Vespasiani f. V. 3
(Flauia) Domitilla Clementis uxor D. 17,1
Flauius, -a, -um gens V. 1,1 gentis templum D. 1,1 [illegible] 16,2 17,3 generis origo V. 12
Flauus *u.* Caesetius, Sulpicius
Florales ludi G. 6,1
Florus (Flaurus) *u.* Mestrius
C. Fonteius Capito *cos. a. 12* Cal. 8,1
Fonteius Capito legatus G. 11
Formiani Vit. 7,2
Fortuna A. 65,1 N. 23,3 G. 4,3 18,2 (*bis*) D. 15,2 (Praenestina) Fortunae Antiatinae Cal. 57,3
Forum Appi T. 2,2
Frugi *u.* Calpurnius, Licinius
Fucinus lacus C. 44,3 Cl. 20,1 20,2 21,6 32
Fuluia A. 17,5 62,1 (*bis*)
Fundanus, -a Cal. 23,2 (decurione) Fundana (auia Tiberi) T. 5 *cf.* Galeria
Fundi T. 5 G. 4,1 8,1
Furiae N. 34,4
(Furius) Camillus dictator T. 3,2 Cl. 26,1
(Furius) Camillus Arruntius *cos. a. 32* O. 2,1
Furius Camillus Scribonianus, Delmatiae legatus Cl. 13,2 35,2 O. 1,2
Furius Leptinus C. 39,1
Furnilla *u.* Marcia
Fuscus *u.* Cornelius

G

A. Gabinius C. 50,1
Gabinius Secundus Cauchius Cl. 24,3
Gadareus T. 57,1
Gades C. 7,1
Gaetulicus *u.* Lentulus
Gaiana nex Tit. 1
G a i u s (C a l i g u l a) imp. Caligula Cal. 9 Gaius T. 54,1 62,3 73,2 75,2 76 Cal. 8,3 8,4 8,5 15,3 19,3 38,4 56,2 58,2 60 Cl. 7 9,1 10,1 11,1 11,3 20,1 38,3 N. 6,3 30,1 G. 6,3 7,1 O. 6,1 Vit. 4 17,2 V. 2,3 C. Caesar Cal. 1,1 7 8,1 8,2

15,3 Cl. 26,3 N. 6,2 7,1 G. 6,2 Vit. 2,5 V. 5,3 Caesar Cal. 29,1 39,2 41,1 45,3 Cl. 9,1 optimus maximus Caesar Cal. 22,1 Iuppiter Latiaris Cal. 22,2
Galba *u.* Sulpicius
Galeria Fundana Vit. 6
Gallia C. 25,1 (omnem) 25,2 51 54 A. 21,1 T. 3,2 4,1 9,2 Cal. 8,3 20 39,1 G. 3,2 6,3 Vit. 10,1 D. 2,1 Cisalpina C. 22,1 29,2 (prouincia) citerior C. 30,1 56,5 Comata C. 22,1 T. 9,1 Transalpina C. 29,2
Galliae C. 22,1 24,3 28,1 49,4 A. 79,1 T. 41 49,2 Cal. 47 Cl. 1,3 N. 40,4 43,1 43,2 G. 9,2 12,1
Galli C. 76,3 80,2 (*bis*) Cal. 29,2 Cl. 25,5 N. 40,1 45,2 G. 3,1 16,2
Gallus A. 40,3 (tributario) N. 41,2 (militem)
Gallicanus Vit. 18 (hominis) N. 43,1 (homines)
Gallicus, -a, -um bellum C. 56,1 (*bis*) 69 (*plur.*) N. 38,2 (*plur.*) exercitus N. 2,2 (*plur.*) habitus C. 58,1 prouincia Cl. 24,2 triumphus C. 37,1 37,2 49,4 51 uocabulum C. 24,2
ad Gallinas uilla G. 1
M. Gallius senator T. 6,3 (*bis*)
Q. Gallius praetor A. 27,4
Gallograecia C. 29,2
Gallus *u.* Galli
Gallus *u.* Asinius, Cerrinius, Cestius, Cornelius
gallus Matris deum A. 68
Gamala urbs Iudaeae Tit. 4,3
Gebenna *u.* Cebenna
Gelotiana domus Cal. 18,3
Geminus *u.* Tanusius
Gemoniae T. 53,2 61,4 75,1 75,2 Vit. 17,2
Genetrix *u.* Venus
Genius A. 60 (Augusti) Cal. 27,3 (Gai)
Gergouia C. 25,2
Germania C. 58,1 A. 23,1 T. 7,3 16,1 17,1 18,1 20 25,1 Cal. 1,1 4 19,3 51,3 Cl. 9,1 G. 8,1 11 V. 4,1 Tit. 4,1 D. 16,1 inferior Vit. 7,1 superior G. 16,2 D. 6,2 (*cf.* G. 6,2 Vit. 8,2) Germaniae D. 2,1
Germani C. 25,2 (*bis*) A. 21,1 49,1 T. 17,1 41 Cal. 45,1 55,2 58,3 (corporis custodes) Cl. 1,4 25,4 N. 34,1 G. 12,2 Germanus (Marobodus) T. 37,4
Germaniciani T. 25,2 G. 20,1 Germanicianus exercitus O. 8,1 V. 6,2
Germanicus, -a, -um bellum A. 20 (*plur.*) T. 9,1 9,2 Cl. 1,2 N. 4,1 expeditio Cal. 43 gens Cl. 24,3 legiones V. 6,4 res Vit. 9 sermo Cal. 47 uictoria V. 2,3
Germanicus Caesar Drusi f. A. 34,2 64,1 101,2 T. 15,2 25,2 25,3 39 52,1 52,2 52,3 54,1 55 61,1 76 Cal. 1,1 2 3,1 6,1 8,2 8,3 8,4 (*bis*) 13 48 Cl. 1,6 7 26,3 29,1 N. 5,2 O. 1,3 Vit. 2,3
Germanicus *u.* Britannicus, Claudius, Domitianus, Drusus, Vitellius
Germanicus mensis Cal. 15,2 D. 13,3
Germanus *u.* Germani
Geryonis oraculum T. 14,3
Gesoriacum Cl. 17,2
Getae *u.* Cotiso
gigantum ossa A. 72,3
Glabrio *u.* Acilius
Glycias uiator Claudi Pulchri T. 2,2
Glyco medicus A. 11
Gracchi T. 3,2
Graecanica toga D. 4,4
Graecia C. 28,1 T. 49,2 Cal. 22,2 Cl. 16,2 (prouincia) N. 25,1 28,2 34,4 53
Graeci C. 52,2 68,4 A. 98,3 T. 46 Cal. 29,2 N. 22,3
Graeculi T. 11,1 56 Cl. 15,4 (*sing.*)
Graecus, -a, -um bibliotheca C. 44,2 A. 29,3 certamen A. 45,2 cliens A. 40,3 comoediae Cal. 3,2 Cl.

11,2 disciplinae A. 89,1 epistula Cl. 25,3 facundia Cal. 20 genus A. 31,1 habitus A. 98,3 historiae Cl. 42,2 inscriptio N. 45,2 kalendae A. 87,1 litterae C. 81,1 mos N. 12,3 poemata T. 70,2 prouerbium T. 38 N. 20,1 33,1 pugiles A. 45,2 rhetores V. 18 sermo A. 98,3 T. 71,1 N. 20,2 studia Cl. 42,1 uerba C. 81,1 uersus T. 53,1 V. 23,1 uox Cl. 43
Graece T. 71 Cl. 39,1 42,1 N. 7,2 39,2 Tit. 3,2 D. 4,4 13,2

H

Hadriaticum mare T. 16,2
Hadrumetum V. 4,3
Halosis Ilii N. 38,2
Halotus spado praegustator Cl. 44,2 G. 15,2 (*bis*)
Hannibal T. 2,1 D. 10,3
Harpocras Cl. 28
Hasdrubal T. 2,1
Q. Haterius T. 29 (*cf.* 27)
Hecatebeletes N. 39,2
Hector T. 52,2 N. 22,1
Hecuba T. 70,3
Helius lib. N. 23,1
Hellespontus C. 63 Cal. 19,3
Heluetii V. 1,3
Heluidius Priscus V. 15 D. 10,3 filius D. 10,3
Heluius Cinna C. 52,3 85
Hercules C. 7,1 (Gadibus) 56,7 A. 29,5 (aedes H. Musarum) 72,2 (Tiburi) Cal. 8,2 (Tiburi) N. 21,3 (insanum) 53 (facta) V. 12
Hermaeum Cl. 10,1
Hermogenes Tarsensis D. 10,1
heroides N. 21,3
heroum arma A. 72,3
Hiempsal C. 71
Hierosolyma A. 93 N. 40,2 Tit. 5,2
Hilario Aug. lib. A. 101,1
Hipparchus V. 13
A. Hirtius C. 56,1 56,3 (*b. Gall. VIII*) A. 10,3 11 (*bis*) 68 T. 5
Hispania C. 9,3 34,2 35,2 36 54,1 55,4 71 A. 68 T. 2,1 41 G. 3,1 3,2 9,2 14,2 16,2 22 23 Tarraconensis G. 8,1 ulterior C. 7,1 18,1 56,5 Hispaniae C. 28,1 A. 8,1 8,2 T. 49,2 N. 42,1 G. 12,1
Hispani C. 86,4
Hispanicus, -a, -um A. 82,2 (uerbo) Vit. 13,2 (freto)
Hispaniensis, -e C. 37,1 (triumphum) 38,2 (uictoriam) 56,1 (belli) V. 6,2 (exercitu)
Histria D. 12,3
Homeri carmina Cal. 34,2 N. 47,1
Homerici uersus T. 21,6 Cl. 42,1 *cf.* A. 65,4 Cal. 22,1 22,4 Cl. 42,1 N. 49,3 G. 20,2 V. 23,1 D. 12,3 18,2
Homerii scyphi N. 47,1
Hortalus T. 47
Q. Hortensius orator T. 47
Hortensianae aedes A. 72,1
collis Hortulorum N. 50
Hylas pantomimus A. 45,4

I

Ianiculum Vit. 1,3
Ianuariae kalendae C. 40,2
Ianus geminus N. 13,2 Quirinus A. 22 marmoreus A. 31,5 Iani D. 13,2
Icarus N. 12,2
Icelus Galbae libertus N. 49,4 G. 14,2 (Marciani cognomine ornatus) 22
Idaea Mater deum T. 2,3
Ilerda C. 75,2
Ilienses T. 52,2 Cl. 25,3 (*bis*) N. 7,2
Ilium C. 79,3 N. 38,2
Illyricum C. 22,1 29,2 36 (*bis*) A. 21,1 25,2 97,3 T. 14,3 16,1 16,2 17,1 21,1 25,1 O. 1,2
Illyricus exercitus A. 19,2

Imperatoris praenomen C. 76,1 T. 26,2 Cl. 12,1
Inalpinae gentes A. 21,1
Incendium *togata Afrani* N. 11,2
Incitatus equus Cal. 55,3
Indi A. 21,3
Inferum mare A. 49,1
Inuictus T. 17,2 (*cogn. Tiberi*)
Ionis uilla (*Capreis*) T. 65,2
Iosephus V. 5,6
Isauricus *u.* Seruilius
Isiacus D. 1,2
Isidis sacra O. 12,1
Isidorus cynicus N. 39,3
Isthmia N. 24,2
Isthmus C. 44,3 Cal. 21 N. 19,2 37,3
Italia C. 28,1 38,2 42,1 54,2 75,4 79,3 81,1 A. 13,3 17,2 17,3 45,4 46 59 T. 2,2 8 16,2 37,1 Cal. 16,3 Cl. 16,2 23,2 25,2 N. 31,3 39,3 Vit. 14,4 V. 7,1 Tit. 5,3 D. 7,2 10,3
Italici V. 9,2 tirones N. 19,2
Iuba C. 35,2 59 66 71 *filius* Cal. 26,1
Iudaea A. 93 Cl. 28 G. 23 V. 4,5 5,6 Tit. 4,3 5,2
Iudaei C. 84,5 T. 36 Cl. 25,4 V. 4,5 8,1 *sing.* A. 76,2
Iudaicus, -a, -um exercitus Vit. 15,1 V. 6,3 fiscus D. 12,2 ritus T. 36 triumphus D. 2,1 uita D. 12,2
Iugurtha C. 11
Iuliani milites C. 75,2
Iulii C. 6,1 Iuliae A. 65,1 65,4 101,3 Cl. 29,1
Iulius, -a (*cf. etiam* Caesar)
C. Iulius Caesar dictator Caesar C. 1,3 9,2 (*bis*) 10,1 (*bis*) 10,2 17,2 20,2 (*ter*) 28,3 (*bis*) 29,1 30,5 32 49,1 49,4 (*quater*) 50,2 52,2 (*ter*) 52,3 53 55,1 55,3 56,1 56,4 79,2 79,3 (rex) 80,2 80,3 81,1 81,2 82,2 85 (*bis*) 86,1 88 89 A. 8,1 8,2 10,1 10,2 13,1 17,5 35,1 45,1 68 94,9 94,11 95 (*bis*) T. 4,1 N. 37,1 Caesar dictator C. 41,2 Cl. 41,2 Gaius Caesar C. 30,4 A. 4,1 31,5 94,9 T. 4,1 N. 2,2 Iulius Caesar G. 3,2 Iulius C. 20,2 Diuus Caesar A. 96,1 Diuus Iulius A. 2,1 15 17,5 31,2 94,11 100,3 Cal. 38,1 Cl. 17,1 20,1 Vit. 8,1 V. 5,7
Iulia dictatoris amita C. 6,1 (*bis*)
Iulia soror Caesaris C. 74,2 A. 4,1 8,1
Iulia dictatoris f. C. 1,1 21 84,1 A. 95
Iulia Augusta *u.* Liuia Drusilla
Iulia Augusti f. A. 19,2 63,1 (*bis*) 63,2 64,1 65,1 101,3 T. 7,2 (*bis*) 7,3 11,4 50,1 Cal. 7,1 23,1
Iulia Augusti neptis A. 64,1 (*bis*) 65,1 65,4 72,3 101,3
Iulia Tiberi neptis Cl. 29,1
Iulia Liuilla Germanici filia Cal. 7 Cl. 29,1
Iulia Drusilla soror Caligulae Cal. 7 24,1 24,2 Cl. 29,1
Iulia Drusilla filia Caligulae Cal. 25,4
Iulia Titi f. D. 17,3
Iulius, -a, -um basilica Cal. 37,1 curia Cal. 60 familia Cl. 2,1 lex C. 81,1 A. 4,1 N. 33,2 portus A. 16,1
(Iulius) mensis C. 76,1
Iulius Marathus lib. A. 79,2 94,3
Iulius Saturninus A. 27,2
Iulius Vindex N. 40,1 41,1 41,2 45,2 46,3 G. 9,2 11 16,2
Iullus *u.* Antonius
Iunius, -a
Iunius Nouatus A. 51,1
Iunius Rusticus D. 10,3
D. (Iunius) Silanus cos. des. C. 14,1
M. (Iunius) Silanus Cal. 12,1 23,3 (*bis*)
Appius (Iunius) Silanus Cl. 29,1 37,2 (*ter*)
L. (Iunius) Silanus Appi f. Cl. 24,3 27,2 29,1 29,2

Iunia Claudilla M. Silani f. Cal. 12,1 12,2
Iunia Caluina e gente Augusti V. 23,4
Iuno D. 4,4
Iuppiter C. 81,3 A. 70,1 94,8 94,9 Cal. 33 (simulacrum) 57,1 (simulacrum Olympiae) 57,1 57,3 58,2 G. 2 9,2 12,1 D. 4,4 15,3 Optimus Maximus C. 79,2 A. 23,2 94,6 94,8 Vit. 15,3 V. 5,7 Capitolinus C. 84,3 A. 26,3 30,2 91,2 94,8 T. 53,2 Cal. 22,4 N. 10,2 D. 4,4 6,1 8,5 Cassius N. 22,3 Custos D. 5 Latiaris Cal. 22,2 Olympius A. 60 Cal. 22,2 Tonans A. 29,1 29,3 91,2 (*bis*) Tragoedus A. 57,1
Iuuenalis, -e Cal. 17,2 (dies) N. 11,1 (ludi)

L

Labeo *u.* Antistius
D. Laberius C. 39,2
T. Labienus Cal. 16,1
Lacedaemonii T. 6,2
Laches V. 23,1
Laco *u.* Cornelius
C. Laetorius adulescens patricii generis A. 5
Laetus *u.* Suetonius
Lamia *u.* Aelius
Lamiani horti Cal. 59
Lanuuium A. 72,2
Laodiceni T. 8
Lares A. 7,1 (cubiculi) 31,4 (Compitales) Cal. 5 (familiares) N. 46,2 Vit. 2,5 D. 17,2 (cubiculi)
Latiaris Iuppiter Cal. 22,2
Latinitas A. 47
Latinus *iure* Cl. 19
Latinus mimus D. 15,3
Latinus, -a, -um bibliothecae C 44,2 A. 29,3 carmen N. 12,3 coloniae C. 8 condicio V. 3 facundia Cal. 20 (feriae) C. 79,1 Cl. 4,3 N. 7,2 genus A. 31,1 oratio T. 70,1 pugiles A. 45,2 rhetores V. 18 sermo Cl. 1,2 16,2 uia D. 17,3
Latine A. 89,1 T. 71 Cl. 42,1 N. 7,2 39,2 Tit. 3,2 D. 4,4
Latium Vit. 1,2
Lauicanum C. 83,1
Laureolus mimus Cal. 57,4
Cn. Lentulus *cos. a. 3 a. C.* G. 4,1
Cn. Lentulus Augur T. 49,1
Cn. Lentulus Gaetulicus Cal. 8,1 8,2 Cl. 9,1 G. 6,2 (*bis*)
Lepidus, -a *u.* Aemilius, Domitius
Lepida uxor Quirini T. 49,1
Lepida Galbae uxor G. 5,1 (*bis*)
Leptinus *u.* Furius
Liber pater A. 94,5
Liberalis *u.* Flauius, Saluius
Libertatis atrium A. 29,5
Libitina N. 39,1
Libo *u.* Scribonius
liburnica A. 17,3 Cal. 37,2 N. 34,2
Licinianus *u.* Calpurnius Piso Frugi
Licinius Crassus orator N. 2,2
M. (Licinius) Crassus C. 9,1 (*bis*) 9,2 19,2 21 24,1 50,1 A. 21,3 T. 9,1
C. Licinius Caluus C. 49,1 73 A. 72,1
M. (Licinius) Crassus Frugi Cl. 17,3
Licinius Mucianus V. 6,4 13
Licinus lib. A. 67,1
Liguria Cl. 17,2
Liuii T. 3,1 (Liuiorum familia) Liuii Drusi T. 3,1 *cf.* Drusus
Liuius mensis T. 26,2
T. Liuius Cal. 34,2 Cl. 41,1 D. 10,3
Liuius Drusus primus T. 3,2
(Liuius) Drusus Tiberi auus T. 7,1
Liuius Salinator T. 3,1 3,2
Liuia Drusilla A. 62,2 T. 4,3 Drusilla A. 69,2 Liuia A. 29,4 40,3 63,1 69,1 84,2 99,1 (*bis*) 101,2 T. 6,2 14,2 22 50,2 (*bis*) Cal. 7 Cl. 1,1 4,1 4,4 4,6 11,2 G. 1 Liuia Augusta Cal. 10,1 15,2 23,2

G. 5,2 O. 1,1 Iulia Augusta Cal. 16,3 Augusta Cl. 3,2 11,2
Liuia Medullina Camilla Cl. 26,1
Liuia Ocellina G. 3,4 4,1
Liuia Orestilla Cal. 25,1
Liuilla Drusi f. T. 62,1 Cl. 1,6 3,2
Liuilla Germanici f. Cal. 7 *u.* Iulia
Locri A. 16,3
Lollia A. Gabini C. 50,1
Lollia Paulina Cal. 25,2 Cl. 26,3
Lolliana clades A. 23,1 (*bis*)
M. Lollius T. 12,2 13,2
Longina *u.* Domitia
Longinus *u.* Cassius
Luca C. 24,1
L. Lucceius C. 19 (*bis*)
Lucrinus lacus A. 16,1
Lucullana uilla T. 73,1
Luculleae lanceae D. 10,3
L. Lucullus C. 20,4
Lucullus *u.* Sallustius
Lucusta N. 33,2 33,3 47,1
Lugudunum Cal. 17,1 20 Cl. 2,1
Lunensis ara N. 50
Lupercale sacrum A. 31,4
Lupercalia C. 79,2 A. 31,4 (luperci C. 76,1)
Lurco *u.* Aufidius
Luscio poema Neronis D. 1,1
Lusitani C. 54,1 G. 3,2
Lusitania O. 3,2
Lycia A. 65,1 V. 8,4
Lycii Cl. 25,3
Lycius adulescens A. 43,3

M

Macedones Cal. 57,4
Macedonia C. 35,1 A. 3,1 4,1 T. 14,3 16,2 Cl. 25,3
Macer *u.* Clodius, Pompeius
Macro praef. coh. praetor. Cal. 12,2 (*bis*) 23,2 26,1
Maecenas A. 66,3 72,2 86,2
Maecenatianus, -a, -um T. 15,1 (hortos) N. 38,2 (turre)
Maecius D. 20
Maeniana Cal. 18,3
Magi N. 34,4
Magnus *u.* Alexander, Mithridates, Pompeius
Mago D. 10,3
Mallia A. 70,1
Mallonia T. 45
ad Malum Punicum D. 1,1
Mamercus *u.* Aemilius
Mamurra C. 73
Manes dii T. 75,1 Cal. 3,2 N. 34,4 O. 7,2
Marathus *u.* Iulius
Marcellae sorores duae A. 63,1
Marcellianum theatrum V. 19,1 (Marcelli A. 29,4 43,5)
Marcellus *u.* Asinius, Claudius
C. Marcellus C. 29,1
C. Marcellus Octauiae maritus C. 27,1
M. Marcellus Octauiae filius A. 29,4 43,5 63,1 66,3 T. 6,4 10,1
Marcia Furnilla splendidi generis Tit. 4,2
Marcianus *u.* Icelus
Marcii Reges C. 6,1
Ancus Marcius C. 6,1
Marcius Philippus A. 8,2 29,5
Marii (*in dicto Sullae*) C. 1,3
C. Marius C. 11 T. 59,2
Marobodus Germanus T. 37,4
Mars A. 1 (*bis*) 18,2 29,1 29,2 Vit. 10,3 (*in Col. Agripp.*) V. 5,2 Martis aedes Cal. 44,2 Cl. 13,1 33,1 delubrum Vit. 8,1 templum C. 44,1 M. Vltor A. 21,2 29,1 Cal. 24,3
Marsi Cl. 20,1
Marsicum bellum A. 23,2
Idus Martiae C. 88
Martiales ludi Cl. 4,1 4,3
Martius campus C. 39,3 84,1 Cl. 21,6 N. 12,1 27,2 Vit. 11,2 campus Martius A. 43,1 97,1 Cal. 34,1 Cl. 1,3 N. 50 Campus C. 80,4 84,1 A. 100,3

Marullus *u.* Epidius
Masgabas A. 98,4 (*ter*)
Masintha C. 71
Massilia C. 34,2 68,4 A. 65,1 Cl. 17,2
Massilienses N. 2,3
Mater deum A. 68 O. 8,3 Idaea T. 2,3
Matianum malum D. 21
C. Matius C. 52,2
Mauretania Cal. 55,1
Maurus C. 52,1 (Eunoen Mauram) A. 83 (pueros)
Mausoleum A. 100,4 101,4 Cal. 15,1 N. 46,2 Vit. 10,3 V. 23,4
Maximus Partheni libertus D. 17,2
Maximus *u.* (Fabius)
Mazacum turba N. 30,3
Mediolanium A. 20
Medullina *u.* Liuia
Meleager T. 44,2
meleagrides Cal. 22,3
C. Memmius praetor C. 23,1 49,2 73
C. Memmius consularis Cal. 25,2
Memphis Tit. 5,3
Menandri frg. V. 23,1
Menas lib. A. 74
Mendes A. 94,4
Menecrates citharoedus N. 30,2
Mero *u.* Biberius
Messala *u.* Valerius
Messalina *u.* Statilia, Valeria
Messana Cal. 51,1
Mestrius Florus (Flaurus) consularis V. 22
Metellus *u.* Caecilius
Mettius Pompusianus V. 14 D. 10,3
Mettius Rufus D. 4,2
Meuania Cal. 43
Miletus Cal. 21
Milo C. 30,3
Minerua Cal. 25,4 Vit. 13,2 (πολιούχου) D. 4,4 (*bis*) 15,3
Minos T. 70,3 G. 2
Misenum A. 49,1 T. 72,3 74 75,3 Cal. 13 N. 31,3
Mithridates C. 4,2 19,2 35,2 (Magni) N. 24,2 (Mithrad-)
Mithridaticus, -a, -um T. 37,3 (bello)
Mnester pantomimus Cal. 36,1 55,1 57,4
Moesia T. 41 O. 9,3 V. 6,3 Moesiae Vit. 15,1
Moesiacus exercitus V. 6,2
Molo *u.* Apollonius
Morbouia V. 14
Mucia Cn. Pompei C. 50,1
Mucianus *u.* Licinius
L. Mummius G. 3,4
Mummia Achaica neptis Catuli G. 3,4 (*bis*)
L. Munatius Plancus A. 7,2 29,5 T. 5 Cl. 16,1 N. 4
L. (Munatius) Plancus *cos. a. 13* A. 101,1
Munda A. 94,11
Mundense proelium C. 56,5
Murena *u.* Varro
Musa *u.* Antonius
Musae *u.* Hercules
Musium Alexandriae Cl. 42,2
Mutina A. 10,2 77
Mutinensis, -e acies A. 12 bellum A. 9,1 84,1
Mylae A. 16,1
Mytilenae C. 2 A. 66,3 T. 10,1

N

Naeuia *u.* Ennia
Nais *u.* Seruilia
Narbo T. 4,1
Narcissus ab epistulis Cl. 28 37,2 Vit. 2,5 V. 4,1 4,2 Tit. 2
Naso *u.* Actorius
Naulochus A. 16,1
Nauplius N. 39,3
Neapolis A. 98,5 T. 4,2 6,1 N. 20,2 20,3 25,1 40,4
Neapolitani A. 92,2
Neapolitanum certamen Cl. 11,2

Nemausenses T. 13,1
Nemorensis C. 46 Cal. 35,3 (regi)
Neoptolemus tragoedus Cal. 57,4
Nepos *u.* Cornelius
Neptunus A. 16,2 18,2
Nero *uox Sabina* T. 1,2
Nerones T. 4,3
Nero *u.* Claudius, Saluius Otho, Tiberius, Titus
Nero Germanici f. T. 54,1 (*bis*) 54,2 (*bis*) Cal. 7 (*bis*) Cl. 9,1
Nero imp. Ahenobarbus N. 7,1 41,1 Augustus N. 46,3 Nero Caesar Vit. 2,2 Nero Cl. 27,2 (*bis*) 39,2 43 45 N. 1,2 5,1 5,2 6,2 7,1 23,1 39,2 (*graece bis*) 39,2 (*latine*) 39,3 40,2 41,1 48,2 (*bis*) 48,3 49,3 (*graece*) 57,2 G. 1 (*bis*) 2 6,1 8,1 8,2 9,1 9,2 10,1 10,5 11 12,2 15,1 15,2 22 O. 2,2 3,1 4,1 6,1 10,2 Vit. 4 11,2 V. 4,4 5,1 5,5 5,7 6,3 9,1 14 25 D. 1,1 14,4
Nero *falsus* N. 57,2
Neroneus, -a, -um N. 21,1 (agona) 55 (mensem) Vit. 4 (certamini)
Neronia N. 12,3
Neronianus, -a, -um Vit. 11,2 (cantica) *cf.* Patrobius
Neropolis N. 55
Nerua D. 1,1 5 (forum)
Nerulonensis A. 4,2
Nicanor Arei f. A. 89,1
Nicomedes C. 2 49 (*sexies*)
Nicon *nomen aselli* A. 96,2
Nicopolis A. 18,2
Niger *u.* Aquilius, Nouius
P. Nigidius A. 94,5
Nigrinus *u.* Pontius
Nilus A. 18,2
Nioba N. 21,2
Nola A. 98,5 100,2 T. 40
Nomentana uia N. 48,1
Nonius Asprenas Torquatus A. 43,2 56,3 Cal. 35,1
Norbanus Flaccus *cos. a. 15* Vit. 3,2
Noricum regnum T. 16,2
Nouatus *u.* Iunius
Nouember mensis C. 40,2 A. 32,3
Nouius Niger quaest. C. 17,1 17,2
Nouum Comum C. 28,3
Nuceria Vit. 1,3 2,2
numidicae Cal. 22,3
Numidicus lapis C. 85
Nursia V. 1,3 (*bis*)
Nursini A. 12
Nymphae T. 43,2
Nymphidius Sabinus praef. praet. G. 11 16,1
Nysa C. 49,3

O

Oceanus Cal. 46 (*bis*) 47 Cl. 1,2 (septemtrionalem) 17,3
Ocellare cognomen G. 4,1
Ocellina *u.* Liuia
Octauia gens A. 1
Octauii A. 1 duplex Octauiorum familia A. 2,2
Octauii proauus et auus Augusti A. 2,2 2,3
Octauius uicus Velitris A. 1
Octauius dux Veliternorum A. 1
C. Octauius Rufus A. 2,1
Octauius quidam C. 49,2
C. Octauius pater Augusti A. 3,1 3,2 7,1 27,1 94,4 95,5 (*bis*) 100,1
Octauius *u.* Augustus
Octauia maior Augusti soror A. 4,1
Octauia minor Augusti soror C. 27,1 A. 4,1 29,4 61,2 63,1 T. 6,4 Octauiae porticus A. 29,4
Octauia Diui Claudi f. Cl. 27,1 27,2 N. 7,2 35,1 (*bis*) 35,3 46,1 57,1
October mensis A. 35,3 T. 26,2 D. 13,3.
Oculatae sorores D. 8,4
odium D. 5
Oedipus C. 56,7 (*tragoedia*) N. 21,3 (excaecatum) 46,3 (exulem)
Oenone D. 10,4
Olympia Cal. 57,1 N. 12,4 23,1 *plur.* N. 24,2 53

Olympiaca corona N. 25,1
Olympius *u.* Iuppiter
Onesimus G. 13
C. Oppius C. 52,2 (*bis*) 53 56,1 72
Oppius Sabinus consularis D. 6,1
orciui *senatores* A. 35,1
Orcus N. 39,3
Orestes N. 21,3 (matricida) 39,2
Orestilla *u.* Liuia
Orfitus *u.* Saluidienus
Oriens A. 13,3 T. 9,1 12,2 Cal. 1,2 N. 5,1 39,1 40,2 V. 4,5 5,7 6,4 Tit. 5,3 D. 2,2
Origines Catonis A. 86,3
Ostia T. 10,2 11,1 Cal. 15,1 55,1 Cl. 12,3 17,2 20,3 25,2 N. 16,1 27,3 31,3 47,1 V. 8,3
Ostiensis, -e Cl. 20,1 (portum) 24,2 (prouincia)
Ostienses Cl. 38,1 40,3
Otho *u.* Saluius

P

Pacis templum V. 9,1
Paconius T. 61,6 (*bis*)
Pacuuius (in Armorum iudicio) C. 84,2
Paean N. 39,2
Paetina *u.* Aelia
Paetus Thrasea N. 37,1 D. 10,3
Palatium A. 5 29,1 72,1 T. 5 54,2 Cal. 14,2 22,2 22,4 41,1 46 54,2 Cl. 18,2 N. 8 25,2 31,1 34,1 G. 14,2 18,1 O. 1,3 6,1 6,2 7,1 8,2 Vit. 15,2 16 Tit. 2
Palatinus, -a, -um Apollo *u.* Apollo atriensis Cal. 57,2 domus A. 29,3 57,2 Cl. 17,3 V. 25 D. 15,2 ludi Cal. 56,2
Palfurius Sura D. 13,1
Pallas a rationibus Cl. 28 Vit. 2,5
Palumbus Cl. 21,5
Pandataria (-eria) T. 53,2 Cal. 15,1
Paneros N. 30,2
Panisci T. 43,2
Pannonia A. 21,1 O. 9,3 Vit. 15,1
Pannonicus *cogn. Tiberi* T. 17,2 bellum A. 20 (*plur.*) T. 9,1 9,2
Pannonius T. 17,1 (*plur.*) 20
Pansa A. 10,3 11 (*bis*) T. 5
Paphia Venus Tit. 5,1
Papia Poppaea lex Cl. 19 23,1 N. 10,1
Papus *u.* Aemilius
Parilia Cal. 16,4
Paris *Troianus* D. 10,4
Paris histrio N. 54
Paris pantomimus D. 3,1 10,1
Parmensis *u.* Cassius
Parrasius T. 44,2
Parricidium C. 88
Parthenius *poeta* T. 70,2
Parthenius cubiculo praepositus D. 16,2 17,2
Parthi C. 44,3 79,3 A. 8,2 21,3 43,4 T. 9,1 16,1 41 49,2 66 Cal. 5 14,3 19,2 Cl. 25,4 N. 47,2 57,2 (*bis*) Vit. 2,4 V. 23,4 D. 2,2 *sing.* N. 39,2 V. 6,4
Parthia Vit. 13,2
Parthina gens A. 19,1
Parthus *u.* Parthi
Pasiphaa N. 12,2 G. 2
Passienus Crispus N. 6,3
Patauinus *u.* Cassius
Patauium T. 14,3
Patris patriae cogn. C. 76,1 A. 58,1 T. 26,2 67,2 N. 8 V. 12
Patrobius Neronianus G. 20,2
Paulina *u.* Lollia
Paulus *u.* Aemilius
Pax V. 9,1 (templum)
Pedia lex N. 3,1 G. 3,2
Q. Pedius C. 83,2
Peloponensus A. 17,3
Penates dii A. 92,1 N. 32,4
Pergamenus A. 89,1
Perusia A. 14 15 96,2 T. 4,2
Perusinus, -a, -um A. 9 (bellum) 14 (murum)
M. Petreius C. 34,2 75,2
Petro *u.* Flauius

Petronia uxor Vitelli Vit. 6
Petronianus Vitelli imp. f. Vit. 6
Phaethon Cal. 11
Phagita *u.* Cornelius
Phalacrina *u.* Fal-
Phaon lib. N 48,1 48,3 49,2
Pharmacussa insula C. 4,1
Pharnaces C. 35,2
Pharsalicus, -a, -um acies C. 30,4 63 75,2 N. 2,3 V. 1,2 proelium C. 35,1
Pharus T. 74 (*Capreis*) Cal. 46 Cl. 20,3 (Alexandrini)
phasianae Cal. 22,3 Vit. 13,2
Philemon seruus C. 74,1
Philippi A. 96,1 T. 14,3
Philippensis, -e acies A. 91,1 bellum A. 9 13,1 22 29,2 T. 5
Philippus rex Macedonum Cal. 57,4
Philippus *u.* Marcius
Philopoemen *u.* Vinius
Phoebe liberta A. 65,2 (*bis*)
Phoebus A. 70,1
Phoenissae (*Euripidis*) C. 30,5 *cf.* A. 25,4
Phyllis nutrix D. 17,3
Picenum C. 34,1
L. Pinarius C. 83,2
Pinarius eq. Rom. A. 27,3
Piso *u.* Calpurnius
Pisoniana coniuratio N. 36,1
Pitholaus C. 75,5
Pius T. 17,2 (*cogn. Tiberi*) Cal. 22,1 (*cogn. Gai*)
Placentia C. 69 O. 9,2
Plancus *u.* Munatius
Plato Cal. 34,2
(Plautius) *u.* Siluanus
A. Plautius legatus Cl. 24,2 V. 4,1
A. Plautius iuuenis N. 35,4
Plautius Rufus A. 19,1
Plautia Vrgulanilla Cl. 26,2 (*bis*) 27,1
Plinius Secundus Cal. 8,1 8,2 8,3 (*bis*)
Plotia rogatio C. 5
Poeni T. 2,1
Polemo N. 18
Polla *u.* Vespasia
Pollentina plebs T. 37,3
Pollio *u.* Asinius, Clodius, Vespasius
Pollux C. 10,1 Tib. 20 Cal. 22,2
Polus lib. A. 67,2
Polybius Aug. lib. A. 101,1
Polybius ab studiis Cl. 28
Polycratis regia (Sami) Cal. 21
[Pompei *urbs*] *e coni. incerta* Cl. 27,1
Q. Pompeius (Rufus) C. 6,2
Pompeia Q. Pompei f. C. 6,2 74,2
Cn. Pompeius (Magnus Pompeius A. 4,1) C. 19,2 (*bis*) 20,5 21 (*bis*) 24,1 26,1 (*bis*) 27,1 28,2 29,2 30,2 34,2 35,1 35,2 (*bis*) 36 37,1 49,2 50,1 (*bis*) 54,3 68,2 68,3 69 75,1 (*bis*) 75,4 83,1 A. 8,1 31,5 N. 2,3 Pompei curia C. 80,4 84,3 theatrum A. 31,5 Cal. 21 Cl. 11,3 N. 46,1
Pompeianus, -a, -um bellum C. 56,1 biremes A. 16,3 curia C. 81,3 domus T. 15,1 partes V. 1,2 theatrum T. 47 Cl. 21,1
Pompeianus T. 57,2
Sex. Pompeius Cn. f. A. 9 16 (*ter*) 47 68 74 T. 4,3 6,3
Pompeia Sex. Pompei soror T. 6,3
Pompeius Macer C. 56,7
Sex. Pompeius *cos. a. 14 p. C.* A. 100,1
Pompeius quidam eq. Rom. T. 57,2
Cn. Pompeius Magnus, maritus Antoniae Claudi f. Cal. 35,1 Cl. 27,2 (*bis*) 29,1 29,2
Pomponius Flaccus T. 42,1
Pomptinae paludes C. 44,3
Pompusianus *u.* Mettius
Pontia insula T. 54,2 Pontiae Cal. 15,1
Pontius Aquila C. 78,2 (*ter*)
C. Pontius Nigrinus cos. T. 73,1
Pontus C. 35,2 36 44,3 N. 18 Ponticus triumphus C. 37,1 37,2
Poppaea *u.* Papia

Poppaea Sabina N. 35,1 35,3 35,4 35,5 O. 3,1
C. Poppaeus Sabinus *cos. a. 9* V. 2,1
Porius essedarius Cal. 35,3
Posides spado Cl. 28
Postumia Ser. Sulpici C. 50,1
Postumus *u.* Rabirius
Praeneste A. 72,2 82,1 T. 4,2
Praenestinus, -a, -um T. 63,1 (sortium) *u.* Fortuna
Priamus T. 62,3
Priapus Cal. 56,2
Primus *u.* Antonius
Priscus *u.* Caesonius, Heluidius, Tarquinius
Proculus *u.* Acerronius, Aesius
Proserpinae raptus N. 46,2
Ptolemaeum A. 18,1
Ptolemaeus (Auletes) C. 54,3 Cl. 16,2
Ptolemaeus (Auletae f.) C. 35,1
Ptolemaeus Iubae regis f. Cal. 26,1 35,1 55,1
Pulcher *u.* Claudius
Punicus, -a, -um bellum A. 2,2 bella T. 16,1 N. 38,2 ad Malum Punicum D. 1,1
Puteoli A. 44,1 Cal. 32,1 Cl. 25,2 Vit. 12 V. 8,3 Tit. 5,3
Puteolanus, -a, -um A. 98,2 (sinum) Cal. 19,1 (moles)
Pylades A. 45,4
Pyrallis Cal. 36,1
Pyrenaeus saltus C. 25,1
Pyrgi N. 5,2
Pyrrus rex T. 2,1
Pythia corona N. 25,1

Q

Quinquatrus A. 71,3 N. 34,2 D. 4,4 (Quinquatria)
Quintilius Varus A. 23,2 Tib. 17,1
Quirinius consularis T. 49,1
Quirinus *u.* Ianus
Quirites C. 70 Cl. 19 N. 39,2

R

C. Rabirius C. 12
Rabirius Postumus Cl. 16,2
Raetia A. 21,1
Raeticus, -a, -um bellum T. 9,1 9,2 Cl. 1,2 uinum A. 77
Rauenna C. 30,1 A. 20 49,1 T. 20
Reate V. 2,1
Reatinus, -a, -um conditores V. 12 municeps V. 1,2 oppidum V. 1,4 rura V. 24
Rebilus *u.* Caninius
Reges *u.* Marcius
Regilli opp. Sabinorum T. 1,1
Regillianus *u.* Claudius
Regium A. 16,3 T. 5,3
Rhascuporis Thrax T. 37,4
Rhenus C. 25,1 25,2 A. 21,1 25,2 T. 9,2 18,1 18,2 Cal. 45,1 51,2 Cl. 1,2 D. 6,2
Rhianus T. 70,2
Rhodanus C. 25,1
Rhodia classis Cl. 21,6
Rhodiensis hospes T. 62,1
Rhodii T. 32,2 56 Cl. 25,3 N. 7,2
Rhodus C. 4,1 4,2 T. 11,1 12,1 12,2 13,1 14,4 32,2 59,1 N. 34,1 V. 8,4
Roma C. 3 5 9,3 10,2 34,2 38,2 42,2 70 A. 7,2 13,1 17,1 25,2 26,3 44,1 46 52 58,1 60 93 94,3 97,3 T. 1,1 2,3 4,3 5 7,3 10,2 15,1 16,1 75,3 32,2 37,1 39 (*bis*) 59,2 62,1 63,1 65,2 72,1 Cal. 2 6,1 (*bis*) 15,1 23,2 32,2 39,1 44,2 47 57,1 57,2 Cl. 3,4 6,1 17,2 25,4 25,5 N. 5,1 12,3 21,1 22,3 25,1 (*bis*) 28,2 34,1 36,1 39,2 41,2 55 G. 11 Vit. 1,2 7,2 14,2 V. 8,3 Tit. 5,3 8,3 D. 6,2
Romani C. 25,2 A. 40,5 (*uersus Vergili*) 98,3 T. 61,3
Romanus, -a, -um ciuis, ciues C. 11 T. 37,3 Cl. 24,1 G. 9,1 V. 3 (*fem.*) ciuitas A. 40,3 (*plur.*) 40,3 (*sing.*) Cal. 38,1 (*sing.*) Cl. 25,3 (*sing.*) N.

12,1 (*sing.*) 24,2 (*sing.*) G. 14,3 (*plur.*) disciplina cultusque C. 24,2 duces Cl. 1,1 equites C. 14,2 26,3 A. 40,1 43,3 57,1 Cal. 16,2 26,4 41,2 Cl. 25,1 29,2 N. 4 12,1 G. 15,1 D. 7,2 14,3 eques C. 39,2 48 A. 24,1 27,3 T. 7,2 35,1 42,2 57,2 Cal. 15,2 18,2 27,4 35,1 Cl. 15,4 24,1 N. 5,1 11,2 31,4 35,1 37,3 41,2 O. 1,3 Vit. 2,1 2,2 14,3 V. 3 8,4 9,2 Tit. 4,2 6,1 D. 8,3 forum A. 72,1 gens Cl. 25,3 habitus A. 98,3 imperator V. 4,5 nomina Cl. 25,3 plebs C. 14,1 T. 76 populus A. 21,3 31,5 47 58,2 65,3 94,2 94,3 101,2 T. 21,2 21,3 21,7 (*bis*) 49,2 Cal. 4 11 13 23,1 30,2 Cl. 3,2 6,2 25,3 25,5 43 N. 37,3 G. 10,1 15,2 sermo A. 98,3 signa Cal. 14,3
Romulus A. 7,2 95 T. 1,1 59,2 Cal. 25,1
Rubico C. 31,2 81,2
Rubria uirgo Vestalis N. 28,1
Rufilla A. 69,2
Rufio liberti Caesaris filius C. 76,3
Rufrius Crispinus priuignus Neronis N. 35,5
Rufus *u.* Cluuius, Mettius, Octauius, Plautius, (Pompeius), Rutilius, Saluidienus
Russus (?) *u.* Claudius
Rusticus *u.* Iunius
Rustius Caepio D. 9,2
Rutilius (Rufus) A. 89,2 (or. de modo aedificiorum)

S

sabbata A. 76,2 T. 32,2
Sabini T. 1,1 Vit. 1,2 V. 1,4 2,1 Tit. 10,1
Sabina lingua T. 1,2
Sabina *u.* Poppaea
Sabinus *u.* Asellius, Cornelius, Flauius, Nymphidius, Oppius, Poppaeus
Sabratensis V. 3
Sacra uia C. 46 80,4 Vit. 17,1
Saeculares ludi A. 31,4 (*bis*) Cl. 21,2 Vit. 2,5 D. 4,3
Saepta A. 43,1 43,4 T. 17,2 Cal. 18,1 21 Cl. 21,4 N. 12,4
Salaria uia N. 48,1 V. 12
Salassi A. 21,1
Salinator *u.* Liuius
Salii Cl. 33,1
Sallustius Crispus A. 86,3
Sallustius Lucullus leg. Britanniae D. 10,3 *cf.* Luculleus
Saluia Titisenia A. 69,2
Saluidienus Orfitus N. 37,1
Saluidienus Orfitus D. 10,2
Saluidienus Rufus A. 66,1
Saluito C. 59
M. Saluius Otho auus imperatoris O. 1,1
L. Saluius Otho pater imperatoris G. 6,1 O. 1,2
M. Saluius O t h o imp. M. Saluius Otho G. 17 M. O. 1,3 Otho G. 6,1 19,1 19,2 20,2 O. 1,1 3,2 10,1 12,1 Vit. 9 10,1 10,3 V. 5,1 6,2 6,4 Otho imp O. 2,1 D. 10,3 Nero O. 7,1 (*bis*)
L. (Saluius) Titianus Othonis imp. frater O. 1,3
Saluius Cocceianus D. 10,3
Saluius Liberalis V. 13
Salutis augurium A. 31,4
Sameramis C. 22,3
Samniticum bellum Vit. 1,3
Samus A. 17,3 26,3 T. 12,2 Cal. 21 V. 8,4
Sandaliarius *u.* Apollo
Sardi C. 55,2
Sardinia A. 47
Sarmatae T. 41 D. 6,1 (*bis*)
Satur decurio cubiculariorum D. 17,2
Saturnalia A. 75 Cal. 17,2 Cl. 5 V. 19,1
L. Saturninus C. 12
Saturninus *u.* Aponius, Iulius

Saturnus T. 59,1 aedes A. 29,5 O. 6,2 aerarium Cl. 24,2
Scaeua *u.* Cassius
Scalae anulariae A. 72,1
Scantinia lex D. 8,3
Scaptienses tribules A. 40,2
Scelerata castra Cl. 1,3
P. Scipio C. 35,2 37,1 59 (*bis*) T. 4,1 *cf.* Cornelius
Scribonia A. 62,1 63,1 69
Scribonianus *u.* Furius
Scribonius mathematicus T. 14,2
L. Scribonius Libo T. 25,1 25,3
Scutarius quidam A. 56,4
Scythae A. 21,3
Secundus *u.* Gabinius, Plinius
Seianus *u.* Aelius
Selene Cal. 26,1
Seleucus rex Cl. 25,3
Seleucus grammaticus T. 56
Seleucus mathematicus O. 4,1 6,1
Semiramis *u.* Samer-
Seneca *u.* Annaeus
Senones T. 3,2 Cal. 51,3
September mensis A. 31,2 35,3 100,3 T. 26,2 Cal. 15,2 D. 13,3
Septimontiale sacrum D. 4,5
Septizonium Tit. 1
Serapis V. 7,1 7,2
Sertorius C. 5
Seruilia mater M. Bruti C. 50,2 (*bis*)
Seruilia Nais N. 3,2
Seruiliani horti N. 47,1
Seruilius Caepio C. 21
Seruilius Isauricus C. 3
P. Seruilius Isauricus A. 62,1 T. 5
Sestilia *mater Vitelli* Vit. 3,1
Seuerus *u.* Cassius
Sextilis mensis A. 31,2
Sibyllini libri A. 31,1
Sicilia A. 2,2 16,3 25,3 47 85,2 T. 2,1 2,2 4,2 6,2 6,3 Cal. 20 Cl. 25,5
Siciliensis, -e A. 70,2 (bello) 96,2 (pugnam) Cal. 51,1 (peregrinatione)
Siculus, -a, -um bellum A. 9 16,1 22 classis Cl. 21,6 (fretum T. 2,1) uictoriae Cal. 23,1
Sigambri A. 21,1
Sigillaria Cl. 5 16,4 N. 28,2
Silanus *u.* Iunius
C. Silius cos. A. 71,2 101,1
C. Silius adulter Messalinae Cl. 26,2 29,3 36
Siluanus (M. Plautius) Cl. 4,3
Sinuessani Vit. 7,2
Sirenes T. 70,3
Sol *deus* N. 53
C. Sosius cos. A. 17,2
Spartacus A. 3,1
Spelunca T. 39
Sphinx A. 50
Spiculus murmillo N. 30,2 47,3
Spoletium V. 1,3
Sporus N. 28,1 28,2 29 46,2 48,1 49,3
Spurinna haruspex C. 81,2 81,4
Statilius Capella eq. Rom. V. 3
Statilius Coruinus Cl. 13,2
Statilius Taurus A. 29,5 Cal. 18,1 N. 35,1
Statilia Messalina N. 35,1 O. 10,2
Stellatis campus C. 20,3
Stephanio togatarius A. 45,4
Stephanus Domitillae procurator D. 17,1 17,2
Stoechades insulae Cl. 17,2
Strabo Caesar C. 55,2
Subura C. 46
Suebi A. 21,1
Suetonius Laetus *pater scriptoris* O. 10,1
L. Sulla Felix dictator C. 1,1 1,2 3 5 11 45,3 74,1 75,4 77 T. 59,2
P. Sulla C. 9,1 (*bis*)
Sulla Faustus C. 27,1 75,3
Faustus Sulla nobilissimus iuuenis Cl. 27,2
Sulla mathematicus Cal. 57,2
Sulpicius Cl. 4,5 (*in epist. Augusti*)
Ser. Sulpicius C. 29,1 50,1
Q. Sulpicius Camerinus *cos. a. 9* V. 2,1

Sulpicius Flauus Cl. 41,1
Sulpicii (Galbae) G. 3,1 (3,3)
Sulpicius Galba primus G. 3,1
Ser. (Sulpicius) Galba consularis, *orator* G. 3,2
C. (Sulpicius) Galba imperatoris frater G. 3,4 (*bis*)
Ser. Sulpicius Galba imp. Ser. Galba imp. G. 4,1 Seruius G. 3,4 4,1 Caesar G. 11 O. 5,2 L. Liuius Ocella G. 4,1 Galba N. 32,4 40,3 42,1 47,2 48,2 49,3 G. 2 3,3 4,2 5,1 6,2 20,2 O. 4,1 5,1 6,1 6,2 6,3 7,2 10,1 12,2 Vit. 7,1 8,2 9 10,1 V. 5,1 5,7 6,2 16,1 Tit. 5,1 Galba Cupido G. 20,2
Superum mare C. 34,1 44,3 A. 49,1
Sura *u.* Palfurius
Suria *u.* Syria
Surrentum A. 65,1
Syracusae T. 74 Cal. 20 21 24,2 Augusti: A. 72,2
Syri pueri A. 83
Syria (Suria C. 22,2) C. 35,2 A. 17,3 T. 14,3 39 41 42,1 49,2 52,3 Cal. 2 N. 39,1 Vit. 2,4 2,5 V. 4,5 6,3 15
dea Syria N. 56
Syriacus, -a, -um T. 48,2 (legionibus) Cal. 10,1 (expeditione) V. 6,4 (exercitum)
Syriaticus exercitus Vit. 15,1

T

Talarius Cal. 8,4
Tanusius Geminus C. 9,2 (*bis*)
Tarichaeae urbs Iudaeae Tit. 4,3
Tarpeius C. 44,1 (monti) D. 23,2 (culmine)
Tarquinius Priscus A. 2,1
Tarracina T. 39 G. 4,1
Tarraco A. 26,3
Tarraconenses G. 12,1
Tarraconensis Hispania G. 8,1
Tarsensis D. 10,1
T. Tatius T. 1,1
Taurus *u.* Statilius
Tedius Afer A. 27,3
Tegea V. 7,3
Telegenius Cl. 40,3
Telephus seruus A. 19,1 19,2
Temenites *u.* Apollo
Terentia *u.* Albia
Terentia Maecenatis A. 66,3
Terentilla A. 69,2
M. Terentius Varro *u.* Varro
Terpnus citharoedus N. 20,1 V. 19,1
Terra mater T. 75,1 (*cf.* C. 7)
Tertia soror M. Bruti C. 50,2
Tertulla M. Crassi C. 50,1
Tertulla A. 69,2
Tertulla Vespasiani auia V. 2,1
Tertulla *u.* Arrecina
Tetrinius latro Cal. 30,2 (*ibid. plur.*)
Teutoni C. 11
Thallus seruus A. 67,2
Thasius lapis N. 50
Theodorus Gadareus T. 57,1
Theogenes mathematicus A. 94,12 (*bis*)
M. Thermus praetor C. 2 (*bis*)
Thessali T. 8 Cl. 21,3
Thessalus quidam A. 96,1
Thoranius *u.* Tor-
Thracia C. 44,3 A. 94,5 T. 16,2 V. 2,3
Thraces A. 3,2 *sing.* T. 37,4
Thraex Cal. 35,2 54,1 D. 10,1 Thraeces Cal. 55,2 Tit. 8,2
Thrasea *u.* Paetus
Thrasyllus mathematicus A. 98,4 T. 14,4 62,3 Cal. 19,3
Thrax *u.* Thraces
Thurinus, -a, -um A. 2,3 (pago) 3,1 (agrum) 7,1 (regione)
Thurinus *cogn. Augusti* A. 7,1 (*ter*)
Thyatireni T. 8
Tiberianus, -a, -um Vit. 3,2 (scorta) 15,3 (domo)
Tiberinum uadum T. 2,3
Tiberis C. 44,3 82,4 83,2 A. 30,1 37 43,1 100,4 T. 72,1 75,1 Cal. 15,1 Cl. 38,1 N. 27,3 47,3 O. 8,3 Vit. 17,2 V. 19,2 D. 1,2 4,2

Tiberius imp. Tiberius Claudius Nero T. 42,1 Tiberius Nero T. 4,3 Ti. Caesar T. 3,1 23 Cal. 37,3 Cl. 23,1 D. 20 Caesar T. 31,2 59,1 Tiberius A. 40,3 51,3 (*bis*) 63,2 65,1 71,2 71,3 76,2 85,1 86,2 92,2 97,1 97,3 98,4 98,5 (*bis*) 100,3 (*bis*) 101,2 (*bis*) T. 4,1 5 21,2 21,3 21,4 21,5 21,6 22 (*bis*) 75,1 75,2 Cal. 1,1 2 4 6,1 6,2 7 10,1 11 12,2 12,3 13 14,1 14,3 15,1 16,1 16,3 19,3 21 28 30,2 31 38,2 Cl. 4,1 5 6,2 11,3 25,3 N. 5,2 6,1 30,1 G. 3,4 4,1 5,2 O. 1,2 Vit. 2,2 Tit. 8,1 Augustus T. 26,2 Pannonicus, Inuictus, Pius T. 17,2
Tiberius mensis T. 26,2
Tiberius *u.* Claudius imp.
Tiberius imperatoris nepos T. 54,1 62,3 76 Cal. 15,2 23,3 (*bis*)
Tiberius Alexander praef. Aegypti V. 6,3
Tibur A. 72,2 82,1 Cal. 8,1 8,2 Cl. 34,1
Tiburti regione Cal. 21
Tigillinus G. 15,2 (*bis*)
Tigranes T. 9,1
Tillius Cimber C. 82,1
Tiridates Armeniae rex N. 13,1 30,2
Titianus *u.* Saluius
Titii sodales G. 8,1
Titisenia *u.* Saluia
Tituriana clades C. 67,2
Titurius legatus Caesaris C. 25,2
Titus imp. Titus cognomine paterno Tit. 1 alius Nero Tit. 7,1 Titus V. 3 23,3 Tit. 2 D. 10,2 17,3 22
Tolosa Vit. 18
Tonans Iuppiter *u.* Iuppiter
C. Toranius A. 27,1
Toranius mango A. 69,1
Torquatus *u.* Nonius
Tortor *u.* Apollo
Trachia Cilicia V. 8,4
Tragoedus Iuppiter A. 57,1
Tralliani T. 8
Transalpini C. 24,2 *u.* Gallia
Transpadani C. 9,3
Transpadana regio V. 1,4
C. Trebatius C. 78,1
Trebiani T. 31,1
Treueri Cal. 8,1
Triton Cl. 21,6
Troia *lusus* C. 39,2 A. 43,2 T. 6,4 Cal. 18,3 (decursione) Cl. 21,3 N. 7,1
Q. Tubero C. 83,1
Ser. Tullius A. 2,1
M. Tullius Cicero A. 5 M. Cicero A. 3,2 (*ad Qu. fr.*) 94,9 Cicero C. 9,2 (*epist. ad Axium*) 17,2 20,4 (*de domo*) 30,5 (*de off.*) 42,3 (scribit, *frg. inc.*) 49,3 (*epist. inc.*) 50,2 55,1 (*Brut.*) 55,1 (*epist. ad Nep.*) 56,1 (*Brut.*) 56,6 T. 2,4 7,2 Cl. 41,3
Q. (Tullius) Cicero C. 14,2 (Cicerone consulis fratre) A. 3,2
Turnus Vergili N. 54
Tusculana Fortuna G. 18,2
Tusculum G. 4,3 18,2
Tuscus N. 35,5
Tyrrhenicon historiae *Claudi* Cl. 42,2 (*bis*)
Tyrus N. 31,4
Tyrius, -a, -um C. 39,4 (classis) N. 32,3 (coloris)

V

(C.) Valerius Catullus C. 73
Valerius Catullus consulari familia iuuenis Cal. 36,1
Valerius Messala Coruinus A. 58,1 58,2 74 T. 70,1 Cl. 13,2
M. Valerius Messala *cos. a. 3* G. 4,1
Valerius Messala Barbatus Cl. 26,2
Valeria Messalina Claudi uxor Cl. 17,3 26,2 27,1 29,3 36 37,2 39,1 N. 6,4 Vit. 2,5
Variana clades A. 23,1 (*bis*) 49,1 T. 17,2 18,1 Cal. 3,2 31

M. (Terentius) Varro C. 34,2 44,2
Varro Murena A. 19,1 56,4 66,3 T. 8
Varronilla D. 8,4
Varus *u.* Quintilius
Vaticanum Cl. 21,2
Vatinia lex C. 22,1 rogatio C. 28,3
Vectis insula V. 4,1
Vei N. 39,2 (*bis*)
Veientanum G. 1
Velabrum C. 37,2 N. 25,2
Veliterni A. 94,2
Velitrae A. 1 6 94,2
Veneta factio Vit. 7,1 14,3
Venus C. 6,1 49,3 Cal. 52 56,2 Capitolina Cal. 7 G. 18,2 Coa V. 18 Erycina Cl. 25,5 Genetrix C. 61 78,1 84,1 Paphia Tit. 5,1 *iactus* A. 71,2 Venerii loci T. 43,2
Veranius Flaccus A. 86,3
Vergilius (Maro) Cal. 34,2 45,2 N. 54 D. 9,1 *cf.* A. 40,5 N. 47,2
Vespasiae locus V. 1,3
Vespasia Polla V. 1,3 (*bis*) 5,2
Vespasiorum monumenta V. 1,3
Vespasius Pollio ter trib. mil. V. 1,3
Vespasianus imp. Caesar V. 5,2 13 Vespasianus Cl. 45 G. 23 Vit. 15,1 15,2 17,1 V. 1,3 2,1 5,7 6,3 (*bis*) 6,4 7,3 15 22 D. 1,3 2,2 D. 15,2
Vespasianus Flaui Clementis f. D. 15,1
Vestae aedes T. 50,3 N. 19,1
Vestalis uirgo T. 2,4 N. 28,1 uirgo maxima C. 83,1 D. 8,4
Vestales uirgines C. 1,2 A. 31,3 44,3 101,1 T. 76 N. 12,4 Vit. 16 D. 8,3
Vestinus Atticus cos. N. 35,1
Vesuuius mons Tit. 8,3 8,4
L. Vettius C. 17,1 (*bis*) 17,2 (*cf.* 20,5)
Vibius Crispus D. 3,1
Victoria A. 100,2 G. 10,4
Vienna Vit. 9 18
Vindelici A. 21,1
Vindelicum bellum T. 9,1 9,2
Vindex *u.* Iulius
L. Vinicius A. 64,2
Vinicius A. 71,2
Viniciana coniuratio N. 36,1
T. Vinius legatus G. 14,2 Vit. 7,1
T. Vinius Philopoemen A. 27,2
Viriatinum bellum G. 3,2
Vitellia colonia Vit. 1,3
Vitellia dea Vit. 1,2
Vitellia uia Vit. 1,3
Vitelliani milites V. 8,2
Vitellianum bellum D. 1,2
Vitellii Vit. 1,1 (origo) 1,2 1,3
Q. Vitellius Diui Augusti quaestor Vit. 1,2
P. Vitellius *imperatoris auus* Vit. 2,2
A. Vitellius *imperatoris patruus* Vit. 2,2
P. Vitellius P. f. *imperatoris patruus* Vit. 2,2 2,3
Q. Vitellius *imperatoris patruus* Vit. 2,2
L. Vitellius P. f. *imperatoris pater* Vit. 2,2 2,4 3,2
A. Vitellius L. f. imp. Vit. 3,2 imp. Vit. 1,1 Augustus Vit. 8,2 Caesar Vit. 8,2 Vitellius O. 8,1 (*ter*) 9,1 Vit. 7,3 17,1 V. 5,1 6,2 6,4 7,1 14 Germanicus Vit. 8,2 14,4 Concordia Vit. 15,4
Vitellius *u.* Petronianus
Vlixes stolatus Cal. 23,2
Vltor *u.* Mars
Vmbria C. 34,1 V. 1,4
Vologaesus Parthorum rex N. 57,2 V. 6,4 D. 2,2
Vonones rex Parthorum T. 49,2
Vrgulanilla *u.* Plautia

X

Xenon (Zen-*uulg.*) T. 56
Xenophon C. 87 (*Cyrop.*)
Xerxes Cal. 19,3

ADDENDA

Ad Iul. 24, 1 p. 11, 16 alterum] altnu *V*
Iul. 30, 5 p. 16, 3 regnandi *ss. etiam in V m. rec.*
Aug. 2, 1 p. 46, 14 inter ualle V^1 (e *in* o *corr. m. rec.*)
Aug. 43, 1 p. 72, 23 in quo ⟨loco⟩ *proposuit Fürst p. 12 propter Mon. Ancyr. IV 43. 44*
Aug. 43, 2 p. 73, 1 passusque est posteros ⟨quo⟩que Torquati *coniec. Bücheler* (*cf. ed. maioris praef. p. XII*)
Cal. 54, 2 p. 185, 24 ultimaque *pro* multaque *mauult Th. Stangl, Wochenschrift f. klass. Philol. 1906 p. 1060*